普通高等教育"十三五"规划教材

工程结构抗震

主编 王社良

北 京

冶金工业出版社

2018

内 容 提 要

本书是依据土木工程专业本科教学大纲要求，结合《建筑抗震设计规范》（GB 50011—2010）编写的工程结构抗震设计类教材。本书主要介绍了建筑结构抗震设计的基本理论，内容涵盖：地震、地震动及结构抗震的基本知识，场地、地基和基础抗震设计的基本概念，建筑结构抗震概念设计，单自由度体系结构的地震反应和反应谱，多自由度体系结构的地震反应和振型分解法，多层及高层钢筋混凝土房屋抗震设计，多层砌体结构房屋抗震设计，多层及高层钢结构房屋抗震设计，钢筋混凝土柱单层厂房抗震设计，隔震与消能减震房屋设计等。全书在介绍基本概念与基本理论的同时，在各章附有相关计算例题、本章提要及小结、复习思考题等，便于读者深刻理解建筑结构抗震设计的基本概念和规范中所涉及的设计方法。

本书可供高等院校土木工程专业学生及教师使用，亦可供从事建筑结构抗震设计、科研人员和施工技术人员参考。

图书在版编目（CIP）数据

工程结构抗震/王社良主编 . —北京：冶金工业出版社，2016.1（2018.1 重印）

普通高等教育"十三五"规划教材

ISBN 978-7-5024-7078-4

Ⅰ.①工… Ⅱ.①王… Ⅲ.①建筑结构—防震设计—高等学校—教材 Ⅳ.①TU352.104

中国版本图书馆 CIP 数据核字（2015）第 259842 号

出 版 人 谭学余
地 址 北京市东城区嵩祝院北巷 39 号 邮编 100009 电话 （010）64027926
网 址 www.cnmip.com.cn 电子信箱 yjcbs@cnmip.com.cn
责任编辑 杨 敏 美术编辑 吕欣童 版式设计 孙跃红
责任校对 石 静 责任印制 牛晓波
ISBN 978-7-5024-7078-4
冶金工业出版社出版发行；各地新华书店经销；三河市双峰印刷装订有限公司印刷
2016 年 1 月第 1 版，2018 年 1 月第 2 次印刷
787mm×1092mm 1/16；20.75 印张；498 千字；317 页
45.00 元
冶金工业出版社 投稿电话 （010）64027932 投稿信箱 tougao@cnmip.com.cn
冶金工业出版社营销中心 电话 （010）64044283 传真 （010）64027893
冶金书店 地址 北京市东四西大街 46 号（100010） 电话 （010）65289081（兼传真）
冶金工业出版社天猫旗舰店 yjgycbs.tmall.com
（本书如有印装质量问题，本社营销中心负责退换）

前　言

　　"工程结构抗震"是高等学校土木工程专业的重要课程之一，对学生抗震设计能力的培养起着重要作用。本书按照国家土木工程专业教学指导委员会的课程大纲精神和土木工程本科专业"工程结构抗震"课程的教学大纲要求编写，内容包括地震和地震动的基本知识，场地、地基和基础等工程结构抗震的基本概念，结构地震反应分析与抗震验算方法，结构抗震概念设计，多层及高层钢筋混凝土房屋抗震设计，多层砌体结构房屋抗震设计，高层及多层钢结构房屋抗震设计，钢筋混凝土柱单层厂房抗震设计，隔震和消能减震房屋设计等。

　　本书以课程的基本理论和基本知识为核心内容，结合编者多年在工程结构抗震方面的教学、科研与工程实践等，依据《建筑抗震设计规范》（GB 50011—2010）和《混凝土结构设计规范》（GB 50010—2010）等国家规范编写，能够反映教学科研最新成果和发展趋势，帮助学生和设计人员获取最新知识，并应用于工程实践。为了便于读者学习和深入理解，本书内容力求基本、实用，既注重理论上的系统性，又注意叙述时简明扼要，并且每章都附有本章提要、小结、复习思考题等内容。

　　全书共9章，第1章由西京学院王社良编写，第2章由西安建筑科技大学赵祥编写，第3章由长安大学樊禹江编写，第4、5章由西安石油大学代建波编写，第6、7章由西安工业大学李志军编写，第8、9章由西安石油大学朱熹育编写，全书由王社良担任主编，并统一修改定稿。

　　限于编者水平，书中难免有误漏之处，恳请读者批评指正。

编　者

2015 年 8 月

目　录

1 绪 论

本章提要

本章主要讲述地震与地震动的基本知识，介绍地球的构造，地震的类型与成因，以及地震波、震级及地震烈度等，同时还综述了世界及我国的地震活动性以及近期地震的世界活动状况，介绍了地震所造成的地表破坏及其给工程结构所造成的破坏，介绍我国《建筑抗震设计规范》（GB 50011—2010）中的抗震设防目标、抗震设防依据、工程结构抗震设计方法以及抗震设计的基本要求等。这些都是"工程结构抗震"课程的理论基础和基本概念，学习时应认真领会并深刻理解。

1.1 地震基本知识

地震是一种自然现象。全世界每年大约发生 500 万次地震，这些地震绝大多数很小，不用灵敏的仪器测量不到，这样的小地震约占一年中地震总数的 99%，剩下的 1% 才是人们可以感觉到的，其中能造成严重破坏的大地震，平均每年大约发生 18 次。

地震给人类带来的灾难，给人类社会造成不同程度的伤亡事故及经济损失。如在 20 世纪，前 80 年（1900~1980）全球因地震造成的死亡人数高达 105 万人，平均每年死亡 1.3 万人。1990 年伊朗鲁德巴尔地震造成了 5 万多人丧生，1995 年日本阪神地震经济损失高达 960 亿美元就是例证。为了减轻地震灾害，就需要对它有较深入的了解。土建技术人员为防止、减少建筑物和构筑物由于地震而造成的破坏，就需要研究建筑物及构筑物的抗震问题。本节主要就地震的基本知识作一简单介绍。

1.1.1 地球的构造

地球是一个平均半径约 6400km 的椭圆球体，它由不同的三层物质构成。最表面的一层是很薄的地壳，平均厚度约为 30km，中间很厚的一层是地幔，厚度约为 2900km，最里面的叫地核，其半径约为 3500km（图 1-1）。

地壳由各种不均匀的岩石组成，除地面的沉积层外，陆地下面的地壳主要为：上部是花岗岩层，下部为玄武岩层；海洋下面的地壳一般只有玄武岩层。地壳各处厚薄不一，约为 5~40km。世界上绝大部分地震都发生在这一薄薄的地壳内。

地幔主要由质地坚硬的橄榄岩组成，这种物质具有黏弹性。由于地球内部放射性物质不断释放热量，地球内部的温度也随深度的增加而升高。从地下 20km 到地下 700km，其温度由大约 600℃ 上升到 2000℃。在这一范围内的地幔中存在着一个厚约几百千米的软流层。由于温度分布不均匀，就发生了地幔内部物质的对流。同时，地球内部的压力也是不均衡的，在地幔上部约为 900MPa，在地幔中间则达 370000MPa，地幔内部物质就是在这样的热状态和不均衡压力作用下缓慢地运动着。这可能是地壳运动的根源。到目前为止，所观测到的最深的地震发生在地下 700km 左右处，可见地震仅发生在地球的地壳和地幔上部。

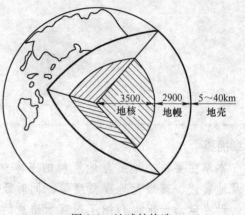

地核是地球的核心部分，可分为外核（厚 2100km）和内核，其主要构成物质是镍和铁。据推测，外核可能处于液态，而内核可能是固态。

图 1-1　地球的构造

1.1.2　地震的类型与成因

地震按其成因可分为火山地震、陷落地震和构造地震。

由于火山爆发而引起的地震叫火山地震；由于地表或地下岩层突然大规模陷落和崩塌而造成的地震叫陷落地震；由于地壳运动，推挤地壳岩层使其薄弱部位发生断裂错动而引起的地震叫构造地震。前两种地震的影响范围和破坏程度相对较小，后一种地震的破坏作用大，影响范围也广，在研究工程地震时，通常将其作为重点。

构造地震的成因是：地球内部在不停地运动着，而在它的运动过程中，始终存在巨大的能量，组成地壳的岩层在巨大的能量作用下，也不停地连续变动，不断地发生褶皱、断裂和错动（图 1-2），这种地壳构造状态的变动，使岩层处于复杂的地应力作用之下。地壳运动使地壳某些部位的地应力不断加强，当弹性应力的积累超过岩石的强度极限时，岩层就会发生突然断裂和猛烈错动，从而引起振动。振动以波的形式传到地面，形成地震。由于岩层的破裂往往不是沿一个平面发展，而是形成由一系列裂缝组成的破碎地带，沿整个破碎地带的岩层不可能同时达到平衡，因此，在一次强烈地震（即主震）之后，岩层的变形还有不断的零星调整，从而形成一系列余震。

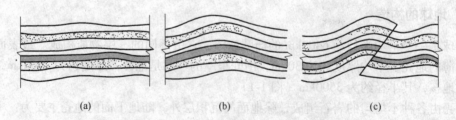

(a)　　　　　　　　　　(b)　　　　　　　　　　(c)

图 1-2　地壳构造变动与地震形成示意图
（a）岩层原始状态；（b）受力后发生褶皱变形；（c）岩层断裂，产生振动

构造地震与地质构造密切相关，这种地震往往发生在地应力比较集中、构造比较脆弱的地段，即原有断层的端点或转折处、不同断层的交会处。

对于地应力的产生较为公认的是板块构造说，它的大意是：地球表面的岩石层不是一块整体，而是由六大板块和若干小板块组成，这六大板块即欧亚板块、美洲板块、非洲板块、太平洋板块、澳洲板块和南极板块（图1-3）。由于地幔的对流，这些板块在地幔软流层上异常缓慢而又持久地相互运动着。由于它们的边界是相互制约的，因而板块之间处于拉张、挤压和剪切状态，从而产生了地应力。地球上的主要地震带就处于在这些大板块的交界地区。

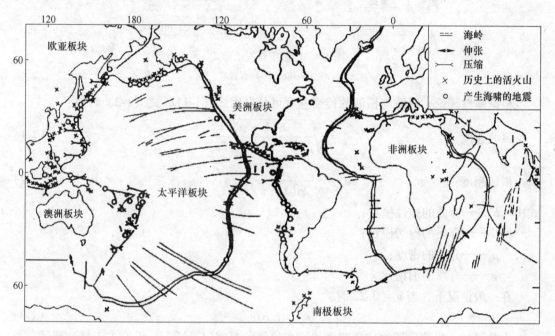

图1-3　板块分布

地层构造运动时，在断层形成的地方大量释放能量，产生剧烈振动，此处就叫做震源，震源正上方的地面位置叫震中。

按震源的深浅，地震又可分为：（1）浅源地震。震源深度在70km以内，一年中全世界所有地震释放能量的约85%来自浅源地震。（2）中源地震。震源深度为70～300km，一年中全世界所有地震释放能量的约12%来自中源地震。（3）深源地震。震源深度超过300km，一年中全世界所有地震释放能量的约13%来自深源地震。

1.1.3　地震波、震级及地震烈度

1.1.3.1　地震波

地震引起的振动以波的形式从震源向各个方向传播并释放能量，这就是地震波。它包含在地球内部传播的体波和只限于在地面附近传播的面波。

体波又包括两种形式的波，即纵波与横波（图1-4）。

在纵波的传播过程中，其介质质点的振动方向与波的前进方向一致，故又称为压缩波或疏密波。如在空气里传播的声波就是一种纵波。纵波的特点是周期短、振幅小。

在横波的传播过程中，其介质质点的振动方向与波的前进方向垂直，故又称为剪切

波。横波的周期较长、振幅较大。

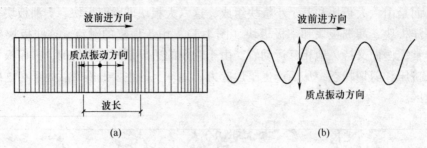

(a)   (b)

图 1-4 体波质点振动形式
(a) 压缩波；(b) 剪切波

根据弹性理论，纵波与横波的传播速度可分别用式 (1-1)、式 (1-2) 计算：

纵波速度
$$v_\mathrm{p} = \sqrt{\frac{E(1-\nu)}{\rho(1+\nu)(1-2\nu)}} \tag{1-1}$$

横波速度
$$v_\mathrm{s} = \sqrt{\frac{E}{2\rho(1+\nu)}} = \sqrt{\frac{G}{\rho}} \tag{1-2}$$

式中 E ——介质的弹性模量；

      G ——介质的剪切模量；

      ρ ——介质的密度；

      ν ——介质的泊松比。

在一般情况下，当 $\nu = 0.22$ 时，

$$v_\mathrm{p} = 1.67 v_\mathrm{s} \tag{1-3}$$

由此可知，纵波比横波传播速度快。在仪器的观察记录纸上，纵波先于横波到达，故也可称纵波为"初波"（或称 P 波），称横波为"次波"（或称 S 波）。

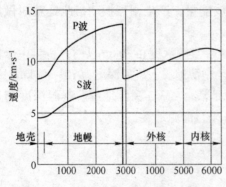

图 1-5 体波在地球内传播速度的变化

体波在地球内部的传播速度随深度的增加而增大，如图 1-5 所示。

面波是体波经地层界面多次反射形成的次生波，它包括两种形式的波，即瑞利波（R 波）和洛夫波（L 波）。瑞利波传播时，质点在波的传播方向和地面法线组成的平面内（xz 平面）做椭圆运动，而在与该平面垂直的水平方向（y 方向）没有振动，质点在地面上呈滚动形式 [图 1-6 (a)]。洛夫波传播时，质点只是在与传播方向垂直的水平方向（y 方向）运动，在地面上呈蛇形运动形式 [图 1-6 (b)]。

面波振幅大、周期长，只在地表附近传播，比体波衰减慢，故能传播到很远的地方。

图 1-7 为某次地震所记录到的地震波示意图。首先到达的是 P 波，继而是 S 波，面波到达得最晚。一般情况是，当横波或面波到达时，其振幅大，地面振动最猛烈，造成的危害也最大。

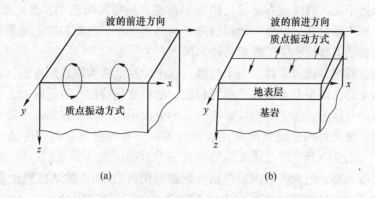

图 1-6　面波质点振动形式
（a）瑞利波质点振动；（b）洛夫波质点振动

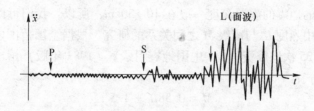

图 1-7　地震记录示意图

1.1.3.2　震级

震级是表示地震本身大小的尺度。目前，国际上比较通用的是里氏震级，其原始定义是在 1935 年由里克特（Richter）给出，即地震震级 M 为：

$$M = \lg A \tag{1-4}$$

式中　A ——标准地震仪（指周期 0.8s，阻尼系数 0.8，放大倍数 2800 倍的地震仪）在距震中 100km 处记录的以微米（$1\mu m = 10^{-6}m$）为单位的最大水平地动位移（单振幅）。

例如，在距震中 100km 处地震仪记录的振幅是 1mm，即 1000μm，其对数为 3，根据定义，这次地震就是 3 级。

震级与震源释放能量的大小有关，震级每差 1 级，地震释放的能量将差 32 倍。

一般认为，小于 2 级的地震，人们感觉不到，只有仪器才能记录下来，称为微震；2~4 级地震，人就能感觉到了，称为有感地震；5 级以上地震能引起不同程度的破坏，称为破坏性地震；7 级以上的地震，称为强烈地震或大地震；8 级以上的地震，称为特大地震。据 1935 年后提出的震级测算方法计算，1960 年 5 月发生在智利的 9.5 级地震，是记录到的世界最大地震，它所释放出来的能量之大是空前的，海啸规模巨大，地面形态变化非常显著，其破坏性之大，在世界上是十分罕见的。

1.1.3.3　地震烈度

地震烈度是指某一地区的地面和各类建筑物遭受到一次地震影响的强弱程度。对于一次地震，表示地震大小的震级只有一个，但它对不同地点的影响是不一样的。一般说，随距离震中的远近不同，烈度就有差异，距震中愈远，地震影响愈小，烈度就愈低；反之，距震中愈近，烈度就愈高。此外，地震烈度还与地震大小、震源深度、地震传播介质、表土性质、建筑物动力特性、施工质量等许多因素有关。

为评定地震烈度，就需要建立一个标准，这个标准就称为地震烈度表。它是以描述震害宏观现象为主的，即根据建筑物的损坏程度、地貌变化特征、地震时人的感觉、家具动作反应等方面进行区分。由于对烈度影响轻重的分段不同，以及在宏观现象和定量指标确定方面有差异，加之各国建筑情况及地表条件不同，各国所制定的烈度表也就不同。现在，除了日本采用从 0 到 7 度分成 8 等的烈度表及少数国家（如欧洲一些国家）用 10 度划分的地震烈度表外，绝大多数国家包括我国都采用分成 12 度的地震烈度表。我国 2008 年颁布实施的《中国地震烈度表》（GB/T 17742—2008）详见附录。

1.1.3.4 震中烈度与震级的关系

一般说，震中烈度是地震大小和震源深度两者的函数。但是，对人民生命财产影响最大的、发生最多的地震的震源深度一般在 $10\sim30km$，所以，我们可以近似认为震源深度不变，来进行震中烈度 I_0 与震级 M 之间关系的研究。根据全国范围内既有宏观资料及由仪器测定震级的 35 次地震资料，《中国地震目录》（1983 年版）给出了根据宏观资料估定震级的经验公式：

$$M = 0.58I_0 + 1.5 \tag{1-5}$$

必要时可参考地震影响面积的大小作适当调整。其大致的对应关系如表 1-1 所示。

表 1-1 震中烈度与震级的大致对应关系

震级 M	2	3	4	5	6	7	8	8 以上
震中烈度	1~2	3	4~5	6~7	7~8	9~10	11	12

1.1.4 常用术语

震源深度：震中到震源的垂直距离称为震源深度。

震中距：建筑物到震中之间的距离称为震中距。

震源距：建筑物到震源之间的距离称为震源距。

极震区：在震中附近，振动最剧烈、破坏最严重的地区称为极震区。

等震线：一次地震中，在其所波及的地区内，用烈度表可以对每一个地点评估出一个烈度，烈度相同点的外包连线称为等震线（图 1-8）。

抗震设防烈度：按国家规定的权限批准作为一个地区抗震设防依据的地震烈度。

地震作用：由地震动引起的结构动态作用，包括水平地震作用和竖向地震作用。

设计地震动参数：抗震设计用的地震加速度（速度、位移）时程曲线、加速度反应谱和峰值加速度。

设计基本地震加速度：50 年设计基准期超越概率 10% 的地震加速度的设计取值。

设计特征周期：抗震设计用的地震影响系数曲线中，反映地震震级、震中距和场地类别等因素的下降段起始点对应的周期值。

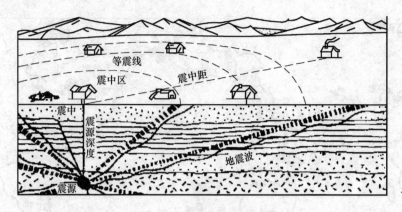

图 1-8　术语解释示意图

1.2　地震震害

1.2.1　世界的地震活动

　　据统计，地球上平均每年发生震级为 8 级以上、震中烈度在 11 度以上的毁灭性地震 2 次；震级为 7 级以上、震中烈度在 9 度以上的大地震不到 20 次；震级在 2.5 级以上的有感地震在 15 万次以上，通常地震台仪器能够记录到的地震至少在 100 万次以上，用高灵敏地震仪才能记录下来的微弱振动更是数不胜数。小地震几乎到处都有，大地震则发生在某些地区。这些以地震波形式释放出来的能量估计每年达 9×10^{17} J，它主要是由少数大地震释放出来的，其中约 85% 是浅源地震释放的。

　　21 世纪初，科学家们在遍访各大洲、进行宏观地震资料调查的基础上，编制了世界地震活动图，以后，又根据地震台的观测数据编出了较精确的世界地震分布图，从这些图中可以清楚看到，地球上有以下四组主要地震带，且前两者为世界地震的主要活动地带（图 1-9）。

　　（1）环太平洋地震带：全球约 80% 浅源地震和 90% 的中深源地震，以及几乎所有的深源地震都集中在这一地带。它沿南北美洲西海岸、阿留申群岛，转向西南到日本列岛，再经我国台湾省，达菲律宾、新几内亚和新西兰。

　　（2）欧亚地震带：除分布在环太平洋地震活动带的中深源地震以外，几乎所有其他中源地震和一些大的浅源地震都发生在这一活动带，这一活动带内的震中分布大致与山脉走向一致。它西起大西洋的亚速岛，经意大利、土耳其、伊朗、印度北部、我国西部和西南地区，过缅甸至印度尼西亚与上述环太平洋带相衔接。

　　（3）沿北冰洋、大西洋和印度洋中主要山脉的狭窄浅震活动带：北冰洋、大西洋带是从勒拿河口地震较稀少的地区开始，经过一系列海底山脉和冰岛，然后顺着大西洋底的隆起带延伸。印度洋地震带始于阿拉伯之南，沿海底隆起延伸，以后朝南走向南极。

　　（4）地震相当活动的断裂谷：如东非洲和夏威夷群岛等。

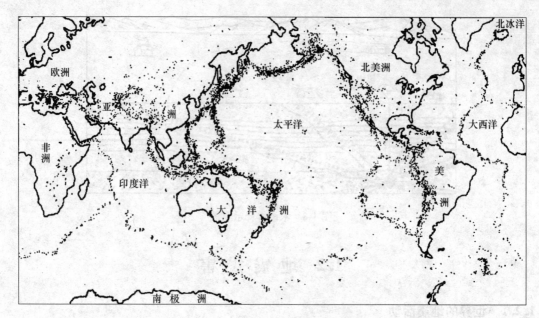

图 1-9　世界地震震中分布略图

1.2.2　我国的地震活动

我国东临环太平洋地震带，南接欧亚地震带，地震区分布很广。我国主要地震带有两条：

（1）南北地震带。北起贺兰山，向南经六盘山、穿越秦岭沿川西至云南省东北部，纵贯南北。地震带宽度各处不一，大致在数十至百余千米左右，分界线是由一系列规模很大的断裂带及断陷盆地组成，构造相当复杂。

（2）东西地震带。主要的东西构造带有两条，北面的一条沿陕西、山西、河北北部向东延伸，直至辽宁北部的千山一带；南面的一条，自帕米尔起经昆仑山、秦岭，直到大别山区。

据此，我国大致可划分成六个地震活动区：（1）台湾及其附近海域；（2）喜马拉雅山脉活动区；（3）南北地震带；（4）天山地震活动区；（5）华北地震活动区；（6）东南沿海地震活动区。

综上所述，由于我国所处的地理环境，使得地震情况比较复杂。从历史地震状况来看，全国除个别省份（例如浙江、江西）外，绝大部分地区都发生过较强的破坏性地震，有不少地区现代地震活动还相当强烈，如我国台湾省大地震最多，新疆、西藏次之，西南、西北、华北和东南沿海地区也是破坏性地震较多的地区。

1.2.3　近期世界地震活动

近年来国内外发生的著名大地震如表 1-2 所示。

这些大地震不但造成了大量的人员伤亡，还使大量建筑遭到破坏，交通、生产中断，水、火、疾病等次生灾害发生，给人类带来了不可估量的损失。

表 1-2　近期世界地震情况

年　份	地　点	震　级	死亡人数/人
1976	中国唐山	7.8	240000
1985	墨西哥城	8.1	12000
1988	亚美尼亚	7.1	25000
1990	伊朗德鲁巴尔	7.7	75000
1990	菲律宾吕宋岛	7.1	75000
1995	日本阪神	7.2	6300
1999	中国台湾集集	7.8	2500
2003	伊朗	6.3	30000
2004	印度尼西亚苏门答腊岛	9.0	174000
2005	巴基斯坦伊斯兰堡	7.8	86000
2006	印度尼西亚	6.4	5782
2008	中国四川汶川	8.0	69227
2010	海地	7.0	222500
2011	日本东海岸	9.0	14704
2011	新西兰克赖斯特彻奇	6.3	125
2013	伊朗与巴斯坦交界处	7.8	41
2014	中国云南鲁甸	6.5	617
2015	尼泊尔	8.1	8786

1.2.4　地震所造成的破坏

1.2.4.1　地表破坏

地震造成的地表破坏有山石崩裂、滑坡、地面裂缝、地陷及喷水冒砂等。

地震造成的山石崩裂的塌方量可达近百万立方米，石块最大的能超过房屋体积，崩塌的石块可阻塞公路、中断交通，在陡坡附近还会发生滑坡。

地陷大多发生在岩溶洞和采空（采掘地下坑道）地区。在喷水冒砂地段，也可能发生下陷。

地裂缝的数量、长短、深浅等与地震的强烈程度、地表情况、受力特征等因素有关，按成因可分成以下两种：（1）不受地形地貌影响的构造裂缝，这种裂缝是地震断裂带在地表的反映，其走向与地下断裂带一致，规模较大，裂缝带长可达几千米到几十千米，带宽几米到几十米。（2）受地形、地貌、土质条件等限制的非构造裂缝，大多沿河岸边、陡坡边缘、沟坑四周和埋藏的古河道分布，往往和喷水冒砂现象伴生，裂缝中往往有水存在，大小形状不一，规模也较前一种小。地裂缝往往是地表受到挤压、伸张、旋扭等力作用的结果（图 1-10）。地裂缝穿过房屋会造成墙和基础的断裂或错动，严重时会造成房屋倒塌。

地下水位较高的地区，地震的强烈振动会使含水粉砂层液化，地下水夹着砂子经裂缝或其他通道喷出地面，形成喷水冒砂现象（图 1-11）。

图 1-10　地裂缝

图 1-11　地面喷水冒砂

1.2.4.2　工程结构的破坏现象

工程结构在地震时所遭遇的破坏是造成人民生命财产损失的主要原因。其破坏情况与结构类型及抗震措施有关。结构破坏情况主要有以下几种：

（1）承重结构承载力不足或变形过大造成的破坏。地震时，地震作用附加于建筑物或构筑物上，使其内力及变形增加较多，而且往往改变其受力方式，导致建筑物或构筑物的承载力不足或变形过大而破坏。如墙体出现裂缝，钢筋混凝土柱剪断或混凝土被压酥裂，房屋倒塌（图 1-12、图 1-13），砖烟囱折断和错位，砖砌水塔筒身严重裂缝，桥面塌落等（图 1-14、图 1-15）。

图 1-12　墙体斜裂缝

图 1-13　建筑物倒塌

图 1-14　烟囱折断、错位

图 1-15　桥梁坍塌

（2）结构丧失整体性造成的破坏。结构构件的共同工作主要由各构件之间的连接及构件之间的支撑来保证。在地震作用下，由于节点强度不足、延性不够、锚固质量差等使结构丧失整体性而造成破坏（图1-16）。

（3）地基失效引起的破坏。在强烈地震作用下，有些建筑物上部结构本身无损坏，但由于地基承载能力的下降或地基土液化造成建筑物倾斜、倒塌而破坏。

图 1-16　厂房倒塌

1.2.4.3　次生灾害造成的破坏

地震的次生灾害有水灾、火灾、毒气污染、滑坡、泥石流、海啸等。由此引起的破坏也很严重，例如 1923 年日本东京大地震，震倒房屋 13 万幢，而震后引起的火灾却烧毁房屋 45 万幢；1960 年智利沿海发生地震后 22h，海啸袭击了 17000km 以外的日本本州和北海道的太平洋沿岸地区，浪高近 4m，冲毁了海港、码头和沿岸建筑物；1970 年秘鲁大地震，瓦斯卡兰山北峰泥石流从 3750m 高度泻下，流速达 320km/h，摧毁、淹没了村镇、建筑，使地形改观，死亡达 25000 人。

1.3　工程结构的抗震设防

1.3.1　抗震设防的目标

近年来，国外抗震设防目标的总趋势是：要求建筑物在使用期间，对不同频度和强度的地震，应具有不同的抵抗力，即"小震不坏，中震可修，大震不倒"。这一抗震设防目标亦为我国抗震设计规范所采纳。我国《建筑抗震设计规范》（GB 50011—2010）（以下简称《抗震规范》）中对抗震设防的目标提出了：

（1）当遭受低于本地区抗震设防烈度（简称烈度，如设防烈度为 8 度，简称 8 度）的多遇地震影响时，建筑物一般不受损坏或不需修理可继续使用。

（2）当遭受相当于本地区抗震设防烈度的地震影响时，建筑物（包括结构和非结构部分）可能损坏，但不致危及生命和生产设备的安全，经一般修理或不需修理仍能继续使用。

（3）当遭受高于本地区抗震设防烈度预估的罕遇地震影响时，建筑物不致倒塌或发生危及生命的严重破坏。

为达到上述三点抗震设防目标，可以用三个地震烈度水准来考虑，即众值烈度（多余烈度）、基本烈度和预估的罕遇烈度。遵照现行规范设计的建筑，在遭遇第一水准烈度（众值烈度）时，建筑物将进入非弹性工作阶段，但非弹性变形或结构体系的损坏控制在可修复的范围；在遭遇第三水准烈度（预估的罕遇地震，即大震）时，建筑物有较大的非弹性变形，但应控制在规定的范围内，以免倒塌。

1.3.2　小震与大震

从概率统计上说，小震应是发生机会较多的地震，因此，可将小震定义为烈度概率密度函数。图 1-18 为三种烈度关系示意图，曲线上峰值所对应的烈度，即众值烈度时的地震。根据大量地震发生概率的数据统计分析，确认我国地震烈度的概率分布符合极限Ⅲ型，当设计基准期为 50 年时，则 50 年内众值烈度的超越概率为 63.2%，这就是第一水准的烈度。50 年超越概率约 10% 的烈度大体相当于现行地震区划图规定的基本烈度或新修订的中国地震动参数区划图规定的峰值加速度所对应的烈度，将它定义为第二水准的烈度。大震是罕遇的地震，50 年超越概率约为 2% 的烈度可称为罕遇烈度，作为第三水准烈度。由烈度概率分布分析可知，基本烈度与众值烈度相差约 1.55 度，而基本烈度与罕遇烈度相差约为 1 度。例如，当基本烈度为 8 度时，其众值烈度约为 6.45 度左右，罕遇烈度约为 9 度左右（图 1-17）。

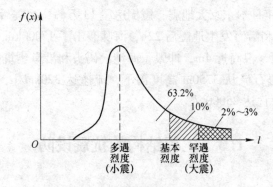

图 1-17　三种烈度关系

1.3.3　抗震设防依据及地震影响

建筑物抗震设防依据：在对建筑物进行抗震设计时，对其所在地可能遭遇的"地震影响"的强烈程度，用抗震设防烈度来估计。

一个地区考虑地震时的抗震设防烈度一般情况下可采用中国地震动参数区划图（国家质量技术监督局 2001 年 2 月 2 日发布）中的基本烈度（或与《抗震规范》中设计基本地震加速度值对应的烈度值）。对已编制抗震设防区划的城市，可按批准的抗震设防烈度或设计地震动参数进行抗震设防。

近年来的地震经验表明，在宏观烈度相似的情况下，处在大震级远震中距下的柔性建筑，其震害要比中、小震级近震中距的情况重得多；理论分析也发现，震中距不同时反应谱频谱特性并不相同。抗震设计时，对同样场地条件、同样烈度的地震，按震源机制、震级大小和震中距远近区别对待是必要的。以上因素都用该建筑所受的"地震影响"来考虑。

《抗震规范》提出：对建筑所在地区遭受的地震影响，应采用相应于抗震设防烈度的设计基本地震加速度和设计特征周期来表征。

抗震设防烈度和设计基本地震加速度取值的对应关系如表 1-3 所示。

表 1-3 抗震设防烈度和设计基本地震加速度值的对应关系

抗震设防烈度	6	7	8	9
设计基本地震加速度	$0.05g$	$0.10(0.15)g$	$0.20(0.30)g$	$0.40g$

注：g 为重力加速度。

设计基本地震加速度为 $0.15g$ 和 $0.3g$ 地区内的建筑，除另有规定外，一般按抗震设防烈度 7 度和 8 度的要求进行抗震设计。

建筑的设计特征周期（简称为特征周期）应根据其所在地的设计分组和场地类别确定，设计地震分组共分为三组，即第一组、第二组、第三组，用以体现震级和震中距的影响。

我国主要城镇抗震设防烈度、设计基本地震加速度和设计地震分组见《抗震规范》附录。

1.3.4 建筑结构抗震设计方法

《抗震规范》提出了两阶段设计方法以实现上述三个烈度水准的抗震设防目标。第一阶段设计是在方案布置不符合抗震原则的前提下，按与基本烈度相对应的众值烈度（相当于小震）的地震动参数，用弹性反应谱法求得结构在弹性状态下的地震作用标准值和相应的地震作用效应，然后与其他荷载效应按一定的组合系数进行组合，对结构构件截面进行承载力验算，对较高的建筑物还要进行变形验算，以控制侧向变形不要过大。这样，即满足了第一水准下必要的强度可靠度，又满足第二水准的设防要求（损坏可修），再通过概念设计和构造措施来满足第三水准的设计要求。对大多数结构，可只进行第一阶段设计；对少部分结构，如有特殊要求的建筑和地震时易倒塌的结构以及有明显薄弱层的不规则结构，除进行第一阶段设计外，还要进行第二阶段设计，即按与基本烈度相对应的罕遇烈度（相当于大震），验算结构薄弱部位的弹塑性层间变形是否小于限值（不发生坍塌），如果变形过大，则应修改设计或采用相应的构造措施，以满足第三水准的设计要求（大震不倒）。

1.3.5 建筑抗震设防分类和设防标准

根据建筑使用功能的重要性，按其受地震破坏时产生的后果，将建筑分为四类：

甲类建筑——重大建筑工程和遭遇地震破坏时可能发生严重次生灾害的建筑（如产生放射性物质的污染、大爆炸等）。

乙类建筑——地震时使用功能不能中断或需尽快恢复的建筑，如城市生命线工程建筑和地震时救灾需要的建筑等。

丙类建筑——甲、乙、丁类以外的一般建筑，如大量的一般工业与民用建筑等。

丁类建筑——抗震次要建筑，如遇地震破坏，不易造成人员伤亡和较大经济损失的建筑等。

《抗震规范》规定：对各抗震设防类别建筑的设防标准，应符合以下要求：

甲类建筑，地震作用计算应高于本地区抗震设防烈度的要求，其值应按批准的地震安全性评价结果确定；当抗震设防烈度为 6~8 度时，其抗震措施应符合本地区抗震设防烈度提高 1 度的要求；当抗震设防烈度为 9 度时，应符合比 9 度抗震设防更高的要求。

对较小的乙类建筑，当其结构改用抗震性能较好的结构类型时，允许仍按本地区抗震设防烈度的要求采取抗震措施。

丙类建筑，地震作用计算和抗震措施均应符合地区抗震设防烈度的要求。

丁类建筑，一般情况下，地震作用计算应符合本地区抗震设防烈度的要求，抗震措施允许较本地区抗震设防烈度的要求适当降低，但抗震设防烈度为 6 度时不应降低。

抗震设防烈度为 6 度时，除另有规定外，对乙、丙、丁类建筑可不进行地震作用计算。

1.3.6 建筑结构抗震设计的基本要求

由于地震动的随机性，加之建筑物的动力特性、所在场地、材料及结构内力的不确定性，地震时造成破坏的程度很难准确预测，为保证结构具有足够的抗震可靠度，在进行抗震设计时，必须综合考虑多种因素的影响，着重从建筑物的总体上进行抗震设计，这又称为概念设计。概念设计要考虑以下因素：场地条件和场地土的稳定性；建筑平、立面布置及外形尺寸；抗震结构体系的选取、抗侧力构件布置及结构质量的分布；非结构构件与主体结构的关系及二者之间的锚拉；材料与施工等。

1.3.6.1 建筑场地

地震造成建筑的破坏，除地震动直接引起结构破坏外，场地条件也是一个重要的原因，如地震引起的地表错动与地裂，地基土的不均匀沉降、滑坡和粉、砂土液化等。因此抗震设防区的建筑工程选择场地时应做到：

（1）应选择对建筑抗震有利地段，如开阔平坦的坚硬场地土或密实均匀的中硬场地土等地段。

（2）应避开对建筑抗震不利地段，如软弱场地土，易液化土，条状突出的山嘴，高耸孤立的山丘，非岩质的陡坡，采空区，河岸和边坡边缘，场地土在平面分布上的成因、岩性、状态明显不均匀（如古河道、断层破碎带、暗埋的塘滨沟谷及半填半挖地基等）等地段。当无法避开时，应采取有效的抗震措施。

（3）不应在危险地段建造甲、乙、丙类建筑。建筑抗震危险地段，一般是指地震时可能发生滑坡、崩塌、地陷、地裂、泥石流等地段，发震断裂带上地震时可能发生地表错位地段。

建筑场地为 I 类时，场地分类见 2.1 节，甲、乙类建筑仍按本地区抗震设防烈度的要求采取抗震构造措施；丙类建筑允许按本地区抗震设防烈度降低 1 度的要求采取抗震构造措施，但抗震设防烈度为 6 度时，仍应按本地区抗震设防烈度的要求采取抗震构造措施。

1.3.6.2 地基和基础设计

（1）同一结构单元不宜设置在性质截然不同的地基土上，也不宜部分采用天然地基，部分采用桩基。

（2）地基有软弱黏性土、可液化土、严重不均匀土层时，宜加强基础的整体性和刚性。

1.3.6.3 建筑设计和建筑结构的规则性

建筑设计应符合抗震概念设计的要求，不应采用严重不规则的设计方案。

建筑及其抗侧力结构的平面布置宜规则、对称，整体性较好；建筑的立面和竖向剖面宜规则，结构侧向刚度变化均匀，竖向抗侧力构件的截面尺寸和材料强度宜自下而上逐步减小，避免抗侧力结构的侧向刚度和承载力突变。

对平面不规则和竖向不规则类型的建筑结构应按《抗震规范》要求进行水平地震作用计算和内力调整，并对薄弱层部位采取有效的抗震构造措施。

对体型复杂、平立面特别不规则的建筑结构，要在适当部位设置防震缝，形成多个较规则的抗侧力结构单元。防震缝要留有足够的宽度，其两侧上部结构完全分开。当结构需要设置伸缩缝和沉降缝时，其宽度应符合防震缝的要求。

1.3.6.4 抗震结构体系

（1）应具有明确的计算简图和合理的地震作用传递途径。

（2）宜有多道抗震设防，避免因部分结构或构件失效而导致整个体系丧失抗震能力或丧失对重力的承载能力。

（3）应具备必要的抗震承载力、良好的变形能力和消耗地震能量的能力。

（4）应综合考虑结构体系的实际刚度和强度分布，避免因局部削弱或突变而形成薄弱部位，避免产生过大的应力集中或塑性变形集中，结构在两个主轴方向的动力特性宜接近，对可能出现的薄弱部位，宜采取措施改善其变形能力。

1.3.6.5 结构构件

抗震结构构件应力求避免脆性破坏。对砌体结构，宜采用钢筋混凝土圈梁和构造柱、芯柱、配筋砌体或钢筋混凝土和砌体组合柱。对钢筋混凝土构件，应通过合理的截面选择及合理的配筋避免剪切破坏先于弯曲屈服，避免混凝土的受压破坏先于钢筋的屈服，避免钢筋锚固破坏先于构件破坏。对钢结构，构件应防止压屈、失稳。

还应加强结构各构件之间的连接，以保证结构的整体性。

抗震支撑系统应能保证地震时的结构稳定。

1.3.6.6 结构分析

除特殊规定外，建筑结构应进行多遇地震作用下的内力和变形分析，假定构件处于弹性工作状态，内力和变形分析可采用线性静力方法或线性动力方法。对不规则且有明显薄弱层部位，地震时可能导致严重破坏的建筑结构，应按要求进行罕遇地震作用下的弹塑性变形分析，可采用静力弹塑性分析或弹塑性时程分析方法，或可采用简化方法。

利用计算机进行结构抗震分析时，应确定合理的计算模型，对复杂结构进行内力和变形分析时，应取不少于两个不同的力学模型，并对其计算结构进行分析和比较。

对所有计算机计算的结果，均需经分析确认其合理、有效后方可用于工程设计。

1.3.6.7 非结构构件

非结构构件，包括建筑非结构构件和建筑附属机电设备，自身及其与结构主体的连接，应进行抗震设计。

对非结构构件，如女儿墙、维护墙、雨篷、门脸、封墙等，应注意其与主体结构有可靠的连接和锚固，避免地震时倒塌伤人；对维护墙和隔墙与主体结构的连接，应避免其不合理的设置而导致主体结构的破坏；应避免吊顶在地震时塌落伤人；应避免贴镶或悬吊较重的装饰物，或采取可靠的防护措施。

安装在建筑上的附属机械、电气设备系统的支座和连接应符合地震时使用功能的要求。

1.3.6.8 结构材料与施工质量

抗震结构对材料和施工质量的特别要求应在设计文件上注明，并应保证按其执行。砌体结构所用材料、钢筋混凝土结构所用材料、钢结构所用钢材等的强度等级应符合最低要求。钢筋接头及焊接质量应满足规范要求，对构造柱、芯柱及框架的施工，对砌体房屋纵墙及横墙的连接等应保证施工质量。

＊＊＊＊＊＊＊＊＊＊＊＊＊＊＊＊＊＊＊＊＊＊＊＊＊＊＊＊＊＊＊＊＊＊

本 章 小 结

（1）地球是一个平均半径为 6400km 的椭圆球体，由表及里由三部分组成：地壳、地幔和地核。世界上绝大部分地震都发生在这一薄薄的地壳内。

（2）地震按其成因可分为火山地震、陷落地震和构造地震。由于地壳运动推挤地壳岩层使其薄弱部位发生断裂错动而引起的地震称为构造地震，这类地震分布最广，危害最大，是本课程研究的重点。按震源深浅不同，地震还可分为浅源地震、中源地震和深源地震 3 种类型。

（3）震级是反映一次地震本身强弱程度和大小的尺度，是一种定量指标。地震烈度是指某一地区地面和各类建筑物遭受一次地震影响的强弱程度，是衡量地震后引起后果的一种标度。地震烈度是根据人的感觉和器物的反应、地面及房屋的破坏程度等宏观现象来评定的。

（4）地震震害主要有地表破坏、工程结构的破坏和次生灾害造成的破坏等，其中工程结构的破坏情况不仅与结构类型和抗震构造措施有关，而且还与场地等工程地质条件有关，因此抗震设计时应综合考虑各方面的因素，以达到工程结构的抗震设防目标和目的。

＊＊＊＊＊＊＊＊＊＊＊＊＊＊＊＊＊＊＊＊＊＊＊＊＊＊＊＊＊＊＊＊＊＊

复习思考题

1-1 地震按其成因分为哪几种类型？按其震源的深浅又分为哪几种类型？

1-2 什么是地震波？地震波包含了哪几种波？

1-3 什么是地震震级？什么是地震烈度？什么是抗震设防烈度？

1-4 什么是多遇地震？什么是罕遇地震？

2 场地、地基和基础

本章提要

本章主要介绍：（1）建筑场地、场地土及场地覆盖层厚度的基本概念；（2）场地土类型和场地类别的划分方法；（3）天然地基及基础抗震承载力验算的一般原则；（4）地基土液化的原因及危害，场地土液化的判别方法，可液化地基和软土地基的抗震措施以及桩基抗震设计的基本方法等。这些都是建筑抗震设计和减轻建筑物地震灾害的基本知识，学习时应深刻理解其本质，以便为后续各章的学习打下基础。

2.1 场　　地

场地即指工程群体所在地，具有相似的反应谱特征，其范围相当于厂区、居民小区和自然村或不小于 $1.0km^2$ 的平面面积。

多次震害调查发现，在具有不同工程地质条件的建筑场地上，建筑物在地震中的破坏程度是明显不同的。为了合理地选择建筑场地以达到减轻建筑物震害的目的，《抗震规范》按场地上建筑物的震害轻重程度把建筑场地划分为对建筑抗震有利、一般、不利和危险的地段。有利地段包括坚硬土或开阔平坦、密实均匀的中硬土等；一般地段包括不属于有利、不利和危险的地段；不利地段包括软弱土，液化土，条状突出的山嘴，高耸孤立的山丘，非岩质的陡坡，河岸和边坡边缘，平面分布上成因、岩性、状态明显不均匀的土层等；危险地段包括地震时可能发生滑坡、崩塌、地陷、地裂、泥石流等及发震断裂带上可能发生地表错位的部位。这样，在选择建筑场地时，首先应选择对抗震有利的场地而避开对抗震不利的场地，以大大减轻建筑物的地震灾害。但是，建筑场地的选择还是要受到其他许多因素的制约，除了对抗震不利和有严重危险性的场地外，一般是不能排除其他场地作为建筑用地的。因此，有必要将建筑场地按其对建筑物地震作用的强弱和特征进行分类，以便根据不同的建筑场地类别采用相应的设计参数进行建筑物的控制设计。

2.1.1 场地土及场地覆盖层的厚度

2.1.1.1 场地土

场地土是指在场地范围内的地基土。根据震害调查，即使在同一烈度区内，由于场地土质条件的不同，建筑物的震害也有很大差异，表现在对地面运动的影响上。其一般规律为：在同一地震和同一震中距离时，软弱地基与坚硬地基相比，软弱地基地面的自振周期长，振幅大，振动持续时间长，震害也重。这不仅表现在对地基稳定和变化的影响上，软弱地基在振动的情况下更容易产生不稳定状态和不均匀沉陷，甚至会发生液化、滑动、开裂等严重现象（坚硬地基一般没有上述危险），而且也表现在改变建筑物的动力特性上，因为地基和上部结构是不可分割的整体，所以地基土的性质势必影响结构的整体性能。一般软弱地基对建筑物有增长周期、改变振型和增大阻尼的作用。国外研究也指出，建造在厚的软弱土层上的高层建筑，其地震反应要比建造在硬土上的反应大3~4倍。

此外，震害调查还表明，在软弱地基上，柔性结构最容易遭到破坏，刚性结构则表现较好，这时有的破坏是由于结构破坏所产生，而有的破坏则是由于地基破坏所产生；在坚硬地基上，柔性结构一般表现较好，而刚性结构有的表现较差。就地面建筑物总的破坏现象来看，在软弱地基上的破坏要比坚硬地基上的严重，并且场地土土层的组成不同，建筑物的震害也不相同。例如唐山地震时，天津某区地表下10m左右处有低剪切波速的淤泥质亚黏土夹层，与地质条件大体相同的区域相比，其震害就轻得多。

综上所述，场地土对建筑物震害的影响，主要与场地土的坚硬程度和土层的组成有关，对于场地土类型的划分，则根据常规勘探资料按其等效剪切波速或参照一般土性描述来分类。但是，地基只有单一性质场地土的情况是少见的，并且地表土层的组成也比较复杂，所以，场地土类别的划分大多采用简化方法，即一般可按土层剪切波速v_s或土层等效剪切波速v_{se}来划分，其中v_{se}应按式（2-1）确定：

$$v_{se} = \frac{d_0}{t} \qquad (2-1)$$

$$t = \sum_{i=1}^{n} \frac{d_i}{v_{si}} \qquad (2-2)$$

式中　v_{se}——土层等效剪切波速，m/s；

　　　d_0——计算深度，m，取覆盖层厚度和20m两者的较小值；

　　　t——剪切波在地表与计算深度之间传播的时间，s；

　　　d_i——计算深度范围内第i层的厚度，m；

　　　n——计算深度范围内土层的分层数；

　　　v_{si}——计算深度范围内第i土层的剪切波速，m/s，宜用现场实测数据。

对于丁类建筑及层数不超过10层且高度在30m以下的丙类建筑，当无实测剪切波速资料时，亦可根据岩土名称和性状按表2-1规定划分土的类型，并利用当地经验在表2-1的波速范围内估计各土层的剪切波速。

表2-1　土的类型划分和剪切波速范围

土的类型	岩土名称和性状	土层剪切波速范围/m·s⁻¹
岩 石	坚硬、较硬且完整的岩石	$v_s > 800$
坚硬土或软质岩石	破碎和较破碎的岩石或软和较软的岩石，密实的碎石土	$800 \geq v_s > 500$
中硬土	中密、稍密的碎石土，密实、中密的砾、粗、中砂，$f_{ak} > 150$的黏性土和粉土，坚硬黄土	$500 \geq v_s > 250$

土的类型	岩土名称和性状	土层剪切波速范围 /m·s^{-1}
中软土	稍密的砾、粗、中砂，除松散外的细、粉砂，$f_{ak} \leqslant 150$ 的黏性土和粉土，$f_{ak} > 130$ 的填土，可塑新黄土	$250 \geqslant v_s > 150$
软弱土	淤泥和淤泥质土，松散的砂，新近沉积的黏性土和粉土，$f_{ak} \leqslant 130$ 的填土，流塑黄土	$v_s \leqslant 150$

注：f_{ak} 为由载荷实验等方法得到的地基承载力特征值，kPa；v_s 为岩土剪切波速。

2.1.1.2　场地覆盖层厚度

场地覆盖层厚度不同所产生的震害差异很早就引起了人们的注意。一般来讲，震害随覆盖层厚度的增加而加重。如 1976 年唐山地震时，市区西南部覆盖层厚度达 500~800m，房屋倒塌率近 100%，而市区东北部大城山一带，则因覆盖层较薄，多数厂房（如 422 水泥厂、唐山钢厂、建筑陶瓷厂等）虽然也位于极震区，但房屋倒塌率仅为 50%。又如 1923 年日本关东地震时，房屋的破坏率也明显地随着冲积层厚度的加大而增加。1967 年委内瑞拉地震时，也发现同一地区覆盖层厚度不同其震害有明显差异的现象，特别是 9~12 层房屋在厚的冲填土上破坏率极高。

目前，国内外对覆盖层厚度的定义有两种方法。一种是绝对的，即从地面至基岩顶面的距离，但各国采用的基岩标准有所不同；另一种是相对的，即定义两相邻土层波速比（$v_{s下}/v_{s上}$）大于某一定值的埋深为覆盖层厚度。我国《抗震规范》则规定按下列要求确定场地覆盖层厚度：一般情况下，可取地面至剪切波速大于 500m/s 且其下卧各层岩土的剪切波速均不小于 500m/s 的土层顶面的距离，但当地面 5m 以下存在剪切波速大于相邻上层土剪切波速 2.5 倍的土层且其下卧岩土层的剪切波速均不小于 400m/s 时，亦可取地面至该土层顶面的距离作为覆盖层厚度。若土层中有剪切波速大于 500m/s 的孤石、透镜体，应视同周围土层，土层中的火山岩硬夹层应视为刚体，其厚度应从覆盖土层中扣除。

2.1.2　场地类别

建筑场地类别是场地条件的基本表征，而场地条件对地震的影响已被多次大地震的震害现象、理论分析结果和强震观测资料所证实。但是，世界各国对场地类别的划分并不一致，其中大多数国家按土层的一般描述、岩性和厚度、岩性和土力学指标以及地面脉动、波速、标贯值 N 和地下水位等进行划分，且多数划分方案都仅指单层地基土的情况。至于多层地基土按其地震效应进行分类则是一个较为复杂的问题，目前还没有找到比较满意的解决方法。比较常见的说法是，上部土层作用大，土层厚的作用大。

通过总结国内外对场地划分的经验以及对震害的总结、理论分析和实际勘察资料，我国《抗震规范》指出：建筑场地类别应根据土层等效剪切波速和场覆盖层厚度划分为 4 类（表 2-2），其中包括 I$_0$、I$_1$ 两个亚类。当有可靠的剪切波速和覆盖层厚度值而场地类别又处于表 2-2 中所列的分界线附近时，可按插值方法来确定场地反应谱特征周期。此外，当场地内有发震断裂时，应对断裂的工程影响进行评价，符合下列条件之一者，可不考虑发震断裂错动对地面建筑的影响：抗震设防烈度小于 8 度；非全新世活动断裂；抗震设防烈度为 8 度、9 度地区的隐伏断裂；前第四纪基岩以上的土层覆盖厚度分别大于 60m

和 90m 的。如果不满足上述条件，则应避开主断裂带，其避让距离按表 2-3 采用。

表 2-2　各类建筑场地的覆盖层厚度　　　　　　　　　　（m）

岩石的剪切波速或土的等效剪切波速/m·s⁻¹	场地类别				
	I_0	I_1	II	III	IV
$v_s>800$	0				
$800 \geqslant v_s>500$		0			
$500 \geqslant v_s>250$		<5	≥5		
$250 \geqslant v_s>150$		<3	3~50	>50	
$v_s \leqslant 150$		<3	3~15	15~80	>80

注：表中 v_s 系岩石的剪切波速。

表 2-3　发震断裂的最小避让距离　　　　　　　　　　（m）

烈　度	建筑抗震设防类别			
	甲	乙	丙	丁
8	专门研究	200	100	—
9	专门研究	400	200	—

注：避让距离指至主断裂带外缘的水平距离，次生及分枝断裂可不考虑。

　　当需要在条状突出的山嘴、高耸孤立的山丘、非岩石和强风化岩石的陡坡、河岸和边坡边缘等不利地段建造丙类及丙类以上建筑时，除保证其在地震作用下的稳定性外，尚应估计不利地段对设计地震动参数可能产生的放大作用，其水平地震影响系数最大值应乘以增大系数。其值应根据不利地段的具体情况确定，在 1.1~1.6 范围内采用。

2.2　天然地基与基础的抗震验算

　　大量调查表明，各类场地土上的建筑物在地震时只有很少一部分是因为地基失效而导致上部结构破坏的，这类能够导致上部结构破坏的地基多为液化地基、易产生震陷的软弱黏性土地基或不均匀地基；而大量的一般性地基均具有较好的抗震能力，地震时并没有发现由于地基失效而造成上部结构的明显破坏。其原因可能是一般天然地基在静力作用下都具有相当大的安全储备，并且在建筑物自重的长期作用下，地基的承载能力还会有所提高，同时地震作用的历时较短且属于动力作用。因此，尽管地震时地基所受到的荷载有所增加，但由于上述因素的影响，一般地基遭受地震破坏的可能性还是大大降低了。

　　应该指出，尽管由于地基原因造成建筑物震害的仅占建筑震害总数的一小部分，但这类震害却不能忽视。因为一旦地基发生破坏，震后的修复加固就相当困难，有时甚至是不可能的，所以也应对地基的震害现象进行深入分析，并在设计时采取相应的抗震措施。

2.2.1　不进行天然地基及基础抗震验算的建筑

　　根据对我国多次强地震中建筑遭受破坏资料的分析，下列在天然地基上的各类建筑极少产生由于地震而引起的结构破坏，故可不进行地基及基础的抗震承载力验算。

（1）规范规定可不进行上部结构抗震验算的建筑。

（2）地基主要受力层范围内不存在软弱黏性土层的下列建筑：

①一般的单层厂房和单层空旷厂房；

②砌体房屋；

③不超过8层且高度在24m以下的一般民用框架和框架-抗震墙房屋；

④基础荷载与③项相当的多层厂房和多层混凝土抗震墙房屋，其中软弱黏性土层指7度、8度和9度时，地基承载力特征值分别小于80kPa、100kPa和120kPa的土层。

2.2.2 天然地基在地震作用下的抗震承载力验算

2.2.2.1 地基土抗震承载力

在进行天然地基的抗震承载力验算时，首先要确定地基土的抗震承载力，而地基土在地震作用下承载力和静承载力是有差别的。这是因为在静荷载作用下，地基土将产生弹性变形和永久变形（即残余变形），其中弹性变形可在短时间内完成，但永久变形的完成则需要较长的时间。这样，在静荷载长期作用下的地基，其变形也势必较大。相对来说，地震作用仅是附加于原有静荷载上的一种动力作用，其性质属于不规则的低频（1~5Hz）有限次数（10~40次）的脉冲作用，并且作用时间很短，所以只能使土层产生弹性变形而来不及发生永久变形，其结果是地震作用产生的地基变形要比相同条件静荷载产生的地基变形小得多。因此，从地基变形的角度来说，有地震作用时地基土的抗震承载力应比地基土的净承载力大，即一般土的静承载力都要比其静承载力高。另外，考虑到地震作用的偶然性和短暂性以及工程结构的经济性，地基在地震作用下的可靠性可比静荷载力下的适当降低，故在确定地基土的抗震承载力时，其取值应比地基土的静承载力有所提高。

目前，在进行天然地基及基础的抗震承载力验算时，对于地基土抗震承载力的取值，世界上绝大多数国家的抗震规范都采用了在地基上静承载力的基础上乘以调整系数的方法来计算，我国《抗震规范》也采用了同样的方法，即地基土抗震承载力应按式（2-3）计算：

$$f_{aE} = \zeta_a \cdot f_a \tag{2-3}$$

式中　f_{aE}——调整后的地基土抗震承载力；

　　　ζ_a——地基土抗震承载力调整系数，应按表2-4采用；

　　　f_a——深度修正后的地基土静承载力特征值，应按现行国家标准《建筑地基基础设计规范》（GB 50007—2011）采用。

表2-4　地基土抗震承载力调整系数

岩土名称和性状	ζ_a
岩石，密实的碎石土，密实的砾、粗、中砂，$f_{ak} \geq 300kPa$ 的黏性土和粉土	1.5
中密、稍密的碎石土，中密和稍密的砾、粗、中砂，密实和中密的细、粉砂，$150kPa \leq f_{ak} < 300kPa$ 的黏性土和粉土，坚硬的黄土	1.3
稍密的细、粉砂，$100kPa \leq f_{ak} < 150kPa$ 的黏性土和粉土，可塑的黄土	1.1
淤泥，淤泥质土，松散的砂，杂填土，新近堆积的黄土及流塑的黄土	1.0

地震作用对软土的承载力影响较大，土越软，在地震作用下的变形就越大。如我国塘

沽地区的软土，其静承载力约为 49kPa，而在唐山地震后，其动承载力还略低于静承载力。因此，在进行天然地基及基础的抗震承载力验算时，软弱土的抗震承载力不予提高。

2.2.2.2　地震作用下天然地基的抗震验算

在对地震区的建筑物进行天然地基的抗震承载力验算时，作用于建筑物上的各类荷载在与地震作用组合后，可认为其在基础地面所产生的压力是直线分布的，基础底面的平均压力和边缘最大压应力应符合式（2-4）、式（2-5）要求：

$$p \leqslant f_{aE} \tag{2-4}$$
$$p_{max} \leqslant 1.2 f_{aE} \tag{2-5}$$

式中　p——地震作用效应标准组合的基础底面平均压力；

　　　p_{max}——地震作用下效应标准组合的基础边缘的最大压力。

此外，高宽比大于 4 的高层建筑，在地震作用下基础底面不宜出现脱离区（零应力区）；其他建筑，基础底面与地基之间脱离区（零应力区）面积不应超过基础底面面积的 15%。

2.3　液化土与软土地基

2.3.1　地基土的液化

地震时，饱和砂土或粉土的颗粒在强烈振动下发生相对位移，从而使土的颗粒结构趋于密实，如果土本身的渗透系数较小，则使其孔隙水在短时间内未能排出而受到挤压，这将使孔隙水压力急剧上升。当孔隙水压力增加到与剪切面上的法向压应力接近或相等时，砂土或粉土受到的有效压应力（即原来由土颗粒通过其接触点传递的压应力）下降乃至完全消失。这时，砂土颗粒局部或将全部处于悬浮状态，土体的抗剪强度等于零，形成犹如"液体"的现象，即称为场地土达到液化状态。根据地下水在土颗粒间渗透过程中的力学平衡条件可得：

$$S = (\sigma - \mu) \tan\varphi \tag{2-6}$$

式中　S——土的抗剪强度；

　　　σ——用于剪切面上的法向压应力；

　　　μ——水压力；

　　　φ——土的有效内摩擦角。

由式（2-6）可见，当 $\mu = \sigma$ 时，$S = 0$，即形成液化。这时，液化区下部的水头比上部水头高，所以水向上涌，并把土粒带到地面上来，出现喷水冒砂现象。随着水和土粒的不断涌出，孔隙水压力逐渐降低。当降低到一定程度时，就会出现只冒水而不喷土粒的现象。此后，随着孔隙水压力的进一步消散，冒水终将停止，土粒渐渐沉落并重新堆积排列。压力重新由孔隙水传给土粒承受，砂土或粉土又达到一个新的稳定状态，土的液化过程结束。

场地土液化所引起的地面喷水冒砂、地基不均匀沉降和地裂滑坡等震害也能给建筑物造成一系列破坏。1964 年美国阿拉斯加地震和 1964 年日本新潟地震都曾发生由于饱和砂土地基液化失效，造成大量建筑物不均匀下沉和倾斜（图 2-1）甚至翻倒（图 2-2）的震害。类似的震害在我国海城地震和唐山地震中也都有发生。图 2-3 是海城地震中某房屋因地基液化造成室内地坪和墙体的开裂情况，图 2-4 是唐山地震中某办公楼因地基喷水冒砂而造成的局部下沉。

图 2-1　建筑物因砂土液化不均匀下沉

图 2-2　砂土液化使建筑物倾斜、翻倒

图 2-3　砂土液化造成墙体开裂

图 2-4　砂土液化引起房屋局部下沉

　　震害调查还表明，影响场地土液化的因素主要有以下几个方面：

　　（1）土层的地质年代和组成。一般情况下，饱和砂土的地质年代越古老，其基本性能越稳定；因此也越不容易液化。细砂和粗砂相比较，由于细砂的透水性较差，地震时容易产生孔隙水的超压作用，故细砂较粗砂易液化。此外，颗粒均匀的砂土较颗粒级配良好的砂土容易液化。

　　（2）土层的相对密度。相对密实程度较小的松砂，由于其天然空隙比一般较大，故密实程度小的砂土容易液化。例如在 1964 年的新潟地震中，土层相对密度为 50% 的地区普遍可以见到液化现象，而在土层相对密度大于 70% 的地方就未发现液化问题。

　　黏土是黏性土与无黏性砂类土之间的过渡性土壤，其黏性颗粒的含量决定了这类土壤的性质，从而也影响其液化的程度。一般情况下，土壤的黏性颗粒含量越高，越不容易发生液化。因此，当其含量超过一定限值时，即不再会发生液化现象。

　　（3）土层的埋深和地下水位的深度。试验和理论研究结果均表明，砂土层的埋深越大，地下水位越深，其饱和砂土层上的有效覆盖压力亦越大，这样的砂土层也就越不容易发生液化。地震时液化砂土层的深度一般都在 10m 以内，并且就砂土而言，地下水位小于 4m 时容易液化，超过 4m 后一般就不会液化。而对于粉土来说，7 度、8 度和 9 度地区内的地下水位分别小于 1.5m、2.5m 和 6.0m 时容易液化，超过此值后也就不再会发生液化。

（4）地震烈度和地震持续时间。地震烈度越高，地震持续时间越长，饱和砂土越容易发生液化。日本新潟在过去的 300 多年中曾发生过 25 次地震，其中只有在地面运动加速度大于 0.13g 的 3 次地震中发生过液化现象，其余地面运动加速度小于 0.13g 的地震均未发生液化，并且地面运动加速度越大，其液化现象越严重。试验结果还说明，地震持续时间较长时，即使地震烈度较低，也可能会出现液化问题。

2.3.2　液化的判别

当建筑物的地基有饱和砂土或饱和粉土时，应经过勘察试验预测其在未来地震时是否会出现液化，并确定是否需要采取相应的抗液化措施。鉴于对 6 度区的震害调查和研究较少，《抗震规范》规定，当基本烈度为 6 度时，一般情况下可不考虑对饱和砂土的液化判别和地基处理，但对液化沉陷敏感的乙类建筑，即由地基液化引起的沉陷可导致结构破坏或使结构不能正常使用的，均应按 7 度考虑；当基本烈度为 7~9 度时，乙类建筑可按本地区抗震设防烈度的要求进行判别和处理。

为了减少判别场地土液化的勘察工作量，饱和砂土液化的判别可分为两步进行，即初步判别和标准贯入试验判别。凡经初步判别定为不液化或不考虑液化影响的场地土，原则上可不进行标准贯入试验的判别。

2.3.2.1　初步判别

根据近年来对邢台、海城和唐山等地震液化现场资料的研究，《抗震规范》规定，对于饱和的砂土或粉土（不含黄土），当符合下列条件之一时，可初步判别为不液化或可不考虑液化影响的场地土：

（1）地质年代为第四纪晚更新世（Q3）及其以前时，冲洪积形成的密实饱和砂土或粉土（不含黄土），7 度、8 度时可判为不液化土。

（2）粉土的黏粒（粒径小于 0.005mm 的颗粒）含量百分率 ρ_c（%）在 7 度、8 度和 9 度分别不小于 10、13 和 16 时，可判为不液化土。其中用于液化判别的黏粒含量系采用六偏磷酸钠作分散剂测定，采用其他方法时按有关规定换算。

（3）浅埋天然地基的建筑，当上覆非液化土层厚度和地下水位深度符合下列条件之一时，可不考虑液化影响：

$$d_u > d_0 + d_b - 2 \tag{2-7}$$

$$d_w > d_0 + d_b - 3 \tag{2-8}$$

$$d_u + d_w > 1.5d_0 + 2d_b - 4.5 \tag{2-9}$$

式中　d_w——地下水位深度，m，宜按设计基准期内年平均最高水位采用，也可按近期内年最高水位采用；

　　　d_b——基础埋置深度，m，不超过 2m 时应采用 2m；

　　　d_0——液化土特征深度，m，可按表 2-5 采用；

　　　d_u——上覆盖非液化土层厚度，m，计算时宜将淤泥和淤泥质土层扣除。因为当上覆盖层土中夹有软土层时，软土对抑制液化过程中的喷水冒砂作用很小，且其本身在地震中也很可能发生软化现象，故应将其从上覆盖层中扣除。上覆盖层厚度一般从第一层可液化土层的顶面算至地表。

表 2-5　液化土特征深度 d_0　（m）

饱和土类别	烈　　度		
	7 度	8 度	9 度
粉　土	6	7	8
砂　土	7	8	9

注：当区域的地下水位处于变动状态时，应按不利的情况考虑。

2.3.2.2　标准贯入试验判别

当初步判别认为需要进一步进行液化判别时，应采用标准贯入试验方法进行场地土的液化判别。如果有成熟经验，也可采用其他判别方法。

标准贯入试验设备如图 2-5 所示，它由标准贯入器、触探杆和重 63.5kg 的穿心锤 3 部分组成。操作时，先用钻具钻至试验土层标高以上 15cm 处，然后将贯入器打至标高位置，最后在锤的落距为 76cm 的条件下，打入土层 30cm，记录锤击数为 $N_{63.5}$。

当实测标准贯入锤击数 $N_{63.5}$（未经杆长修正）小于液化判别标准贯入锤击数的临界值 N_{cr}，即 $N_{63.5} < N_{cr}$，时，应判为可液化土，否则即为不液化土。液化判别标准贯入锤击数的临界值 N_{cr} 可按式（2-10）计算：

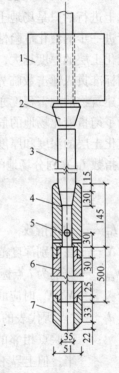

$$N_{cr} = N_0 \beta \left[\ln(0.6 d_s + 1.5) - 0.1 d_w \right] \sqrt{\frac{3}{\rho_c}} \quad (2\text{-}10)$$

式中　N_{cr}——液化判别标准贯入锤击数临界值；

N_0——液化判别标准贯入锤击数基准值，应按表 2-6 采用；

β——调整系数，设计地震第一组取 0.80，第二组取 0.95，第三组取 1.05；

d_s——饱和土标准贯入点深度，m；

d_w——地下水位深度，m；

ρ_c——饱和土的黏粒含量百分率，当 ρ_c（%）<3 或为砂土时，应采用 3。

图 2-5　标准贯入试验设备
示意图（单位：mm）
1—穿心锤；2—锤垫；3—触探杆；
4—贯入器头；5—出水孔；
6—贯入器身；7—贯入器靴

表 2-6　标准贯入锤击数基准值

设计基本地震加速度	0.10g	0.15g	0.20g	0.40g	0.50g
液化判别标准贯入锤击数基准值	7	10	12	16	19

从式（2-10）可以看出，在确定临界值 N_{cr} 时主要考虑了土层所处的深度、地下水位的深度、饱和土的黏粒含量及地震烈度等影响场地土液化的主要因素，其中乘项 $\sqrt{\dfrac{3}{\rho_c}}$ 具有三点明确的物理意义，即：

（1）使公式同时适用于饱和砂土和粉土的判别。

（2）常数 3 表示 $\rho_c(\%)=3$ 是砂土与粉土的分界线，当 $\rho_c(\%)<3$ 时取 $\rho_c(\%)=3$，则上述公式退回到砂土液化的判别公式。

（3）随着土中黏粒含量的增加，土层的相应标准贯入锤击数临界值 N_{cr} 将减小，土层越不容易液化，这就反映了粉土的液化趋势。

2.3.2.3　液化指数与液化等级

以上进行的只是场地土是否可能出现液化的判别，而对可液化土可能造成的危害，还需进行进一步的液化危险性定量分析。试验和震害调查结果表明，在同一地震强度的作用下可液化土层的厚度越大，埋藏越浅，土的密度越低，则实测标准贯入锤击数 $N_{63.5}$ 比液化判别标准贯入锤击数临界值 N_{cr} 小得越多，地下水位越高，液化所造成的沉降量越大，因此对建筑物的危害程度亦越大；反之，其危害程度就越小。

为了衡量液化场地的危害程度，《抗震规范》规定对于存在液化土层的地基，应在探明各液化土层的深度和厚度后，先用式（2-11）确定液化场地的液化指数 I_{lE}，然后再根据液化指数 I_{lE} 来划分场地的液化等级，以反映场地液化可能造成的危害程度。

$$I_{lE}=\sum_{i=1}^{n}\left(1-\frac{N_i}{N_{cri}}\right)d_i\omega_i \tag{2-11}$$

式中　I_{lE}——液化指数；

N——在判别深度范围内每一个钻孔标准贯入试验点的总数；

N_i，N_{cri}——分别为 i 点标准贯入锤击数的实测值和临界值，当 $N_i>N_{cri}$ 时应取临界值的数值；

d_i——i 点所代表的土层厚度，m，可采用与该标准贯入试验点相邻的上下两标准贯入试验点深度差的一半，但上界不高于地下水位深度，下界不深于液化深度；

ω_i——i 土层单位土层厚度的层位影响权函数值，m^{-1}，若判别深度为 20m，当该层中点深度不大于 5m 时应采用 10，等于 20m 时应采用零值，5～20m 时应按线性内插法取值（图 2-6）。

计算对比表明，液化指数 I_{lE} 与液化危害程度之间存在着明显的对应关系。一般地，液化指数 I_{lE} 越大，场地的喷水冒砂情况和建筑物的液化震害就越严重，因此可以根据液化指数 I_{lE} 的大小来区分地基的液化危害程度，即地基的液化等级，其分级结果及相应震害情况见表 2-7。

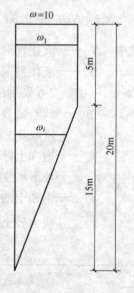

图 2-6　权函数图形

表 2-7　液化等级和相应震害情况

液化等级	液化指数 I_{IE} 判别深度 20m	地面喷水冒砂情况	对建筑物的危害情况
轻微	$0 < I_{IE} \leq 6$	地面无喷水冒砂，或仅在洼地、河边有零星的喷水冒砂	危害性小，一般没有明显的沉降或不均匀沉降
中等	$6 < I_{IE} \leq 18$	喷水冒砂可能性大，从轻微到严重均有，多数液化等级属中等	危害性较大，可能造成不均匀沉降，有时不均匀沉陷可达 200mm
严重	$I_{IE} > 18$	一般喷水冒砂都很严重，涌砂量大，地面变形明显，覆盖面广	危害性大，不均匀沉陷达 200~300mm，高重心结构可能产生不允许的倾斜，修复影响使用，修复工作难度增大

2.3.3　可液化地基的抗震措施

如上所述，地震时饱和砂土或饱和粉土的液化将引起建筑物地基的不均匀沉降，造成建筑物的墙体开裂、局部下沉和倾斜甚至翻倒。倾斜场地的土层液化还往往会带来大体积的土体滑动和严重的地裂，从而破坏地面上下的建筑物和管道设施，造成严重的后果。因此，为了保障建筑物的安全，应根据建筑的抗震设防类别和地基的液化等级，结合具体的工程情况综合考虑，并选择恰当的抗液化措施。

当液化土层较平坦且均匀时，可按表 2-8 选用合理的抗液化措施；同时也可考虑上部结构重力荷载对液化危害的影响，根据液化震陷量的估计适当调整抗液化措施。

表 2-8　抗液化措施

建筑抗震设防类别	地基的液化等级		
	轻　微	中　等	严　重
乙　类	部分消除液化沉陷，或对基础和上部结构处理	全部消除液化和沉陷，或部分消除液化沉陷且对基础和上部结构处理	全部消除液化沉陷
丙　类	基础和上部结构处理，亦可不采取措施	基础和上部结构处理，或更高要求的措施	全部消除液化沉陷，或部分消除液化沉陷且对基础和上部结构处理
丁　类	可不采取措施	可不采取措施	基础和上部结构处理，或其他经济的措施

注：甲类建筑的地基抗液化措施应进行专门研究，但不宜低于乙类的相应要求。

2.3.3.1　全部消除地基液化沉陷

当要求全部消除地基液化沉陷时，可采用桩基、深基础、土层加密法或挖除全部液化土层等措施。

（1）采用桩基时，桩端伸入液化深度以下稳定土层中的长度（不包括桩尖部分）应按计算确定，对碎石土、砾砂、粗砂、中砂、坚硬黏性土和密实粉土不应小于 0.8 m，对其他非岩石土不宜小于 1.5m。

（2）采用深基础时，基础底面应埋入液化深度以下的稳定土层中，其深度不应小于0.5m。

（3）采用加密法（如采用振冲、振动加密、挤密碎石桩、强夯等方法）对可液化地基进行加固时，应处理至液化深度下界；振冲或挤密碎石桩加固后，复合地基的标准贯入锤击数不应小于液化标准贯入临界值。

（4）用非液化土替换全部液化土层，即当直接位于基底下的可液化土层较薄时，可采用替换全部液化土层的办法，即先采用局部降水，挖去全部的可液化土层，然后分层回填砂、砾、碎石、矿渣等，并逐层夯实，也可增加上覆非液化土层的厚度。

（5）采用加密法或换土法处理时，在基础边缘以外的处理宽度，应超过基础底面下处理深度的1/2，且不小于基础宽度的1/5。

2.3.3.2　部分消除地基液化沉陷

对于部分消除地基液化沉陷的措施，应符合以下要求：

（1）处理深度应使处理后的地基液化指数减少，其值不宜大于5；大面积筏基、箱基的中心区域，处理后的液化指数可比上述规定降低1；对独立基础和条形基础，不应小于基础底面下液化特征深度和基础宽度的较大值。其中，中心区域指位于基础边界以外内沿长宽方向距外边界大于相应方向1/4长度的区域。

（2）采用振冲或挤密碎石桩加固后，桩间土的标准贯入锤击数不宜小于液化判别标准贯入锤击数临界值。

（3）基础边缘以外的处理宽度，应符合2.3.3.1中（5）的要求。

（4）采取减小液化震陷的其他方法，如增厚上覆非液化土层的厚度和改善周边的排水条件等。

2.3.3.3　基础和上部结构处理

为减轻液化对基础和上部结构的影响，可综合考虑采用以下措施：

（1）选择合理的基础埋置深度，调整基础底面积以减小基础的偏心。

（2）加强基础的整体性和刚性，如采用箱基、筏基或钢筋混凝土交叉条形基础，加设基础圈梁等。

（3）减轻荷载，增强上部结构的整体刚度和均匀对称性，合理设置沉降缝，避免采用不对称均匀沉降敏感的结构形式等。

（4）管道穿过建筑处应预留足够的尺寸或采用柔性接头等。

2.3.4　软土地基的抗震措施

当建筑物地基的主要受力层范围内存在软弱黏性土层时，由于其容许承载力低、压缩性大，因此房屋的不均匀沉降亦大。如设计不周，就会造成建筑物的大量下沉，从而引起上部结构的破坏和开裂，地震时这种破坏和开裂还会加剧。故为了保证建筑物的安全，首先应做好静力条件下的地基基础设计，然后再结合场地土的具体情况，经过对软土地基的综合分析后，再考虑采取适当的抗震措施。

软土地基的抗震措施除了采用桩基、地基加固处理（加密法、换土法、化学加固法等）或减轻液化对基础和上部结构影响的各种方法外，也可根据对软土震陷量的估计采取相应的抗震措施。当需要考虑液化土和软土震陷的影响时，液化土、软土和自重湿陷性黄土地基的震陷量估计和抗震措施的调整，可按《建筑地基基础设计规范》（GB 50007—2011）的有关规定采用。

在古河道以及临近河岸、海岸和边坡等有液化侧向扩展或流动可能的地段内不宜修建永久性建筑，否则应进行抗滑动验算、采取防土体滑动措施或结构抗裂措施。

（1）宜考虑滑动土体的侧向作用力对结构的影响。

（2）结构抗地裂措施应符合下列要求：建筑的主轴应平行河流放置；建筑的长高比宜小于3；应采用筏基或箱基，且基础板内应根据需要加配抗拉裂钢筋，抗拉裂钢筋可由中部向基础边缘逐渐减少。配筋计算时基础底板端部的撕拉力可取为零，基础底板中部的最大撕拉力可按式（2-12）计算：

$$F = 0.5G\mu \tag{2-12}$$

式中　F——基础底板中部的最大撕拉力，kN，应均匀分布于流动方向的基础宽度内；

　　　G——建筑基础底板以上的竖向总重力，kN；

　　　μ——基础底面与土间的摩擦系数，可按《建筑地基基础设计规范》（GB 50007—2011）取值。

2.4　桩基的抗震设计

2.4.1　可不进行桩基抗震验算的条件

如上所述，全部消除地基液化沉陷的有效措施之一是采用桩基，因此，桩基的抗震设计也是建筑抗震设计的重要内容。由于下述采用桩基的建筑在地震中极少发生地震失效，故《抗震规范》规定，对于承受竖向荷载为主的低承台桩基，当地面下无液化土层，且桩承台周围无淤泥、淤泥质土和地基土静承载力特征值不大于100kPa的填土时，下列建筑可不进行桩基抗震承载力验算：

（1）7度和8度时的下列建筑：

①一般的单层厂房和单层空旷房屋；

②不超过8层且高度在24m以下的一般民用框架房屋；

③基础荷载与②项相当的多层框架厂房和多层混凝土抗震墙房屋。

（2）在2.2.1节中规定的建筑及砌体房屋。

2.4.2　桩基的抗震设计

对于不符合上述条件的桩基，除了应满足《建筑地基基础设计规范》规定的设计要求外，还应进行桩基的抗震验算。验算时应根据场地土的组成情况，将其分为非液化土中的低承台桩基抗震验算和存在液化土层的低承台桩基抗震验算两大类。

对于非液化土中的低承台桩基，其抗震验算应符合下列规定：

（1）单桩竖向和水平向抗震承载力设计值可较静载时提高25%。

（2）当承台侧面的回填土夯实至干重度不小于16.5kN/m³时，可考虑承台正面填土与桩共同承担水平地震作用，但不应计入承台底面与地基土间的摩擦力。

（3）当地下室埋深大于2m时，桩所承担的地震剪力可按式（2-13）计算：

$$V = V_0 \frac{0.2\sqrt{H}}{\sqrt[4]{d_f}} \qquad (2\text{-}13)$$

式中　V——桩承担的地震剪力，kN；当小于 $0.3V_0$ 时取 $0.3V_0$，大于 $0.9V_0$ 时取 $0.9V_0$；

V_0——上部结构的底部水平地震剪力，kN；

H——建筑地上部分的高度；

d_f——基础埋深，m。

对于存在液化土层的低承台桩基，其抗震验算应符合下列规定：

（1）对一般浅基础，不宜计入承台侧面土抗力或刚性地坪对水平地震作用的分担作用。

（2）全部水平地震力由桩承担并按以下两种状态验算桩的竖向承载力和桩身的强度：

①地震时，液化土的刚度与摩阻力按折减一半处理；

②地震后，取非抗震设计组合，液化层的摩阻力取零，上覆非液化层的摩阻力乘以折减系数 0.8。

（3）打入式预制桩及其他挤土桩，当平均桩距为 2.5~4 倍桩径且桩数不少于 5×5 时，可考虑打桩对土的加密作用及桩身对液化土变形限制的有利影响。当打桩后桩间土的标准贯入锤击数值达到不液化的要求时，可不考虑液化对单桩承载力的折减。但对桩尖持力层作强度校核时，桩基外侧的应力扩散角应取为零。打桩后桩间土的标准贯入锤击数可由试验确定，也可按式（2-14）计算：

$$N_1 = N_p + 100\rho(1 - e^{-0.3N_p}) \qquad (2\text{-}14)$$

式中　N_1——打桩后的标准贯入锤击数；

N_p——打桩前的标准贯入锤击数；

ρ——打入式预制桩的面积置换率。

处于液化土中的桩基承台周围，宜用密实干土填筑夯实，若用砂土或粉土则应使土层的标准贯入锤击数不小于液化判别标准贯入锤击数临界值。液化土和震陷软土中桩的配筋范围，应自桩顶至液化深度以下符合全部消除液化沉陷所要求的深度，其纵向钢筋应与桩顶部相同，箍筋应加粗和加密。

在有液化侧向扩展的地段桩基除应满足上述要求外，还应考虑土流动时的侧向作用力，承受侧向推力的面积按边桩外缘间的宽度计算。

＊＊＊＊＊＊＊＊＊＊＊＊＊＊＊＊＊＊＊＊＊＊＊＊＊＊＊＊＊＊＊＊＊＊＊＊

本 章 小 结

（1）建筑场地是指建筑物的所在地，其在平面上大体相当于厂区、居民点或自然村的区域范围。场地土是指建筑物场地范围内的地基土，其组成和坚硬程度不同，对建筑物震害的影响也不相同。一般地，软弱地基面的自振周期和振动持续时间较长，振幅较大，因此震害也较严重。

（2）场地土的类型是根据常规勘探资料按其等效剪切波速或参照一般的土性描述来划分。对于地表土层组成比较复杂的场地土，其类型的划分一般可采用简化方法，即按土层的剪切波速或土层的等效剪切波速来划分。但对于建筑场地类别的划分则主要是根据土层的等效剪切波速和场地覆盖层厚度来进行，因为场地覆盖层厚度对建筑物的震害也有一定影响。

（3）根据震害调查资料，建造在天然地基上的砌体房屋，多层内框架房屋，底部框架砖房，地基主要受力层范围内不存在软弱黏性土层的一般单层厂房、单层空旷房屋和不超过 8 层且高度在 25m 以下的一般民用框架，及与其基础荷载相当的多层框架厂房和公共建筑以及可以不进行上部结构抗震验算的建筑，在地震中极少发生由于地基破坏而引起的结构破坏，故对于上述建筑可不进行地基抗震承载力的验算，而对于其他建筑则应进行天然地基的抗震承载力验算。

（4）考虑到地震作用的偶然性和短暂性以及工程结构的经济性，地基在地震作用下的可靠性可以比静荷载下的适当降低，故在确定地基土的抗震承载力时，其取值应比地基土的静承载力有所提高，即在地基土静承载力的基础上乘以一个大于 1 的调整系数，但对软弱土的抗震承载力不予提高。

（5）在对地震区的建筑物进行天然地基的抗震承载力验算时，作用于建筑物上的各类荷载在与地震作用组合后，可认为其在基础底面所产生的压力是直线分布的，基础底面平均压力和边缘最大压力的设计值应分别不超过调整后地基土的抗震承载力设计值及其1.2 倍，并且基础底面与地基土之间零应力的面积不应超过基础底面积的 25%。此外，对于 7 度和 7 度以上且高宽比大于 4 的高层建筑，还应验算其在地震作用下的倾覆稳定性。

（6）地下水位以下的饱和砂土或粉土在强烈地震的作用下，其土颗粒之间将产生相对位移，从而使土的颗粒结构有变密的趋势。这时，若孔隙水在短时间内不能排走而受到挤压，将使孔隙水压力急剧上升，其结果使砂土颗粒局部或全部处于悬浮状态，土体的抗剪强度等于零，形成如"液体"一样的现象，这种现象即称为场地土的液化。场地土的液化主要与土层的地质年代和组成、土层的相对密度、土层的埋深和地下水位的深度、地震烈度和地震持续时间等因素有关。

（7）场地土的液化不仅能够引起地面喷水冒砂、地基不均匀沉陷和地裂滑坡等地面震害，而且也能够造成建筑物墙体开裂、倾覆甚至翻倒和不均匀下沉等一系列破坏。因此，对于地基存在饱和土或饱和粉土的建筑物，应经过勘察试验预测其在未来地震时是否会液化，并确定是否需要采取相应的抗液化措施。当基本烈度为 6 度时，一般情况下可不考虑对饱和砂土的液化判别和地基处理，但对于液化沉陷敏感的乙类建筑，即由地基液化引起的沉陷可导致结构破坏或使结构不能正常使用的建筑，均应按 7 度考虑；当基本烈度为 7~9 度时，乙类建筑仍可按原烈度考虑。但对于含水量超过塑限的黄土，宜通过试验确定其液化的可能性。

（8）为了减少判别场地土液化的勘察工作量，饱和砂土液化的判别可分为两步进行，即初步判别和标准贯入试验判别。凡经初步判别定为不液化或不考虑液化影响的场地土，原则上可不进行标准贯入试验的判别。

初步判别主要是根据土层地质年代、粉土颗粒含量百分率、基础埋深和上覆非液化土层厚度以及地下水位深度等来确定。标准贯入试验判别则是根据现场的试验结果来确定，即利用专门的标准贯入试验设备并按照规定的试验方法在现场进行试验。当地面下 15m或 20m 深度范围内的实测标准贯入锤击数 $N_{63.5}$（未经杆长修正）小于液化判别标准贯入锤击数的临界值 N_{cr} 时，应判为可液化土，否则即为不液化土。液化判别标准贯入锤击数

临界值 N_{cr} 应按规定的公式计算。

（9）液化判别仅仅是判别了场地土是否可能会出现液化的问题，而对于场地土液化后可能造成的危害程度则需要先确定液化场地的液化指数，然后再根据液化指数来划分场地的液化等级，即通过液化等级来反映场地液化的危害程度。

（10）对于可液化的场地土，应根据建筑的抗震设防类别和地基的液化等级，并结合工程的具体情况综合考虑后，再选择恰当的抗液化措施。地基的抗液化措施主要有全部消除地基液化沉陷和部分消除地基液化沉陷两大类，应用时应根据具体情况来选择。对于软土地基和有侧向扩展或流滑可能性的地基，也应采取适当的抗震措施。

（11）对于砌体房屋、多层内框架砖房、底部框架砖房和《抗震规范》规定可不进行上部结构抗震验算的建筑，以及 7 度和 8 度时的一般单层厂房、单层空旷房屋和多层民用框架房屋及与其荷载相当的多层框架厂房，一般可不进行桩基的抗震验算，但对于其他建筑则应进行桩基的抗震承载力验算。桩基的抗震验算包括非液化土中低承台桩基的抗震验算和存在液化土层的低承台桩基抗震验算两大类，具体应用时应注意有关规定和条件。

＊＊＊＊＊＊＊＊＊＊＊＊＊＊＊＊＊＊＊＊＊＊＊＊＊＊＊＊＊＊＊＊＊＊＊＊＊

复习思考题

2-1 场地土分为哪几类？它们是如何划分的？

2-2 什么是场地？怎样划分建筑场地的类别？

2-3 简述天然地基基础抗震验算的一般原则。哪些建筑可不进行天然地基基础的抗震承载力验算？为什么？

2-4 怎样确定地基土的抗震承载力？

2-5 什么是场地土地的液化？怎么判别？液化对建筑物有哪些危害？

2-6 如何确定地基的液化指数和液化的危害程度？

2-7 简述可液化地基的抗液化措施。

2-8 哪些建筑可不进行桩基的抗震承载力验算？为什么？

2-9 场地覆盖层厚度如何确定？

2-10 如何计算等效剪切波速？

3 结构地震反应分析与抗震验算

本章提要

本章主要介绍建筑结构的地震反应分析和抗震验算方法。主要内容包括：单自由度弹性体系地震反应分析的基本理论与方法、单自由度弹性体系的水平地震作用计算及其反应谱理论、多自由度弹性体系地震反应分析的振型分解法、多自由度体系的水平地震作用计算、结构的扭转效应计算、地基与结构相互作用的基本原理和计算方法、竖向地震作用的基本概念和计算、结构地震反应的时程分析法以及建筑结构的抗震验算等，这些都是结构抗震设计的基本理论，也是"工程结构抗震"课程的学习重点。

学习时应着重理解结构地震反应分析的基本概念和原理，掌握结构抗震设计的基本要求和计算方法，了解各种方法的适用条件和特点。本章的重点是结构地震反应分析和抗震设计理论与方法。

3.1 概　　述

建筑结构抗震设计首先要计算结构的地震作用，然后再求出结构和构件的地震作用效应。结构的地震作用效应就是指地震作用结构中所产生的内力和变形，主要有弯矩、剪力、轴向力和位移等，最后将地震作用效应与其他荷载效应进行组合，并验算结构和构件的抗震承载力及变形，以满足"小震不坏，中震可修，大震不倒"的抗震设计要求。

结构的地震反应是指地震引起的结构振动，它包括地震在结构中引起的速度、加速度、位移和内力等。结构的地震反应分析属于结构动力学的范畴，比结构的静力分析要复杂得多。因为结构的地震反应不仅与地震的大小及其随时间的变化特性有关，而且取决于结构本身的动力特性，即结构的自振周期和阻尼等。然而，地震时地面的运动是一种很难确定的随机过程，运动极不规则，而建筑结构又是一个由各种不同构件组成的空间体系，其动力特性也十分复杂。因此，地震引起的结构振动实际上是一种很复杂的空间振动。这样，在分析建筑结构的地震反应时，为了便于计算，常需做出一系列简化的假定。

目前，工程中求解结构地震反应的方法大致可分为两类：一类是拟静力法，也称为等效荷载法，即通过反应谱理论将地震对建筑物的作用以等效荷载的方法来表示，然后根据这一等效荷载用静力分析的方法对结构进行内力和位移的计算，以验证结构的抗震承载力与变形；另一类为直接动力分析法，即通过对结构动力方程的直接积分，以求出结构的地震反应与时间变化的关系，得出所谓的时程曲线，故此方法也称为时程分析法。本章将对这两类方法逐一进行介绍。

3.2 单自由度弹性体系的地震反应分析

3.2.1 计算简图

某些工程结构，例如等高单层厂房［图 3-1（a）］和公路高架桥等，因其质量大部分都集中在屋盖或桥面处，故在进行结构动力计算时，可将该结构中参与振动的所有质量全部折算至屋盖或桥面处，而将墙、柱视为一个无重量的弹性杆，这样就形成了一个单质点体系。当该体系只做单向振动时，就形成了一个单自由度体系，又如水塔［图 3-1（b）］，因其质量也大部分集中于水塔水箱，故亦可按单质点体系来分析其振动。

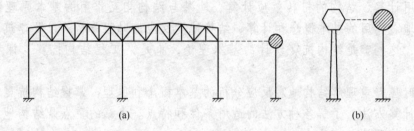

图 3-1 单质点弹性体系计算简图

（a）单层厂房及简化体系；（b）水塔及简化体系

3.2.2 运动方程

为了研究单质点弹性体系的地震反应，首先需要建立体系在地震作用下的运动方程。由于结构的地震作用比较复杂，故在计算弹性体系的地震反应时，一般假定地基不产生转动，而把地基的运动分解为一个竖向和两个水平方向的分量，然后分别计算这些分量对结构的影响。

图 3-2（a）表示地震时，单质点弹性体系在地面水平运动分量作用下的运动状态。其中，$x_0(t)$ 表示地面的水平运动，它是时间 t 的函数，其变化规律可由地震时地面运动的实测记录求得；$x(t)$ 表示质点的总位移；$\ddot{x}_0(t) + \ddot{x}(t)$ 是质点的绝对加速度。

从图 3-2（b）中可以看出，若取质点 m 为隔离体，则由结构动力学原理可知，作用在质点 m 上面的力有三种，即惯性力、弹性恢复力和阻尼力。

惯性力 I 为质点的质量 m 与绝对加速度的乘积，即：

$$I = -m[\ddot{x}_0(t) + \ddot{x}(t)] \tag{3-1}$$

式中的负号表示惯性力与绝对加速度的方向相反。

弹性恢复力 S 是使质点从振动位置回复到平衡位置的一种力，它的大小与质点离开平衡位置的位移成正比，即：

$$S = -kx(t) \tag{3-2}$$

式中，k 为支持质点弹性直杆的刚度，即质点发生单位位移时，在质点上所需施加的力；负号表示 S 的指向总是与质点位移的方向相反。

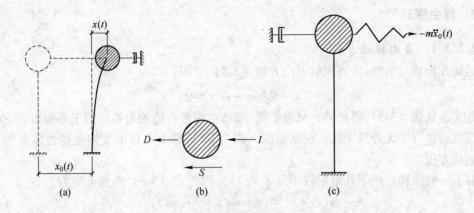

图 3-2　地震时单质点体系的运动状态

阻尼力 D 是一种使结构振动不断衰减的力，即结构在振动过程中，由于材料的内摩擦、构件连接处的摩擦、地基土的内摩擦以及周围介质对振动的阻力等，使得结构的振动能量受到损耗而导致其振幅逐渐衰减的一种力。阻尼力有几种不同的理论，目前应用最广泛的是所谓的黏滞阻尼理论，它假定阻尼力的大小与质点的速度成正比，即：

$$D = - c\dot{x}(t) \tag{3-3}$$

式中，c 为阻尼系数；负号表示阻尼力与速度 $\dot{x}(t)$ 的方向相反。

根据达朗贝尔原理，物体在运动中的任一瞬间，作用在物体上的外力与惯性力相互平衡，故

$$- m[\ddot{x}_0(t) + \ddot{x}(t)] - c\dot{x}(t) - kx(t) = 0 \tag{3-4a}$$

或

$$m\ddot{x}(t) + c\dot{x}(t) + kx(t) = - m\ddot{x}_0(t) \tag{3-4b}$$

上述方程就是单质点弹性体系在地震作用下的运动方程，其形式与动力学中单质点弹性体系在动力荷载 $- m\ddot{x}_0(t)$ 作用下的运动方程相同。由此可知，地震时地面运动加速度 $\ddot{x}_0(t)$ 对单自由度弹性体系引起的动力效应，与在质点上作用一动力荷载 $- m\ddot{x}_0(t)$ 时所产生的动力效应相同〔图 3-2（c）〕。

式（3-4）还可简化为：

$$\ddot{x} + 2\xi\omega\dot{x} + \omega^2 x = - \ddot{x}_0 \tag{3-5}$$

其中

$$\omega = \sqrt{\frac{k}{m}} \tag{3-6}$$

$$\xi = \frac{c}{2\omega m} = \frac{c}{2\sqrt{km}} \tag{3-7}$$

从式（3-5）可以看出，该式是一个常系数的二阶非齐次微分方程，其通解由两部分组成，一个是齐次解，另一个为特解，具体解法如下所述。

3.2.3 自由振动

3.2.3.1 自由振动方程

运动方程式（3-5）的齐次解可由方程（3-8）求得：

$$\ddot{x} + 2\xi\omega\dot{x} + \omega^2 x = 0 \tag{3-8}$$

此式是从式（3-5）得来的，只需令式（3-5）等号右边的荷载项等于零即可。它表示质点在振动过程中无外部干扰，也就是说，式（3-8）即为单自由度体系弹性体系的自由振动运动方程。

对于一般结构，由于其阻尼较小（$\xi < 1$），因此式（3-8）的解可写为：

$$x(t) = e^{-\xi\omega t}(A\cos\omega't + B\sin\omega't) \tag{3-9}$$

式中 A，B——任意常数，由初始条件确定。

$$\omega' = \omega\sqrt{1 - \xi^2} \tag{3-10}$$

若 $t=0$ 时体系的初始位移和初始速度分别为 $x(0)$ 和 $\dot{x}(0)$，则代入式（3-9）后可得：

$$A = x(0)$$

$$B = \frac{\dot{x}(0) + \xi\omega x(0)}{\omega'}$$

将 A、B 代入式（3-9）后可得：

$$x(t) = e^{-\xi\omega t}\left(x(0)\cos\omega't + \frac{\dot{x}(0) + \xi\omega x(0)}{\omega'}\sin\omega't\right) \tag{3-11}$$

图 3-3 中的虚线是根据式（3-11）绘出的有阻尼单自由度体系自由振动时的位移时程曲线。当体系无阻尼，即式（3-11）中的 $\xi = 0$ 时，无阻尼单自由度体系的自由振动曲线方程为：

$$x(t) = x(0)\cos\omega t + \frac{\dot{x}(0)}{\omega}\sin\omega t \tag{3-12}$$

其位移时程曲线如图 3-3 中的实线所示。

比较图 3-3 中的各条曲线可知，无阻尼体系自由振动时的振幅始终不变，而有阻尼体系自由振动的曲线则是一条逐渐衰减的波动曲线，即振幅随时间的增加而减小，并且体系的阻尼越大，其振幅的衰减就越大。

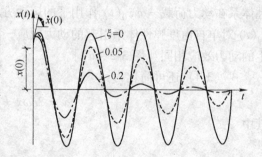

图 3-3 单自由度体系自由振动曲线

3.2.3.2 自振周期与自振频率

由式（3-12）可知，无阻尼单自由度体系的自由振动方程是一个周期函数。如果给时间 t 一个增量：

$$T = 2\pi/\omega \tag{3-13}$$

则位移 $x(t)$ 的数值不变，同时速度 $\dot{x}(t)$ 的数值也不变。也就是说，每隔 T 时间，质点就

又回到了原来的运动状态。因此，就把时间 T 称为体系的自振周期，而把自振周期 T 的倒数

$$f = 1/T \tag{3-14}$$

即单位时间内质点振动的次数 f 称为体系的频率。若 T 的单位为秒（s），则 f 的单位为1/秒（1/s），或称为赫兹（Hz）。

根据式（3-13）和式（3-14），可得：

$$\omega = 2\pi/T = 2\pi f \tag{3-15}$$

则 ω 表示的是质点在时间 2π 秒内的振动次数，一般也称为体系的圆频率。

严格地说，有阻尼单自由度体系的自由振动不具有周期性，因为体系在自由振动过程中其振幅不断衰减。但由于体系的运动是往复的，质点每振动一个循环所需要的时间间隔是相等的，因此就把这个时间间隔称为有阻尼体系的周期 T'，即：

$$T' = 2\pi/\omega' \tag{3-16}$$

式中 ω'——有阻尼时的自振频率。

由式（3-10）可知，体系有阻尼时的自振频率 ω' 将小于无阻尼时的自振频率 ω，这说明由于阻尼的存在，将使结构的自振频率减小，亦即使结构的周期增大。

式（3-10）中的 ξ 称为阻尼比。由该式可见，当 $\xi = 1$ 时，$\omega' = 0$，这表示结构将不产生振动，故此时的阻尼比称为临界阻尼比，而此时的阻尼系数 c 称为临界阻尼系数 c_r，即：

$$c = c_r = 2\omega m = 2\sqrt{km} \tag{3-17}$$

也就是说，结构的阻尼比是结构的阻尼系数与其临界系数之比。

在实际结构中，阻尼比 ξ 的数值一般都很小，其值大约在 $0.01 \sim 0.1$ 之间。因此有阻尼频率 ω' 与无阻尼 ω 相差不大，在实际计算中可近似地取 $\omega' = \omega$。

根据式（3-13）及式（3-6），可得单自由度体系自振周期的计算公式为：

$$T = 2\pi\sqrt{m/k} \tag{3-18}$$

由式（3-18）可见，结构的自振周期与其质量和刚度的大小有关。质量越大，其周期就越长，而刚度越大，其周期就越短。此外，自振周期是结构的一种固有属性，也是结构本身的一个重要动力特性。

3.2.4 强迫振动

3.2.4.1 瞬时冲量及其引起的自由振动

设一荷载作用于单质点体系，且荷载随时间的变化关系如图 3-4（a）所示，则把荷载 P 与作用时间 Δt 的乘积 $P\Delta t$ 称为冲量。当作用时间为瞬时 $\mathrm{d}t$，则称 $P\mathrm{d}t$ 为瞬时冲量。根据动量定律，冲量等于动量的增量，故有：

$$P\Delta t = mv - mv_0 \tag{3-19}$$

若体系原先处于静止状态，则初速度 $v_0 = 0$，故体系在瞬时冲量作用下获得的速度为：

$$v = P\Delta t/m \tag{3-20}$$

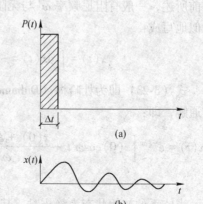

图 3-4 瞬时冲量及其引起的自由振动

又因体系原先处于静止状态，故体系的初始位移也等于零。这样就可认为在瞬时荷载作用后的瞬间，体系的位移仍为零。也就是说，原来静止的体系在瞬时冲量的影响下将以初速度 $P\Delta t/m$ 作自由振动，根据自由振动的方程式（3-11），并令其中的 $x(0)=0$ 和 $\dot{x}(0)=P\Delta t/m$ ，则可得：

$$x(t)=\mathrm{e}^{-\xi\omega t}\frac{P\Delta t}{m\omega'}\sin\omega' t \tag{3-21}$$

其位移时程曲线如图 3-4（b）所示。

3.2.4.2　杜哈梅积分

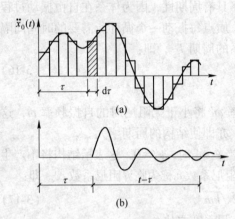

图 3-5　地震作用下的质点位移分析

运动方程（3-5）的特解就是质点由外荷载引起的强迫振动，它可以从上述瞬时冲量的概念出发来进行推导。仔细考察该方程式，其等号右边项 $-\ddot{x}_0(t)$ 可以视为作用于单位质量上的动力荷载。设该荷载随时间的变化关系如图 3-5（a）所示，并将其化为无数多个连续作用的瞬时荷载，则在 $t=\tau$ 时，其瞬时荷载为 $-\ddot{x}_0(\tau)$ ，瞬时冲量为 $-\ddot{x}_0(\tau)\mathrm{d}\tau$ ，如图 3-5（a）中的斜线面积所示。在这一瞬时冲量 $-\ddot{x}_0(\tau)\mathrm{d}\tau$ 的作用下，质点的自由振动方程可由式（3-21）求得，只需将式中的 $P\Delta t$ 改为 $-\ddot{x}_0(\tau)\mathrm{d}\tau$ ，并取 $m=1$ ，同时将 t 改为 $(t-\tau)$ 。这是因为上述瞬时冲量不在 $t=0$ 时刻作用，而是作用在 $t=\tau$ 时刻，如图 3-5（b）所示。于是有：

$$\mathrm{d}x(t)=-\mathrm{e}^{-\xi\omega(t-\tau)}\frac{\ddot{x}_0(\tau)}{\omega'}\sin\omega'(t-\tau)\mathrm{d}\tau \tag{3-22}$$

而体系在整个受荷过程中所产生的总位移反应即可由所有瞬时冲量引起的微分位移叠加得之。也就是说，通过对式（3-22）积分可得到体系的总位移反应 $x(t)$ 为：

$$x(t)=\int_0^t\mathrm{d}x(t)=-\frac{1}{\omega'}\int_0^t\ddot{x}_0(\tau)\mathrm{e}^{-\xi\omega(t-\tau)}\sin\omega'(t-\tau)\mathrm{d}\tau \tag{3-23}$$

如前所述，一般有阻尼频率 ω' 与无阻尼频率 ω 相差不大，即 $\omega'\approx\omega$ ，故式（3-23）也可近似地写成：

$$x(t)=\int_0^t\mathrm{d}x(t)=-\frac{1}{\omega}\int_0^t\ddot{x}_0(\tau)\mathrm{e}^{-\xi\omega(t-\tau)}\sin\omega(t-\tau)\mathrm{d}\tau \tag{3-24}$$

式（3-23）即为杜哈梅（Duhamel）积分，它与式（3-11）之和就是微分方程（3-5）的通解，即：

$$x(t)=\mathrm{e}^{-\xi\omega t}\left[x(0)\cos\omega' t+\frac{\dot{x}(0)+\xi\omega x(0)}{\omega'}\sin\omega' t\right]-\frac{1}{\omega'}\int_0^t\ddot{x}_0(\tau)\mathrm{e}^{-\xi\omega(t-\tau)}\sin\omega'(t-\tau)\mathrm{d}\tau \tag{3-25}$$

当体系的初始状态为静止时，其初位移 $x(0)$ 和初速度 $\dot{x}(0)$ 均等于零，则式（3-25）中的第一项为零。故杜哈梅积分也就是初始处于静止状态的单自由度体系地震位移反应的计算公式。

3.3 单自由度弹性体系的水平地震作用及其反应谱

3.3.1 水平地震作用的基本公式

当基础做水平运动时，根据式（3-4a）可求得作用于单自由度弹性体系质点上的惯性力 $-m[\ddot{x}_0(t) + \ddot{x}(t)]$ 为：

$$-m[\ddot{x}_0(t) + \ddot{x}(t)] = kx(t) + c\dot{x}(t) \tag{3-26}$$

式（3-26）等号右边的阻尼力项 $c\dot{x}(t)$ 相对于弹性恢复力项 $kx(t)$ 来说是一个可以略去的微量，故：

$$-m[\ddot{x}_0(t) + \ddot{x}(t)] = kx(t) \tag{3-27}$$

这样，在地震作用下，质点在任意时刻的相对位移 $x(t)$ 与该时刻的瞬时惯性力 $-m[\ddot{x}_0(t) + \ddot{x}(t)]$ 成正比，因此可以认为这一相对位移是在惯性力作用下引起的。虽然惯性力并不是真实作用于质点上的力，但惯性力对结构体系的作用和地震对结构体系的作用效果相当，所以可认为是一种反应地震影响效果的等效力。利用它的最大值来对结构进行抗震验算，就可以使抗震设计这一动力计算问题转化为相当于静力荷载作用下的静力计算问题。

质点的绝对加速度可由式（3-27）确定，即：

$$a = \ddot{x}_0(t) + \ddot{x}(t) = -\frac{k}{m}x(t) = -\omega^2 x(t) \tag{3-28}$$

将地震位移反应 $x(t)$ 的表达式即式（3-24）代入式（3-28），可得：

$$a(t) = \omega \int_0^t \ddot{x}_0(\tau) e^{-\xi\omega(t-\tau)} \sin\omega(t-\tau) d\tau \tag{3-29}$$

由于地面运动的加速度 $\ddot{x}_0(\tau)$ 是随时间变化的，故为了求得结构在地震持续过程中所经受的最大地震作用，以便用以进行抗震设计，必须计算出质点的最大绝对加速度，即：

$$S_a = |a(t)|_{\max} = \omega \left| \int_0^t \ddot{x}_0(\tau) e^{-\xi\omega(t-\tau)} \sin\omega(t-\tau) d\tau \right|_{\max}$$

$$= \frac{2\pi}{T} \left| \int_0^t \ddot{x}_0(\tau) e^{-\xi\frac{2\pi}{T}(t-\tau)} \sin\frac{2\pi}{T}(t-\tau) d\tau \right|_{\max} \tag{3-30}$$

由式（3-30）可知，质点的绝对最大加速度 S_a 取决于地震时的地面运动加速度 $\ddot{x}_0(\tau)$、结构的自振频率 ω 或自振周期 T 以及结构的阻尼比 ξ。然而，由于地面水平运动的加速度 $\ddot{x}_0(\tau)$ 极不规则，无法用简单的解析式来表达，故在计算 S_a 时，一般都采用数值积分法，详见后述。

3.3.2 地震反应谱

根据式（3-30），若给定地震时地面运动的加速度记录 $\ddot{x}_0(\tau)$ 和体系的阻尼比 ξ，则可计算出质点的最大加速度反应 S_a 与体系自振周期 T 的一条关系曲线，并且对于不同的 ξ 值就可得到不同的 S_a-T 曲线，其计算流程如图 3-6 所示。这类 S_a-T 曲线被称为加速度反应谱。

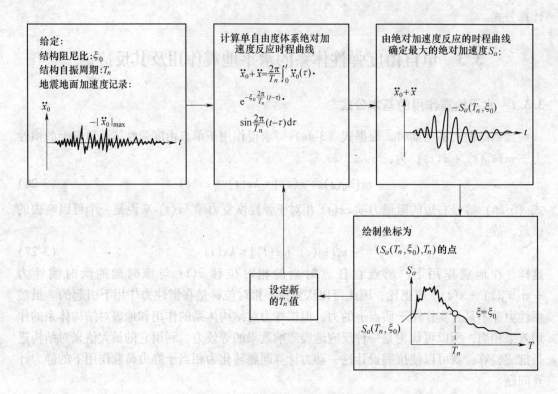

图 3-6　S_a-T 反应谱曲线计算流程

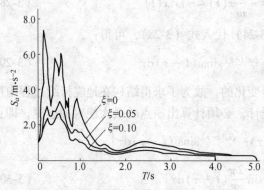

图 3-7　1940 年埃尔森特罗地震 S_a 谱曲线

图 3-7 是根据 1940 年埃尔森特罗地震时地面运动加速度记录绘出的加速度反应谱曲线。由图可见：（1）加速度反应谱曲线为一多峰点曲线。当阻尼比等于零时，加速度反应谱的谱值最大，峰点突出。但是，不大的阻尼比也能使峰点下降很多，并且谱值随着阻尼比的增大而减小；（2）当结构的自振周期较小时，随着周期的增大其谱值急剧增加，但至峰值点后，则随着周期的增大其反应逐渐衰减，而且渐趋平缓。

根据反应谱曲线，对于任何一个单自由度弹性体系，如果已知其自振周期 T 和阻尼比 ξ，就可以从曲线中查得该体系在特定地震记录下的最大加速度 S_a。

S_a 与质点质量的乘积即为水平地震作用的绝对加速度值，即：

$$F = mS_a \tag{3-31}$$

3.3.3　标准反应谱

式（3-31）是计算水平地震作用的基本公式。为了便于应用，可在式中引入能反映地面运动强弱的地面运动最大加速度 $|\ddot{x}_0(t)|_{\max}$，并将其改写成式（3-32）形式：

$$F = mS_a = mg\left(\frac{|\ddot{x}_0(t)|_{\max}}{g}\right)\left(\frac{S_a}{|\ddot{x}_0(t)|_{\max}}\right) = Gk\beta \tag{3-32}$$

式中，$G = mg$ 为重力，而 k 和 β 分别称为地震系数和动力系数，它们均具有一定的工程意义。

3.3.3.1 地震系数

地震系数 k 为：

$$k = \frac{|\ddot{x}_0(t)|_{\max}}{g} \tag{3-33}$$

它表示地面运动的最大加速度与重力加速度之比。一般地，地面运动加速度愈大，则地震烈度愈高，故地震系数与地震烈度之间存在着一定的对应关系。但必须注意，地震烈度的大小不仅取决于地面运动最大加速度，而且还与地震的持续时间和地震波的频谱特性等有关。

根据统计分析，烈度每增加 1 度，地震系数 k 值将大致增加 1 倍。我国《抗震规范》规定的对应于各地震基本烈度（即抗震设防烈度）的 k 值如表 3-1 所示。

表 3-1 地震系数 k 与地震烈度的关系

抗震设防烈度	6 度	7 度	8 度	9 度
地震系数 k	0.05	0.10（0.15）	0.20（0.30）	0.40

3.3.3.2 动力系数

动力系数 β 为：

$$\beta = \frac{S_a}{|\ddot{x}_0(t)|_{\max}} \tag{3-34}$$

它是单质点最大绝对加速度与地面最大加速度的比值，表示由于动力效应，质点的最大绝对加速度比地面最大加速度放大了多少倍。因为当 $|\ddot{x}_0(t)|_{\max}$ 增大或减小时，S_a 相应随之增大或减小，因此 β 值与地震烈度无关，这样就可以利用所有不同烈度的地震记录进行计算和统计。

将 S_a 的表达式（3-30）代入式（3-34），得：

$$\beta = \frac{2\pi}{T}\frac{1}{|\ddot{x}_0(t)|_{\max}}\left|\int_0^t \ddot{x}_0(\tau)e^{-\xi\frac{2\pi}{T}(t-\tau)}\sin\frac{2\pi}{T}(t-\tau)\mathrm{d}\tau\right|_{\max} \tag{3-35}$$

β 与 T 的关系曲线称为 β 谱曲线，它实际上就是相对于地面最大加速度的加速度反应谱，两者在形状上完全一样。

3.3.3.3 标准反应谱

由于地震的随机性，即使在同一地点、同一烈度，每次地震的地面加速度记录也很不一致，因此需要根据大量的强震记录算出对应于每一条强震记录的反应谱曲线，然后统计出最有代表性的平均曲线作为设计依据，这种曲线称为标准反应谱曲线。

由不同地面运动记录的统计分析可以看出，场地土的特性、震级以及震中距等都对反应谱曲线有比较明显的影响。经过分析，在平均反应谱曲线中，β 的最大值 $\beta_{\max}$ 当阻尼比 $\xi = 0.05$ 时，平均为 2.25，此峰值在曲线中多对应结构自振周期，大致与该结构所在地点场地的自振周期（也称卓越周期）相一致。也就是说，结构的自振周期与场地的自振周期接近时，结构的地震反应最大。这个结论与结构在动荷载作用下的共振现象相类似。因此，在进行结构的抗震设计时，应使结构的自振周期远离场地的卓越周期，以免发生上述的类共振现象。此外，对于土质松软的场地，β 谱曲线的主要峰值点偏于较长的周期，而土质坚硬时则一般偏于较短的周期［图 3-8（a）］。同时，场地土愈松软，并且该松软土层愈厚时，β 谱的谱值就愈大。

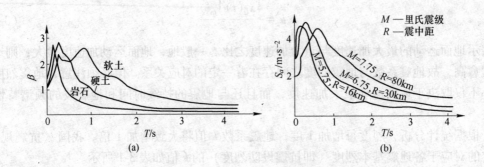

图 3-8　各种因素对反应谱的影响
（a）场地条件对 β 谱曲线的影响；（b）同等烈度下震中距对加速度谱曲线的影响

图 3-8（b）即为同等烈度下震中距不同时的加速度谱曲线，从图 3-8（b）中可以看出，震级和震中距对 β 谱的特性也有一定的影响。一般地，当烈度基本相同时，震中距远时加速度反应谱的峰点偏于较长的周期，近时则偏于较短的周期。因此，在离大地震震中较远的地方，高柔结构因其自振周期较长所受到的地震破坏将比在同等烈度下较小或中等地震的震中区所受到的破坏更严重，而刚性结构的地震破坏情况则相反。

3.3.4　设计反应谱

为了便于计算，《抗震规范》采用相对于重力加速度的单质点绝对最大加速，即 S_a/g 与体系自振周期 T 之间的关系作为设计用反应谱，并将 S_a/g 用 α 表示，称 α 为地震影响系数。实际上，由式（3-32）可知：

$$\alpha = \frac{S_a}{g} = k\beta \tag{3-36}$$

则式（3-32）还可写成：

$$F = \alpha G \tag{3-37}$$

因此 α 实际上就是作用于单质点弹性体系上的水平地震力与结构重力之比。

建筑结构的地震影响系数 α 应根据地震烈度、场地类别、设计地震分组和结构自振周期以及阻尼比按图 3-9 确定。由图 3-9 可见，α 反应谱曲线由 4 部分组成：$T < 0.1\text{s}$ 范围内，采用一条倾斜的直线，即采用线性上升段；$0.1\text{s} \leqslant T \leqslant T_g$ 范围内，采用一水平线，即取最大值 $\eta_2\alpha_{\max}$；在 $T_g < T \leqslant 5T_g$ 范围内，采用式（3-38）所示的曲线下降段；在 $5T_g < T \leqslant 6.0\text{s}$ 范围内，采用式（3-39）所示的直线下降段。但应注意，当 $T > 6.0\text{s}$ 时，此设计反应谱已超出其适用范围，此时结构的地震影响系数应专门研究。

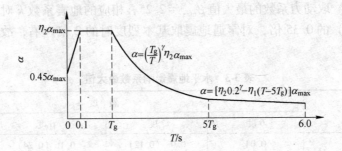

图 3-9 地震影响系数 α 曲线

$$\alpha = \left(\frac{T_g}{T}\right)^\gamma \eta_2 \alpha_{\max} \tag{3-38}$$

$$\alpha = \left[\eta_2 0.2^\gamma - \eta_1 (T - 5T_g)\right]\alpha_{\max} \tag{3-39}$$

式中 α ——地震影响系数;

$\alpha_{\max}$ ——地震影响系数最大值;

γ ——曲线下降段的衰减指数,应按式(3-40)确定;

η_1 ——直线下降段的下降斜率调整系数,应按式(3-41)确定,且当 $\eta_1 < 0$ 时,取 $\eta_1 = 0$;

η_2 ——阻尼调整系数,应按式(3-42)确定,且当 $\eta_2 < 0.55$ 时,取 $\eta_1 = 0.55$;

T ——结构自振周期,s;

T_g ——特征周期,它是对应于反应谱峰值区拐点处的周期,可根据场地类别、地震震级和震中距确定。《抗震规范》按后两者的影响将设计地震分成三组,特征周期即可根据场地类别及设计地震分组按表3-2采用,但在计算罕遇地震作用时,其特征周期应增加0.05s。

$$\gamma = 0.9 + \frac{0.05 - \xi}{0.3 + 6\xi} \tag{3-40}$$

$$\eta_1 = 0.02 + \frac{0.05 - \xi}{4 + 32\xi} \tag{3-41}$$

$$\eta_2 = 1 + \frac{0.05 - \xi}{0.08 + 1.6\xi} \tag{3-42}$$

其中 ξ 为结构的阻尼比,一般结构可取 0.05,相应的 γ、η_1、η_2 分别为 0.9、0.02 和 1.0。

表 3-2 特征周期 (s)

设计地震分组	场 地 类 别				
	I_0	I_1	II	III	IV
第一组	0.20	0.25	0.35	0.45	0.65
第二组	0.25	0.30	0.40	0.55	0.75
第三组	0.30	0.35	0.45	0.65	0.90

图 3-9 中水平地震影响系数的最大值 $\alpha_{\max}$ 为:

$$\alpha_{\max} = k\beta_{\max} \tag{3-43}$$

《抗震规范》取动力系数的最大值 $\beta_{max}=2.25$，相应的地震系数 k 对多遇地震取基本烈度时（表3-1）的0.35倍，对罕遇地震取基本烈度时的2倍左右，故 α_{max} 值如表3-3所示。

表3-3　水平地震影响系数最大值

地震影响	烈　度			
	6度	7度	8度	9度
多遇地震	0.04	0.08（0.12）	0.16（0.24）	0.32
罕遇地震	0.28	0.50（0.72）	0.90（1.20）	1.40

注：括号中数值分别用于基本地震加速度为 $0.15g$ 和 $0.30g$ 的地区。

此外，在图3-9中，当结构的自振周期 $T=0$ 时，结构为一刚体，其加速度将与地面加速度相等，即：$\beta=1$，故此时的 α 为：

$$\alpha=k=\frac{k\beta_{max}}{\beta_{max}}=\frac{\alpha_{max}}{2.25}=0.45\alpha_{max} \tag{3-44}$$

3.4　多自由度弹性体系地震反应分析的振型分解法

3.4.1　计算简图

在进行建筑结构的动力分析时，为了简化计算，对于质量比较集中的结构，一般可将其视为单质点体系，并按单质点体系进行结构的地震反应分析；而对于质量比较分散的结构，为了能够比较真实地反应其动力性能，可将其简化为多质点体系，并按多质点体系进行结构的地震反应分析。例如，对于楼盖为刚性的多层房屋，可将其质量集中在每一层楼面处［图3-10（a）］；对于多跨不等高的单层厂房可将其质量集中到各个屋盖处［图3-10（b）］；对于烟囱等结构，可根据计算要求将其分为若干段，然后将各段折算成质点进行分析［图3-10（c）］。对于一个多质点体系，当体系只作单向振动时，则有多少个质点就有多少个自由度。

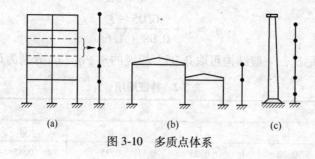

(a)   (b)   (c)

图3-10　多质点体系

3.4.2　运动方程

为了简单起见，先考虑两个自由度体系的情况，然后再将其推广到两个以上自由度的体系。图3-11（a）为一简化成两质点体系的建筑结构在单向地震作用下，结构在某一瞬间的变形情况。与前述单自由度体系相似，若取质点1作为隔离体，如图3-11（b）所示，则作用其上的惯性力为：

$$I_1 = -m_1(\ddot{x}_0 + \ddot{x}_1)$$

弹性恢复力为：

$$S_1 = -(k_{11}x_1 + k_{12}x_2)$$

而阻尼力为：

$$D_1 = -(c_{11}\dot{x}_1 + c_{12}\dot{x}_2)$$

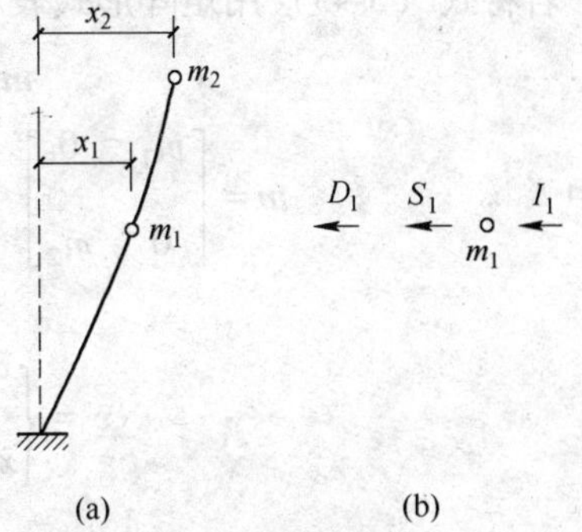

图 3-11　两个自由度体系的瞬时动力平衡

式中　k_{11}——使质点 1 产生单位位移而质点 2 保持不动时，在质点 1 处所需施加的水平力；

k_{12}——使质点 2 产生单位位移而质点 1 保持不动时，在质点 1 处所需施加的水平力；

c_{11}——质点 1 产生单位速度而质点 2 保持不动时，在质点 1 处所产生的阻尼力；

c_{12}——质点 2 产生单位速度而质点 1 保持不动时，在质点 1 处所产生的阻尼力。

根据达朗贝尔原理，考虑质点 1 的动力平衡，即可得到下列运动方程：

$$m_1\ddot{x}_1 + c_{11}\dot{x}_1 + c_{12}\dot{x}_2 + k_{11}x_1 + k_{12}x_2 = -m_1\ddot{x}_0 \tag{3-45a}$$

同理，对于质点 2，可得：

$$m_2\ddot{x}_2 + c_{21}\dot{x}_1 + c_{22}\dot{x}_2 + k_{21}x_2 + k_{22}x_2 = -m_2\ddot{x}_0 \tag{3-45b}$$

式中的系数 k_{ij}反映了结构刚度的大小，称为刚度系数。对于变形曲线为剪切型的结构，即在振动过程中质点只有平移而无转动的结构，例如横梁刚度为无限大的框架［图 3-12（a）］，设其底层与第 2 层的层间剪切刚度（即产生单位层间位移时需要作用的层间剪力）分别为 k_1和 k_2，如图 3-12（b）、图 3-12（c）所示，则由各质点上作用力的平衡即可求得各刚度系数如下：

$$\begin{aligned} k_{11} &= k_1 + k_2 \\ k_{12} &= k_{21} = -k_2 \\ k_{22} &= k_2 \end{aligned} \tag{3-46a}$$

同理，阻尼系数为：

$$\begin{aligned} c_{11} &= c_1 + c_2 \\ c_{12} &= c_{21} = -c_2 \\ c_{22} &= c_2 \end{aligned} \tag{3-46b}$$

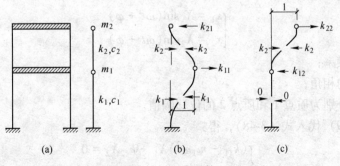

图 3-12　刚度系数

若将式（3-45）用矩阵形式表示，则为：

$$m\ddot{x} + c\dot{x} + kx = -mI\ddot{x}_0 \tag{3-47}$$

式中
$$m = \begin{bmatrix} m_1 & 0 \\ 0 & m_2 \end{bmatrix} ; \quad c = \begin{bmatrix} c_{11} & c_{12} \\ c_{21} & c_{22} \end{bmatrix} ; \quad k = \begin{bmatrix} k_{11} & k_{12} \\ k_{21} & k_{22} \end{bmatrix} ;$$

$$\ddot{x} = \begin{Bmatrix} \ddot{x}_1 \\ \ddot{x}_2 \end{Bmatrix} ; \quad \dot{x} = \begin{Bmatrix} \dot{x}_1 \\ \dot{x}_2 \end{Bmatrix} ; \quad x = \begin{Bmatrix} x_1 \\ x_2 \end{Bmatrix}$$

当为一般的多自由度体系时，式（3-47）中的各项为：

$$m = \begin{bmatrix} m_1 & & & 0 \\ & m_2 & & \\ & & \ddots & \\ 0 & & & m_n \end{bmatrix} ; \quad c = \begin{bmatrix} c_{11} & c_{12} & \cdots & c_{1n} \\ c_{21} & c_{22} & \cdots & c_{2n} \\ \vdots & \vdots & & \vdots \\ c_{n1} & c_{n2} & \cdots & c_{nn} \end{bmatrix} ; \quad k = \begin{bmatrix} k_{11} & k_{12} & \cdots & k_{1n} \\ k_{21} & k_{22} & \cdots & k_{2n} \\ \vdots & \vdots & & \vdots \\ k_{n1} & k_{n2} & \cdots & k_{nn} \end{bmatrix} ;$$

$$\ddot{x} = \begin{Bmatrix} \ddot{x}_1 \\ \ddot{x}_2 \\ \vdots \\ \ddot{x}_n \end{Bmatrix} ; \quad \dot{x} = \begin{Bmatrix} \dot{x}_1 \\ \dot{x}_2 \\ \vdots \\ \dot{x}_n \end{Bmatrix} ; \quad x = \begin{Bmatrix} x_1 \\ x_2 \\ \vdots \\ x_n \end{Bmatrix}$$

对于上述运动方程，一般常采用振型分解法求解，而用振型分解法求解时需要利用多自由度弹性体系的振型，它们是由分析体系的自由振动得来的。为此，需先讨论多自由度体系的自由振动问题。

3.4.3　自由振动

3.4.3.1　自振频率

考虑二自由度体系，令式（3-45）等号右边的荷载项为 0，即可得到该体系的自由振动方程。若略去阻尼的影响，则可得：

$$\begin{cases} m_1\ddot{x}_1 + k_{11}x_1 + k_{12}x_2 = 0 \\ m_2\ddot{x}_2 + k_{21}x_1 + k_{22}x_2 = 0 \end{cases} \tag{3-48}$$

上述微分方程组的解为：

$$\begin{cases} x_1 = X_1\sin(\omega t + \varphi) \\ x_2 = X_2\sin(\omega t + \varphi) \end{cases} \tag{3-49}$$

式中　ω——频率；

φ——初相角；

X_1，X_2——分别为质点 1 和质点 2 的位移幅值。

将式（3-49）代入式（3-48），得：

$$\begin{cases} (k_{11} - m_1\omega^2)X_1 + k_{12}X_2 = 0 \\ k_{21}X_1 + (k_{22} - m_2\omega^2)X_2 = 0 \end{cases} \tag{3-50}$$

　　式（3-50）为 X_1 和 X_2 的齐次方程组。显然 $X_1 = 0$ 和 $X_2 = 0$ 是一组解，但由式（3-49）可知，当 $X_1 = X_2 = 0$ 时，位移 x_1 和 x_2 将同时为 0，即体系无振动，因此它不是自由振动的解。为使式（3-50）有非零解，其系数行列式必须等于零，即：

$$\begin{vmatrix} k_{11} - m_1\omega^2 & k_{12} \\ k_{21} & k_{22} - m_2\omega^2 \end{vmatrix} = 0 \tag{3-51}$$

　　式（3-51）称为频率方程。将其展开可得 ω^2 的二次方程如下：

$$(\omega^2)^2 - \left(\frac{k_{11}}{m_1} + \frac{k_{22}}{m_2}\right)\omega^2 + \frac{k_{11}k_{22} - k_{12}k_{21}}{m_1 m_2} = 0$$

解之得：

$$\omega^2 = \frac{1}{2}\left(\frac{k_{11}}{m_1} + \frac{k_{22}}{m_2}\right) \pm \sqrt{\left[\frac{1}{2}\left(\frac{k_{11}}{m_1} + \frac{k_{22}}{m_2}\right)\right]^2 - \frac{k_{11}k_{22} - k_{12}k_{21}}{m_1 m_2}} \tag{3-52}$$

由此可求得 ω 的两个正实根，他们就是体系的两个自振圆频率，其中较小的一个 ω_1 称为第一自振圆频率或基本自振圆频率，较大的一个 ω_2 称为第二自振圆频率。

　　对于一般的多自由度体系，式（3-50）可写为：

$$\begin{cases} (k_{11} - m_1\omega^2)X_1 + k_{12}X_2 + \cdots + k_{1n}X_n = 0 \\ k_{21}X_1 + (k_{22} - m_2\omega^2)X_2 + \cdots + k_{2n}X_n = 0 \\ \quad\quad\quad\quad\quad\quad \vdots \\ k_{n1}X_1 + k_{n2}X_2 + \cdots + (k_{nn} - m_n\omega^2)X_n = 0 \end{cases} \tag{3-53a}$$

或写成矩阵形式：

$$(\boldsymbol{k} - \omega^2\boldsymbol{m}) = \boldsymbol{X} \tag{3-53b}$$

式中

$$\boldsymbol{k} = \begin{bmatrix} k_{11} & k_{12} & \cdots & k_{1n} \\ k_{21} & k_{22} & \cdots & k_{2n} \\ \vdots & \vdots & & \vdots \\ k_{n1} & k_{n2} & \cdots & k_{nn} \end{bmatrix} ; \quad \boldsymbol{m} = \begin{bmatrix} m_1 & & & 0 \\ & m_2 & & \\ & & \ddots & \\ 0 & & & m_n \end{bmatrix} ; \quad \boldsymbol{X} = \begin{Bmatrix} X_1 \\ X_2 \\ \vdots \\ X_n \end{Bmatrix}$$

频率方程为：

$$|\boldsymbol{k} - \omega^2\boldsymbol{m}| = 0 \tag{3-54}$$

3.4.3.2　主振型

　　将 ω_1、ω_2 分别代入式（3-50），即可求得质点 1、2 的位移幅值。其中对应于 ω_1 者，用 X_{11} 和 X_{12} 表示，对应于 ω_2 者，用 X_{21} 和 X_{22} 表示。由于式（3-50）的系数行列式等于零，所以它们不是独立的，只能由该两式中的任一式求出其他值。例如，由式（3-50）中的第一式可得：

对应于 ω_1
$$\frac{X_{12}}{X_{11}} = \frac{m_1\omega_1^2 - k_{11}}{k_{12}} \tag{3-55a}$$

对应于 ω_2
$$\frac{X_{22}}{X_{21}} = \frac{m_1\omega_2^2 - k_{11}}{k_{12}} \qquad (3\text{-}55\text{b})$$

由式（3-49）得质点的位移为：

对应于 ω_1
$$\begin{cases} x_{11} = X_{11}\sin(\omega_1 t + \varphi_1) \\ x_{12} = X_{12}\sin(\omega_1 t + \varphi_1) \end{cases} \qquad (3\text{-}56\text{a})$$

对应于 ω_2
$$\begin{cases} x_{21} = X_{21}\sin(\omega_2 t + \varphi_2) \\ x_{22} = X_{22}\sin(\omega_2 t + \varphi_2) \end{cases} \qquad (3\text{-}56\text{b})$$

则在振动过程中两质点的位移比值为：

对应于 ω_1
$$\frac{x_{12}}{x_{11}} = \frac{X_{12}}{X_{11}} = \frac{m_1\omega_1^2 - k_{11}}{k_{12}} \qquad (3\text{-}57\text{a})$$

对应于 ω_2
$$\frac{x_{22}}{x_{21}} = \frac{X_{22}}{X_{21}} = \frac{m_1\omega_2^2 - k_{11}}{k_{12}} \qquad (3\text{-}57\text{b})$$

由此可见，这一比值不仅与时间无关，而且为常数。也就是说，在结构振动过程中的任意时刻，这两个质点的位移比值始终保持不变。这种振动形式通常称为主振型，或简称振型。当体系按 ω_1 振动时称为第一振型或基本振型，按 ω_2 振动时称为第二振型。此外，由于主振型只取决于质点位移之间的相对值，故为了简单起见，通常将其中某一个质点的位移值定为1。

一般地，体系有多少个自由度就有多少个频率，相应地就有多少个主振型，它们是体系的固有特性。由于某一主振型在振动过程中各质点的位移保持一定比值，且由式（3-56）得知各质点的速度也保持此同一比值，因此，只有各质点初始位移的比值和初速度的比值与该主振型的这些比值相同时，也就是在这个初始条件下，才能出现这种振动的振动形式。

在一般的初始条件下，体系的振动曲线将包含全部振型。这可由自由振动方程式（3-48）的通解中看出。该方程的特解见式（3-56），其通解为这些特解的线性组合，即：

$$x_1(t) = X_{11}\sin(\omega_1 t + \varphi_1) + X_{21}\sin(\omega_2 t + \varphi_2)$$
$$x_2(t) = X_{12}\sin(\omega_1 t + \varphi_1) + X_{22}\sin(\omega_2 t + \varphi_2)$$

由上式可见，在一般初始条件下，任一质点的振动都是由各主振型的简谐振动叠加而成的复合振动，它不再是简谐振动，而且质点之间的位移的比值也不再是常数，其值将随时间而发生变化。

3.4.3.3　主振型的正交性

由式（3-27）可知，结构在任一瞬时的位移等于惯性力所产生的静位移。因此，上述的主振型变形曲线，就可看作是体系按某一频率振动时，其上相应的惯性荷载所引起的静力变形曲线。

对于上述的二自由度体系，其两个振型的变形曲线及其相应的惯性力如图 3-13 所示。根据式（3-28），惯性力也可以表示为 $m_i\omega_j^2 X_{ji}$，其中 i 为质点号，j 为振型号。

根据功的互等定理，即第一状态的力在第二状态的位移上所做的功等于第二状态的力

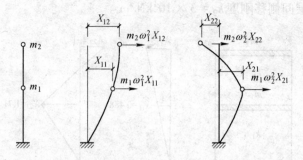

图 3-13 振型曲线及其相应的惯性荷载

在第一状态的位移上所做的功，得：

$$m_1\omega_1^2 X_{11}X_{21} + m_2\omega_1^2 X_{12}X_{22} = m_1\omega_2^2 X_{21}X_{11} + m_2\omega_2^2 X_{22}X_{12}$$

整理后得：

$$(\omega_1^2 - \omega_2^2)(m_1 X_{11}X_{21} + m_2 X_{12}X_{22}) = 0$$

一般地，$\omega_1 \neq \omega_2$，故：

$$m_1 X_{11}X_{21} + m_2 X_{12}X_{22} = 0 \tag{3-58}$$

式（3-58）所表示的关系通常称为振型的正交性。

对于两个以上的多自由度体系，任意两个振型 j 与 k 之间也都有着上述的正交性，它们可以表示为：

$$m_1 X_{j1}X_{k1} + m_2 X_{j2}X_{k2} + \cdots + m_n X_{jn}X_{kn} = 0$$

或

$$\sum_{i=1}^{n} m_i X_{ji}X_{ki} = 0$$

用矩阵表达时为：

$$X_j^T m X_k = 0 \tag{3-59}$$

式中

$$X_j^T = \{ X_{j1} \quad X_{j2} \quad \cdots \quad X_{jn} \};$$

$$X_k = \begin{Bmatrix} X_{k1} \\ X_{k2} \\ \vdots \\ X_{kn} \end{Bmatrix}; \qquad m = \begin{bmatrix} m_1 & & & 0 \\ & m_2 & & \\ & & \ddots & \\ 0 & & & m_n \end{bmatrix}$$

式（3-59）表示多自由度体系任意两个振型对质量矩阵的正交性。事实上，多自由度体系任意两个振型对刚度矩阵也有正交性，这可以通过以下推导来说明。

根据式（3-53b），对于第 k 振型，有：

$$kX_k = \omega_k^2 m X_k$$

给等式两边各前乘以 X_j^T，得：

$$X_j^T kX_k = \omega_k^2 X_j^T m X_k$$

由式（3-59）可知，$X_j^T m X_k = 0$，故：

$$X_j^T kX_k = 0 \tag{3-60}$$

【例 3-1】 计算图 3-14（a）所示两层框架结构的自振频率和振型，并验证其主振型的正交性。各层质量分别为 $m_1 = 60t$，$m_2 = 50t$。第一层层间侧移刚度为 $k_1 = 5 \times$

10^4kN/m，第二层层间侧移刚度 $k_2 = 3 \times 10^4\text{kN/m}$。

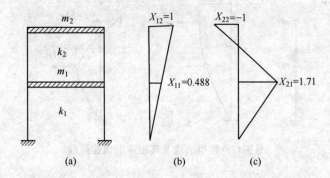

图 3-14　例 3-1 示意图

（a）框架；（b）第一振型；（c）第二振型

解：

根据式（3-46a），可求的框架各层的层间刚度系数分别为：

$$k_{11} = k_1 + k_2 = 5 \times 10^4 + 3 \times 10^4 = 8 \times 10^4\text{kN/m}$$

$$k_{12} = k_{21} = -k_2 = -3 \times 10^4\text{kN/m}$$

$$k_{22} = k_2 = 3 \times 10^4\text{kN/m}$$

由式（3-51），可得频率方程如下：

$$\begin{vmatrix} 8 \times 10^4 - 60\omega^2 & -3 \times 10^4 \\ -3 \times 10^4 & 3 \times 10^4 - 50\omega^2 \end{vmatrix} = 0$$

将上式展开，得：

$$0.00003\omega^4 - 0.058\omega^2 + 15 = 0$$

解上式可得：

$$\omega_1^2 = 307.6$$

$$\omega_2^2 = 1625.8$$

即：

$$\omega_1 = 17.54\text{rad/s}$$

$$\omega_2 = 40.32\text{rad/s}$$

上述 ω 值也可由式（3-52）直接求得。这时，相应的周期分别为：

$$T_1 = \frac{2\pi}{\omega_1} = \frac{2\pi}{17.54} = 0.358\text{s}$$

$$T_2 = \frac{2\pi}{\omega_2} = \frac{2\pi}{40.32} = 0.156\text{s}$$

由式（3-57）得：

第一振型　$\dfrac{X_{12}}{X_{11}} = \dfrac{m_1\omega_1^2 - k_{11}}{k_{12}} = \dfrac{60 \times 307.6 - 8 \times 10^4}{-3 \times 10^4} = \dfrac{1}{0.488}$

第二振型　$\dfrac{X_{22}}{X_{21}} = \dfrac{m_1\omega_2^2 - k_{11}}{k_{12}} = \dfrac{60 \times 1625.8 - 8 \times 10^4}{-3 \times 10^4} = -\dfrac{1}{1.71}$

上列振型分别示于图 3-14（b）和图 3-14（c）。

现在来验算主振型的正交性。对于质量矩阵，由式（3-59）可得：

$$X_1^{\mathrm{T}} m X_2 = \begin{Bmatrix} 0.488 \\ 1 \end{Bmatrix}^{\mathrm{T}} \begin{bmatrix} 60 & 0 \\ 0 & 50 \end{bmatrix} \begin{Bmatrix} 1.71 \\ -1 \end{Bmatrix} = 0$$

对于刚度矩阵，由式（3-60）可得：

$$X_1^{\mathrm{T}} k X_2 = 10^4 \times \begin{Bmatrix} 0.488 \\ 1 \end{Bmatrix}^{\mathrm{T}} \begin{bmatrix} 8 & -3 \\ -3 & 3 \end{bmatrix} \begin{Bmatrix} 1.71 \\ -1 \end{Bmatrix} = 0$$

3.4.3.4 自振频率和振型的实用计算方法

结构的自振频率及其相应的振型可直接由式（3-52）及方程式（3-53）求得，但当结构的自由度多于 2 或 3 时，若用手算的方法进行求解就显得过于复杂。因此，工程中为了计算方便，常采用一些近似方法来求解结构的自振频率和振型，具体方法如下所述。

A　矩阵迭代法

矩阵迭代法又称 Stodola 法，它是采用逐步逼近的计算方法来确定结构的频率和振型。

前面已经提到，主振型的变形曲线可看作是结构按某一频率振动时，其上相应惯性力所引起的静力变形曲线，如图 3-13 所示。因此，体系按频率 ω 振动时，其上各质点的位移幅值将分别为：

$$\begin{cases} X_1 = m_1 \omega^2 \delta_{11} X_1 + m_2 \omega^2 \delta_{12} X_2 + \cdots + m_n \omega^2 \delta_{1n} X_n \\ X_2 = m_1 \omega^2 \delta_{21} X_1 + m_2 \omega^2 \delta_{22} X_2 + \cdots + m_n \omega^2 \delta_{2n} X_n \\ \qquad\qquad\qquad\qquad \vdots \\ X_n = m_1 \omega^2 \delta_{n1} X_1 + m_2 \omega^2 \delta_{n2} X_2 + \cdots + m_n \omega^2 \delta_{nn} X_n \end{cases} \qquad (3\text{-}61\mathrm{a})$$

式中　δ_{ij} ——单位荷载作用于 j 点时在 i 点所引起的位移，称为柔度系数。

将式（3-61a）写成矩阵形式，即为：

$$\begin{Bmatrix} X_1 \\ X_2 \\ \vdots \\ X_n \end{Bmatrix} = \omega^2 \begin{bmatrix} \delta_{11} & \delta_{12} & \cdots & \delta_{1n} \\ \delta_{21} & \delta_{22} & \cdots & \delta_{2n} \\ \vdots & \vdots & & \vdots \\ \delta_{n1} & \delta_{n2} & \cdots & \delta_{nn} \end{bmatrix} \begin{bmatrix} m_1 & & & 0 \\ & m_2 & & \\ & & \ddots & \\ 0 & & & m_n \end{bmatrix} \begin{Bmatrix} X_1 \\ X_2 \\ \vdots \\ X_n \end{Bmatrix} \qquad (3\text{-}61\mathrm{b})$$

或
$$X = \omega^2 \delta m X \qquad (3\text{-}61\mathrm{c})$$

实际上，式（3-61c）也可以直接从式（3-53b）导出。即由式（3-53b）可得：

$$X = \omega^2 k^{-1} m X$$

由结构力学的知识可知，柔度矩阵与刚度矩阵互逆，即 $\delta = k^{-1}$，代入上式后就可得到式（3-61c）。

为了求得结构的频率和振型，就需要对式（3-61）进行迭代，其步骤如下：先假设一个振型并代入式（3-61b）等号的右边，进行求解后即可得到 ω^2 和其主振型的第一次近似值，再以第一次近似值代入式（3-61b）进行计算，则可得到 ω^2 和其主振型的第二次近似值，如此下去，直至前后两次的计算结果接近为止。当一个振型求得后，则可利用振型的正交性，求出较高次的频率和振型，具体方法见例 3-2。

【例 3-2】 图 3-15 为 3 层框架结构，假定其横梁刚度为无限大。各层质量分别为

$m_1 = 2561\text{t}$, $m_2 = 2545\text{t}$, $m_3 = 559\text{t}$。各层刚度分别为 $k_1 = 5.43 \times 10^5\text{kN/m}$，$k_2 = 9.03 \times 10^5\text{kN/m}$，$k_3 = 8.23 \times 10^5\text{kN/m}$。试用矩阵迭代法求解结构的频率和振型。

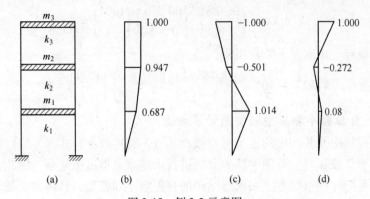

图 3-15 例 3-2 示意图

（a）结构体系；（b）第一振型；（c）第二振型；（d）第三振型

解：

（1）柔度系数为：

$$\delta_{11} = \delta_{12} = \delta_{13} = 1/k_1 = 1.84 \times 10^{-6}\text{m/kN}$$

$$\delta_{22} = \delta_{23} = \delta_{32} = 1/k_1 + 1/k_2 = 1.84 \times 10^{-6} + 1.11 \times 10^{-6} = 2.95 \times 10^{-6}\text{m/kN}$$

$$\delta_{33} = 1/k_1 + 1/k_2 + 1/k_3 = 2.95 \times 10^{-6} + 1.21 \times 10^{-6} = 4.16 \times 10^{-6}\text{m/kN}$$

（2）第一振型：设第一振型的第一次近似值为 $\begin{Bmatrix} X_{11} \\ X_{12} \\ X_{13} \end{Bmatrix} = \begin{Bmatrix} 1 \\ 1 \\ 1 \end{Bmatrix}$，代入式（3-61b）得：

$$\begin{Bmatrix} X_{11} \\ X_{12} \\ X_{13} \end{Bmatrix} = \omega_1^2 \times 10^{-6} \begin{pmatrix} 1.84 & 1.84 & 1.84 \\ 1.84 & 2.95 & 2.95 \\ 1.84 & 2.95 & 4.16 \end{pmatrix} \begin{pmatrix} 2561 & & 0 \\ & 2545 & \\ 0 & & 559 \end{pmatrix} \begin{Bmatrix} 1 \\ 1 \\ 1 \end{Bmatrix}$$

$$= \omega_1^2 \times 10^{-5} \begin{Bmatrix} 1042 \\ 1387 \\ 1455 \end{Bmatrix} = \omega_1^2 \times 1455 \times 10^{-5} \begin{Bmatrix} 0.716 \\ 0.953 \\ 1.000 \end{Bmatrix}$$

这样，第一振型的第二次近似值即为 $\begin{Bmatrix} X_{11} \\ X_{12} \\ X_{13} \end{Bmatrix} = \begin{Bmatrix} 0.716 \\ 0.953 \\ 1.000 \end{Bmatrix}$，再将此值代入式

（3-61b），得：

$$\begin{Bmatrix} X_{11} \\ X_{12} \\ X_{13} \end{Bmatrix} = \omega_1^2 \times 10^{-6} \begin{pmatrix} 1.84 & 1.84 & 1.84 \\ 1.84 & 2.95 & 2.95 \\ 1.84 & 2.95 & 4.16 \end{pmatrix} \begin{pmatrix} 2561 & & 0 \\ & 2545 & \\ 0 & & 559 \end{pmatrix} \begin{Bmatrix} 0.716 \\ 0.953 \\ 1.000 \end{Bmatrix}$$

$$= \omega_1^2 \times 10^{-5} \begin{Bmatrix} 887 \\ 1218 \\ 1285 \end{Bmatrix} = \omega_1^2 \times 1285 \times 10^{-5} \begin{Bmatrix} 0.690 \\ 0.948 \\ 1.000 \end{Bmatrix}$$

将此值第三次的近似值再代入式（3-61b），得：

$$
\begin{Bmatrix} X_{11} \\ X_{12} \\ X_{13} \end{Bmatrix} = \omega_1^2 \times 10^{-5} \begin{Bmatrix} 872 \\ 1202 \\ 1269 \end{Bmatrix} = \omega_1^2 \times 1269 \times 10^{-5} \begin{Bmatrix} 0.687 \\ 0.947 \\ 1.000 \end{Bmatrix}
\tag{a}
$$

从式（a）可以看出，最后一次的振型与上一次的振型已经十分接近，因此结构的基本振型即可确定为 $X_{11} = 0.687$，$X_{12} = 0.947$，$X_{13} = 1.000$，如图 3-15（b）所示。结构的基本频率 ω_1 也可按式（a）中的任一式求得，例如根据 $X_{13} = 1.000$ 可得：

$$
1.000 = \omega_1^2 \times 1269 \times 10^{-5} \times 1.000
$$

故

$$
\omega_1 = \sqrt{\frac{1}{1269 \times 10^{-5}}} = 8.88 \text{rad/s}
$$

（3）第二振型：对于第二振型，由式（3-61b）得：

$$
\begin{Bmatrix} X_{21} \\ X_{22} \\ X_{23} \end{Bmatrix} = \omega_2^2 \times 10^{-6} \begin{pmatrix} 1.84 & 1.84 & 1.84 \\ 1.84 & 2.95 & 2.95 \\ 1.84 & 2.95 & 4.16 \end{pmatrix} \begin{pmatrix} 2561 & & 0 \\ & 2545 & \\ 0 & & 559 \end{pmatrix} \begin{Bmatrix} X_{21} \\ X_{22} \\ X_{23} \end{Bmatrix}
\tag{b}
$$

利用主振型的正交性，将上面求得的第一振型位移代入式（3-59），得：

$$
\begin{Bmatrix} 0.687 \\ 0.947 \\ 1.000 \end{Bmatrix}^{\text{T}} \begin{pmatrix} 2561 & & 0 \\ & 2545 & \\ 0 & & 559 \end{pmatrix} \begin{Bmatrix} X_{21} \\ X_{22} \\ X_{23} \end{Bmatrix} = 0
$$

将上式展开，得：

$$
1759 X_{21} + 2410 X_{22} + 559 X_{23} = 0
$$

或

$$
X_{23} = -3.147 X_{21} - 4.311 X_{22}
\tag{c}
$$

将式（c）代入式（b）中的第一和第二式，得：

$$
\begin{Bmatrix} X_{21} \\ X_{22} \end{Bmatrix} = \omega_2^2 \times 10^{-6} \begin{pmatrix} 1475 & 249 \\ -477 & 399 \end{pmatrix} \begin{Bmatrix} X_{21} \\ X_{22} \end{Bmatrix}
\tag{d}
$$

对式（d）进行迭代，先假设一个接近于第二振型的位移，令 $\begin{Bmatrix} X_{21} \\ X_{22} \end{Bmatrix} = \begin{Bmatrix} 2 \\ -1 \end{Bmatrix}$，经两轮迭代后得：

$$
\begin{Bmatrix} X_{21} \\ X_{22} \end{Bmatrix} = \omega_2^2 \times 1351 \times 10^{-6} \begin{Bmatrix} 1.995 \\ -1.000 \end{Bmatrix}
$$

故第二频率为：

$$
\omega_2 = \sqrt{\frac{1}{1351 \times 10^{-6}}} = 27.2 \text{rad/s}
$$

再由式（c）得：

$$
X_{23} = -3.147 \times 1.995 - 4.311 \times (-1.000) = -1.967
$$

这样就可求得第二主振型为 $X_{21} = 1.014$，$X_{22} = -0.501$，$X_{23} = -1.000$，如图 3-15（c）所示。

（4）第三振型：根据主振型的正交性，由上面得到的第一和第二主振型即可写出：

$$\begin{Bmatrix} 0.687 \\ 0.947 \\ 1.000 \end{Bmatrix}^{\mathrm{T}} \begin{pmatrix} 2561 & & 0 \\ & 2545 & 0 \\ 0 & & 559 \end{pmatrix} \begin{Bmatrix} X_{31} \\ X_{32} \\ X_{33} \end{Bmatrix} = 0$$

$$\begin{Bmatrix} 1.014 \\ -0.501 \\ -1.000 \end{Bmatrix}^{\mathrm{T}} \begin{pmatrix} 2561 & & 0 \\ & 2545 & 0 \\ 0 & & 559 \end{pmatrix} \begin{Bmatrix} X_{31} \\ X_{32} \\ X_{33} \end{Bmatrix} = 0$$

将上面两式展开, 得:

$$1759X_{31} + 2410X_{32} + 559X_{33} = 0$$

$$2597X_{31} - 1275X_{32} - 559X_{33} = 0$$

解上述联立方程组, 得:

$$X_{31} = 0.0746X_{33} ; \quad X_{32} = -0.2864X_{33}$$

令 $X_{33} = 1.000$, 则

$$X_{31} = 0.075 , X_{32} = -0.286$$

求第三频率, 由式 (3-61b) 得:

$$\begin{Bmatrix} X_{31} \\ X_{32} \\ X_{33} \end{Bmatrix} = \omega_3^2 \times 10^{-6} \begin{pmatrix} 1.84 & 1.84 & 1.84 \\ 1.84 & 2.95 & 2.95 \\ 1.84 & 2.95 & 4.16 \end{pmatrix} \begin{pmatrix} 2561 & & 0 \\ & 2545 & \\ 0 & & 559 \end{pmatrix} \begin{Bmatrix} 0.075 \\ -0.286 \\ 1.000 \end{Bmatrix}$$

$$= \omega_3^2 \times 10^{-6} \begin{Bmatrix} 42.70 \\ -144.70 \\ 531.60 \end{Bmatrix} = \omega_3^2 \times 531.6 \times 10^{-6} \begin{Bmatrix} 0.080 \\ -0.272 \\ 1.000 \end{Bmatrix}$$

故

$$\omega_3 = \sqrt{\frac{1}{531.6 \times 10^{-6}}} = 43.4 \mathrm{rad/s}$$

而相应的振型为 $X_{31} = 0.08$, $X_{32} = -0.272$, $X_{33} = 1.000$, 如图 3-15 (d) 所示。

应当注意, 采用上述矩阵迭代法求解频率和振型时, 由于在求解高频率及其主振型时需要利用已经被求得的较低的振型, 故计算的误差将随着振型的提高而增加。但在实际结构分析中, 一般只需采用前几个振型, 所以这一积累误差对结构的地震反应分析影响不大。

B 能量法

在采用矩阵迭代法求解多自由度体系的频率和振型时, 需要列出每一质点的运动方程, 并对方程组进行运算。因此, 当质点较多时这种方法计算太烦琐。如果所求的是结构的基本频率, 则可采用能量法, 或称瑞雷 (Rayleigh) 法。能量法是根据体系在振动过程中的能量守恒原理导出的, 即一个无阻尼的弹性体系在自由振动时, 其在任一时刻的动能与变形位能之和保持不变。当体系在振动过程中的位移达到最大时, 其变形位能将达到最大值 $U_{\max}$, 而此时体系的动能为零; 在经过静平衡位移时, 体系的动能有最大值 $T_{\max}$, 而变形位能则等于零, 故有:

$$T_{\max} = U_{\max} \tag{3-62}$$

考虑一多质点体系（图 3-16），在自由振动时其中任一质点 i 的位移为：

$$x_i(t) = X_i \sin(\omega t + \varphi)$$

则其速度为：

$$\dot{x}_i(t) = X_i \omega \cos(\omega t + \varphi)$$

因其动能为：

$$T = \frac{1}{2} \sum_{i=1}^{n} m_i \dot{x}_i^2(t) = \frac{1}{2} \omega^2 \cos^2(\omega t + \varphi) \sum_{i=1}^{n} m_i X_i^2$$

故最大动能为：

$$T_{\max} = \frac{1}{2} \omega^2 \sum_{i=1}^{n} m_i X_i^2 \qquad (3\text{-}63)$$

式中　X_i——质点 i 的振型位移幅值。

一般地，结构的基本振型可以近似取为当重力荷载作用于质点上时的结构弹性曲线。因此，体系的最大变形位能为：

$$U_{\max} = \frac{1}{2} \sum_{i=1}^{n} m_i g X_i \qquad (3\text{-}64)$$

将式（3-64）与式（3-63）代入式（3-62），即可得到体系的基本频率为：

$$\omega_1^2 = \sum_{i=1}^{n} m_i g X_i \Big/ \sum_{i=1}^{n} m_i X_i^2$$

或

$$\omega_1 = \sqrt{g \sum_{i=1}^{n} m_i X_i \Big/ \sum_{i=1}^{n} m_i X_i^2} \qquad (3\text{-}65)$$

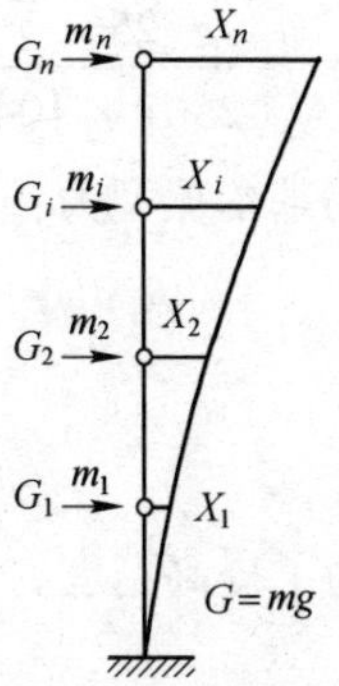

图 3-16　结构近似基本振型

而结构的基本周期为：

$$T_1 = \frac{2\pi}{\omega_1} = 2\pi \sqrt{\frac{\sum_{i=1}^{n} m_i X_i^2}{g \sum_{i=1}^{n} m_i X_i}} = 2 \sqrt{\frac{\sum_{i=1}^{n} g_i X_i^2}{\sum_{i=1}^{n} G_i X_i}} \qquad (3\text{-}66)$$

式中 $G_i = m_i g$。

在上述能量法中，采用了近似的振型曲线来计算结构的频率，因此求得的频率也是近似的。若要提高频率的精度，则必须提高振型的精度，为此可采用迭代方法进行计算。即先按已求得的频率计算出各质点相应的惯性力，然后按此惯性力计算结构的位移，这时所得的曲线即为体系修正后的新的振型，再以此振型去计算新的频率。如此连续下去，直至达到需要的精度为止。

【例 3-3】　按能量法计算例 3-2 结构的基本频率及振型。

解：

（1）结构在重力荷载水平作用下的弹性曲线［图 3-17（a）］

结构的层间相对位移为：

$$\Delta X_3 = \frac{m_3 g}{k_3} = \frac{559g}{8.23 \times 10^5} = 6.792g \times 10^{-4} \text{m}$$

$$\Delta X_2 = \frac{(m_3 + m_2)g}{k_2} = \frac{(559 + 2545)g}{9.03 \times 10^5} = 34.37g \times 10^{-4} \text{m}$$

$$\Delta X_1 = \frac{(m_3 + m_2 + m_1)g}{k_1} = \frac{(559 + 2545 + 2561)g}{5.43 \times 10^5} = 104.33g \times 10^{-4}\text{m}$$

各层位移为：

$$X_1 = \Delta X_1 = 104.33g \times 10^{-4}\text{m}$$

$$X_2 = X_1 + \Delta X_2 = (104.33 + 34.37)g \times 10^{-4} = 138.70g \times 10^{-4}\text{m}$$

$$X_3 = X_2 + \Delta X_3 = (138.70 + 6.792)g \times 10^{-4} = 145.49g \times 10^{-4}\text{m}$$

（2）结构基本频率及振型

由式（3-65）得：

$$\omega = \sqrt{\frac{g(2561 \times 104.33 + 2545 \times 138.70 + 559 \times 145.49)g \times 10^{-4}}{(2561 \times 104.33^2 + 2545 \times 138.70^2 + 559 \times 145.9^2)(g \times 10^{-4})^2}} = 8.89\text{rad/s}$$

相应的基本振型为：

$$\begin{Bmatrix} X_{11} \\ X_{12} \\ X_{13} \end{Bmatrix} = \begin{Bmatrix} 104.33 \\ 138.70 \\ 145.49 \end{Bmatrix} g \times 10^{-4} = \begin{Bmatrix} 0.717 \\ 0.953 \\ 1.000 \end{Bmatrix}$$

为了提高精度，还可进行一下迭代。各质点的惯性力为：

$$I_1 = \omega_1^2 m_1 X_{11} = 2561 \times 0.717\omega_1^2 = 1836\omega_1^2$$

$$I_2 = \omega_1^2 m_2 X_{12} = 2545 \times 0.953\omega_1^2 = 2425\omega_1^2$$

$$I_3 = \omega_1^2 m_3 X_{13} = 559 \times 1.000\omega_1^2 = 559\omega_1^2$$

由上述惯性力引起的层间位移为：

$$\Delta X_3 = \frac{559\omega_1^2}{8.23 \times 10^5} = 6.792\omega_1^2 \times 10^{-4}$$

$$\Delta X_2 = \frac{(559 + 2425)\omega_1^2}{9.03 \times 10^5} = 33.05\omega_1^2 \times 10^{-4}$$

$$\Delta X_1 = \frac{(559 + 2425 + 1836)\omega_1^2}{5.43 \times 10^5} = 88.77\omega_1^2 \times 10^{-4}$$

各层位移为：

$$X_1 = \Delta X_1 = 88.77\omega_1^2 \times 10^{-4}$$

$$X_2 = X_1 + \Delta X_2 = (88.77 + 33.05)\omega_1^2 \times 10^{-4} = 121.82\omega_1^2 \times 10^{-4}$$

$$X_3 = X_2 + \Delta X_3 = (121.82 + 6.792)\omega_1^2 \times 10^{-4} = 128.61\omega_1^2 \times 10^{-4}$$

故频率为：

$$\omega_1 = \sqrt{\sum_{i=1}^n I_i X_i \Big/ \sum_{i=1}^n (m_i X_i^2)}$$

$$= \sqrt{\frac{(1836 \times 88.77 + 2425 \times 121.82 + 559 \times 128.61)\omega_1^4 \times 10^{-4}}{(2561 \times 88.77^2 + 2545 \times 121.82^2 + 559 \times 128.61^2)(\omega_1^2 \times 10^{-4})^2}}$$

$$= 8.88\text{rad/s}$$

而相应的基本振型［图3-17（b）］为：

$$\begin{Bmatrix} X_{11} \\ X_{12} \\ X_{13} \end{Bmatrix} = \begin{Bmatrix} 88.77 \\ 121.82 \\ 128.61 \end{Bmatrix} \omega_1^2 \times 10^{-4} = \begin{Bmatrix} 0.690 \\ 0.947 \\ 1.000 \end{Bmatrix}$$

上述计算结果与例 3-2 中的基本相同，如精度已满足要求，计算即可终止。

C　等效质量法

在求多自由度体系或无限自由度体系的基本频率时，为了简化计算，可根据频率相等的原则，将全部质量集中在一点或几个点上，此集中所得的质量称为等效质量。

考虑图 3-18 所示的悬臂体系，当其上 i 点有一集中质量 m_i 时 [图 3-18 (a)]，若需将该质量转移到体系的顶端 j 点 [图 3-18 (b)]，并要求体系的频率保持不变，试求 j 点的等效质量 m。

由于这两个单自由度体系的频率相等，故有：

$$\sqrt{\frac{k_{ii}}{m_i}} = \sqrt{\frac{k_{jj}}{m_e}}$$

式中　k_{ii}，k_{jj}——二者的刚度系数。

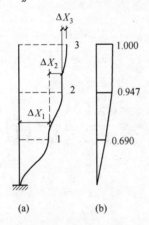

图 3-17　例 3-3 示意图　　　　　图 3-18　等效质量法
(a) 结构弹性曲线；(b) 基本振型

由上式可得等效质量为：

$$m_e = \frac{k_{jj}}{k_{ii}} m_i \qquad (3\text{-}67)$$

设体系原有 n 个集中质量，则可将每个质量都按式（3-67）所示的转换关系转换到 j 点，而 j 点总的等效质量为各等效质量之和，即：

$$m_e = k_{jj} \sum_{i=1}^{n} \frac{m_i}{k_{ii}} \qquad (3\text{-}68)$$

故体系的基本频率为：

$$\frac{1}{\omega^2} = \frac{m_e}{k_{jj}} = \sum_{i=1}^{n} \frac{m_i}{k_{ii}} = \sum_{i=1}^{n} \frac{1}{\omega_1^2} \qquad (3\text{-}69)$$

式（3-69）称为邓克莱（Dunkelely）公式，它是计算多自由度体系基本频率的近似公式。可以证明，它是真实频率的下限。因此按式（3-68）计算所得的等效质量也是一个近似值。

【例 3-4】　用等效质量法计算图 3-19（a）所示单层厂房排架结构的基本频率。已知屋盖质量为 m_2，两边吊车梁质量 m_1 作用于柱高的 4/5 处，设柱为等截面柱，梁柱沿单位长度的质量为 $\overline{m}$，弯曲弯度为 EI。

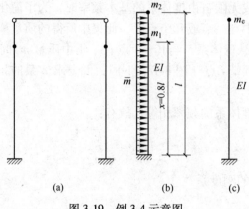

(a)　　　　　　(b)　　　　　　(c)

图 3-19　例 3-4 示意图

解：

排架的计算简图如图 3-19（b）所示。

（1）计算吊车梁在柱顶的等效质量

按式（3-67），因排架柱为等截面柱，故 $k_{ii} = \dfrac{3EI}{x^3}$，$k_{jj} = \dfrac{3EI}{l^3}$，而 $\dfrac{k_{jj}}{k_{ii}} = \left(\dfrac{x}{l}\right)^3$，则：

$$m_e = \left(\frac{x}{l}\right)^3 m_i$$

故吊车梁在柱顶的等效质量为：

$$m_{e1} = \left(\frac{0.8l}{l}\right)^3 m_1 = 0.512 m_1 \approx 0.5 m_1 \tag{3-70}$$

（2）求柱均布质量在柱顶的等效质量

由式（3-68），对于均布质量，$m_i = \overline{m}\mathrm{d}x$，故柱在柱顶的等效质量为：

$$m_{e2} = \int_0^l \left(\frac{x}{l}\right)^3 \overline{m}\mathrm{d}x = 0.25\overline{m}l \tag{3-71}$$

m_{e2} 的精确值为 $0.2422\overline{m}l$，上述的误差为 +3.2%。

（3）求排架基本频率

作用于排架顶部的总等效质量为：

$$m_e = m_2 + m_{e1} + m_{e2} = m_2 + 0.5 m_1 + 0.25\overline{m}l$$

故排架的基本频率为：

$$\omega = \sqrt{\frac{k}{m_e}} = \sqrt{\frac{3EI}{(m_2 + 0.5 m_1 + 0.25\overline{m}l)l^3}} = \frac{1.732}{l}\sqrt{\frac{EI}{(m_2 + 0.5 m_1 + 0.25\overline{m}l)l}}$$

D　顶点位移法

顶点位移法是根据结构在重力荷载水平作用时算得的顶点位移来推求其基本频率或基本周期的一种方法。

考虑一质量均匀的悬臂直杆［图 3-20 (a)］，若杆按弯曲振动，则其基本周期可按式 (3-72) 计算：

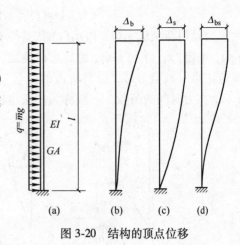

$$T_b = 1.79 l^2 \sqrt{\frac{\overline{m}}{EI}} \qquad (3-72)$$

若杆按剪切振动，则：

$$T_s = 4l \sqrt{\frac{\xi \overline{m}}{GA}} \qquad (3-73)$$

图 3-20　结构的顶点位移

式中　EI，GA ——分别为杆的弯曲刚度和剪切刚度；

　　　ξ ——剪应力分布不均匀系数。

上述悬臂直杆在均布荷载 $q = \overline{m}g$ 作用下，由弯曲和剪切引起的顶点位移［图 3-20 (b)、图 3-20 (c)］分别为：

$$\Delta_b = \frac{ql^4}{8EI} = \frac{\overline{m}gl^4}{8EI} \qquad (3-74)$$

$$\Delta_s = \frac{\xi q l^2}{2GA} = \frac{\xi \overline{m} g l^2}{2GA} \qquad (3-75)$$

将式 (3-74) 及式 (3-75) 分别代入式 (3-72) 及式 (3-73)，得：

$$T_b = 1.6\sqrt{\Delta_b} \qquad (3-76)$$

$$T_s = 1.8\sqrt{\Delta_s} \qquad (3-77)$$

若体系按弯剪振动［图 3-20 (d)］，则其基本周期可按式 (3-78) 计算：

$$T = 1.7\sqrt{\Delta_{bs}} \qquad (3-78)$$

上述公式中 Δ 的单位为 m，T 的单位为 s。这一公式亦可用以计算多层框架结构的基本周期，只是在计算时需求得框架在重力荷载水平作用时的顶点位移。

3.4.4　振型分解法

运动方程式 (3-45) 是以质点位移 $x_i(t)$ 作为坐标，在每一方程中包含所有的质点位移，因此必须联立求解。如果用体系的振型作为基底，而用另一函数 $q(t)$ 作为坐标，就可以把联立方程组变为几个独立的方程，每个方程中只包含一个未知项，这样就可分别独立求解，从而使计算简化。这一方法称为振型分解法，它是求解多自由度弹性体系地震反应的重要方法。以下将对这一方法加以说明。

为简单起见，先考虑二自由度体系，如图 3-21 所示。将质点 m_1 和 m_2 在地震作用下任一时刻的位移 $x_1(t)$ 和 $x_2(t)$ 用其两个振型的线性组合来表示，即：

$$\begin{cases} x_1(t) = q_1(t)X_{11} + q_2(t)X_{21} \\ x_2(t) = q_1(t)X_{12} + q_2(t)X_{22} \end{cases} \tag{3-79}$$

这里用新坐标 $q_1(t)$ 和 $q_2(t)$ 代替原有的两个几何坐标 $x_1(t)$ 和 $x_2(t)$。只要 $q_1(t)$ 和 $q_2(t)$ 确定，$x_1(t)$ 与 $x_2(t)$ 也就可以确定，而 $q_1(t)$ 与 $q_2(t)$ 实际上表示在质点任一时刻的变位中第一振型与第二振型所占的分量。由于 $x_1(t)$ 和 $x_2(t)$ 为时间的函数，故 $q_1(t)$ 和 $q_2(t)$ 亦为时间的函数，一般称为广义坐标。

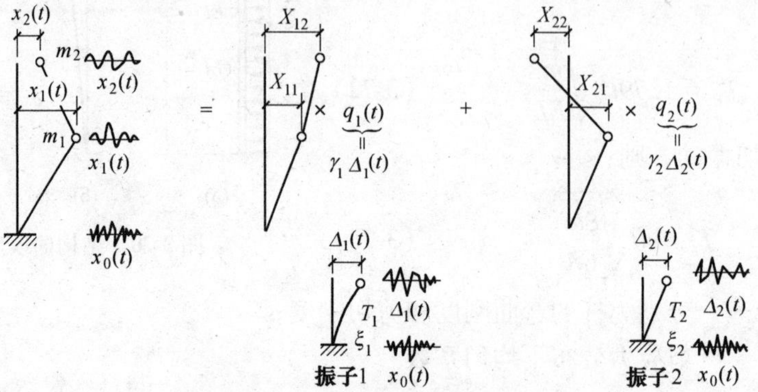

图 3-21 结构变形按振型分解

当为多自由度体系时，式（3-79）可写成：

$$x_i(t) = \sum_{j=1}^{n} q_j(t) X_{ji} \tag{3-80}$$

亦可以写成下述矩阵的形式：

$$x = Xq \tag{3-81}$$

式中

$$X = [X_1 \ X_2 \cdots X_j \cdots X_n]$$

$$x = \begin{Bmatrix} x_1 \\ x_2 \\ \vdots \\ x_i \\ \vdots \\ x_n \end{Bmatrix}; \quad X = \begin{bmatrix} X_{11} & X_{21} & \cdots & X_{j1} & \cdots & X_{n1} \\ X_{12} & X_{22} & \cdots & X_{j2} & \cdots & X_{n2} \\ \vdots & \vdots & & \vdots & & \vdots \\ X_{1n} & X_{2n} & \cdots & X_{jn} & \cdots & X_{nn} \end{bmatrix}; \quad q = \begin{Bmatrix} q_1 \\ q_2 \\ \vdots \\ q_j \\ \vdots \\ q_n \end{Bmatrix}$$

将式（3-81）代入运动方程式（3-47），并假定阻尼矩阵 c 是质量矩阵 m 和刚度矩阵 k 的线性组合，从而使阻尼矩阵亦能满足正交条件，以消除振型之间的耦合，即令：

$$c = \alpha_1 m + \alpha_2 k$$

式中 α_1，α_2——比例常数。

故得：

$$mX\ddot{q} + (\alpha_1 m + \alpha_2 k) X\dot{q} + kXq = -mI\ddot{x}_0$$

将上式等号两边各项都乘以 X_j^{T}，得：

$$X_j^{\mathrm{T}} mX\ddot{q} + X_j^{\mathrm{T}} (\alpha_1 m + \alpha_2 k) X\dot{q} + X_j^{\mathrm{T}} kXq = -X_j^{\mathrm{T}} mI\ddot{x}_0 \tag{3-82}$$

式（3-82）等号左边的第一项为：

$$X_j^{\mathrm{T}} m X \ddot{q} = X_j^{\mathrm{T}} m \begin{bmatrix} X_1 & X_2 & \cdots & X_j & \cdots & X_n \end{bmatrix} \begin{Bmatrix} \ddot{q}_1 \\ \ddot{q}_2 \\ \vdots \\ \ddot{q}_j \\ \vdots \\ \ddot{q}_n \end{Bmatrix}$$

$$= X_j^{\mathrm{T}} m X_1 \ddot{q}_1 + X_j^{\mathrm{T}} m X_2 \ddot{q}_2 + \cdots + X_j^{\mathrm{T}} m X_j \ddot{q}_j + \cdots + X_j^{\mathrm{T}} m X_n \ddot{q}_n$$

根据振型对质量矩阵的正交性［式（3-59）］，式（3-82）中除了 $X_j^{\mathrm{T}} m X_j \ddot{q}_j$ 一项以外，其余各项均等于零，故有：

$$X_j^{\mathrm{T}} m X \ddot{q} = X_j^{\mathrm{T}} m X_j \ddot{q}_j \tag{3-83}$$

同理，利用振型对刚度矩阵的正交性［式（3-50）］，式（3-82）等号左边的第三项亦可写成

$$X_j^{\mathrm{T}} m X q = X_j^{\mathrm{T}} m X_j q_j$$

根据式（3-53b），对于第 j 振型有 $k X_j = \omega_j^2 m X_j$，故上式亦可写成：

$$X_j^{\mathrm{T}} k X q = \omega_j^2 X_j^{\mathrm{T}} k X_j q_j \tag{3-84}$$

对于式（3-82）等号左边的第二项，同理可写成：

$$X_j^{\mathrm{T}} (\alpha_1 m + \alpha_2 k) X \dot{q} = (\alpha_1 + \alpha_2 \omega_j^2) X_j^{\mathrm{T}} m X_j q_j \tag{3-85}$$

将式（3-83）、式（3-84）代入式（3-82）并简化，得：

$$\ddot{q}_j + (\alpha_1 + \alpha_2 \omega_j^2) \dot{q}_j + \omega_j^2 q_j = - \gamma_j \ddot{x}_0 \quad (j = 1, 2, \cdots, n) \tag{3-86}$$

式中

$$\gamma_j = \frac{X_j^{\mathrm{T}} m I}{X_j^{\mathrm{T}} m X_j} = \frac{\sum_{i=1}^{n} m_i X_{ji}}{\sum_{i=1}^{n} m_i X_{ji}^2} \tag{3-87}$$

在式（3-86）中，令：

$$\alpha_1 + \alpha_2 \omega_j^2 = 2 \xi_j \omega_j \tag{3-88}$$

则式（3-86）可写成：

$$\ddot{q}_j + 2 \xi_j \omega_j \dot{q}_j + \omega_j^2 q_j = - \gamma_j \ddot{x}_0 \quad (j = 1, 2, \cdots, n) \tag{3-89}$$

在式（3-88）中，ξ_j 为对应于 j 振型的阻尼比，系数 α_1 和 α_2 通常根据第一、第二振型的频率和阻尼比确定，即由式（3-88）得：

$$\begin{cases} \alpha_1 + \alpha_2 \omega_1^2 = 2 \xi_1 \omega_1 \\ \alpha_1 + \alpha_2 \omega_2^2 = 2 \xi_2 \omega_2 \end{cases}$$

解之，得：

$$\alpha_1 = \frac{2 \omega_1 \omega_2 (\xi_1 \omega_2 - \xi_2 \omega_1)}{\omega_2^2 - \omega_1^2} \tag{3-90a}$$

$$\alpha_2 = \frac{2 (\xi_2 \omega_2 - \xi_1 \omega_1)}{\omega_2^2 - \omega_1^2} \tag{3-90b}$$

在式（3-89）中，依次取 $j=1,2,\cdots,n$，可得 n 个独立微分方程，即在每一个方程中仅含有一个未知量 q_j，由此可分别解得 q_1，q_2，q_3，$\cdots$，q_n。可以看出，式（3-89）与单自由度体系在地震作用下的运动微分方程式（3-5）在形式上基本相同，只是方程式（3-89）的等号右边多出了一个系数 γ_j，所以方程式（3-89）的解就可以参照方程式（3-5）的解及式（3-24）写出：

$$q_j(t) = -\frac{\gamma_j}{\omega_j}\int_0^t \ddot{x}_0(\tau)\,e^{-\xi_j\omega_j(t-\tau)}\sin\omega_j(t-\tau)\,d\tau \tag{3-91}$$

或

$$q_j(t) = \gamma_j\Delta_j(t) \tag{3-92}$$

式中

$$\Delta_j(t) = -\frac{1}{\omega_j}\int_0^t \ddot{x}_0(\tau)\,e^{-\xi_j\omega_j(t-\tau)}\sin\omega_j(t-\tau)\,d\tau \tag{3-93}$$

式（3-93）即相当于阻尼比为 ξ_j，自振频率为 ω_j 的单自由度弹性体系在地震作用下的位移反应，这个单自由度体系作为振型 j 相应的振子（图3-21）。

将式（3-92）代入式（3-80），得：

$$x_i(t) = \sum_{j=1}^n q_j(t)X_{ji} = \sum_{j=1}^n \gamma_j\Delta_j(t)X_{ji} \tag{3-94}$$

式（3-94）就是用振型分解法分析时，多自由度弹性体系在地震作用下其中任一质点 m_i 位移的计算公式。对于二自由度体系，这一分析方法可用图3-21来表示。

式（3-94）中 γ_j 的表达式见式（3-87），称 γ_j 为体系在地震反应中第 j 振型的振型参与系数。实际上，γ_j 就是当各质点位移 $x_1=x_2=\cdots=x_n=1$ 时的 q_j 值。证明如下：

以 m_1X_{11} 及 m_2X_{12} 分别乘以式（3-95）中的第一式和第二式，得：

$$\begin{cases} m_1X_{11} = m_1X_{11}^1 q_1(t) + m_1X_{11}X_{21}q_2(t) \\ m_2X_{12} = m_2X_{12}^2 q_1(t) + m_2X_{12}X_{22}q_2(t) \end{cases} \tag{3-95}$$

将上述两式相加，并利用振型的正交性，可得：

$$q_1(t) = \frac{m_1X_{11} + m_2X_{12}}{m_1X_{11}^1 + m_2X_{12}^2} = \gamma_1$$

同理，将 m_1X_{21} 及 m_2X_{22} 分别乘以式（3-95）中的第一式和第二式，可得：

$$q_2(t) = \frac{m_1X_{21} + m_2X_{22}}{m_1X_{21}^2 + m_2X_{22}^2} = \gamma_2$$

故式（3-95）可写成：

$$1 = \gamma_1X_{11} + \gamma_2X_{21}$$
$$1 = \gamma_1X_{12} + \gamma_2X_{22}$$

对于两个以上的自由度体系，还可写成一般关系式：

$$\sum_{j=1}^n \gamma_jX_{ji} = 1 \quad (j=1,2,\cdots,n) \tag{3-96}$$

3.5 多自由度体系的水平地震作用

多自由度弹性体系的水平地震作用可采用振型分解反应谱法求得，在一定条件下还可采用比较简单的底部剪力法。现将这两种方法分别介绍如下。

3.5.1 振型分解反应谱法

多自由度弹性体系在地震时质点所受到的惯性力就是质点的地震作用。因此，若不考虑扭转耦联，则质点 i 上的地震作用为：

$$F_i(t) = - m_i [\ddot{x}_0(t) + \ddot{x}_i(t)] \tag{3-97}$$

式中　　m_i ——质点 i 的质量；

$\ddot{x}_0(t)$ ——地面运动加速度；

$\ddot{x}_i(t)$ ——质点 i 的相对加速度。

根据式（3-96），$\ddot{x}_0(t)$ 还可写成：

$$\ddot{x}_0(t) = \sum_{j=1}^{n} \gamma_j \ddot{x}_0(t) X_{ji} \tag{3-98}$$

又由式（3-94）得：

$$\ddot{x}_i(t) = \sum_{j=1}^{n} \gamma_j \ddot{\Delta}_j(t) X_{ji} \tag{3-99}$$

将式（3-98）及式（3-99）代入式（3-97），得：

$$F_i(t) = - m_i \sum_{j=1}^{n} \gamma_j X_{ji} [\ddot{x}_0(t) + \ddot{\Delta}_j(t)] \tag{3-100}$$

式中　$[\ddot{x}_0(t) + \ddot{\Delta}_j(t)]$ ——与第 j 振型相应振子的绝对加速度。

根据式（3-100）可以作出 $F_i(t)$ 随时间变化的曲线，即时程曲线。曲线上 $F_i(t)$ 的最大值就是设计用的最大地震作用。但上述计算过程太烦琐，一般采用的方法是先求出对应于每一振型的最大地震作用（每一振型中各质点地震作用将同时达到最大值）及相应的地震作用效应，然后将这些效应进行组合，以求得结构最大地震作用效应。具体计算方法如下。

3.5.1.1 振型的最大地震作用

由式（3-100）可知，作用在第 j 振型第 i 质点上的水平地震作用绝对最大标准值为：

$$F_i(t) = - m_i \gamma_j X_{ji} [\ddot{x}_0(t) + \ddot{\Delta}_j(t)]_{\max} \tag{3-101}$$

令

$$\alpha_j = \frac{[\ddot{x}_0(t) + \ddot{\Delta}_j(t)]_{\max}}{g}$$

$$G_i = m_i g$$

即：

$$F_{ji} = \alpha_j \gamma_j X_{ji} G_i \quad (i = 1, 2, \cdots, m; j = 1, 2, \cdots, n) \tag{3-102}$$

式中　α_j ——相应于第 j 振型自振周期 T_j 的地震影响系数，按图 3-9 确定；

γ_j —— j 振型的振型参与系数，可按式（3-87）计算；

X_{ji} —— j 振型 i 质点的水平相对位移，即振型位移；

G_i ——集中于 i 质点的重力荷载代表值，见 3.10 节。

3.5.1.2 振型组合

求出 j 振型 i 质点上的地震作用 F_{ji} 后，就可按一般力学方法计算结构的地震作用效应

S_j（弯矩、剪力、轴向力和变形等）。根据振型分解法，结构在任一时刻所受的地震作用为该时刻各振型地震作用之和，并且所求得的相应于各振型的地震作用 F_{ji} 均为最大值。这样，按 F_{ji} 求得的地震作用效应 S_j 也是最大值。但是，在任一时刻当某一振型的地震作用（从而使其相应的效应）达到最大值时，其他各振型的地震作用（从而使其相应的效应）并不一定也达到了最大值。这就出现了如何利用各振型的最大地震作用效应来求得结构总的地震作用效应，即将产生振型如何组合，以确定合理地震作用效应的问题。

根据分析，如假定地震时地面运动为平稳随机过程，则对于各平动振型产生的地震作用效应可近似地采用下列"平方和开方"的方法来确定，即：

$$S = \sqrt{\sum S_j^2} \tag{3-103}$$

式中　S——水平地震作用效应；

　　　S_j——j 振型水平地震作用产生的作用效应，包括内力和变形。

必须注意，将各振型的地震作用效应以平方和开方法求得的结构地震作用效应，与将各振型的地震作用先以平方和开方法进行组合，随后计算其效应，两者的结果是不同的。因此在高振型中地震作用有正有负，经平方后则全为正值，故采用后一方法计算时，将会夸大结构所受到的地震作用效应。

一般地，各个振型的地震总反应中的贡献将随着其频率的增加而迅速减小，故频率最低的几个振型往往控制着结构的最大地震反应。因此在实际计算中，一般采用前 2~3 个振型即可。但考虑到自振周期较长结构的各个自振频率比较接近，故《抗震规范》规定，当基本自振周期大于 1.5s 或房屋高宽比大于 5 时，可适当增加参与组合的振型个数。

此外，由于地震影响系数在长周期段下降较快，对于基本周期大于 3.5s 的结构，根据上述振型分解反应谱法计算所得的水平地震作用下的结构效应可能太小，特别是对于长周期结构，地震动态作用中的地面运动速度和位移可能对结构的破坏具有更大的影响，而上述方法无法对此作出估计。因此，《抗震规范》出于结构安全的考虑，提出了对各楼层水平地震剪力最小值的要求，即在进行结构抗震验算时，结构任一楼层的水平地震剪力应符合式（3-104）要求：

$$V_{eki} > \lambda \sum_{j=i}^{n} G_j \tag{3-104}$$

式中　V_{eki}——第 i 层对应于水平地震作用标准值的楼层剪力；

　　　λ——剪力系数，不应小于表 3-4 规定的楼层最小地震剪力系数值，对竖向不规则结构的薄弱层，还应乘以 1.15 的增大系数；

　　　G_j——第 j 层的重力荷载代表值。

表 3-4　楼层最小地震剪力系数值

类　别	6 度	7 度	8 度	9 度
扭转效应明显或基本周期小于 3.5s 的结构	0.008	0.016（0.024）	0.032（0.048）	0.064
基本周期大于 5s 的结构	0.006	0.012（0.018）	0.024（0.036）	0.048

注：1. 基本周期介于 3.5s 和 5s 之间的结构，可插入取值；

　　2. 括号内数值分别用于设计基本地震加速度为 0.15g 和 0.30g 的地区。

3.5.2 底部剪力法

多自由度体系按振型分解法求解结构的地震反应时，需要计算结构的各个自振频率和振型，运算较繁。为了简化计算，对于高度不超过40m、以剪切变形为主且质量和刚度沿高度分布比较均匀的结构，以及近似于单质点体系的结构，可以采用底部剪力法。此法是先计算出作用于结构的总水平地震作用，也就是作用于结构底部的剪力，然后将此总水平地震作用按照一定的规律再分配给各个质点。

3.5.2.1 结构底部剪力

多质点体系在水平地震作用下任一时刻的底部剪力为：

$$F(t) = \sum_{i=1}^{n} m_i [\ddot{x}_0(t) + \ddot{x}_i(t)] \tag{3-105}$$

在设计时应取用其时程曲线的峰值，即：

$$F_E(t) = \sum_{i=1}^{n} m_i [\ddot{x}_0(t) + \ddot{x}_i(t)]_{\max} \tag{3-106}$$

但式（3-106）的计算过程太繁琐，为了简化，可根据底部剪力相等的原则，把多质点体系用一个与其基本周期相同的单质点体系来等代。这样底部剪力就可以简单地用单自由度体系的公式，即式（3-37）进行计算：

$$F_{Ek} = \alpha_1 G_{eq} \tag{3-107}$$

式中 G_{eq}——结构等效总重力荷载；

α_1——相应于结构基本自振周期的水平地震影响系数值，按图3-9确定，对于多层砌体房屋、底部框架和多层内框架砖房，可取水平地震影响系数最大值。

根据对大量结构采用直接动力法分析结构的统计，α_1 的大小与结构的基本周期及场地条件有关。当结构基本周期小于0.75s时，此系数可近似取为0.85；显然，对于单质点体系，此系数等于1。由于适用于用底部剪力法计算地震作用的结构的基本周期一般都小于0.75s，所以《抗震规范》规定取 $\alpha_1 = 0.85$。这样，结构（多质点体系）等效总重力荷载就可用式（3-108）表示：

$$G_{eq} = 0.85 \sum_{i=1}^{n} G_i \tag{3-108}$$

式中 G_i——集中于质点 i 的重力荷载代表值。

由于 G_i 为标准值，故在式（3-107）中，结构底部剪力即结构总水平地震作用 F_{Ek} 亦为标准值。

3.5.2.2 质点的地震作用

在求得结构的总水平地震作用后，就可将它分配于各个质点，以求得各质点上的地震作用。分析表明：对于质量和刚度分布比较均匀、高度不大并以剪切变形为主的结构物，其地震反应将以基本振型为主，而其基本振型接近于倒三角形，如图3-22（b）所示。若按此假定将总水平地震作用进行分配，则根据式（3-102）质点 i 的水平地震作用 [图3-22（a）] 为：

$$F_i = \alpha_1 \gamma_1 X_{1i} G_i$$
$$F_i \propto G_i X_{1i}$$

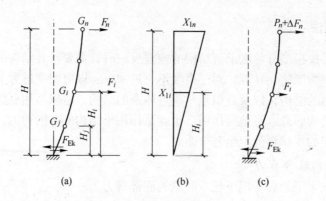

图 3-22　底部剪力法

（a）底部剪力及质点 i 的水平地震作用；（b）倒三角基本振型；（c）顶点附加水平地震作用

故，当振型为倒三角形时：

$$X_{1i} \propto H_i$$

故

$$F_i \propto G_i H_i$$

由此可得：

$$F_i = \frac{G_i H_i}{\sum\limits_{j=1}^{n} G_j H_j} \qquad (3\text{-}109)$$

上述公式适用于基本周期 $T_1 \leqslant 1.4 T_g$ 的结构，其中 T_g 为特征周期，可根据场地类别及设计地震分组按表 3-2 采用。当 $T_1 > 1.4 T_g$ 时，由于高振型的影响，并通过对大量结构地震反应直接动力分析的结果可以看出，若按式（3-109）计算，则结构顶部的地震剪力偏小，故需进行调整。调整的方法是将结构总地震作用的一部分作为集中力作用于结构顶部，再将余下的部分按倒三角形分配给各质点。根据对分析结果的统计，这个附加的集中水平地震作用可表示为 ［图 3-22（c）］：

$$\Delta F_n = \delta_n F_{Ek}$$

式中　δ_n ——顶部附加地震作用系数；

　　　ΔF_n ——顶部附加水平地震作用。

对于多层钢筋混凝土和钢结构房屋，δ_n 可按特征周期 T_g 及结构基本自振周期 T_1 由表 3-5 确定；对于其他房屋则可以不考虑 δ_n ，即 $\delta_n = 0$，这样，采用底部剪力法计算时，各楼层可只考虑一个自由度，质点 i 的水平地震作用标准值就可取为：

$$F_i = \frac{G_i H_i}{\sum\limits_{j=1}^{n} G_j H_j} F_{Ek}(1 - \delta_n) \qquad (3\text{-}110)$$

表 3-5　顶部附件地震作用系数

T_g/s	$T_1 > 1.4 T_g$	$T_1 \leqslant 1.4 T_g$
$\leqslant 0.35$	$0.08 T_1 + 0.07$	
$0.35 \sim 0.55$	$0.08 T_1 + 0.01$	0
> 0.55	$0.08 T_1 - 0.02$	

注：T_1 为结构的基本自振周期。

当房屋顶部有突出屋面的小建筑物时，上述附加集中水平地震作用 ΔF_n 应置于主体房屋的顶层而不应置于小建筑物的顶部，但小建筑物顶部的地震作用仍可按式（3-110）计算。

前面已经提到，底部剪力法适用于质量和刚度沿刚度分布比较均匀的结构。当建筑物有突出屋面的小建筑，如屋顶减、女儿墙和烟囱等时，由于该部分的质量和刚度突然变小，地震时将产生鞭端效应，使得突出屋面小建筑的地震反应特别强烈，其程度取决于突出物与建筑物的质量比与刚度比以及场地条件等。为了简化计算，《抗震规范》规定，当采用底部剪力法计算这类小建筑的地震作用效应时，宜乘以增大系数3，但此增大部分不应往下传递，不过与该突出部分相连的构件应予计入；当采用振型分解法计算时，突出屋面部分可作为一个质点；单层厂房突出屋面天窗架地震作用效应的增大系数，应按第8章的有关规定采用。

【例3-5】 图 3-14 所示框架结构，每层的层高为 4m，建造在设防烈度为 8 度的 I 类场地上，该地区设计基本地震加速度值为 $0.20g$，设计地震分组为第一组，结构的阻尼比 $\xi = 0.05$，试分别用振型分解反应谱法和底部剪力法计算该框架的层间地震剪力。

解：

（1）用振型分解反应谱法计算：

①主振型及相应的自振周期。

由例 3-1 可知，结构的主振型及相应的自振周期分别如下：

$$\begin{Bmatrix} X_{11} \\ X_{12} \end{Bmatrix} = \begin{Bmatrix} 0.488 \\ 1.000 \end{Bmatrix} ; \qquad \begin{Bmatrix} X_{21} \\ X_{22} \end{Bmatrix} = \begin{Bmatrix} 1.710 \\ -1.000 \end{Bmatrix}$$

$$T_1 = 0.358s, \ T_2 = 0.156s$$

②水平地震作用。

相应于第一振型的质点水平地震作用为：

$$F_{1i} = \alpha_1 \gamma_1 X_{1i} G_i = \alpha_1 \gamma_1 X_{1i} m_i g$$

因 $T_g = 0.25s < T_1 = 0.358s < 5T_g$，由图 3-9、表 3-2、表 3-3 及式（3-38），可算得地震影响系数为：

$$\alpha_1 = \left(\frac{T_g}{T}\right)^{\gamma} \eta_2 \alpha_{\max} = \left(\frac{0.25}{0.358}\right)^{0.9} \times 1.0 \times 0.16 = 0.1158$$

按式（3-87）可算得振型参与系数为：

$$\gamma_1 = \frac{\sum_{i=1}^{n} m_i X_{1i}}{\sum_{i=1}^{n} m_i X_{1i}^2} = \frac{60 \times 0.488 + 50 \times 1}{60 \times 0.488^2 + 50 \times 1^2} = 1.23$$

故
$$F_{11} = 0.1158 \times 1.23 \times 0.488 \times 60 \times 9.8 = 40.9\text{kN}$$

$$F_{12} = 0.1158 \times 1.23 \times 1 \times 50 \times 9.8 = 69.8\text{kN}$$

相应于第二振型的质点水平地震作用为：

$$F_{21} = \alpha_2 \gamma_2 X_{2i} m_i g$$

因 $T_g = 0.1s < T_2 = 0.156s < 0.25s$，故由图 3-9 可知：

$$\alpha_2 = \eta_2 \alpha_{\max} = 1.0 \times 0.16 = 0.16$$

又　　　$$\gamma_2 = \frac{\sum_{i=1}^{n} m_i X_{2i}}{\sum_{i=1}^{n} m_i X_{2i}^2} = \frac{60 \times 1.71 + 50 \times (-1)}{60 \times 1.71^2 + 50 \times (-1)^2} = 0.233$$

故　　　　　　$$F_{21} = 0.16 \times 0.233 \times 1.71 \times 60 \times 9.8 = 37.5 \text{kN}$$

$$F_{22} = 0.16 \times 0.233 \times (-1) \times 60 \times 9.8 = -18.3 \text{kN}$$

③层间地震剪力。

根据以上计算，对应于第一、第二振型的地震作用及剪力图如图 3-23（a）、图 3-23（b）所示。

按平方和开方法则 [式（3-103）]，可求得底层及 2 层的层间地震剪力如下：

$$V_1 = \sqrt{110.7^2 + 19.2^2} = 112.4 \text{kN}$$

$$V_2 = \sqrt{69.8^2 + (-18.3)^2} = 72.2 \text{kN}$$

框架的层间剪力图如图 3-23（c）所示。

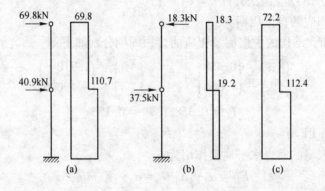

图 3-23　例 3-5 用振型分解反应谱法计算

（a）相应于第一振型的水平地震作用及剪力图；（b）相应于第二振型的水平地震作用及剪力图；

（c）框架层间剪力图

（2）用底部剪力法计算：

①结构总水平地震作用。

根据式（3-107），结构总水平地震作用为：

$$F_{\text{Ek}} = \alpha_1 G_{\text{eq}}$$

上式中的 α_1 已经算出，其值为 $\alpha_1 = 0.1158$；G_{eq} 由式（3-108）计算，其值为：

$$G_{\text{eq}} = 0.85 \sum_{i=1}^{n} m_i g = 0.85 \times (60 + 50) \times 9.8 = 916 \text{kN}$$

故　　　　　　$$F_{\text{Ek}} = 0.1158 \times 916 = 106.1 \text{kN}$$

②各质点的地震作用。

按式（3-110），质点 i 的水平地震作用为：

$$F_i = \frac{G_i H_i}{\sum\limits_{j=1}^{n} G_j H_j} F_{Ek}(1 - \delta_n)$$

因 $T_1 = 0.358\text{s} > 1.4T_g = 0.35\text{s}$，按表 3-5，

$$\delta_n = 0.08T_1 + 0.07 = 0.986$$

故

$$F_1 = \frac{G_1 H_1}{\sum\limits_{j=1}^{2} G_j H_j} F_{Ek}(1 - \delta_n)$$

$$= \frac{60 \times 9.8 \times 4}{60 \times 9.8 \times 4 + 50 \times 9.8 \times (4 + 4)} \times 106.1 \times (1 - 0.0986) = 35.9\text{kN}$$

$$F_2 = \frac{G_2 H_2}{\sum\limits_{j=1}^{2} G_j H_j} F_{Ek}(1 - \delta_n)$$

$$= \frac{50 \times 9.8 \times (4 + 4)}{60 \times 9.8 \times 4 + 50 \times 9.8 \times (4 + 4)} \times 106.1 \times (1 - 0.0986) = 59.8\text{kN}$$

顶部附加的集中水平地震作用为：

$$\Delta F_n = \delta_n F_{Ek} = 0.0986 \times 106.1 = 10.5\text{kN}$$

框架水平地震作用及层间剪力图如图 3-24 所示。

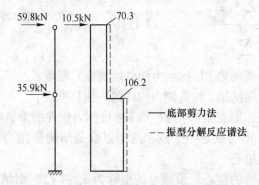

图 3-24　用底部剪力法计算的水平地震作用和剪力

3.6　结构的地震扭转效应

结构在地震作用下除了发生平移振动外，有时还会发生扭转振动。引起扭转振动的原因主要有两个：一是地面运动存在着转动分量，或地震时地面各点的运动存在着相位差，这些都属于外因；二是结构本身不对称，即结构的质量中心与刚度中心不重合。震害调查表明，扭转作用会加重结构的破坏，并且在某些情况下还将成为导致结构破坏的主要因素。然而，由于技术上的原因，目前尚未取得有关地面运动转动分量的强震记录，这样由前一原因引起的结构扭转效应就难以确定。因此，《抗震规范》规定，对于质量和刚度明显不均匀、不对称的结构，应考虑双向水平地震作用下的扭转影响；其他情况下宜采用调整地震作用效应的方法来考虑结构扭转作用的影响。下面主要讨论在水平地震作用下由于

结构偏心而产生的地震扭转作用。

3.6.1 刚心与质心

图 3-25 （a）为一单层砖房的平面图，称其中的纵墙和横墙分别为两个方向的抗侧力构件。对于框架结构，其纵、横向平面框架为结构的抗侧力构件。图 3-25 （b）为该砖房的计算简图。假定该房屋的屋盖为刚性屋盖，则当屋盖沿 y 方向平移以单位距离时，在每个横向（y 向）抗侧力构件中都将引起恢复力，其大小与该抗侧力构件的抗侧移刚度成正比。这样，这些恢复力的合力离坐标原点 O 的距离为：

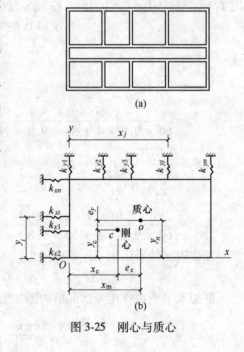

(a)

(b)

图 3-25　刚心与质心

$$x_c = \frac{\sum_{j=1}^{n} k_{yj} x_j}{\sum_{j=1}^{n} k_{yj}} \qquad (3\text{-}111a)$$

同理，当屋盖沿 x 方向平移一单位距离时，得：

$$y_c = \frac{\sum_{i=1}^{n} k_{xi} x_i}{\sum_{i=1}^{n} k_{xi}} \qquad (3\text{-}111b)$$

式中　k_{yj}——平行于 y 轴的第 j 片抗侧力构件的抗侧移刚度；

　　　k_{xi}——平行于 x 轴的第 i 片抗侧力构件的抗侧移刚度；

　x_j，y_i——分别为坐标原点至第 j 片、第 i 片抗侧力构件的垂直距离。

根据上述 x_c 及 y_c，即可确定一个点，这个点就是结构抗侧力构件恢复力合力的作用点，称为该结构的刚度中心。

结构的质心就是结构的重心，设重心的坐标为 x_m 和 y_m，则结构在 x 和 y 方向上刚心与质心的距离，即偏心距的大小分别为：

$$e_x = x_m - x_c \qquad (3\text{-}112a)$$
$$e_y = y_m - y_c \qquad (3\text{-}112b)$$

3.6.2 单层偏心结构的振动

3.6.2.1 运动方程

当结构的质心与刚心不重合时，在水平地震作用下由于惯性力的合力通过结构的质心，而相应的各抗侧力构件恢复力的合力则通过结构的刚心，因而使结构除产生平移振动外，尚有围绕刚心的扭转振动，从而形成平扭的振动。

对于图 3-25 所示的单层刚性屋盖结构，若在 x 及 y 方向上均受地震作用，且地面加速度分别为 $\ddot{u}_{0x}$ 及 $\ddot{u}_{0y}$，如图 3-26 所示，这时取质心 m 为坐标原点，令质心在 x 方向的位移为 u_x，在 y 方向的位移为 u_y，屋盖绕通过质心 m 的竖轴的转角为 φ（以逆时针转动为

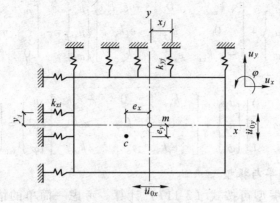

图 3-26 受双向地震作用的单层偏心结构

正），则第 i 个纵向抗侧力构件沿 x 方向的位移为：

$$u_{xi} = u_x - y_i\varphi \tag{3-113a}$$

式中 $y_i\varphi$ ——由于屋盖转动而在 x 方向引起的位移。

同理，第 j 个横向抗侧力构件沿 y 方向的位移为：

$$u_{yi} = u_y + x_j\varphi \tag{3-113b}$$

上述结构为三自由度体系。将刚性屋盖作为隔离体，其上作用有恢复力、恢复扭矩、惯性力和惯性扭矩，根据达朗贝尔原理建立动力平衡方程式，如不考虑阻尼作用，得到运动方程（3-114）：

$$
\begin{cases}
m\ddot{u}_x + \sum_i k_{xi}(u_x - y_i\varphi) = -m\ddot{u}_{0x} \\
m\ddot{u}_y + \sum_j k_{yj}(u_y + x_j\varphi) = -m\ddot{u}_{0y} \\
J\ddot{\varphi} - \sum_i k_{xi}(u_x - y_i\varphi)y_i + \sum_j k_{yj}(u_y + x_j\varphi)x_j = 0
\end{cases}
\tag{3-114}
$$

整理式（3-114），得：

$$
\begin{bmatrix} m & & 0 \\ & m & \\ 0 & & J \end{bmatrix}
\begin{Bmatrix} \ddot{u}_x \\ \ddot{u}_y \\ \ddot{\varphi} \end{Bmatrix}
+
\begin{bmatrix} k_{xx} & 0 & k_{x\varphi} \\ 0 & k_{yy} & k_{y\varphi} \\ k_{\varphi x} & k_{\varphi y} & k_{\varphi\varphi} \end{bmatrix}
\begin{Bmatrix} u_x \\ u_y \\ \varphi \end{Bmatrix}
= -
\begin{bmatrix} m & & 0 \\ & m & \\ 0 & & J \end{bmatrix}
\begin{Bmatrix} \ddot{u}_{0x} \\ \ddot{u}_{0y} \\ 0 \end{Bmatrix}
\tag{3-115}
$$

式中，m 为集中于屋盖的总质量；J 为屋盖绕 z 轴的转动惯量；$k_{xx} = \sum_i k_{xi}$ 为屋盖在 x 方向的平动刚度；$k_{yy} = \sum_j k_{yj}$ 为屋盖在 y 方向的平动刚度；$k_{\varphi\varphi} = \sum_i k_{xi}y_i^2 + \sum_j k_{yj}x_j^2$ 为屋盖的抗扭刚度；$k_{x\varphi} = k_{\varphi x} = -\sum_i k_{xi}y_i$；$k_{y\varphi} = k_{\varphi y} = -\sum_j k_{yj}x_j$。

由式（3-112），因此处原点在质心，故式中 $x_c = e_x$，$y_c = e_y$，则：

$$k_{x\varphi} = k_{\varphi x} = -\sum_i k_{xi}y_i = -e_y k_{xx}$$

$$k_{y\varphi} = k_{\varphi y} = -\sum_j k_{yj}x_j = e_x k_{yy}$$

故式（3-115）也可写成：

$$\begin{bmatrix} m & & 0 \\ & m & \\ 0 & & J \end{bmatrix} \begin{Bmatrix} \ddot{u}_x \\ \ddot{u}_y \\ \ddot{\varphi} \end{Bmatrix} + \begin{bmatrix} k_{xx} & 0 & -e_y k_{xx} \\ 0 & k_{yy} & e_x k_{yy} \\ -e_y k_{xx} & e_x k_{yy} & k_{\varphi\varphi} \end{bmatrix} \begin{Bmatrix} u_x \\ u_y \\ \varphi \end{Bmatrix} = - \begin{bmatrix} m & & 0 \\ & m & \\ 0 & & J \end{bmatrix} \begin{Bmatrix} \ddot{u}_{0x} \\ \ddot{u}_{0y} \\ 0 \end{Bmatrix} \quad (3\text{-}116)$$

而体系的自由振动方程式为:

$$\begin{bmatrix} m & & 0 \\ & m & \\ 0 & & J \end{bmatrix} \begin{Bmatrix} \ddot{u}_x \\ \ddot{u}_y \\ \ddot{\varphi} \end{Bmatrix} + \begin{bmatrix} k_{xx} & 0 & -e_y k_{xx} \\ 0 & k_{yy} & e_x k_{yy} \\ -e_y k_{xx} & e_x k_{yy} & k_{\varphi\varphi} \end{bmatrix} \begin{Bmatrix} u_x \\ u_y \\ \varphi \end{Bmatrix} = \begin{Bmatrix} 0 \\ 0 \\ 0 \end{Bmatrix} \quad (3\text{-}117)$$

3.6.2.2　自振频率与振型

结构自振频率与振型可按式(3-117)计算。考虑一简单的情况,设结构仅在 y 方向有偏心,且地震仅沿 x 方向作用[图 3-27(a)],则由式(3-117)可得自由振动方程为:

$$\begin{bmatrix} m & 0 \\ 0 & J \end{bmatrix} \begin{Bmatrix} \ddot{u}_x \\ \ddot{\varphi} \end{Bmatrix} + \begin{bmatrix} k_{xx} & -e_y k_{xx} \\ -e_y k_{xx} & k_{\varphi\varphi} \end{bmatrix} \begin{Bmatrix} u_x \\ \varphi \end{Bmatrix} = \begin{Bmatrix} 0 \\ 0 \end{Bmatrix} \quad (3\text{-}118)$$

这是一个二自由度体系,设式(3-118)的解为:

$$u_x = X\sin(\omega t + \theta)$$
$$\varphi = \Phi\sin(\omega t + \theta)$$

代入式(3-118)得:

$$(k_{xx} - m\omega^2)X - e_y k_{xx}\Phi = 0$$
$$-e_y k_{xx}X + (k_{\varphi\varphi} - J\omega^2)\Phi = 0$$

令 $\omega_x^2 = k_{xx}/m$,$\omega_\varphi^2 = k_{\varphi\varphi}/J$,$r^2 = J/m$,则上式成为:

$$\begin{cases} (\omega_x^2 - \omega^2)X - e_y \omega_x^2 \Phi = 0 \\ -\dfrac{e_y}{r^2} + (\omega_\varphi^2 - \omega^2)\Phi = 0 \end{cases} \quad (3\text{-}119)$$

为使式(3-119)得非零解,令 X 和 Φ 的系数行列式等于零,得频率方程:

$$\omega^4 - (\omega_x^2 + \omega_\varphi^2) + \left(\omega_x^2\omega_\varphi^2 - \frac{e_y}{r^2}\omega_x^4\right) = 0$$

由此得结构自振频率为:

$$\begin{cases} \omega_1^2 = \dfrac{\omega_x^2 + \omega_\varphi^2}{2} - \sqrt{\left(\dfrac{\omega_x^2 - \omega_\varphi^2}{2}\right)^2 + \dfrac{e_y}{r^2}\omega_x^4} \\[4mm] \omega_2^2 = \dfrac{\omega_x^2 + \omega_\varphi^2}{2} + \sqrt{\left(\dfrac{\omega_x^2 - \omega_\varphi^2}{2}\right)^2 + \dfrac{e_y}{r^2}\omega_x^4} \end{cases} \quad (3\text{-}120)$$

由式(3-119)中第一式得振幅比:

$$\frac{X_j}{\Phi_j} = \frac{e_y \omega_x^2}{\omega_x^2 - \omega_j^2} = \frac{e_y}{1 - \left(\dfrac{\omega_j}{\omega_x}\right)^2} \quad (j = 1,\ 2) \quad (3\text{-}121)$$

如令 $X_j = 1$,则:

第一振型为 $\qquad X_1 = 1, \qquad \Phi_1 = \dfrac{1 - (\omega_1/\omega_x)^2}{e_y}$

$\hspace{10cm}$ (3-122)

第二振型为 $\qquad X_2 = 1, \qquad \Phi_2 = \dfrac{1 - (\omega_2/\omega_x)^2}{e_y}$

由式（3-120）知：

$$\omega_1 < \omega_x < \omega_2$$

故式（3-122）中 Φ_1 为正值（逆时针方向转动），而 Φ_2 为负值（顺时针方向转动），如图 3-27（b）、图 3-27（c）所示。图中 O 为转动中心。

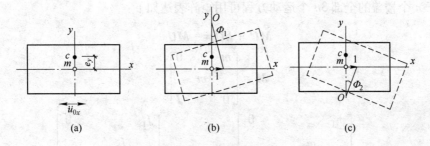

图 3-27　单向偏心结构的自由振动

（a）偏心结构；（b）第一振型；（c）第二振型

3.6.3　多层偏心结构的振动

图 3-28 为一多层偏心房屋结构，设楼盖刚度极大，可视为刚片，则每一楼盖将具有 3 个自由度，当房屋为 n 层时，它将成为一个具有 $3n$ 各自由度的体系。

考虑楼盖 r，设 k_{xx}^{rs} 为当楼盖 s 在 x 方向发生单位位移，其他楼盖不动时，在楼盖 r 处产生的范例，则：

$$k_{xx}^{rs} = \sum_i k_{xi}^{rs}$$

式中 $\qquad k_{xx}^{rs}$ —— 当第 s 层有单位位移，其他层不动时，结构中沿 x 方向第 i 个抗侧力构件在第 r 层出的反力。

比照式（3-116），楼盖 r 在 x 方向的恢复力为：

$$\sum_{s=1}^n k_{xx}^{rs} u_{sx} - \sum_{s=1}^n k_{xx}^{rs} e_{sy} \varphi_s$$

故楼盖 r 沿 x 方向当不考虑阻尼时平动的运动方程为：

$$m_r \ddot{u}_{rx} + \sum_{s=1}^n k_{xx}^{rs} u_{sx} - \sum_{s=1}^n k_{xx}^{rs} e_{sy} \varphi_s = - m_r \ddot{u}_{0x}$$

$$(3-123)$$

同理，可写出楼盖 r 在 y 方向平动时的运动方程为：

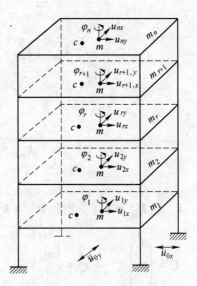

图 3-28　多层偏心结构简图

$$m_r \ddot{u}_{ry} + \sum_{s=1}^{n} k_{yy}^{rs} u_{sy} + \sum_{s=1}^{n} k_{yy}^{rs} e_{sx} \varphi_s = - m_r \ddot{u}_{0y} \tag{3-124}$$

楼盖 r 扭转振动的运动方程为：

$$J_r \ddot{\varphi}_r - \sum_{s=1}^{n} k_{xx}^{rs} e_{sy} + \sum_{s=1}^{n} k_{yy}^{rs} e_{sx} u_{sy} + \sum_{s=1}^{n} k_{\varphi\varphi}^{rs} \varphi_s = 0 \tag{3-125}$$

式中　　$k_{\varphi\varphi}^{rs}$ ——当楼盖 s 对通过质心的竖轴产生单位转角（逆时针方向为正），其他楼盖不动时，在楼盖 r 处的反力矩：

$$k_{\varphi}^{rs} = \sum_i k_{xi}^{rs} y_i^s y_i^r + \sum_j k_{yj}^{rs} x_j^s x_j^r$$

对于 n 个楼盖的全部 $3n$ 个运动方程可用矩阵表达如下：

$$\boldsymbol{M\ddot{U}} + \boldsymbol{kU} = - \boldsymbol{M\ddot{U}_0} \tag{3-126}$$

式中

$$\boldsymbol{M} = \begin{bmatrix} \boldsymbol{m} & & 0 \\ & \boldsymbol{m} & \\ 0 & & \boldsymbol{J} \end{bmatrix}$$

其中

$$\boldsymbol{m} = \begin{bmatrix} m_1 & & & 0 \\ & m_2 & & \\ & & \ddots & \\ 0 & & & m_n \end{bmatrix}, \qquad \boldsymbol{J} = \begin{bmatrix} J_1 & & & 0 \\ & J_2 & & \\ & & \ddots & \\ 0 & & & J_n \end{bmatrix}$$

又

$$\boldsymbol{K} = \begin{bmatrix} \boldsymbol{k}_{xx} & 0 & \boldsymbol{k}_{x\varphi} \\ 0 & \boldsymbol{k}_{yy} & \boldsymbol{k}_{\varphi y} \\ \boldsymbol{k}_{\varphi x} & \boldsymbol{k}_{y\varphi} & \boldsymbol{k}_{\varphi\varphi} \end{bmatrix}, \qquad \boldsymbol{k}_{xx} = \begin{bmatrix} k_{xx}^{11} & k_{xx}^{12} & \cdots & k_{xx}^{1n} \\ k_{xx}^{21} & k_{xx}^{22} & \cdots & k_{xx}^{2n} \\ \vdots & \vdots & & \vdots \\ k_{xx}^{n1} & k_{xx}^{n2} & \cdots & k_{xx}^{nn} \end{bmatrix}$$

$$\boldsymbol{k}_{x\varphi} = \boldsymbol{k}_{\varphi x}^{\mathrm{T}} = \begin{bmatrix} k_{xx}^{11} e_{y1} & k_{xx}^{12} e_{y2} & \cdots & k_{xx}^{1n} e_{yn} \\ k_{xx}^{21} e_{y1} & k_{xx}^{22} e_{y2} & \cdots & k_{xx}^{2n} e_{yn} \\ \vdots & \vdots & & \vdots \\ k_{xx}^{n1} e_{y1} & k_{xx}^{n2} e_{y2} & \cdots & k_{xx}^{nn} e_{yn} \end{bmatrix}$$

$$\boldsymbol{k}_{\varphi\varphi} = \begin{bmatrix} k_{\varphi\varphi}^{11} & k_{\varphi\varphi}^{12} & \cdots & k_{\varphi\varphi}^{1n} \\ k_{\varphi\varphi}^{21} & k_{\varphi\varphi}^{22} & \cdots & k_{\varphi\varphi}^{2n} \\ \vdots & \vdots & & \vdots \\ k_{\varphi\varphi}^{n1} & k_{\varphi\varphi}^{n2} & \cdots & k_{\varphi\varphi}^{nn} \end{bmatrix}$$

$\boldsymbol{k}_{yy}$ 和 $\boldsymbol{k}_{y\varphi} = \boldsymbol{k}_{\varphi y}^{\mathrm{T}}$ 分别和 $\boldsymbol{k}_{x\varphi} = \boldsymbol{k}_{\varphi x}^{\mathrm{T}}$ 相似，只需将后者的角标 x 换成 y 即可。

即　　$\boldsymbol{U} = \begin{Bmatrix} \boldsymbol{u}_x \\ \boldsymbol{u}_y \\ \boldsymbol{\varphi} \end{Bmatrix}, \qquad \boldsymbol{u}_x = \begin{Bmatrix} u_{1x} \\ u_{2x} \\ \vdots \\ u_{nx} \end{Bmatrix}, \qquad \boldsymbol{u}_y = \begin{Bmatrix} u_{1y} \\ u_{2y} \\ \vdots \\ u_{ny} \end{Bmatrix}, \qquad \boldsymbol{\varphi} = \begin{Bmatrix} \varphi_1 \\ \varphi_2 \\ \vdots \\ \varphi_n \end{Bmatrix}, \qquad \boldsymbol{\ddot{U}_0} = \begin{Bmatrix} \ddot{u}_{0x} \\ \ddot{u}_{0y} \\ 0 \end{Bmatrix}$

3.6.4 偏心结构的地震作用

3.6.4.1 振型分解反应谱法

A 广义坐标与振型参与系数

偏心结构的地震作用亦可利用前述的振型分解反应谱法确定。考虑单层双向偏心结构受两个方向的地面水平运动，不考虑阻尼的作用，其运动方程见式（3-115），写成矩阵形式为：

$$m\ddot{u} + ku = -m\ddot{u}_0 \tag{3-127}$$

将位移向量 u 按振型分解为：

$$u = Uq \tag{3-128}$$

式中 U——标准化振型矩阵，$U = \begin{bmatrix} U_1 & U_2 & U_3 \end{bmatrix} = \begin{bmatrix} X_1 & X_2 & X_3 \\ Y_1 & Y_2 & Y_3 \\ \Phi_1 & \Phi_2 & \Phi_3 \end{bmatrix}$；

q——广义坐标向量，$q = \begin{Bmatrix} q_1 \\ q_2 \\ q_3 \end{Bmatrix}$。

将式（3-128）代入式（3-127）得：

$$mU\ddot{q} + kUq = -m\ddot{u}_0$$

与式（3-86）的推导方法相似，对上式各项左乘第 j 振型向量 U_j^{T}，并考虑振型的正交性，得：

$$\ddot{q}_j + \omega_j^2 q_j = -\frac{U_j^{\mathrm{T}} m\ddot{u}_0}{U_j^{\mathrm{T}} m U_j} = -\frac{mX_j\ddot{u}_{0x} + mY_j\ddot{u}_{0y}}{mX_j^2 + mY_j^2 + J\Phi_j^2} \tag{3-129}$$

当只有 x 方向有水平地震作用时，$\ddot{u}_{0y} = 0$，则式（3-129）成为：

$$\ddot{q}_j + \omega_j^2 q_j = -\gamma_{xj}\ddot{u}_{0x} \tag{3-130}$$

式中

$$\gamma_{xj} = \frac{mX_j}{mX_j^2 + mY_j^2 + J\Phi_j^2} = \frac{X_j}{X_j^2 + Y_j^2 + r^2\Phi_j^2} \tag{3-131}$$

当只有 y 方向有水平地震作用时，

$$\ddot{q}_j + \omega_j^2 q_j = -\gamma_{yj}\ddot{u}_{0y} \tag{3-132}$$

式中

$$\gamma_{yj} = \frac{mX_j}{mX_j^2 + mY_j^2 + J\Phi_j^2} = \frac{X_j}{X_j^2 + Y_j^2 + r^2\Phi_j^2} \tag{3-133}$$

式（3-131）、式（3-133）中的 γ_{xj} 及 γ_{yj} 为仅考虑 x 及 y 方向地震的 j 振型参与系数，其中 $r^2 = J/m$。

对于单向偏心结构，当偏心在 y 方向而地震沿 x 方向作用时［图3-27（a）］，

$$\gamma_{xj} = \frac{mX_j}{mX_j^2 + J\Phi_j^2} = \frac{X_j}{X_j^2 + r^2\Phi_j^2} \tag{3-134}$$

同理，当地震沿 y 方向作用而偏心在 x 方向上时，

$$\gamma_{yj} = \frac{mY_j}{mY_j^2 + J\Phi_j^2} = \frac{Y_j}{Y_j^2 + r^2\Phi_j^2} \tag{3-135}$$

在上述推导中没有考虑结构的阻尼，如需计入此项影响，可在式（3-129）等号左边加入阻尼项 $2\zeta_j\omega_j\dot{q}_j$，其中 ζ_j 为第 j 振型的阻尼比。

B 地震作用

当结构需要考虑水平地震作用的扭转影响时，可采用下列方法来计算：

（1）规则结构在计算中为考虑扭转耦联时，平行于地震作用方向的两个边榀，其地震作用效应宜乘以增大系数。一般情况下短边可按 1.15、长边可按 1.05 采用；当扭转刚度较小时，可按不小于 1.3 采用。

（2）在计算中考虑扭转影响的结构，各楼层可取两个正交的水平移动和一个转角共 3 个自由度，然后按下列振型分解法计算地震作用和作用效应。确有依据时，也可采用简化计算方法确定地震作用效应。

对于单层偏心结构，其地震作用的计算公式与多质点体系水平地震作用的计算公式（3-102）相似。单层双向偏心结构地震作用的计算公式可表示如下：

仅考虑 x 方向地震时，j 振型的水平地震作用在 x 和 y 方向分别为：

$$F_{xj} = \alpha_j\gamma_{xj}X_jG \tag{3-136}$$

$$F_{yj} = \alpha_j\gamma_{yj}X_jG \tag{3-137}$$

而地震扭矩即可写为：

$$M_{tj} = J\gamma_{xj}\Phi_j\alpha_j g$$

令 $G = mg$，$r^2 = J/m$，则上式可写成：

$$M_{tj} = \alpha_j\gamma_{xj}r^2\Phi_j G \tag{3-138}$$

当仅考虑 y 方向地震时，只需在式（3-136）~式（3-138）中用 γ_{yj} 代替 γ_{xj}，即可得到相应的地震作用。

上式中各符号的意义见前面所述，γ_{xj} 和 γ_{yj} 见式（3-131）和式（3-133）。

对于单层单向偏心结构，承受垂直于偏心方向的单向地震时，在偏心方向将无水平地震作用。例如对于图 3-27（a）所示结构，其地震作用可按式（3-136）和式（3-138）计算，其中 γ_{xj} 按式（3-134）确定。

当为多层偏心结构时，根据与上述相同方法可推导多层偏心结构第 j 振型 i 层的水平地震作用如下：

$$F_{xji} = \alpha_j\gamma_{tj}X_{ji}G_i \tag{3-139}$$

$$F_{yji} = \alpha_j\gamma_{tj}Y_{ji}G_i \tag{3-140}$$

$$M_{tji} = \alpha_j\gamma_{tj}r_i^2\Phi_{ji}G_i \tag{3-141}$$

式中　F_{xji}，F_{yji}，M_{tji} ——分别为 j 振型 i 层在 x 方向、y 方向和转角方向的地震作用标准值；

　　　X_{ji}，Y_{ji} ——分别为 j 振型 i 层质心在 x 方向和 y 方向的水平相对位移；

　　　Φ_{ji} ——j 振型 i 层的相对扭转角；

　　　r_i ——i 层绕质心的回转半径，$r_i^2 = J_i/m_i$；

　　　γ_{tj} ——考虑扭转的 j 振型参与系数，可按式（3-142）~式（3-144）确定：

当仅考虑 x 方向地震时，

$$\gamma_{yj} = \frac{\sum\limits_{i=1}^{n} X_{ji} G_i}{\sum\limits_{i=1}^{n} (X_{ji}^2 + Y_{ji}^2 + r_i^2 \Phi_{ji}^2) G_i} \tag{3-142}$$

当仅考虑 y 方向地震时，

$$\gamma_{xj} = \frac{\sum\limits_{i=1}^{n} Y_{ji} G_i}{\sum\limits_{i=1}^{n} (X_{ji}^2 + Y_{ji}^2 + r_i^2 \Phi_{ji}^2) G_i} \tag{3-143}$$

当考虑与 x 方向斜角 θ 的地震时，

$$\gamma_{tj} = \gamma_{xj} \cos\theta + \gamma_{yj} \sin\theta \tag{3-144}$$

式中 γ_{xj}，γ_{yj}——分别为由式（3-142）和式（3-143）求得的参与系数。

C 振型组合

在第 3.5 节中用平方和开方法则［式（3-103）］把对应于结构各振型的最大地震作用效应组合成总的地震作用效应，但此法仅适用于各振型频率间隔较大的平移振动分析。对于多层偏心结构，其振动为平移扭转耦联振动，各振动的频率比较接近，这时应考虑相近频率振型之间的相关性，不然将出现较大误差。为此，当考虑单向水平地震作用下的扭转地震作用效应时，可采用完全二次型方根法（CQC 法），即按式（3-145）、式（3-146）计算地震作用效应：

$$S = \sqrt{\sum_{j=1}^{m} \sum_{k=1}^{m} \rho_{jk} S_j S_k} \tag{3-145}$$

$$\rho_{jk} = \frac{8\sqrt{\zeta_j \zeta_k} (\zeta_j + \lambda_T \zeta_k) \lambda_T^{1.5}}{(1 - \lambda_T^2)^2 + 4\zeta_j \zeta_k (1 + \lambda_T^2) \lambda_T + 4(\zeta_j^2 + \zeta_k^2) \lambda_T^2} \tag{3-146}$$

式中 S——考虑扭转的地震作用效应；

S_j，S_k——分别为 j，k 振型地震作用产生的作用效应；

ρ_{jk}——j 振型与 k 振型的耦联系数；

λ_T——k 振型与 j 振型的自振周期比；

ζ_j，ζ_k——分别为 j，k 振型的阻尼比。

当考虑双向水平地震作用下的扭转地震作用效应时，可按式（3-147）、式（3-148）中的较大值确定：

$$S = \sqrt{S_x^2 + (0.85 S_y)^2} \tag{3-147}$$

或 $$S = \sqrt{S_y^2 + (0.85 S_x)^2} \tag{3-148}$$

式中 S_x——仅考虑 x 方向水平地震作用时的地震作用效应；

S_y——仅考虑 y 方向水平地震作用时的地震作用效应。

根据计算分析，考虑地震扭转效应的多层及高层建筑，在进行地震作用效应的组合时，振型数一般需要取到前 9 个。当结构基本周期等于或大于 2s 时，则以取前 15 个振型为宜。

3.6.4.2　近似计算法

偏心结构考虑扭转效应尚可采用一些近似的计算方法以简化计算。一般可将结构的平扭耦联振动分解为平移振动和静力扭转两种状态，然后将其效应进行叠加。例如图3-29单层结构，计算时先不考虑扭转的影响，只按平移振动确定结构的水平地震作用 F ［图3-29（a）］，再将 F 转移至刚心，如图3-29（b）所示，则作用于结构的静力扭矩为 $M_t = Fe_x$。此扭矩使结构绕刚心发生转动，而转移至刚心的力 F 使结构发生沿 y 方向的平移。

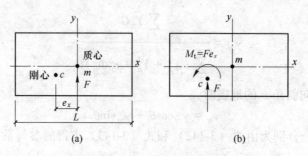

图 3-29　偏心结构的静力扭矩

由于此法忽略了扭转的动力作用，所得扭矩偏小，此外所得的地震作用 F 由于忽略了结构的扭转影响也是近似的。为了考虑这种情况，在一些国家的《抗震设计规范》中采用了所谓动力偏心距 e_d，即将结构的静力偏心距 e_x 放大 1.5 倍，同时考虑偶然偏心的影响，取偶然偏心距等于结构边长 L 的 0.05~0.10 倍，得计算用的动力偏心距。例如，

$$e_d = 1.5e_x \pm 0.05L \tag{3-149}$$

对于多层结构，验算层的静力扭矩应等于验算层及验算层以上各层各地震作用对验算层刚心产生的静力扭矩之和。

3.7　地基与结构的相互作用

3.7.1　地基与结构的相互作用对结构地震反应的影响

在对建筑结构进行地震反应分析时，通常假定地基是刚性的［图3-30（a）］。实际上，一般地基并非刚性，故当上部结构的地震作用通过基础而反馈给地基时，地基将产生一定的局部变形，从而引起结构的移动或摆动［图3-30（b）］。这种现象称为地基与结构的相互作用。

地基与结构相互作用的结果，使得地基运动和结构动力特性都发生改变，这主要表现在以下几个方面：

（1）改变了地基运动的频谱组成，使得接近结构自振频率的分量获得加强，同时也改变了地基振动的加速度幅值，使其小于邻近自由场地的加速度幅值。

（2）由于地基的柔性，使得结构的基本周期

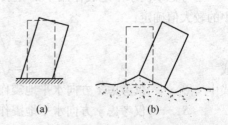

图 3-30　地基变形引起的结构振动
（a）刚性地基；（b）软弱地基

延长。

（3）由于地基的柔性，有相当一部分地基能量将通过地基土的滞回作用和波的辐射作用逸散至地基，从而使结构的振动衰减。一般地，地基愈柔，结构的振动衰减则愈大。

大量的研究结果均表明，考虑地基与结构的相互作用后，一般来说，结构的地震作用将减小，但结构的位移和由 P-Δ 效应引起的附加内力将增加。相互作用对结构影响的大小与地基的硬、软和结构的刚、柔等情况有关，如表3-6所示。

表3-6 地基与结构相互作用程度

地基 \ 结构	刚 性	柔 性
坚 硬	中等程度	微小
柔 软	显著	中等程度

由表3-6可以看出，软弱地基上的刚性结构其相互作用最为显著，而坚硬地基上的柔性结构则影响最小。

3.7.2 考虑地基结构相互作用的抗震设计

为了简便，结构的抗震计算在一般情况下可不考虑地基与结构的相互作用。但对于建造在8度和9度、Ⅲ类或Ⅳ类场地上，采用箱基、刚性较好的筏基或桩箱联合基础的钢筋混凝土高层建筑，当结构的基本周期处于特征周期的1.2~5倍范围内时，可考虑地基与结构动力相互作用的影响，对采用刚性地基假定计算的水平地震剪力按下列规定予以折减，并且其层间变形也应按折减后的楼层剪力计算。

（1）高宽比小于3的结构，各楼层地震剪力的折减系数可按式（3-150）计算：

$$\psi = \left(\frac{T_1}{T_1 + \Delta T} \right)^{0.9} \tag{3-150}$$

式中　ψ——考虑地基与结构动力相互作用后的地震剪力折减系数；

T_1——按刚性地基假定确定的结构基本自振周期，s；

ΔT——考虑地基与结构动力相互作用的附加周期，s，可按表3-7采用。

表3-7 附加周期 ΔT 　　　　　　　　　　（s）

烈 度 \ 场地类别	Ⅲ类	Ⅳ类
8度	0.08	0.20
9度	0.10	0.25

（2）高宽比大于3的结构，底部的地震剪力按上述（1）的规定折减，但顶部不折减，中间各层按线性插入值折减。

3.8 竖向地震作用

竖向地震作用会在结构中引起竖向振动。震害调查表明，在高烈度区，竖向地震的影响十分明显，尤其是对高柔度的结构。例如，烟囱的震害就主要是由竖向地震作用造成的。此外，研究结果还表明，对于较高的高层建筑，其竖向地震作用在结构上部可达其重量的40%以上。因此，《抗震规范》规定，对于烈度为8度和9度的大跨和长悬臂结构、烟囱和类似的高耸结构以及9度时的高层建筑等，应考虑竖向地震作用的影响。

3.8.1　高耸结构和高层建筑

高耸结构和高层建筑竖向地震作用的简化计算可采用类似于水平地震作用的底部剪力法，即先求出结构的总竖向地震作用，然后再在各质点上进行分配。

根据对一些高层建筑和烟囱的理论分析，证明这类结构的竖向自振周期较短，其反应以第一振型为主，并且该振型接近于倒三角形 [图 3-31（b）]；同时可以只取其第一振型的竖向地震作用作为结构的竖向地震作用。这样，参照式（3-102），即可得出结构总竖向地震作用的标准值 [图 3-31（a）] 为：

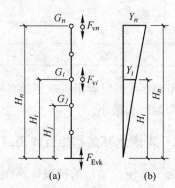

图 3-31　竖向地震作用与倒三角形振型

$$F_{Evk} = \sum_{i=1}^{n} F_{vi} = \gamma_1 \alpha_{v1} \sum_{i=1}^{n} G_i Y_i \qquad (3\text{-}151)$$

式中　α_{v1}——相应于第一竖向振型周期的竖向地震影响系数；

Y_i——i 质点竖向振动位移；

G_i——i 质点的重力荷载代表值；

γ_1——竖向振动第一振型的振型参与系数，即：

$$\gamma_1 = \frac{\sum_{i=1}^{n} G_i Y_i}{\sum_{i=1}^{n} G_i Y_i^2} \qquad (3\text{-}152)$$

将式（3-152）代入式（3-151），并考虑到由于倒三角形振型引起的 $Y_i \propto H_i$，得：

$$F_{Evk} = \alpha_{v1} \frac{\left(\sum_{i=1}^{n} G_i H_i\right)^2}{\sum_{i=1}^{n} G_i H_i^2} = \alpha_{v1} G_{eq} \qquad (3\text{-}153)$$

根据对计算结果的分析，式（3-153）中的结构等效总重力荷载 G_{eq} 为：

$$G_{eq} = 0.75 \sum_{i=1}^{n} G_i \qquad (3\text{-}154)$$

而式（3-153）中的竖向地震影响系数 α_{v1} 可以取其最大值 $\alpha_{v,\,max}$，这是因为竖向第一振型周期较短，一般在 0.1~0.2s 之间，故地震影响系数将落在反应谱曲线的平台区段。根据统计分析，竖向地震的 β 谱曲线与水平地震的 β 谱曲线相差不大，因此可以近似地取与水平地震相同的 β 谱曲线。考虑到地震时地面的竖向最大加速度一般为水平最大加速度的 1/2~1/3，震中距小时数值较大，故《抗震规范》取竖向地震影响系数的最大值 $\alpha_{v,\,max}$

为水平地震影响系数最大值 $\alpha_{\max}$ 的 65%，即：

$$\alpha_{v1} = \alpha_{v,\max} = 0.65\alpha_{\max} \tag{3-155}$$

而质点 i 的竖向地震作用参照式（3-109）即可写为：

$$F_{vi} = \frac{G_i H_i}{\sum\limits_{j=1}^{n} G_j H_j} F_{Evk} \tag{3-156}$$

对于 9 度时的高层建筑，楼层的竖向地震作用效应可按各构件承受的重力荷载代表值的比例分配，并根据地震经验宜乘以增大系数 1.5。

3.8.2 屋盖结构

地震反应的研究结构表明，对于平板型网架屋盖，各杆地震内力与重力荷载内力的比值不尽相同，但相差不大；对大跨（大于等于 24m）屋架，此比值腹杆比弦杆大，并且上述比值还与场地类别有关。这类屋盖结构的竖向地震作用标准值 G' 可按式（3-157）计算：

$$G' = \xi_v G \tag{3-157}$$

式中　G——重力荷载代表值；

　　　ξ_v——竖向地震作用系数，按表 3-8 采用。

表 3-8　竖向地震作用系数 ξ_v

结构类别	烈　度	场　地　类　别		
		I	II	III
平板型网架、钢屋架	8 度	可不计算（0.10）	0.08（0.12）	0.10（0.15）
	9 度	0.15	0.15	0.20
钢筋混凝土屋架	8 度	0.10（0.15）	0.13（0.19）	0.13（0.19）
	9 度	0.20	0.25	0.25

注：括号中数字分别用于设计基本地震加速度为 0.30g 的地区。

3.8.3 其他结构

除了上述高耸结构和屋盖结构外，对于长悬臂和其他大跨度结构在考虑竖向地震作用时，为简单起见，其竖向地震作用的标准值在烈度为 8 度和 9 度时可分别取该结构（构件）重力荷载代表值的 10% 和 20%，设计基本地震加速度为 0.30g 时，可取该结构（构件）重力荷载代表值的 15%。

3.9　结构地震反应的时程分析法

3.9.1　概述

结构地震反应分析的反应谱方法是将结构所受的最大地震作用通过反应谱转换成作用于结构的等效侧向荷载，然后根据这一荷载用静力分析方法求得结构的地震内力和变形。

因其计算简便，所以广泛为各国的抗震设计规范所采纳。但地震作用是一个时间过程，反应谱法不能反映结构在地震动过程中的经历，同时目前应用的加速度反应谱属于弹性分析范畴，当结构在强烈地震下进入塑性阶段时，用此法进行计算将不能得到真正的结构地震反应，也判断不出结构真正的薄弱部位。

所谓时程分析法，亦称直接动力法，又称动态分析法，是根据选定的地震波和结构恢复力特性曲线，采用逐步积分的方法对动力方程进行直接积分，从而求得结构在地震过程中每一瞬间的位移、速度和加速度反应，以便观察结构在强震作用下从弹性到非弹性阶段的内力变化以及构件开裂、损坏直至结构倒塌的破坏全过程。但此法的计算工作十分繁重，必须借助于计算机才能完成，费用较高且确定计算参数尚有许多困难，因此目前仅在一些重要的、特殊的、复杂的以及高层建筑结构的抗震设计中采用。此外，此法亦用于甲类建筑和表 3-9 所列高度范围的高层建筑，应采用时程分析法进行多遇地震作用下的补充计算，当取三组加速度时程曲线输入时，计算结果宜取时程法的包络值和振型分解反应谱法的较大值；当取七组及七组以上的时程曲线时，计算结果可取时程法的平均值和振型分解反应谱法的较大值，同时建议采用简化计算方法或弹塑性时程分析法计算罕遇地震下结构的变形。

表 3-9　采用时程分析的房屋高度范围

烈度、场地类别	房屋高度范围/m
8 度Ⅰ类、Ⅱ类场地和 7 度	>100
8 度Ⅲ类、Ⅳ类场地	>80
9 度	>60

结构在地震作用下的运动方程为：

$$m\ddot{x} + c\dot{x} + f(x) = -m\ddot{u}_0 \tag{3-158}$$

式中　$\ddot{u}_0$——地面运动加速度；

$f(x)$——恢复力列向量，$f(x)$ 是位移 x 的函数，当结构处于弹性阶段时，$f(x)$ 与位移 x 成正比。

在求解上述运动方程时，将涉及结构计算模型与恢复力模型的确定、地震波的选择以及逐步积分方法等一系列问题，下面将予以介绍。

3.9.2　恢复力特性曲线

3.9.2.1　恢复力特性曲线形式及特性

结构或构件在受扰产生变形时试图恢复原有状态的抗力，即恢复力与变形之间的关系曲线称为恢复力特性曲线。这种曲线一般是在对结构或构件进行反复循环加载试验后得到的，它的形状取决于结构或构件的材料性能以及受力状态等。恢复力特性曲线可以用构件的弯矩与转角、弯矩与曲率、荷载与位移或应力与应变等的对应关系来表示。

图 3-32（a）为一般钢筋混凝土梁的荷载位移恢复力特性曲线。构件在荷载 P 的反复作用下形成一系列滞回环线。在开始加荷阶段，当 P 值较小时，梁基本处于弹性阶段，随着 P 值的增加梁出现开裂，刚度下降，曲线坡度减小，当 P 值再增加时出现屈服，曲

线趋于水平。由滞回环线可以看到，当构件在屈服阶段卸载时，卸载曲线的斜率随着卸载点的向前推进而减小，卸载至零时，出现残余变形；当荷载接着反向施加时，曲线指向上一循环中滞回环的最高点，曲线斜率较之上一循环明显降低，即出现刚度退化现象，构件所经历的塑性变形愈大，这种现象愈为显著。在图 3-32（a）中还可以看到，滞回曲线中部收缩，形成弓形。这是由斜裂缝的张合引起的，因为在斜裂缝封闭过程中构件的刚度极小，一旦闭合，刚度立即上升。构件剪切变形的成分愈多，这种收缩的现象将愈明显。这些滞回曲线的包络线称为骨架曲线，如图 3-32（a）中虚线所示。

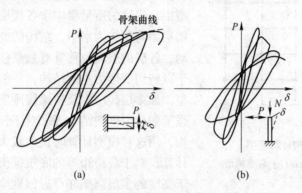

(a)   (b)

图 3-32 钢筋混凝土构件恢复力特性曲线

图 3-32（b）为钢筋混凝土柱的恢复力特性曲线，由于轴力的存在，使构件在压弯共同作用下达屈服后承载力能力迅速降低。这种降低程度将随轴力的增加而愈显著。

恢复力特性曲线充分反映了构件强度、刚度、延性等力学特征，根据滞回环面积的大小可以衡量构件吸收能量的能力。这些都是分析结构抗震性能的重要根据。

3.9.2.2 恢复力特性曲线的模型化

在地震反应分析中如采用上述曲线状的恢复力特性曲线，则计算过于复杂，因此需加以模型化，一般是用一系列直线来代替上述曲线。对于钢筋混凝土结构及构件，最常用的是双线型和退化三线型模型。

双线型模型［图 3-33（a）］是最简单的恢复力模型，其正向加载的骨架曲线采用两根直线 0-1 和 1-2，其形状由构件的屈服强度 P_y、弹性刚度 k_0 与屈服后刚度 k_0' 确定。反向加载的骨架曲线同正向。加载及卸载刚度保持不变，等于弹性刚度 k_0。

退化三线型模型［图 3-33（b）］正向加载的骨架曲线由三根直线 0-1、1-2 及 2-9 组成，其形状由构件的开裂荷载 P_c、屈服荷载 P_y 及各阶段的刚度确定；反向加载的骨架曲线同正向。模型的卸载刚度保持不变，等于屈服点的割线刚度（0-2 线的斜率），加载刚度考虑了退化现象，并令滞回线指向上一循环的最大位移点。退化三线型模型能较好地反映以弯曲破坏为主的特性，故特别适用

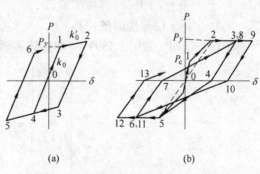

(a)   (b)

图 3-33 恢复力模型

(a) 双线型；(b) 退化三线型

于这类构件的计算。

3.9.3 结构的计算模型

结构的计算模型一般根据结构形式及构造特点、分析精度要求、计算机容量等情况确定。

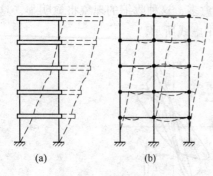

图 3-34 结构计算模型

(a) 层间剪切模型；(b) 杆系模型

对于多层房屋结构，最简单而且目前应用最广的模型是层间剪切模型〔图 3-34（a）〕。在这种模型中，房屋的质量集中于各楼层，在振动过程中各楼层始终保持为水平，结构的变形表现为层间的错动，各层的层间位移具有独立性，即互不影响。对于以剪切变形为主的结构，一般都可以采用这种模型，如多层砖房以及横梁线刚度远比柱线刚度大的强梁弱柱型框架结构等。对于强柱弱梁型的框架结构，用这种模型计算时误差较大，但有时为了简化计算，对于各跨相等的底层框架和建筑物宽度远大于高度的多层框架亦可近似地应用。

较为精确的计算模型是杆系模型〔图 3-34（b）〕，在这种模型中以杆件作为基本计算单元，而将质量集中于框架的各个结点。这种模型较适用于强柱弱梁的框架结构，它可以求出地震过程中各杆逐渐开裂并进入塑性阶段的过程及其对整个结构的影响，但计算较烦琐。对于高层多跨框架，这种模型的应用常受到计算机容量的限制。下面主要介绍层间剪切模型。

3.9.3.1 刚度矩阵

考虑图 3-35（a）所示框架结构，按层间剪切模型建立其刚度矩阵。由于层间剪切模型假定框架横梁为刚性，结点无转动，故某一层发生层间相对变位时，不引起其他层的层间相对变位。因此，任一层楼面的弹性反力（恢复力）只与该楼面上下两层的层间相对位移有关，而第 r 层楼面的恢复力为〔图 3-35（b）〕：

$$f(x)_r = k_r(x_r - x_{r-1}) - k_{r+1}(x_{r+1} - x_r)$$
$$= -k_r x_{r-1} + (k_r + k_{r+1})x_r - k_{r+1}x_{r+1} \qquad (3\text{-}159)$$

式中　k_r——第 r 层的层间剪切刚度；

　　　x_r——第 r 层顶楼面的位移。

对于整个结构，式（3-159）可用矩阵表示如下：

$$\begin{Bmatrix} f(x)_1 \\ f(x)_2 \\ \vdots \\ f(x)_r \\ \vdots \\ f(x)_n \end{Bmatrix} = \begin{bmatrix} \quad \end{bmatrix} \begin{Bmatrix} x_1 \\ x_2 \\ \vdots \\ x_r \\ \vdots \\ x_n \end{Bmatrix} \qquad (3\text{-}160)$$

或
$$f(x) = kx \qquad (3\text{-}161)$$

式（3-161）中的 k 即为层间建立模型的刚度矩阵，它是三对角矩阵。

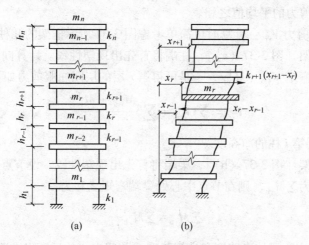

图 3-35 剪切型多层框架结构计算简图

（a）框架结构；（b）r 层楼面的恢复力

3.9.3.2 层间剪切刚度

结构各层的层间剪切刚度 k 可将同层中各柱的刚度相加得之。

在弹性阶段，对于刚性横梁的框架结构第 r 层层间剪切刚度为：

$$k_{0r} = \sum_i \frac{12EI_i}{h_r^3}$$

式中 I_i，h_r——分别为第 r 层内第 i 根柱的截面惯性矩与高度。

对于非刚性横梁的框架结构，当近似地采用层间剪切模型时，层间弹性剪切刚度可按式（3-162）计算：

$$k_{0r} = \sum_i \alpha \frac{12EI_i}{h_r^3} \tag{3-162}$$

式中 α——框架结点转动影响系数，可按 D 值法确定。

在非弹性阶段，当层间恢复力特性采用三线型模型时（图 3-36），需要确定层间开裂剪力 V_{cr}，层间屈服剪力 V_{yr} 和层间屈服位移 δ_{yr}。

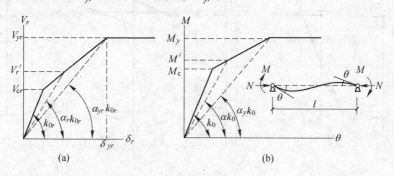

图 3-36 恢复力模型

（a）层间 V-δ 关系；（b）反对称变形构件的 M-θ 关系

（1）层间开裂剪力 V_{cr}：通常可取同层各柱柱顶、柱底及与各该柱顶、柱底相连的梁端开裂时柱中相应剪力的平均值之和。

（2）层间屈服剪力 V_{yr}：计算时可简单考虑图 3-37 所示框架的几种塑性破坏机构。

对于弱柱型框架［图 3-37（a）］，柱端将首先出现塑性铰。计算同一层中每一根柱上下两端截面的屈服弯矩 $M_{yci}^{上}$、$M_{yci}^{下}$，于是可得第 r 层的层间屈服剪力如下：

$$V_{yr} = \sum_i V_{yi} = \sum_i \frac{M_{yci}^{上} + M_{yci}^{下}}{h_{0i}} \tag{3-163}$$

式中　h_{0i} —— r 层第 i 柱的净高度。

对于弱梁型框架［图 3-37（b）］，梁端将首先出现塑性铰。设节点核心区两边的梁端截面屈服弯矩之和为 $\sum M_{yb}$，则在节点中心处梁端弯矩之和为：

$$\sum \overline{M}_{yb} = \sum M_{yb} \frac{l}{l_1}$$

式中　l_1, l ——分别为梁的净跨度和计算跨度，并假定梁的反弯点在跨度中央。

考虑节点弯矩的平衡，将 $\sum \overline{M}_{yb}$ 按节点处上下柱的线刚度比 i_c 分配于上下柱，可得对应于梁端屈服时的柱端有效屈服弯矩 $\overline{M}_{yci}^{上}$ 及 $\overline{M}_{yci}^{下}$，即：

$$\begin{cases} \overline{M}_{yci}^{上} = \dfrac{i_c}{i_c + i_c^{上}} \sum M_{yb}^{上} \dfrac{l}{l_1} \\[3mm] \overline{M}_{yci}^{下} = \dfrac{i_c}{i_c + i_c^{下}} \sum M_{yb}^{下} \dfrac{l}{l_1} \end{cases} \tag{3-164}$$

而 r 层的层间有效屈服剪力为：

$$V_{yr} = \sum_i V_{yi} = \sum_i \frac{\overline{M}_{yci}^{上} + \overline{M}_{yci}^{下}}{h_i} \tag{3-165}$$

式中　h_i ——柱计算高度。

此外，还有一种混合型，如图 3-37（c）所示，它们是由弱柱型和弱梁型混合而成的，其层间屈服剪力不难求得。

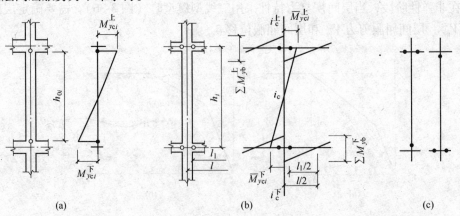

图 3-37　框架破坏机构

（a）弱柱型；（b）弱梁型；（c）混合型

（3）层间屈服位移 δ_{yr} 与割线刚度降低系数：层间屈服位移可取同层各柱屈服位移或有效屈服位移 δ_{yi} 的平均值，即：

$$\delta_{yr} = \sum_{i=1}^{n} \delta_{yi}/n = \sum_{i=1}^{n} \frac{V_{yi}}{\alpha k_0 n} \tag{3-166}$$

式中　　n——同层中的柱数；

　　　　k_0——柱的弹性刚度；

　　　　α——柱在弹塑性阶段的割线刚度系数。

割线刚度系数 α 可由柱的 M-θ 曲线推求〔图3-36（b）〕，即：

$$\frac{1}{\alpha} = 1 + \left(\frac{1}{\alpha_y} - 1\right) \frac{1 - M_c/M'}{1 - M_c/M_y} \tag{3-167}$$

式中　　M_c，M_y——分别为柱的开裂弯矩及屈服弯矩；

　　　　M'——与柱有效屈服剪力 V_{yi} 相应的有效屈服弯矩，其值处于 M_c 与 M_y 之间；

　　　　α_y——柱屈服点的割线刚度降低系数。

柱屈服点的割线刚度降低系数 α_y 可按下列经验公式（3-168）确定：

$$\alpha_y = (0.043 + 1.64\alpha_E\rho + 0.043\lambda + 0.33n_1)(h_0/h)^2 \tag{3-168}$$

式中　　α_E——钢筋与混凝土的弹性模量比；

　　　　ρ——受拉钢筋配筋率；

　　　　λ——剪跨比；

　　　　n_1——轴压比，$n_1 = \dfrac{N}{f_c bh}$；

h_0，h——分别为截面有效高度及全高度。

层间屈服点割线刚度的降低系数为〔图3-36（a）〕：

$$\alpha_{yr} = \frac{V_{yr}}{\delta_{yr} k_{0r}} \tag{3-169}$$

在层间开裂到层间屈服范围内，层间割线刚度降低系数将为：

$$\frac{1}{\alpha_r} = 1 + \left(\frac{1}{\alpha_{yr}} - 1\right) \frac{1 - V_{cr}/V_r'}{1 - V_{cr}/V_{yr}} \tag{3-170}$$

（4）梁、柱开裂弯矩与屈服弯矩：钢筋混凝土梁、柱端截面的开裂弯矩与屈服弯矩可根据《混凝土结构设计规范》提供的计算方法确定。对于梁、柱截面的屈服弯矩亦可采用下列近似公式（3-171）、式（3-172）计算：

梁　　　　　　　　　　$M_{yb} = f_y A_s (h_0 - a_s')$ 　　　　　　　（3-171）

柱（当轴压比小于0.8时）　$M_{yc} = f_y A_s (h_0 - a_s') + 0.5Nh\left(1 - \dfrac{N}{\alpha_1 f_c bh}\right)$ 　（3-172）

式中　　N——轴力。

3.9.4　地震波的选用

在采用时程分析法对结构进行地震反应计算时，需要输入地震地面运动加速度（图3-38）。加速度记录的波形对分析结构影响很大，因此需要正确选择。目前在抗震设计中有关地震波的选择有下列两种方法。

3.9.4.1 直接利用强震记录

常用的强震记录有埃尔森特罗波、塔夫特波、天津波等。在地震地面运动特性中，对结构破坏有重要影响的因素为地震动强度、频谱特性和强震持续时间。地震动强度一般主要由地面运动加速度峰值的大小来反映；频谱特性可由地震波的主要周期表示，它受到许多因素的影响，如震源的特性、震中距离、场地条件等。所以在选择强震记录时除了最大峰值加速度应与建筑地区的设防烈度相应外，场地条件也应尽量接近，也就是该地震波的主要周期应尽量接近于建筑场地的卓越周期。表 3-10 为常用的国内外几个强震记录的最大加速度和主要周期。其中天津波适用于软弱场地，而滦县波、塔夫特波、埃尔森特罗波等分别适用于坚硬、中硬、中软的场地。

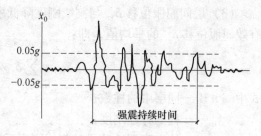

图 3-38   地震加速度记录

表 3-10   几个地震波的特性

地震波名	加速度峰值/cm·s^{-2}	主要周期
天津	105.6	1.0
	146.7	0.9
滦县	165.8	0.1
	180.5	0.15
埃尔森特罗	341.7	0.55
	210.1	0.5
塔夫特	152.7	0.30
	175.9	0.44

当所选择的实际地震记录的加速度峰值与建筑地区设防烈度所对应的加速度峰值不一致时，可将实际地震记录的加速度按比例放大或缩小来加以修正。对应于不同设防烈度的多遇地震与罕遇地震的峰值加速度见表 3-11。

表 3-11   时程分析所用地震加速度时程曲线的最大值   (cm/s^2)

地震影响 \ 烈度	6 度	7 度	8 度	9 度
多遇地震	18	35 (55)	70 (110)	140
罕遇地震	125	220 (310)	400 (510)	620

注：括号内数值分别用于设计基本地震加速度为 0.15g 和 0.30g 的地区。

对于强震持续时间，原则上应采用持续时间较长的波，因持续时间长时，地震波能量大，结构反应较强烈。而且当结构的变形超过弹性范围时，持续时间长，结构在振动过程中屈服的次数就多，从而易使结构塑性变形累积而破坏。强震持续时间可定义为超过一定加速度阈值（一般为 0.05g）的第一个峰点和最后一个峰点之间的时间段，如图 3-38 所示。

实际地震记录必须加以数字化才能在计算中应用。所谓数字化就是把用曲线表示的加速度波形转换成一定时间间隔的加速度数值。

3.9.4.2 采用模拟地震波

这是根据随机振动理论产生的符合所需统计特征（加速度峰值、频谱特性、持续时间）的地震波，又称人工地震波。如从大量实际地震记录的统计特征出发，则所产生的人工地震波就有相应的代表性。《抗震规范》要求其平均地震影响系数曲线与振型分解反应谱法所采用的地震影响系数曲线在统计意义上相符。

此外，《抗震规范》还规定，采用时程分析法时，应按建筑场地类别和设计地震分组选用实际强震记录和人工模拟的加速度时程曲线，其中实际强震记录的数量不应少于总数的 2/3，最大加速度峰值可按表 3-11 采用，弹性时程分析时每条时程曲线计算所得的结构底部剪力不应小于振型分解反应谱法计算结果的 65%，多条时程曲线计算所得结构底部剪力的平均值不应小于振型分解反应谱法计算结果的 80%。

3.9.5 地震反应的数值分析法

地震地面运动加速度是一系列随时间变化的随机脉冲，不能用简单的函数表达，因此运动方程的解只能采用数值分析方法。此法是由已知的 t_n 时刻的位移、速度及加速度反应 x_n、$\dot{x}_n$ 及 $\ddot{x}_n$，近似地推求经过短时间 Δt 后在下一时刻 Δt_{n+1} 时的位移、速度及加速度 x_{n+1}、$\dot{x}_{n+1}$ 及 $\ddot{x}_{n+1}$，从而由 $t = 0$ 开始，逐步作出反应的时程曲线，如图 3-39 所示。因其一一推算，故亦称逐步积分法。

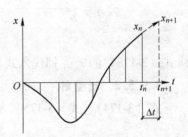

图 3-39 逐步积分法

运动方程逐步积分法的方法很多，常用的有加速度法、Runge-Kutta 法等。下面介绍一种计算比较简单、在地震反应分析中应用较广的平均加速度法，又称中点加速度法。它是加速度法中的一种，对于具有各种自振周期的结构和取用各种时间步长时，此法都是稳定的。

3.9.5.1 迭代计算

考虑一单自由度体系，假定在 Δt 时间内质点加速度为常数，它等于在 t_n 和 t_{n+1} 时刻时加速度 $\ddot{x}_n$ 和 $\ddot{x}_{n+1}$ 的平均值，即：

$$\ddot{x}_{n,\,n+1} = \frac{\ddot{x}_n + \ddot{x}_{n+1}}{2} \tag{3-173}$$

故质点在 t_{n+1} 时刻的位移为：

$$x_{n+1} = x_n + \dot{x}_n\Delta t + \frac{1}{2}\ddot{x}_{n,\,n+1}(\Delta t)^2 = x_n + \dot{x}_n\Delta t + \frac{1}{4}(\ddot{x}_n + \ddot{x}_{n+1})(\Delta t)^2 \tag{3-174}$$

速度为：

$$\dot{x}_{n+1} = \dot{x}_n + \ddot{x}_{n,\,n+1}\Delta t = \dot{x}_n + \frac{1}{2}(\ddot{x}_n + \ddot{x}_{n+1})\Delta t \tag{3-175}$$

又由运动方程（3-158）得质点在 t_{n+1} 时刻的加速度为：

$$\ddot{x}_{n+1} = -\frac{c}{m}\dot{x}_{n+1} - \frac{f(x_{n+1})}{m} - \ddot{u}_{0,\,n+1} \tag{3-176}$$

式（3-174）~式（3-176）为三元联立方程式，其中 x_n、$\dot{x}_n$ 及 $\ddot{x}_n$ 为已知，故未知值 x_{n+1}、$\dot{x}_{n+1}$ 及 $\ddot{x}_{n+1}$ 可通过迭代求得。即先指定 $\ddot{x}_{n+1}$ 值作为初始值，此值可取为：

$$\ddot{x}_{n+1} = \ddot{x}_n + (\ddot{x}_n - \ddot{x}_{n-1}) = 2\ddot{x}_n - \ddot{x}_{n-1}$$

将上式的 $\ddot{x}_{n+1}$ 代入式（3-174）和式（3-175），分别求出 x_{n+1} 和 $\dot{x}_{n+1}$，再将此 x_{n+1} 和 $\dot{x}_{n+1}$ 代入式（3-176）求出 $\ddot{x}_{n+1}$。这时如果所得的 $\ddot{x}_{n+1}$ 与初始值接近并小于某一允许误差，计算就可以终止，否则将所得的 $\ddot{x}_{n+1}$ 作为下一轮的初始值重复计算，直到满意为止。

对于弹性体系，式（3-176）中恢复力 $f(x_{n+1}) = kx_{n+1}$，其中刚度 k 为常数，则式（3-176）成为：

$$\ddot{x}_{n+1} = -\frac{c}{m}\dot{x}_{n+1} - \frac{k}{m}x_{n+1} - \ddot{u}_{0,\,n+1} \tag{3-177}$$

采用消去法求解联立方程，将式（3-174）及式（3-175）代入式（3-177），得：

$$\ddot{x}_{n+1} = -\frac{\ddot{u}_{0,\,n+1} + \dfrac{c}{m}\left(\dot{x}_n + \dfrac{1}{2}\ddot{x}_n\Delta t\right) + \dfrac{k}{m}\left[x_n + \dot{x}_n\Delta t + \dfrac{1}{4}\ddot{x}_n(\Delta t)^2\right]}{1 + \dfrac{1}{2}\dfrac{c}{m}\Delta t + \dfrac{1}{4}\dfrac{k}{m}(\Delta t)^2} \tag{3-178}$$

将式（3-178）的 $\ddot{x}_{n+1}$ 回代入式（3-174）及式（3-175），即可求出 x_{n+1} 及 $\dot{x}_{n+1}$。

3.9.5.2 增量解

式（3-174）、式（3-175）及式（3-176）可用各变量的增量来表达，令：

$$\begin{cases} \Delta x = x_{n+1} - x_n \\ \Delta \dot{x} = \dot{x}_{n+1} - \dot{x}_n \\ \Delta \ddot{x} = \ddot{x}_{n+1} - \ddot{x} \\ \Delta \ddot{u}_0 = \ddot{u}_{0,\,n+1} - \ddot{u}_{0,\,n} \end{cases} \tag{3-179}$$

则式（3-174）及式（3-175）变为：

$$\Delta x = \dot{x}_n\Delta t + \frac{1}{2}\ddot{x}_n(\Delta t)^2 + \frac{1}{4}\Delta\ddot{x}(\Delta t)^2 \tag{3-180}$$

$$\Delta \dot{x} = \ddot{x}_n\Delta t + \frac{1}{2}\Delta\ddot{x}\Delta t \tag{3-181}$$

对于运动方程式（3-176），当 Δt 取得足够小时，结构的瞬时切线刚度可以认为是常数 k，故由式（3-177）得：

$$\Delta \ddot{x} = -\frac{c}{m}\Delta\dot{x} - \frac{k}{m}\Delta x - \Delta\ddot{u}_0 \tag{3-182}$$

由式（3-180）得：

$$\Delta \ddot{x} = \frac{4}{(\Delta t)^2}\Delta x - \frac{4}{\Delta t}\dot{x}_n - 2\ddot{x}_n \tag{3-183}$$

将式（3-183）代入式（3-181），得：

$$\Delta \dot{x} = \frac{2}{\Delta t}\Delta x - 2\dot{x}_n \tag{3-184}$$

将式（3-183）及式（3-184）的 $\Delta\ddot{x}$ 及 $\Delta\dot{x}$ 代入式（3-182），得：

$$K^* \Delta x = \Delta P^* \tag{3-185}$$

式中

$$K^* = k + \frac{2}{\Delta t}c + \frac{4}{(\Delta t)^2}m \tag{3-186}$$

$$\Delta P^* = m\left(-\Delta \ddot{u}_0 + \frac{4}{\Delta t}\dot{x}_n + 2\ddot{x}_n\right) + 2c\dot{x}_n \tag{3-187}$$

式（3-185）与一般静力方程的形式相似，其中 K^* 称为拟刚度，ΔP^* 称为拟荷载增量，故本法亦称为拟静力法。在计算时，先由式（3-185）求出 Δx，将之代入式（3-184）及式（3-183），求出 $\Delta \dot{x}$ 及 $\Delta \ddot{x}$，然后代入式（3-179），可求得 t_{n+1} 时刻的位移、速度，即：

$$x_{n+1} = x_n + \Delta x$$

$$\dot{x}_{n+1} = \dot{x}_n + \Delta \dot{x}$$

求 t_{n+1} 时刻的加速度 $\ddot{x}_{n+1}$ 时，为了避免计算误差的累积，宜按运动方程即式（3-177）直接计算。

对于多自由度体系，上述拟静力法可写成：

$$K^* \Delta x = P^* \tag{3-188}$$

式中

$$K^* = k + \frac{2}{\Delta t}c + \frac{4}{(\Delta t)^2}m \tag{3-189}$$

$$\Delta P^* = -mI\Delta \ddot{u}_0 + m\left(\frac{4}{\Delta t}\dot{x}_n + 2\ddot{x}_n\right) + 2c\dot{x}_n \tag{3-190}$$

而

$$\Delta \dot{x} = \frac{2}{\Delta t}\Delta x - 2\dot{x}_n \tag{3-191}$$

$$\Delta \ddot{x} = \frac{4}{\Delta t^2}\Delta x - \frac{4}{\Delta t}\dot{x}_n - 2\ddot{x}_n \tag{3-192}$$

由此得

$$x_{n+1} = x_n + \Delta x \tag{3-193}$$

$$\dot{x}_{n+1} = \dot{x}_n + \Delta \dot{x} \tag{3-194}$$

$$\ddot{x}_{n+1} = -\left(\ddot{u}_{0,\,n+1} + m^{-1}c\dot{x}_{n+1} + m^{-1}kx_{n+1}\right) \tag{3-195}$$

3.10　建筑结构抗震验算

根据"小震不坏，大震不倒"的抗震设计思想，我国《抗震规范》采用了两阶段的设计方法，如1.4节所述，其中包括结构抗震承载力的验算和结构抗震变形的验算。

3.10.1　结构抗震承载力验算

3.10.1.1　地震作用的方向

地震时地面将发生水平运动与竖向运动，从而引起结构的水平振动和竖向振动。而当结构的质心与刚心不重合时，地面的水平运动还会引起结构的扭转振动。

在结构的抗震设计中，考虑到地面运动水平方向的分量较大，而结构抗侧力的承载力储备又较抗竖向力的承载力储备小，所以通常认为水平地震作用对结构起主要作用。因此，在验算结构抗震承载力时一般只考虑水平地震作用，仅在高烈度区建造对竖向地震作用敏感的大跨、长悬臂、高耸结构及高层结构时才考虑竖向地震作用。对于由水平地震作用引起的扭转影响，一般只对质量和刚度明显不均匀、不对称的结构才加以考虑。

在验算水平地震作用效应时，虽然地面水平运动的方向是随机的，但在实际抗震验算中一般均假定其作用在结构的主轴方向，并分别在两个主轴方向进行分析和验算，而各方向的水平地震作用全部由该方向抗侧力的构件来承担。对于有斜交抗侧力构件的结构，当相交角度大于15°时应分别计算各抗侧力构件方向的水平地震作用。

3.10.1.2 重力荷载代表值

在抗震设计中，当计算地震作用的标准值和计算结构构件的地震作用效应与其他荷载效应的基本组合时，作用于结构的重力荷载采用重力荷载代表值，它是永久荷载和有关可变荷载的组合值之和，即：

$$G_E = G_k + \sum \psi_{Ei} Q_{ki} \tag{3-196}$$

式中　　G_k——结构或构件的永久荷载标准值；

　　　　Q_{ki}——结构或构件第 i 个可变荷载标准值；

　　　　ψ_{Ei}——第 i 个可变荷载的组合值系数，见表 3-12。

表 3-12　组合值系数

可变荷载种类		组合值系数
雪荷载		0.5
屋面积灰荷载		0.5
屋面活荷载		不计入
按实际情况考虑的楼面活荷载		1.0
按等效均布荷载考虑的楼面活荷载	藏书库、档案库	0.8
	其他民用建筑	0.5
吊车悬吊物重力	硬钩吊车	0.3
	软钩吊车	不计入

3.10.1.3 结构构件截面的抗震验算

在结构抗震设计的第一阶段，即多遇地震下的抗震承载力验算中，结构构件截面的承载能力应满足：

$$S \leqslant R/\gamma_{RE} \tag{3-197}$$

式中　　S——结构构件内力组合的设计值，包括组合的弯矩、轴向力和剪力设计值，由地震作用效应与其他荷载效应组合而得；

　　　　R——结构构件承载力设计值，按有关结构设计规范中承载力设计值取用；

　　　　γ_{RE}——承载力抗震调整系数，用以反映不同材料和受力状态的结构构件具有不同的抗震可靠指标，其值除以下各章另有规定外，可按表 3-13 采用；当仅考虑竖向地震作用时，对各类结构构件均取为 1.0。

表 3-13 承载力抗震调整系数

材　料	结构构件	受力状态	γ_{RE}
钢	柱，梁，支撑，节点板件，螺栓，焊缝	强度	0.75
	柱，支撑	稳定	0.80
砌体	两端均有构造柱、芯柱的抗震墙	受剪	0.9
	其他抗震墙	受剪	1.0
钢筋混凝土	梁	受弯	0.75
	轴压比小于 0.15 的柱	偏压	0.75
	轴压比不小于 0.15 的柱	偏压	0.80
	抗震墙	偏压	0.85
	各类构件	受剪、偏拉	0.85

式（3-197）中结构构件的地震作用效应和其他荷载效应的基本组合，应按式（3-198）计算：

$$S = \gamma_G S_{GE} + \gamma_{Eh} S_{Ehk} + \gamma_{Ev} S_{Evk} + \psi_\omega \gamma_\omega S_{\omega k} \tag{3-198}$$

式中　γ_G——重力荷载分项系数，一般情况应采用 1.2，当重力荷载效应对构件承载能力有利时，不应大于 1.0；

γ_{Eh}，γ_{Ev}——分别为水平、竖向地震作用分项系数，应按表 3-14 采用；

γ_w——风荷载分项系数，应采用 1.4；

S_{GE}——重力荷载代表值的效应，有吊车时，还应包括悬吊物重力标准值的效应；

S_{Ehk}——水平地震作用标准值的效应，还应乘以相应的增大系数或调整系数；

S_{Evk}——竖向地震作用标准值的效应，还应乘以相应的增大系数或调整系数；

S_{wk}——风荷载标准值的效应；

ψ_w——风荷载组合值系数，一般结构取 0.0，风荷载起控制作用的高层建筑应采用 0.2。

表 3-14 地震作用分项系数

地　震　作　用	γ_{Eh}	γ_{Ev}
仅计算水平地震作用	1.3	0.0
仅计算竖向地震作用	0.0	1.3
同时计算水平与竖向地震作用（水平地震为主）	1.3	0.5
同时计算水平与竖向地震作用（竖向地震为主）	0.5	1.3

3.10.2 结构的抗震变形验算

结构的抗震变形验算包括在多遇地震作用下的变形验算和在罕遇地震作用下的变形验算。前者属于第一阶段的抗震设计内容，后者属于第二阶段的抗震设计内容。

3.10.2.1 多遇地震作用下的结构抗震变形验算

抗震设计要求结构在多遇地震作用下保持在弹性阶段工作，不受损坏，其变形验算的主要目的是对框架等较柔结构以及高层建筑结构的变形加以限制，使其层间弹性位移不超过一定的限值，以免非结构构件（包括围护墙、隔墙和各种装修等）在多遇地震作用下出现破坏。验算公式为：

$$\Delta u_e \leqslant [\theta_e] h \tag{3-199}$$

式中 Δu_e——多遇地震作用标准值产生的楼层内最大弹性层间位移，计算时除以弯曲变形为主的高层建筑外，不应扣除结构整体弯曲变形，应计入扭转变形，各作用分项系数均应采用 1.0，钢筋混凝土构件的截面刚度可采用弹性刚度；

      $[\theta_e]$——弹性层间位移角限值，可按表 3-15 采用；

       h——计算楼层层高。

表 3-15   弹性层间位移角限值

结 构 类 型	$[\theta_e]$
钢筋混凝土框架	1/550
钢筋混凝土框架-抗震墙、板柱-抗震墙、框架-核心筒	1/800
钢筋混凝土抗震墙、筒中筒	1/1000
钢筋混凝土框支层	1/1000
多、高层钢结构	1/250

3.10.2.2   罕遇地震作用下的结构抗震变形验算

A   结构弹塑性变形的控制与计算

结构抗震设计要求结构在罕遇的高烈度下不发生倒塌。由表 3-11 可知，罕遇地震的地面运动加速的峰值将是多遇地震的 4~6 倍，所以在多遇地震烈度下处于弹性阶段的结构，在罕遇地震烈度下势必会进入弹塑性阶段。

结构在进入屈服阶段后，其承载力已无储备。这时，为了抵御地震作用，对于延性结构就要求通过发展塑性变形来吸收和消耗地震输入的能量。若结构的变形能力不足，则势必发生倒塌。经过第一阶段抗震设计的结构，虽然构件已具备了必要的延性，多数结构可以满足在罕遇地震下不倒塌的要求，但对某些处于特殊条件的结构，尚需计算其在强震作用下的变形，即进行第二阶段的抗震设计，以校核结构的抗震安全性。

在弹塑性阶段，结构的地震位移反应主要集中在其薄弱层或薄弱部位，结构将在该处率先屈服，形成局部破坏，严重时还可能引起结构倒塌。因此，应按《抗震规范》推荐的静力非线性分析（推覆分析）法或动力非线性分析（弹塑性时程分析）法进行罕遇地震下结构的弹塑性变形分析。

静力非线性分析是沿结构高度施加按一定形式分布的模拟地震作用的等效侧力，并从小到大逐步增加侧力的强度，使结构由弹性工作状态逐步进入弹塑性工作状态，最终达到并超过规定的弹塑性位移。这是目前较为实用的简化弹塑性分析技术，比动力非线性分析节省计算工作量，但也有一定的使用局限性和适用性，对计算结果需要工程经验判断。动力非线性分析即弹塑性时程分析是一种较为严格的分析方法，需要较好的计算机软件和很好的工程经验判断才能得到有用的效果，工程应用难度较大。此外，《抗震规范》还允许采用简化的弹塑性分析技术，如下述的简化计算方法等。

B　结构弹塑性层间位移的简化计算方法

如上所述，结构在地震作用下的弹塑性位移用非线性方法分析时，其计算工作量较大。因此，《抗震规范》建议，对不超过 12 层且层间刚度无突变的钢筋混凝土框架结构、框排架结构及单层钢筋混凝土柱厂房可采用下述的简化计算方法。

a　楼层屈服强度系数与结构薄弱层（部位）的确定

通过对大量钢筋混凝土剪切型框架结构实例的弹塑性时程分析可以看出，结构弹塑性层间位移主要取决于楼层屈服强度系数的大小和楼层屈服强度系数沿房屋高度的分布情况，而楼层屈服强度系数是指按钢筋混凝土构件实际配筋和材料强度标准值计算的楼层受剪承载力和按罕遇地震作用计算的楼层弹性地震剪力的比值；对于排架柱，指按实际配筋面积、材料强度标准值和轴向力计算的正截面受弯承载力与按罕遇地震作用计算的弹性地震弯矩的比值。

结构第 i 层的楼层屈服强度系数 $\xi_y(i)$ 可用式（3-200）表示：

$$\xi_y(i) = \frac{V_y(i)}{V_e(i)} \tag{3-200}$$

式中　$V_y(i)$ ——按结构实际配筋和材料强度标准值计算的第 i 层受剪承载力，可按 3.9 节所述方法计算；

$V_e(i)$ ——罕遇地震作用下第 i 层的弹性地震剪力，计算时水平地震作用影响系数最大值 α_{max}，详见表 3-3。

从式（3-200）可以看出，楼层屈服强度系数 ξ_y 反映了结构中楼层的承载力与该楼层所受弹性地震剪力的相对关系。同时，计算结果还表明，在地震的作用下，对于 ξ_y 沿高度分布不均匀的结构，其 ξ_y 为最小或相对较小的楼层往往率先屈服并出现较大的弹塑性层间位移，其他各层的层间位移则相对较小且接近于按完全弹性反应计算的结果，如图 3-40 所示。ξ_y 相对愈小，弹塑性位移则相对愈大，我们称这

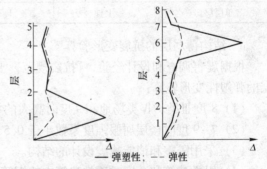

图 3-40　结构在地震作用下的层间变形分布

一塑性变形集中的楼层为结构的薄弱层或薄弱部位。根据分析，《抗震规范》建议，对于 ξ_y 沿高度分布均匀的结构，薄弱层可取在底层，对于 ξ_y 沿高度分布不均匀的结构，薄弱层可取在 ξ_y 为最小的楼层（部位）和相对较小的楼层，一般不超过 2~3 处；对于单层厂房，薄弱层可取在上柱。

b　结构薄弱层弹塑性层间位移的简化计算

根据分析，多层剪切型结构薄弱层的弹塑性层间位移与弹性位移之间有着一定的关系，因此弹塑性层间位移可由弹性层间位移乘以修正系数得之，即：

$$\Delta u_p = \eta_p \Delta u_e \tag{3-201}$$

$$\Delta u_e(i) = \frac{V_e(i)}{k_i} \tag{3-202}$$

或
$$\Delta u_p = \mu \Delta u_y = \frac{\eta_p}{\xi_y} \Delta u_y \qquad\qquad (3\text{-}203)$$

式中　Δu_p——弹塑性层间位移;

　　　　Δu_y——层间屈服位移;

　　　　　μ——楼层延性系数;

　　　　Δu_e——罕遇地震作用下按弹性分析的层间位移;

　　　　$V_e(i)$——罕遇地震作用下第 i 层的弹性地震剪力;

　　　　　k_i——第 i 层的层间刚度;

　　　　　ξ_y——楼层屈服强度系数;

　　　　　η_p——弹塑性层间位移增大系数,对于钢筋混凝土结构,当薄弱层(部位)的屈服强度系数不小于相邻层(部位)该系数平均值的 0.8 倍时,可按表 3-16 采用;当不大于该平均值的 0.5 倍时,可按表 3-16 相应数值的 1.5 倍采用;其他情况可采用内插法取值。

表 3-16　钢筋混凝土结构弹塑性位移增大系数

结构类别	总层数 n 或部位	ξ_y		
		0.5	0.4	0.3
多层均匀框架结构	2~4	1.30	1.40	1.60
	5~7	1.50	1.65	1.80
	8~12	1.80	2.00	2.20
单层厂房	上柱	1.30	1.60	2.00

　　c　结构薄弱层的抗震变形验算

　　根据震害调查和设计经验,《抗震规范》要求对下列结构应进行罕遇地震作用下薄弱层的弹塑性变形验算:

　　(1) 8 度Ⅲ类、Ⅳ类场地和 9 度时高大的单层钢筋混凝土柱厂房的横向排架。

　　(2) 7~9 度时楼层屈服强度系数小于 0.5 的钢筋混凝土框架结构和框排架结构。

　　(3) 采用隔震和消能减震设计的结构。

　　(4) 甲类建筑和 9 度时乙类建筑中的钢筋混凝土结构和钢结构。

　　(5) 高度大于 150m 的结构。

　　同时,《抗震规范》还规定对下列结构宜进行罕遇地震作用下薄弱层的弹塑性变形验算:

　　(1) 表 3-9 所列高度范围且属于表 3-17 所列竖向不规则类型的高层建筑结构。

　　(2) 7 度Ⅲ类、Ⅳ类场地和 8 度时乙类建筑中的钢筋混凝土结构和钢结构。

　　(3) 板柱-抗震墙结构和底部框架砌体房屋。

　　(4) 高度不大于 150m 的其他高层钢结构。

　　(5) 不规则的地下建筑结构及地下空间综合体。

　　抗震变形验算要求结构的弹塑性层间位移小于其层间变形能力。如将结构的变形能力用层间位移角表达,则结构薄弱层(部位)的弹塑性层间位移应符合式(3-204)要求:

$$\Delta u_\mathrm{p} \leqslant [\theta_\mathrm{p}]h \tag{3-204}$$

式中 $[\theta_\mathrm{p}]$——弹塑性层间位移角限值，可按表 3-18 采用；对钢筋混凝土框架结构，当
轴压比小于 0.4 时，可提高 10%；当柱子全高的箍筋构造比表 5-12 规定
的体积配箍率大 30% 时，可提高 20%，但累计不超过 25%；

h——薄弱层楼层高度或单层厂房上柱高度。

表 3-17 竖向不规则的类型

不规则类型	定　义
侧向刚度不规则	该层的侧向刚度小于相邻上一层的 70%，或小于其上相邻 3 个楼层侧向刚度平均值的 80%；除顶层或出屋面小建筑外，局部收进的水平向尺寸大于相邻下一层的 25%
竖向抗侧力构件不连接	竖向抗侧力构件（柱、抗震墙、抗震支撑）的内力由水平转换构件（梁、桁架等）向下传递
楼层承载力突变	抗侧力结构的层间受剪承载力小于相邻上一楼层的 80%

表 3-18 弹塑性层间位移角限值

结 构 类 型	$[\theta_\mathrm{p}]$
单层钢筋混凝土排架柱	1/30
钢筋混凝土框架	1/50
底部框架砌体房屋中的框架-抗震墙	1/100
钢筋混凝土框架-抗震墙、板柱-抗震墙、框架-核心筒	1/100
钢筋混凝土抗震墙和筒中筒	1/100
多、高层钢结构	1/50

****

本 章 小 结

（1）单自由度体系的振动问题。在自由振动中，强调了自振周期、自振频率、阻尼系数和阻尼比等基本概念以及一些自由振动的重要特性。在强迫振动中，主要讨论了瞬时冲量及其引起的自由振动问题，同时还讨论了结构动力反应的一些特点。单自由度体系的计算是本章的基础，因为实际结构的动力计算很多都可以简化为单自由度体系来进行。此外，多自由度体系的动力计算问题也可归结为单自由度体系的计算问题。因此，对这一部分仍应进行一定的练习，以求切实掌握。

（2）单自由度弹性体系的水平地震作用及其反应谱。讲解了地震反应谱的概念、特性和计算方法，强调了地震系数、动力系数、标准反应谱、设计反应谱及其水平地震作用等基本概念，这些都是结构抗震设计的基本理论和方法，学习时应深刻理解，重点掌握。

（3）多自由度弹性体系地震反应的分析方法。首先说明了多自由度体系按单自由度振动的可能性，并由此在自由振动中引出了主振型的概念。在强迫振动中，主要介绍了振型分解法。振型分解法是将多自由度体系的振动问题转化为单自由度体系的计算方法，其中转化是这一方法的核心。从处理方法上看，它使复杂的问题分解为简单的问题；从力学

现象上看，它使我们从复杂运动中找出其主要规律。在求解多自由度弹性体系的水平地震作用时，一般情况下可采用振型分解反应谱法计算，但在一定条件下也可采用比较简单的底部剪力法。振型分解反应谱法和底部剪力法是结构抗震设计的基本方法，学习时应重点掌握。此外，在这一部分中还介绍了一些多自由度体系自振频率及振型的实用计算方法。

（4）结构的地震扭转效应和地基与结构相互作用的基本问题。介绍了结构的刚度中心和质量中心的概念以及考虑地震扭转效应的条件，讲述了单层偏心结构振动和多层偏心结构振动的分析方法，同时还讨论了地基与结构相互作用对结构地震反应的影响以及考虑相互作用的抗震设计方法等，学习时应对这些内容进行一定的了解。

（5）结构竖向地震作用的计算方法以及结构地震反应的时程分析法。主要有：高耸结构和屋盖结构的竖向地震作用计算、长悬臂和大跨度结构的竖向地震作用考虑方法、结构地震反应时程分析时计算模型与恢复力模型的确定、地震波的选取以及逐步积分方法等，这些都是结构竖向地震作用计算和结构动力分析的基础知识，对其中的一些基本概念应深刻理解，并了解其计算方法和计算过程。

（6）建筑结构抗震验算的基本方法，其中包括结构抗震承载力验算与结构抗震变形验算两部分内容。结构抗震承载力验算涉及地震作用方向和重力荷载代表值的选取以及结构构件截面抗震验算的基本原则等，是结构抗震设计的基本内容。结构抗震变形验算包括在多遇地震作用下的变形验算和在罕遇地震作用下的变形验算。前者的主要目的是为了对框架等较柔结构及高层建筑结构的变形加以限制，从而使其层间弹性位移不超过一定的限值，以避免非结构构件在多遇地震作用下出现破坏；后者则是为了保证结构在罕遇的高烈度地震作用下不发生倒塌，即进行第二阶段的抗震设计，以校核结构的抗震安全性。这些都是结构抗震验算的基本内容，是本章的学习重点。

＊＊＊＊＊＊＊＊＊＊＊＊＊＊＊＊＊＊＊＊＊＊＊＊＊＊＊＊＊＊＊＊＊＊＊

复习思考题

3-1　什么是地震作用？怎样确定结构的地震作用？

3-2　什么是建筑结构的重力荷载代表值？怎样确定它们的系数？

3-3　什么是地震系数和地震影响系数？它们有何关系？

3-4　什么是动力系数 β？如何确定 β？

3-5　什么是加速度反应谱曲线？影响 α-T 曲线形状的因素有哪些？质点的水平地震作用与哪些因素有关？

3-6　怎样进行结构截面抗震承载力验算？怎样进行结构抗震变形验算？

3-7　什么是等效总重力荷载？怎样确定？

3-8　简述确定结构地震作用的底部剪力法和振型分解反应谱法的基本原理和步骤。

3-9　什么是楼层屈服强度系数？怎样确定结构薄弱层或部位？

3-10　哪些结构需要考虑竖向地震作用？怎样确定结构的竖向地震作用？

3-11　什么是地震作用效应、重力荷载分项系数、地震作用分项系数？什么是承载力抗震调整系数？

3-12　为什么要调整水平地震作用下结构地震内力？在实际设计中如何调整？

3-13　什么是地震作用反应时程分析法？

3-14　怎样按顶点位移法计算结构的基本周期？

3-15 单自由度体系，结构自振周期 $T=0.5s$，质点重量 $G=200kN$，位于设防烈度为 8 度的 Ⅱ 类场地上，该地区的设计基本地震加速度为 $0.30g$，设计地震分组为第一组，试计算结构在多遇地震作用时的水平地震作用。

3-16 结构同题 3-15，位于设防烈度为 8 度的 Ⅳ 类场地上，该地区的设计基本地震加速度为 $0.20g$，设计地震分组为第二组，试计算结构在多遇地震作用时的水平地震作用。

3-17 钢筋混凝土框架结构如图 3-41 所示，横梁刚度为无穷大，混凝土强度等级均为 C25，一层柱截面为 $450mm×450mm$，二、三层柱截面均为 $400mm×400mm$，试用能量法计算结构的自振周期 T_1。

3-18 题 3-16 框架结构位于设防烈度为 8 度的 Ⅱ 类场地上，该地区的设计基本地震加速度为 $0.20g$，设计地震分组为第二组，试用底部剪力法计算结构在多遇地震作用时的水平地震作用。

3-19 三层钢筋混凝土框架结构如图 3-42 所示，横梁刚度为无穷大，位于设防烈度为 8 度的 Ⅱ 类场地上，该地区的设计基本地震加速度为 $0.30g$，设计地震分组为第一组，结构各层的层间侧移刚度分别为 $k_1=7.5×10^5kN/m$，$k_2=9.1×10^5kN/m$，$k_3=8.5×10^5kN/m$，各质点的质量分别为 $m_1=2×10^6kg$，$m_2=2×10^6kg$，$m_3=1.5×10^6kg$，结构的自振频率分别为 $\omega_1=9.62rad/s$，$\omega_2=26.88rad/s$，$\omega_1=39.70rad/s$，各振型分别为：

$$\begin{Bmatrix} X_{13} \\ X_{12} \\ X_{11} \end{Bmatrix} = \begin{Bmatrix} 1.000 \\ 0.840 \\ 0.519 \end{Bmatrix}, \begin{Bmatrix} X_{23} \\ X_{22} \\ X_{21} \end{Bmatrix} = \begin{Bmatrix} -1.000 \\ 0.306 \\ 0.980 \end{Bmatrix}, \begin{Bmatrix} X_{33} \\ X_{32} \\ X_{31} \end{Bmatrix} = \begin{Bmatrix} 1.000 \\ -1.780 \\ 1.470 \end{Bmatrix}$$

求：①用振型分解反应谱法计算结构在多遇地震作用时各层的层间地震剪力；
②用底部剪力法计算结构在多遇地震作用时各层的层间地震剪力。

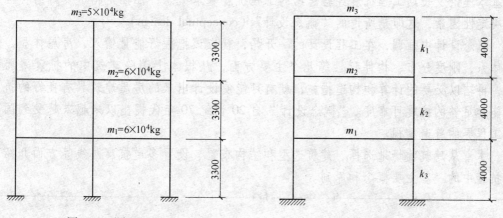

图 3-41 题 3-17 图　　　　　　　图 3-42 题 3-19 图

3-20 某钢筋混凝土高层办公楼建筑共 10 层，每层层高均为 4m，总高 40m，质量和侧向刚度沿高度比较均匀，属规则建筑。该建筑位于 9 度设防区，场地类别 Ⅱ 类，该地区的设计基本地震加速度为 $0.40g$，设计地震分组为第二组。已知屋面、楼面永久荷载标准值为 14850kN，屋面、楼面活荷载标准值为 2430kN，结构的基本自振周期为 1.0s。试求该结构的竖向地震作用标准值以及每层的地震作用标准值。

4 建筑抗震概念设计

本章提要

本章主要介绍工程结构抗震中"概念设计"的一些基本内容和要求，这些都是从以往工程结构的震害和设计经验中总结出来的，因此对工程结构的抗震设计具有重要的指导意义。主要内容包括：工程结构的场地选择、建筑的平立面布置、结构选型和结构布置、设置多道抗震防线和确保结构的整体性等，学习时应该深刻理解，以便熟练、灵活应用。

地震是一种随机振动，有难于把握的复杂性和不确定性，要准确预测建筑物所遭遇地震的特性和参数，目前尚难做到。在结构分析方面，由于未能充分考虑结构的空间作用、非弹性性质、材料时效、阻尼变化等多种因素，也存在着不确定性。因此，工程抗震问题不能完全依赖"计算设计"（numerical design）解决。而立足于工程抗震基本理论及长期工程抗震经验总结的工程抗震基本概念，往往是构造良好结构性能的决定性因素，这即是所谓的"概念设计"（conceptual design）。

概念设计中强调，在工程设计的一开始，就应该把握好能量输入、房屋体型、结构体系、刚度分布、构件延性等几个主要方面，从根本上消除建筑中的抗震薄弱环节，再辅以必要的计算和构造措施，就有可能使设计出来的房屋建筑具有良好的抗震性能和足够的抗震可靠度。"概念设计"自20世纪70年代提出以来越来越受到国内外工程界的普遍重视。

本章从建筑物场地选择、建筑选型和结构布置、设置多道抗震防线等方面介绍工程抗震中的一些主要概念和原则。

4.1 场 地 选 择

场地是指工程群体所在地，其范围相当于厂区、居民小区和自然村或不小于 $1.0\mathrm{km}^2$ 的平面面积。在地震作用下，场地下的土层既是地震传播介质，又是结构物地基。

地震造成建筑物的破坏，情况是多种多样的，其一，是由于地震时的地面强烈运动，使建筑物在振动过程中，因丧失整体性或强度不足，或变形过大而破坏；其二，是由于水坝坍塌、海啸、火灾、爆炸等次生灾害所造成的；其三，是由于断层错动、山崖崩塌、河岸滑坡、地层陷落等地面严重变形直接造成的。前两种情况可以通过工程措施加以防治；而后一情况，单靠工程措施很难达到预防目的，或者所花代价太昂贵。因此，选择工程场址时，应该进行详细勘察，搞清地形、地质状况，挑选对建筑抗震有利的地段，尽可能避开对建筑抗震不利的地段；任何情况下均不得在抗震危险地段上建造可能引起人员伤亡或较大经济损失的建筑物。

4.1.1 避开抗震危险地段

建筑抗震危险的地段，一般是指地震时可能发生崩塌、滑坡、地陷、地裂、泥石流等地段，以及震中烈度为 8 度以上的发震断裂带在地震时可能发生地表错位的地段。

断层是地质构造上的薄弱环节。全新世以来的深大断裂，一般与当地地震活动有着密切关系。这一类具有潜在地震活动的断层，在过去三万五千年以内曾活动过一次，或者在五万年内活动过两次，被认为是"发震断层"；与当地的地震活动性没有成因上联系的一般断层，在地震作用下一般不会发生新的错动，通常称为"非发震断层"。发震断层的突然错动要释放能量，从而引起地震动。强烈地震时，断层两侧的相对移动还可能出露于地表，形成地表断裂。1976 年唐山地震，在极震区内一条北东走向的地表断裂长 8km，水平错位达 1.45m。

陡峭的山区，在强烈地震震撼下，常发生巨石塌落、山体崩塌。1932 年云南东川地震，大量山石崩塌，阻塞了江河。1966 年再次发生的 6.7 级地震，震中附近的一个小山头，一侧山体就塌方近 $8 \times 10^5 m^3$。所以，在山区选址时，经踏勘，发现可能有山体崩塌、巨石滚落等潜在危险的地段，不能建房。

1971 年云南通海地震，山丘地区山脚下的一个土质缓坡，连同上面的几十户人家的一座村庄，向下滑移了 100 多米，房屋大量倒塌。因此，对于那些存在液化或湿润夹层的坡地，也应视为抗震危险地段。

地下煤矿的大面积采空区，特别是废弃的浅层矿区，地下坑道的支护或被拆除，或因年久损坏，地震时坑道坍塌可能导致大面积地陷，引起上部建筑毁坏，因此，采空区也应视为抗震危险地段，不得在其上建房。

4.1.2 选择有利于抗震的场地

我国乌鲁木齐、东川、邢台、通海、海城、唐山等地所发生的几次地震，根据震害普查所绘制的等震线图，在正常的烈度区内，常存在着小块的高一度或低一度烈度异常区。此外，同一次地震的同一烈度区内，位于不同小区的房屋，尽管建筑形式、结构类别、施工质量等情况基本相同，但震害程度却出现了较大的差异。究其原因，主要是地形和场地条件不同造成的。

对建筑抗震有利的地段，一般是指位于开阔平坦地带的坚硬场地土或密实均匀中硬场地土。对建筑抗震不利的地段，就地形而言，一般是指条状突出的山嘴，孤立的山包和山梁的顶部，高差较大的台地边缘，非岩质的陡坡，河岸和边坡的边缘；就场地土质而言，一般是指软弱土、易液化土，故河道、断层破碎带、暗埋塘浜沟谷或半挖半填地基等，以及在平面分布上成因、岩性、状态明显不均匀的地段。

地震工程学者大多认为，地震时，在孤立山梁的顶部，基岩运动有可能被加强。国内多次大地震的调查资料也表明，局部地形条件是影响建筑物破坏程度的一个重要因素。宁夏海原地震，位于渭河谷地的姚庄，烈度为 7 度；而相距仅 2km 的牛家山庄，因位于高出百米的突出的黄土梁上，烈度竟高达9度。

河岸上的房屋常因切面不均匀沉降或地面裂缝穿过而裂成数段。这种河岸滑移对建筑物的危害靠工程措施来防治是不经济的，一般情况下宜采取避开的方案。必须在岸边建房时，应采取可靠措施，完全消除下卧土层的液化性，提高灵敏黏土层的抗剪强度，以增强边坡稳定性。

不同类型的土壤，具有不同的动力特性，地震反应也随之出现差异。一个场地内，沿水平方面土层类别发生变化时，一幢建筑物不宜跨在两类不同土层上（图4-1），否则可能危及该建筑物的安全。无法避开时，除考虑不同土层差异运动的影响外，还应采取局部深基础，使整个建筑物的基础落在同一土层上。

饱和松散砂土和粉土，在强烈的地震动作用下，孔隙水压急剧升高，土颗粒悬浮于孔隙水中，从而丧失受剪承载力，在自重或较小附压下即产生较大沉陷，并伴随着喷水冒砂现象（见2.3节所述）。当建筑地基内存在可液化土层时，应采取有效措施，完全消除或部分消除土层液化的可能性，并应对上部结构相关部位适当加强。

淤泥和淤泥质土等软土是一种高压缩性土，抗剪强度很低。软土在强烈地震作用下，土体受到扰动，絮状结构遭到破坏，强度显著降低，不仅压缩变形增加，还会发生一定程度的剪切破坏，土体向基础两侧挤出，造成建筑物急剧沉降和倾斜。

天津塘沽港地区，地表下3~5m为冲填土，其下为深厚的淤泥和淤泥质土。地下水位为-1.6m。1974年兴建的16幢3层住宅和7幢4层住宅均采用筏板基础。1976年地震前，累计下沉量分别为200mm和300mm，地震期间的突然沉降量分别为150mm和200mm。震后，房屋向一侧倾斜，房屋四周的外地坪、地面隆起（图4-2）。根据以上情况，对于高层建筑，即使采用"补偿性基础"，也不允许地基持力层内有上述软土层存在。

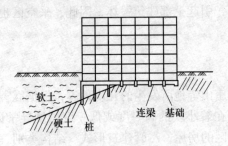

图4-1　横跨两类土层的建筑物

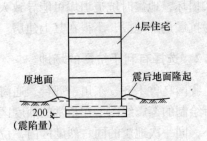

图4-2　软土地基上房屋的震陷

此外，在选择高层建筑的场地时，应尽量建在基岩或薄土层上，或应建在具有较大"平均剪切波速"的坚硬场地土上，以减少输入建筑物的地震能量，从根本上减轻地震对建筑物的破坏作用。

4.2　建筑的平立面布置

一幢房屋的动力性能基本上取决于它的建筑布局和结构布置。建筑布局简单合理，结构布置符合抗震原则，就能从根本上保证房屋具有良好的抗震性能。反之，建筑布局奇特、复杂，结构布置存在薄弱环节，即使进行精细的地震反应分析，在构造上采取补强措施，也不一定能达到减轻震害的预期目的。

4.2.1 建筑平面布置

建筑物的平面布置宜规则、对称，质量和刚度变化均匀，避免楼层错层。道理很清楚，简单、对称的结构容易估计其地震时的反应，容易采取构造措施和进行细部处理。这里"规则"包含了对建筑的平、立面外形尺寸，抗侧力构件布置、质量分布，直至强度分布等诸多因素的综合要求，这种"规则"对高层建筑尤为重要。

地震区的高层建筑，平面以方形、矩形、圆形为好；正六边形、正八边形、椭圆形、扇形也可以（图 4-3）。三角形平面虽也属简单形状，但是由于它沿主轴方向不都是对称的，地震时容易激起较强的扭转振动，因而不是理想的平面形状。此外，带有较长翼缘的 L 形、T 形、十形、U 形、H 形、Y 形平面也不宜采用。因为这些平面的较长翼缘，地震时容易发生如图 4-4 所示的差异侧移而加重震害。

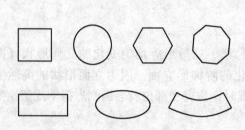

图 4-3 简单的建筑平面

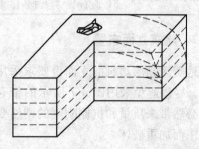

图 4-4 L 形建筑的差异侧移

事实上，由于城市规划、建筑艺术和使用功能等多方面的要求，建筑不可能都设计成方形或者圆形。我国《高层建筑混凝土结构技术规程》（JGJ 3—2010）（以下简称《高层规程》），对地震区高层建筑的平面形状作了明确规定，如图 4-5 和表 4-1 所示；并提出对这些平面的凹角处，应采取加强措施。

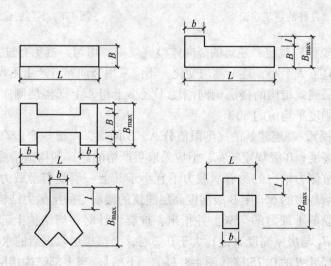

图 4-5 关于平面形状的要求

表 4-1　A 级高度钢筋混凝土高层建筑平面形状的尺寸限值

设防烈度	L/B	l/B_{max}	l/b
6 度、7 度	≤6.0	≤0.35	≤2.0
8 度、9 度	≤5.0	≤0.30	≤1.5

　　《抗震规范》还规定，当存在表 4-2 所列举的平面不规则类型时，应采用空间结构计算模型，并应符合相关规定。

表 4-2　平面不规则的类型

不规则类型	定　义
扭转不规则	在规定的水平力作用下，楼层的最大弹性水平位移（或层间位移）大于该楼层两端弹性水平位移（或层间位移）平均值的 1.2 倍
凹凸不规则	结构平面凹进的一侧尺寸，大于相应投影方向总尺寸的 30%
楼板局部不连续	楼板的尺寸和平面刚度急剧变化，例如，有效楼板宽度小于该层楼板典型宽度的 50%，或开洞面积大于该楼面面积的 30%，或有较大的楼层错层

4.2.2　建筑立面布置

　　地震区高层建筑的立面也要求采用矩形、梯形、三角形等均匀变化的几何形状（图 4-6），尽量避免采用图 4-7 所示的带有突然变化的阶梯形立面。因为立面形状的突然变化，必然带来质量和抗侧刚度的剧烈变化，地震时，该突变部位就会因剧烈振动或塑性变形集中而加重破坏。

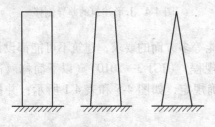

图 4-6　良好的建筑立面

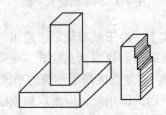

图 4-7　不利的建筑立面

　　我国《高层规程》规定：建筑的竖向体型宜规则、均匀，避免有过大的外挑和内收。结构的侧向刚度宜下大上小，逐渐均匀变化，不应采用竖向布置严重不规则的结构；并要求抗震设计的高层建筑结构的楼层侧向刚度不宜小于相邻上部楼层侧向刚度的 70% 或其上相邻三层侧向刚度平均值的 80%。

　　按《高层规程》，高层建筑的高度限值分 A、B 两级，A 级规定较严，是目前应用最广泛的高层建筑高度；B 级规定较宽，但应采取更严格的计算和构造措施。A 级高度高层建筑的楼层层间抗侧力结构的受剪承载力不宜小于其上一层受剪承载力的 80%，不应小于其上一层受剪承载力的 65%；B 级高度高层建筑的楼层层间抗侧力结构的受剪承载力不应小于其上一层受剪承载力的 75%。并指出，抗震设计时，当结构上部楼层收进部位到室外地面的高度 H_1 与房屋高度 H 之比大于 0.2 时，上部楼层收进后的水平尺寸 B_1 不宜小于下部楼层水平尺寸 B 的 0.75 倍［图 4-8（a）、（b）］；当上部结构楼层相对于下部楼层外挑时，下部楼层的水平尺寸 B 不宜小于上部楼层水平尺寸 B_1 的 0.9 倍，且水平外挑尺寸 a 不宜大于 4m ［图 4-8（c）、（d）］。

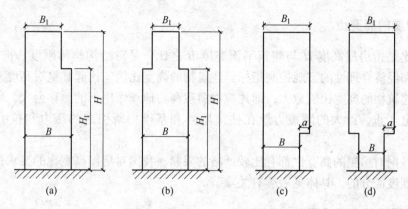

图 4-8 结构竖向收进和外挑示意图

《抗震规范》规定，当存在表 4-3 所列举的竖向不规则类型时，应采用空间结构计算模型，并应符合相关的规定。

表 4-3 竖向不规则的类型

不规则	定 义
侧向刚度不规则	该层的侧向刚度小于相邻上一层的 70%，或小于其上相邻三个楼层侧向刚度平均值的 80%；除顶层或出屋面小建筑外，局部收进的水平向尺寸大于相邻下一层的 25%
竖向抗侧力构件不规则	竖向抗侧力构件（柱、抗震墙、抗震支撑）的内力由水平转换构件（梁、桁架等）向下传递
楼层承载力突变	抗侧力结构的层间受剪承载力小于相邻上一层的 80%

4.2.3 房屋的高度

一般而言，房屋愈高，所受到的地震作用和倾覆力矩愈大，破坏的可能性也愈大，过去一些国家曾对地震区的房屋高度作过限制，随着科学的不断发展，地震危险性分析和结构弹塑性时程分析方法日趋完善，特别是通过世界范围地震经验的总结，人们已认识到"房屋愈高愈危险"的概念不是绝对的，是有条件的。随着房屋高度的增加，结构在地震作用以及其他荷载作用下产生的水平位移迅速增大，要求结构的抗侧移刚度必须随之增大。而不同类型的钢筋混凝土结构体系，由于构件及其组成方式的不同和受力特点的不同，在抗侧移刚度方面有很大的差异，它们具有各自不同的合理使用高度。

墨西哥市是人口超过 1000 万人的特大城市，高层建筑甚多。1957 年太平洋海岸的 7.7 级地震，以及 1985 年 9 月前后相隔 36h 的 8.1 级和 7.5 级地震，均有大量高层建筑倒塌。1985 年地震中，倒塌率最高的是 10 ~15 层楼房、6 ~21 层楼房，倒塌或严重破坏的共有 164 幢。然而，由著名地质工程学家 Newmark 设计、于 1956 年建造的高 181m 的 42 层拉丁美洲大厦，却经受住了 3 次大地震的考验，几无损坏。这一事实说明，高度并不是地震破坏的唯一决定因素。

根据我国当前科研成果和工程实际情况，《抗震规范》和《高层规程》对各种结构体系适用范围内建筑物的最大高度均作出了规定，具体见后续有关章节。《抗震规范》尚规定：对平面和竖向不规则的结构适用的最大高度应适当降低。

4.2.4　房屋的高宽比

高宽比是指房屋高度 H 与建筑平面宽度 B 之比，是对结构整体刚度、抗倾覆能力、承载能力和经济合理性的宏观控制指标。建筑物的高宽比例，比起其绝对高度来说更为重要。因为建筑物的高宽比值愈大，即建筑物愈瘦高，地震作用下的侧移愈大，地震引起的倾覆作用愈严重。巨大的倾覆力矩在柱（墙）和基础中所引起的压力和拉力比较难于处理。

世界各国对房屋的高宽比都有比较严格的限制。我国对房屋高宽比的要求是按结构体系和地震烈度区分的。具体见后续有关章节。

4.2.5　防震缝的合理设置

合理地设置防震缝，可以将体型复杂的建筑物划分为"规则"的建筑物，从而可降低抗震设计的难度以及提供抗震设计的可靠度。但防震缝会给建筑设计的立面处理、地下室防水处理等带来一定难度。防震缝两侧的结构单元由于各自的振动特性不同，在地震时会发生不同形式的振动，如果防震缝宽度不够或构造不当，就有可能发生碰撞而导致震害。

唐山地震时，北京民航大楼防震缝处的女儿墙和北京饭店西楼防震缝处的外贴砖假柱被破坏；天津友谊宾馆，东段为 8 层，高 37.4m，西段为 11 层，高 47.3m，东西段之间防震缝的宽度为 150mm。1976 年唐山地震时，该宾馆位于 8 度区内，东西段发生相互碰撞，防震缝顶部的砖砌封墙震坏后，一些砖落入缝中，卡在东西段上部设备层大梁之间，导致大梁在持续的振动中被挤断。此外，建造在软土或液化地基上的房屋，地基不均匀沉陷引起的楼房倾斜，更加大了互撞的可能性和破坏的严重程度。

近年来国内一些高层建筑一般通过调整平面形状和尺寸，并在构造上以及施工时采取一些措施，尽可能不设伸缩缝、沉降缝和防震缝。不过，遇到下列情况，还应设置防震缝，将整个建筑划分为若干个简单的独立单元。

（1）平面形状、局部尺寸或者里面形状不符合规范的有关规定，而又未在计算和构造上采取相应措施时。

（2）房屋长度超过表 4-4 中所规定的伸缩缝最大间距，又无条件采取特殊措施而必须设置伸缩缝时。

表 4-4　伸缩缝的最大间距

结 构 体 系	施 工 方 法	最大间距/m
框架结构	现浇	55
剪力墙结构	现浇	45

注：1. 框架-剪力墙的伸缩缝间距可根据结构的具体布置情况取表中框架结构与剪力墙结构之间的数值；
　　2. 当屋面无保温或隔热措施、混凝土的收缩较大或室内结构因施工外露时间较长时，伸缩缝间距应适当减少；
　　3. 位于气候干燥地区、夏季炎热且暴雨频繁地区的结构，伸缩缝的间距宜适当减少。

（3）地基土质不均匀，房屋各部分的预计沉降量（包括地震时的沉陷）相差过大，必须设置沉降缝时。

（4）房屋各部分的质量或结构抗侧移刚度大小悬殊时。

当采用下列构造措施和施工措施降低温度变化和混凝土收缩对结构的影响时，可适当放宽伸缩缝的间距。

（1）顶层、底层、山墙和纵墙端开间等温度变化影响较大的部位提高配筋率。

（2）顶层加强保温隔热措施，外墙设置外保温层。

（3）每30~40m间距留出施工后浇带，带宽800~1000mm，钢筋采用搭接接头，后浇带混凝土宜在两个月后浇灌。

（4）顶部楼层改用刚度较小的结构形式或顶部设置局部温度缝，将结构划分为长度较短的区段。

（5）采用收缩小的水泥、减少水泥用量、在混凝土中加入适宜的外加剂。

（6）提高每层楼板的构造配筋率或采用部分预应力结构。

对于钢筋混凝土结构房屋的防震缝最小宽度，一般情况，应符合《抗震规范》所作的如下规定：

（1）框架房屋，当高度不超过15m时，可采用70mm；当高度超过15m时，6度、7度、8度和9度相应每增高5m、4m、3m、2m，宜加宽20mm。

（2）框架-抗震墙房屋的防震缝宽度，可采用第（1）条数值的70%，抗震墙房屋可采用第（1）条数值的50%，且均不宜小于70mm。

对于多层砌体结构房屋，有下列情况之一时宜设置防震缝，缝两侧均应设置墙体，缝宽应根据烈度和房屋高度确定，可采用50~100mm。

（1）房屋立面高度差在6m以上；

（2）房屋有错层，且楼板高差较大；

（3）各部分结构刚度质量截然不同。

需要说明，对于抗震设防烈度为6度以上的房屋，所有伸缩缝和沉降缝均应符合防震缝的要求。另外，对体型复杂的建筑物不设抗震缝时，应对建筑物进行较精确的结构抗震分析，估计其局部应力和变形集中及扭矩影响，判明其易损部位，采取加强措施或提高变形能力的措施。

4.3　结构选型与结构布置

4.3.1　结构选型

4.3.1.1　结构材料的选择

在建筑的方案设计阶段，研究建筑形式的同时，需要考虑采用哪一种结构材料，以及采用什么样结构体系，以便能够根据工程的各方面条件，选用既符合抗震要求又经济适用的结构类型。

结构选型涉及的内容较多，应根据建筑的重要性、设防烈度、房屋高度、场地、地基、基础、材料和施工等因素，经技术、经济条件比较综合确定。单从抗震角度考虑，作为一种好的结构形式，应具备下列性能：（1）延性系数高；（2）"强度/重力"比值大；（3）匀质性好；（4）正交各向同性；（5）构件的连接具有整体性、连续性和较好的延性，并能发挥材料的全部强度。

按照上述标准来衡量，常见建筑结构类型，依其抗震性能优劣而排列顺序是：（1）钢结构；（2）型钢混凝土结构；（3）混凝土-钢混合结构；（4）现浇钢筋混凝土结构；（5）预应力混凝土结构；（6）装配式钢筋混凝土结构；（7）配筋砌体结构；（8）砌体结构等。

钢结构具有极好的延性、良好的连接、可靠的节点，以及在低周往复荷载下有饱满稳定的滞回曲线，历次地震中，钢结构建筑的表现均很好，但也有个别建筑因设计不良或竖向支撑失效而破坏。就地震实践中总的情况来看，钢结构的耐震性能优于其他各类结构。

实践证明，只要经过合理的抗震设计，现浇钢筋混凝土结构是具有足够抗震可靠度的。它之所以能在地震区多、高层建筑中得到广泛应用，是因为他在以下几方面存在优越性：（1）通过现场浇筑，可形成具有整体式节点的连续结构；（2）就地取材；（3）造价低；（4）有较大的抗侧移刚度，从而减少结构侧移，保护非结构构件遭破坏；（5）良好的设计可以保证结构具有足够的延性。

但是，钢筋混凝土结构也存在着难以克服的缺点：（1）周期性往复水平荷载作用下，构件刚度因裂缝开展而递减；（2）构件开裂处钢筋的塑性拉伸使裂缝不能闭合；（3）低周往复荷载下，杆件塑性铰区反向斜裂缝的出现，将混凝土挤碎，产生永久性的"剪切滑移"。

国内外的震害调查均表明，砌体结构由于自重大、强度低、变形能力差，在地震中表现出较差的抗震能力。唐山地震中，80%的砌体结构房屋倒塌。但砌体结构造价低廉，施工技术简单，可居住性好，目前仍然是我国8层以下居住建筑的主导房型。事实表明，加设构造柱和圈梁，是提高砌体结构房屋抗震能力的有效途径。

4.3.1.2 抗震结构体系的确定

抗震结构体系是抗震设计应考虑的关键问题，结构方案的选取是否合理，对安全性和经济性起决定的作用。结构体系应根据建筑的抗震设防类别、抗震设防烈度、建筑高度、场地条件、地基、结构材料和施工等因素，经技术、经济和使用条件综合比较确定。不同的结构体系，其抗震性能、使用效果和经济指标亦不同。《抗震规范》关于抗震结构体系，有下列各项要求：

（1）应具有明确计算简图和合理的地震作用传递途径。

（2）宜有多道抗震防线，应避免因部分结构或构件破坏而导致整个体系丧失抗震能力或对重力的承载能力。

（3）应具备必要的强度以及良好的变形能力和消能能力。

（4）宜具有合理的刚度和强度分布，避免因局部削弱或突变形成薄弱的部位，产生过大的应力集中或塑性变形集中；对可能出现的薄弱部位，应采取措施提高抗震能力。

就常见的多层及中高层建筑而言，砌体结构在地震区一般适宜于6层及6层以下的居住建筑。框架结构平面布置灵活，通过良好的设计可获得较好的抗震能力，但框架结构抗侧移刚度较差，在地震区一般用于10层左右、体型简单和刚度较均匀的建筑物。对于层数较多、体型复杂、刚度不均匀的建筑，为了减少侧移变形、减轻震害，应采用中等刚度的框架-剪力墙结构或者剪力墙结构。

选择结构体系，要考虑建筑物刚度与场地条件的关系。当建筑自振周期与地基土的卓越周期一致时，容易产生共振而加重建筑物的震害。建筑物的自振周期与结构本身刚度有关，在设计房屋之前，一般应首先了解场地和地基土及其卓越周期，调整结构刚度，避免共振周期。

选择结构体系时，要注意选择合理基础形式。基础应有足够的埋深，对于层数较多的房屋宜设置地下室。震害调查表明，凡设置地下室的房屋，不仅地下室本身震害轻，还能使整个结构减轻震害。

对于软弱地基宜选用桩基、筏板基础或箱形基础。岩层高低起伏不均匀或有液化土层时最好采用桩基，后者桩尖必须穿入液化土层，防止失稳。筏板基础的混凝土和钢筋用量较大，刚度也不如箱基。当建筑层数不多、地基条件又较好时，也可以采用单独基础或十字交叉带形基础等。

4.3.2 结构布置的一般原则

4.3.2.1 平面布置力求对称

对称结构在地面平动作用下，一般仅发生平移振动，由于各构件的侧移量相等，水平地震作用按构件刚度分配，因而各构件受力比较均匀。而非对称结构，由于刚心偏在一边，质心与刚心不重合，即使在地面平动作用下，也会激起扭转振动，其结果是，远离刚心的构件由于侧移量很大，所分担的水平地震剪力也显著增大，很容易因超出其允许抗力和变形极限而发生严重破坏，甚至导致整个结构因一侧构件失效而倒塌。

1972 年尼加拉瓜的马那瓜地震，位于市中心的两幢相邻的高层建筑的震害对比，有力地说明结构偏心会带来多么大的危害。15 层的中央银行有一层地下室，采用框架体系，两个钢筋混凝土电梯井和两个楼梯间均集中布置在平面右端，同时，右端山墙还砌有填充墙［图 4-9（a）］，造成很大的偏心。地震时的强烈扭转振动造成较严重的破坏，一些框架节点损坏，个别柱子屈服，维护墙等非结构部件破坏严重，修复费用高达房屋原造价的 80%。另一幢 18 层的美洲银行，有两层地下室，采用对称布置的钢筋混凝土芯筒［图 4-9（b）］，地震后，仅 3~17 层连梁上有细微裂缝，几乎没有其他非结构部件的损坏。

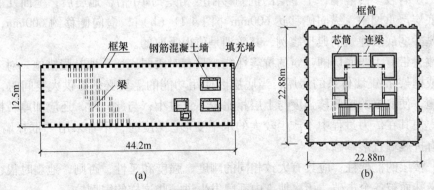

(a)　　　　　　　　　　　　(b)

图 4-9　马那瓜中央银行与美洲银行结构平面

当然建筑层数很多时，上面各层偏心引起的扭转效应对下层的积累，对下面几层不利。所以进行构件布置时，除了要求各项对称外，还希望能具有较大的抗扭刚度。因此图4-10（a）、图4-10（b）所示的抗震墙沿房屋周边布置的方案，就优于图4-10（c）、图4-10（d）所示的在房屋内部布置的方案。此外，前者比后者还具有较大的抗倾覆能力。

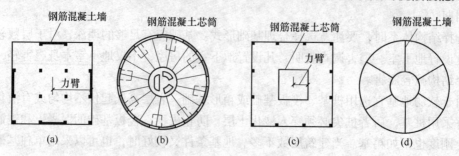

图4-10　抗震墙的布置方案

对于多层砌体房屋，多次震害调查发现，纵墙承重的结构布置方案，因横向支撑较少，纵墙极易受弯曲破坏而导致房屋倒塌，故应优先采用横墙承重的布置方案，其次是纵横墙混合承重的结构布置方案。

4.3.2.2　竖向布置力求均匀

结构竖向布置的关键在于尽可能使其竖向刚度、强度变化均匀，避免出现薄弱层，并应尽可能降低房屋的重心。

临街的建筑物，由于商业的需要，底部几层往往需要设置大空间。非临街的建筑物，底部几层因设置门厅、餐厅或停车场也需要大空间。在这种结构中，上部的钢筋混凝土抗震墙或竖向支撑或砌体墙体到此被中止，而下部须采用框架体系。也就是说，上部各层为全墙体系或框架-抗震墙体系，而底层或底部两三层则为框架体系，整个结构属"框托墙"体系。这便是工程上称之为"框支剪力墙"或"底部框架"的结构。这种体系的特点是，上部楼层抗侧移刚度大，下部楼层抗侧移刚度小，在楼房底层或底部两三层形成柔弱层。地震经验指出，这种体系很不利于抗震。

1971年美国圣费南多地震，Olive View医院位于9度区。该医院主楼6层，钢筋混凝土结构，剖面如图4-11（a）所示；三层以上为框架-抗剪墙体系，底层和二层为框架体系，但二层有较多砖隔墙，上下层的抗侧移刚度相差约10倍，地震后，上面几层震害较轻，而底层严重偏斜，纵向侧移达600mm［图4-11（b）］，横向侧移约600mm，角柱酥碎。它是柔弱底层建筑的典型震例，其教训是值得吸取的。

要改善带有柔弱底层的建筑的抗震性能，只有对柔弱底层采取补强措施。对于采用全墙体系或框架-抗震墙体系的房屋，当底层因使用功能的需要必须提供大空间时，应采取有效措施，使底层的抗侧移强度与上层相比较不致过小；与此同时，还应加厚转换层的现浇楼板，使其在传力过程中不产生较大的水平变形。9度时，不宜采用"框托墙"体系，宜将所有抗震墙直落基础。

同一楼层的框架柱，应具有大致相同的刚度、强度和延性，否则，地震时很容易因受力大小悬殊而被各个击破。历次地震中都曾发生过一些这样的震例。

还有一种情况值得注意，就是在采用纯框架结构的高层建筑中，如果将楼梯踏步斜梁

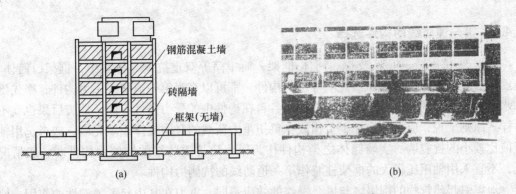

图 4-11 Olive View 医院主楼剖面与纵向侧移

和平台梁直接与框架柱相连，就会使该柱变成短柱，地震时容易发生剪切破坏，应予避免或采取相关措施。

4.4 多道抗震防线

4.4.1 多道抗震防线的必要性

多道抗震防线指的：（1）一个抗震结构体系，应由若干个延性较好的分体系组成，并由延性较好的结构构件连接起来协同工作，如框架-抗震墙体系是由延性框架和抗震墙两个系统组成；双肢或多肢抗震墙体系由若干个单支墙分系统组成。（2）抗震结构体系应由最大可能数量的内部、外部赘余度，有意识地建立起一系列分布的屈服区，以使结构能吸收和耗散大量的地震能量，一旦破坏也易于修复。

多道抗震防线对抗震结构是必要的。一次大地震某场地产生的地震动，能造成建筑物破坏的强震持久时间少则几秒，多则十几秒，甚至更长。这样长时间的地震动，一个接一个的强脉冲对建筑物产生多次往复式冲击，造成积累式的破坏。如果建筑物采用单一结构体系，仅有一道抗震防线，该防线一旦破坏后，接踵而来的持续地震动，就会使建筑物倒塌。特别是当建筑物的自振周期与地震动的卓越周期相近时，建筑物由此而发生的共振，更加速其倒塌进程。如果建筑物采用的是多重抗侧力体系，第一道防线的抗侧力构件在强烈地震袭击下遭到破坏后，后备的第二道乃至第三道防线的抗侧力构件可立即接替，抵挡住后续的地震动的冲击，可保证建筑物最低限度的安全，免于倒塌。在遇到建筑物的基本周期与地震动的卓越周期相同或接近的情况时，多道防线就更显示出其优越性。当地第一道抗侧力防线因共振而破坏，第二道防线接替后，建筑物自振周期将出现较大幅度的变动，与地震动卓越周期错开，使建筑物的共振现象得以缓解，减轻地震的破坏作用。

可以用 1985 年 9 月墨西哥 8.1 级地震的一些情况来说明这一点。该次地震时，远离震中约 350km 的墨西哥市，某一场地记录到的地面运动加速度曲线，历时 60s，峰值加速度为 0.2g，根据地震记录计算出的反应谱曲线，显示出地震卓越周期为 2s。震后调查结果表明，位于该场地上的自振周期接近 2s 的框架体系高层建筑，因发生共振而大量倒塌；而嵌砌有砖填充墙的框架体系高层建筑，尽管破坏十分严重，却很少倒塌。

4.4.2　第一道防线的构件选择

在框架-抗震墙、框架-支撑、筒体-框架、筒中筒等双重抗侧力体系中，框架、筒体、抗震墙、竖向支撑以及砌体填充墙等承力构件，都可以充当第一道防线主力构件，率先抵御水平地震作用的冲击。然而，由于他们各自在构件中的受力条件不同，地震后果也就不一样。原则上说，应优先选择不负担或少负担重力荷载的竖向支撑或填充墙，或者选用轴压值比较小的抗震墙、实墙筒体之类构件作为第一道抗震防线的抗侧力构件。一般情况下，不宜采用轴压比很大的框架柱兼作第一道防线的抗侧力构件。

地震引起建筑物的倒塌，与风、爆炸的效应不同，重力在其中起了关键性的作用。地震倒塌的宏观现象表明，一般情况下，倒塌物很少远离原来的平面位置。据此可以认为，地震的往复作用使结构遭到严重破坏，而最后倒塌则是结构因破坏而丧失了承受重力荷载的能力。所以，可以说房屋倒塌的最直接原因，是承重构件竖向承载能力降到低于有效重力荷载的水平。按照上述原则处理，充当第一道防线的构件即使有破坏，也不会对整个结构的竖向构件承载能力有太大影响。如果利用轴压比值较大的框架柱充当第一道防线，框架柱在侧力作用下损坏后，竖向承载能力就会大幅度下降，当下降到低于所负担的重力荷载时，就会危及整个结构的安全。

如因条件所限，只能采用单一的框架体系，框架就会成为整个体系中唯一的抗侧力构件，那就应采用"强柱弱梁"型延性框架。因为单就重力荷载而言，梁仅承担一层的楼面荷载，而宏观经验还指出，梁破坏后，只要钢筋端部锚固未失效，悬索作用也能维持楼面不立即坍塌。柱的情况就严峻得多，因为它承担着上面楼层的总负荷，它被破坏将危及整个上部楼层的安全。强柱型框架在水平地震作用下，梁的屈服先于柱的屈服，这样就可以做到利用梁的变形来消耗输入的地震能量，使框架柱退居到第二道防线的位置。

4.4.3　利用赘余构件增多抗震防线

高层建筑采用的框架-抗震墙、框架-支撑、芯筒-框架、内墙筒-外墙筒等双重抗侧力体系，在水平地震等侧力作用下，其中属于弯曲型构件的抗震墙、竖向支撑或实墙筒体，与属于剪切型构件的框架，通过各层楼盖进行协同工作（图4-12）。这种体系在抗御地震时，具有两道防线，一道是支撑或墙体，一道是框架。

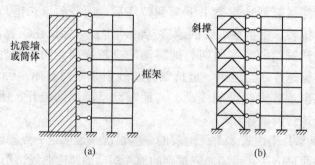

图4-12　双重体系的结构并联体
（a）框架-抗震墙体系；（b）框架-支撑体系

为了进一步增加这种双重体系的抗震防线，可以在位于同一轴线上的两片单肢抗震墙

［图4-13（a）］、抗震墙与框架［图4-13（b）］、两列竖向支撑［图4-13（c）］或在芯筒与外框架之间［图4-13（d）］，于每层楼盖处设置一根两端刚接的抗弯梁，并使这些梁的线刚度与主体结构线刚度的比值大于两者屈服强度的比值；再通过恰当的配筋，使它具有较好的延性，而且属于弯曲型破坏机制。如此处理后，当结构遭遇地震时，可以利用这些连系梁首先承担地震前期脉冲的冲击，以达到保护主体结构的目的。

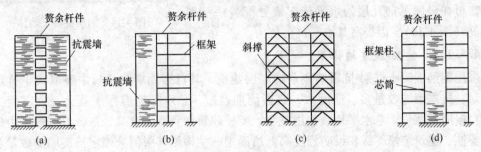

图4-13 带赘余杆件的消能结构
（a）两片单肢抗震墙；（b）墙和框架；（c）并列斜撑；（d）芯筒和框架柱

建筑物当受到强烈震动主脉冲卓越周期的作用时，一方面利用结构中增设的赘余杆件的屈服和变形，来耗散输入的地震能量；另一方面利用赘余杆件的破坏和退出工作，使整个结构从一种稳定体系过渡到另一种稳定体系，实现结构周期的变化，以避开地震动卓越周期长时间持续作用所引起的共振效应。这种通过对结构动力特性的适当控制，来减轻建筑物的破坏程度，是对付高烈度地震的一种经济、有效的方法。

4.5 刚度、承载力和延性的匹配

对一栋建筑物来说，重力荷载等静力荷载其值基本上是稳定的，变化幅度不大。然而，地震时建筑物所受地震作用的大小，却与其动力特性密切相关。建筑物的抗侧移刚度大、自振周期短，地震作用就大；反之，就小。

在工程界关于结构刚性与柔性的讨论中，一般认为"刚性方案比柔性方案好"，但这并不意味着结构愈刚愈好。提高结构的抗侧移刚度，可以减小结构侧移，减轻地震灾害的损失。但结构刚度大，要求结构具有与较大地震反应对应的较高水平抗力，同时提高结构的抗侧移刚度，往往是以提高工程造价及降低结构延性指标为代价的。因此，在确定建筑结构体系时，需要在结构刚度、承载力及延性之间寻求一种较好的匹配关系。

4.5.1 刚度与承载力

4.5.1.1 现浇钢筋混凝土墙

现浇钢筋混凝土全墙体系建筑的常见震害有二：（1）墙面上出现斜向裂缝；（2）底部楼层的水平施工缝发生水平错动。

全墙体系的纵、横内外墙均为无洞或有洞的实墙，而且纵横墙连为一体，形成类似于束状筒体的结构，具有很大的抗侧移刚度，因而自振周期短，所受水平地震力较大。因此，要避免上述震害，一方面应在保证墙体压曲稳定的前提下，尽量减薄纵、横墙体的厚

114

度，或采用"主次结构"，加大墙体的间距，减少墙体的数量，以降低结构抗侧移刚度，减小墙体的水平地震剪力和弯矩；另一方面，应通过恰当的配筋，提高墙体抗主拉应力的强度。对于层数较多的房屋，为防止墙体的水平施工缝在巨大地震剪力作用下发生水平错动，可在房屋下部几层的水平施工缝处配置一些斜向钢筋（图4-14），以提高其水平抗剪抗力。

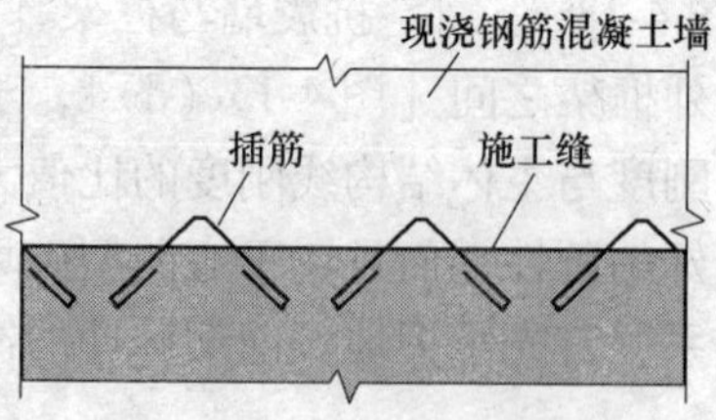

图 4-14　钢筋混凝土墙体
水平施工缝处的斜筋

4.5.1.2　框架-抗震墙体系

采用钢筋混凝土框架-抗震墙体系的高层建筑，其自振周期的长短主要取决于抗震墙的数量。抗震墙的数量多、厚度大，自振周期就短，总水平地震作用就大；抗震墙少而薄，自振周期就长，总水平地震作用就小。要使建筑做到既安全又经济，最好根据由建筑物重要性、建筑装修等级和设防烈度高低所确定的结构侧移限值来确定抗震墙的数量和厚度，使建筑物具有尽可能长的自振周期及最小的水平地震作用。这一计算过程可以通过试算和调整抗震墙的厚度来完成，也可以借助于一些经验公式来减少试算的工作量。

需要指出的，抗震墙过厚，对于结构抗震并非有利。这是因为：（1）墙厚使建筑自振周期变短，水平地震作用增大；（2）除非沿墙厚设置3层竖向钢筋网片和足够的钢筋，否则很难使600mm厚钢筋混凝土墙体的延性达到对一般结构所要求的延性指标；（3）延性较低的钢筋混凝土墙体，在地震作用下发生剪切破坏的可能性以及斜裂缝的开展宽度均增大；（4）厚墙开裂后的刚度退化幅度加大，由此引起的框架剪力增值也加大。所以，钢筋混凝土框架-抗震墙体系中抗震墙的厚度要适度，不宜过厚。

4.5.1.3　框架体系

采用钢、钢筋混凝土或型钢混凝土纯框架体系的高层建筑，其特点是抗侧移刚度小，地震作用下的侧移大。如果框架刚度不充足，小震作用下的层间位移角度达到1/600以上，就是说基本烈度下的层间位移角度超过1/200时，P-Δ效应将使梁、柱等杆件截面产生较大的次弯矩，进一步加大杆件截面的内力偏心距和局部压应力；这一点应在杆件承载力验算和构造措施上得到充分考虑，此外，框架侧移很大时还可能发生附加侧移与P-Δ效应相互促进的恶性循环。进行大震下的结构防震倒塌设计时，应该充分注意到这一点，以防框架因侧移过大发生侧向失稳而倒塌。

房屋震害情况还指出，当钢筋混凝土框架体系的同一楼层中存在着刚度悬殊的长柱和短柱时，短柱的柱身往往发生很宽的斜裂缝，表明其较小的受剪承载力与较大的刚度不匹配。遇到这一情况，就应该在短柱柱身内配置斜向钢筋或足够多的水平箍筋，以提供较大的剪切抗力。

4.5.2　刚度与延性

结构的抗侧力构件有框架、墙体、竖向支撑等。框架是由线形杆件组成并以其杆件抗弯能力来抵抗侧力的构件，杆件的长细比较大，抗侧移刚度较小，但配筋恰当时具有较好的延性。墙体是一种片状构件，靠其平面内的抗剪抗弯能力来抵抗侧力，由于其高宽比值较小，抗侧移刚度较大，在水平力作用下产生的侧移中，除弯曲变形外，剪切变形占有相当大的比重，因而延性较差。竖向支撑虽然也是由线形杆件所组成，由于它属于轴力杆系，因而具有较大的抗侧移刚度，但由于其中的受压杆件容易发生侧向挠曲，延性较差。

由框架和墙体或由框架和支撑所组成的双重体系中，框架的刚度小，承担的地震力小，而弹性极限变形值和延性系数较大；墙体或竖向支撑则刚度大，承担的地震力大，而弹性极限变形值和延性系数却较小。整个结构在往复地震动的持续作用下，墙体或竖向支撑很快就越过自身的较小弹性极限变形值，墙体出现裂缝，支撑发生杆件屈曲，水平抗力逐步降低；而此刻的结构层间位移角还远小于框架的弹性极限变形值，框架尚未充分发挥其自身的水平抗力，出现先后破坏的各个击破情况。所以，协调抗侧力体系中各构件的刚度与延性，使之互相匹配，是工程设计中应该努力做到的一条重要抗震设计原则。

4.5.3 结构不同部位的延性要求

除强度与刚度要求外，在地震区结构要有良好的抵抗塑性变形的能力，即延性要求。这样通过结构的塑性变形来吸收和消耗地震输入能量，有利于抵御倒塌破坏，提高抗震潜力。从概念上讲，结构的延性定义为：结构承载能力无明显降低的前提下，结构发生非弹性变形的能力。这里"无明显降低"比较认同的指标是，不低于其极限承载力的85%。对于地震区的建筑来说，提高结构延性是增强结构抗倒塌能力，并使抗震设计做到经济合理的重要途径之一。在结构抗震设计中，"结构延性"这个术语实际上有以下四层含义：

（1）结构总体延性。一般用结构的"顶点侧移比"或结构的"平均层间侧移比"来表达。

（2）结构楼层延性。以一个楼层的层间侧移比来表达。

（3）构件延性。指整个结构中某一构件（一榀框架或一片墙体）的延性。

（4）杆件延性。指某一个构件中某一杆件（框架中的梁或柱，墙片中的连梁或墙肢）的延性。

一般而言，在结构抗震设计中，对结构中重要构件的延性要求高于对结构总体的延性要求；对于构件中关键杆件或部位的延性要求，又高于对整个构件的延性要求。

要使建筑物在遭遇强烈地震时具有很强的抗倒塌能力，最理想的是使结构中的所有构件及构件中的所有杆件均具有较高的延性，然而，实际工程中很难完全做到这一点。比较经济有效的办法是，有选择地重点提高结构中的重要构件以及某些构件中关键杆件或关键部位的延性。其原则是：

（1）在结构的竖向，应该重点提高楼房中可能出现塑性变形集中的相对于柔弱楼层的构件延性。例如，对于刚度沿高度均匀分布的简单体型建筑，应着重提高底层的构件延性［图4-15（a）］；对于带大底盘的高层建筑，应该着重提高主楼与裙房顶面相衔接的楼层中构件的延性。对于框托墙体系，应着重提高底层或底部几层的框架的延性［图4-15（b）］。

（2）在平面位置上，应该着重提高房屋周边转角处，平面突变处以及复杂平面各翼相接处的构件延性。对于偏心构件，应该加大房屋周边特别是刚度较弱一端构件的延性。

（3）对于具有多道抗震防线的抗侧力体系，应着重提高第一道防线中构件的延性。例如在框架-抗震墙体系中，应重点提高抗震墙的延性；在筒中筒体系中，应重点提高实墙内筒的延性。

（4）在同一构件中，应着重提高关键杆件的延性。例如，对框架和框架筒体，应优

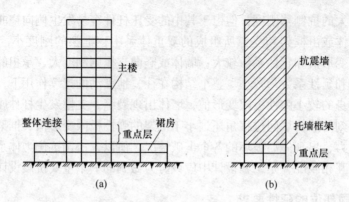

图 4-15　提高延性的重点楼层
（a）大底盘建筑；（b）框托墙结构体系

先提高柱的延性；对联肢墙，应特别注意加大各层窗裙梁的延性；对于全墙体系中满布窗洞的外墙（壁式框架），应着重提高窗间墙的延性。

（5）在同一杆件中，重点提高延性的部位应该是预期该构件地震时首先屈服的部位。例如梁的两端、柱的上下端、抗震墙墙肢的根部。

4.5.4　改善构件延性的途径

改善构件延性的主要途径有以下五点：

（1）控制构件的破坏形态。低周往复水平荷载下的构件破坏实验结果表明，构件延性和消能的大小，取决于构件的破坏形态及其塑化过程。弯曲构件的延性远远大于剪切构件的延性；构件弯曲屈服直至破坏所消耗的地震输入能量，也远远高于构件剪切破坏所消耗的能量。所以，进行工程抗震设计时，应在计算和构造方面采取措施，力争避免构件的剪切破坏，争取更多的构件实现弯曲破坏。

例如，对于抗震墙，可以对其墙肢和连梁某些控制截面的设计地震剪力乘以大于 1.0 的增大系数，以及在构造上采用加密腹板网状钢筋或设置斜向钢筋等措施，以提高抗震墙的"屈服强度系数"，迫使抗震墙先于剪切出现弯曲屈服。

（2）减小构件轴压比。就框架体系而论，柱的延性对于消能输入的地震能量、防止框架的倒塌，起着十分重要的作用，而轴压比又是影响钢筋混凝土柱延性的一个关键性因素。试验研究结果表明，柱的侧移延性比随着轴压比的增大而急剧下降；而且在高轴压比的情况下，增加箍筋用量对提高柱的延性比不再发挥作用。所以，在结构设计中，确定柱、墙肢等轴压比和压弯构件的尺寸时，应该控制其轴压比限值。

（3）高强混凝土的应用。高层建筑超过 40 层，框架柱的轴向压力将达到很大的数值，若仍采用普通混凝土，由于使用功能的制约，柱的截面尺寸又不能随意放大，因而柱的轴压比值很大。为了保证框架柱具有良好的延性，降低轴压比，宜采用高强混凝土。不过设计中应该注意，采用高强混凝土时，还应适当降低剪压比。试验数据表明，与强度等级为 C40 的混凝土相比较，对于强度为 C70 的混凝土，要获得同等的延性，其剪压比控制值应降低 20%。

（4）钢纤维混凝土的应用。钢纤混凝土是在普通混凝土中掺入少量（体积掺入率为

1%~2%）乱向短钢纤维形成的一种复合材料。钢纤维混凝土具有较高的抗拉、抗裂和抗剪强度以及良好的抗冲击韧性和抗地震延性。所使用的钢纤维有圆直钢纤维、剪切钢纤维、熔抽钢纤维和末端带弯钩的钢纤维，横截面有圆形、矩形和月牙形。影响钢纤维混凝土主要性能的因素是钢纤维的直径、长径比和外形。

（5）型钢混凝土的应用。型钢混凝土（SRC）结构是把型钢（S）置入钢筋混凝土（RC）中，使型钢、钢筋（纵筋和箍筋）、混凝土3种材料元件协同工作以抵抗各种外部作用效应的一种结构。它是钢-混凝土组合结构的一种形式，其截面组成特征是型钢钢筋混凝土的钢材全部被包在混凝土内部，型钢与钢筋骨架的外面有一层混凝土外壳（外包钢筋混凝土结构和钢管混凝土结构的型钢是外露的）。同传统的钢结构相比，这种结构有更大的强度和刚度，更好的局部和整体的稳定性，防腐蚀和防火性能好，节约钢材。同钢筋混凝土结构相比，这种结构承载能力大、刚度大、抗震性能好，尤其在大跨、超高层、重载的建筑结构中，较单独采用钢筋混凝土结构有更好的适用性，可以减小构件截面，增大使用空间。

4.6　确保结构的整体性

结构的整体性是保证结构的各部件在地震作用下协调工作的必要条件。建筑在地震作用下丧失整体性后，或者由于整个结构变成机动构架而倒塌，或者由于外围构件平面外失稳而倒塌。所以，要使建筑具有足够的抗震可靠度，确保结构在地震作用下不丧失整体性，是必不可少的条件之一。

4.6.1　结构应具有连续性

4.6.1.1　现浇钢筋混凝土结构

结构的连续性是使结构在地震时能够保持整体性的重要手段之一。要使结构具有连续性，首先应从结构类型的选择上着手。事实证明，施工质量良好的现浇钢筋混凝土结构和型钢混凝土结构具备较好的连续性和抗震整体性。强调施工质量良好，是因为即使是全现浇钢筋混凝土结构，施工不当也会使结构的整体性遭到削弱甚至破坏。1964年美国阿拉斯加地震，一些十几层的钢筋混凝土全墙体系楼房，施工缝处多产生水平错动。

4.6.1.2　半预制钢筋混凝土结构

对于采用预制楼板和现浇墙体的全墙体系及框架-抗震墙体系楼房，为了避免预制楼板搁进墙内后将现浇钢筋混凝土墙体分隔开，而在新旧混凝土接合面形成水平通缝，破坏墙体沿竖向的连续性，应将预制板端做成槽齿形，按支承端的抗剪需要将少数肋伸进墙内（图4-16）。

4.6.1.3　砌体结构

震害调查及研究表明，圈梁及构造柱对房屋抗震有较重要的作用，它可以加强纵横墙体的连续，以增强房屋的整体性；圈梁还可以箍住楼（屋）盖，增强楼盖的整体性并增加墙体的稳定性；也可以约束墙体的裂缝开展，抵抗由于地震或其他原因引起的地基不均匀沉降对房屋造成的破坏。因此，地震区的房屋，应按规定设置圈梁及构造柱。

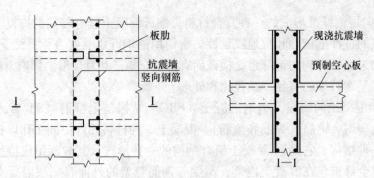

图 4-16　预制楼板进墙节点

4.6.2　构件间的可靠连接

提高房屋的抗震性能，保证各个构件充分发挥承载力，首要的是加强构件间的连接，使之能满足传递地震力时的强度要求和适应地震时大变形的延性要求。

4.6.2.1　装配式框架的节点

采用预制梁、柱的装配式钢筋混凝土框架，节点四面大梁的顶面和底面钢筋，均需弯折锚入现浇混凝土节点区内。因钢筋密集，箍筋设置困难，混凝土不易振捣密实，节点混凝土与上层柱的底面更难保证紧密结合，从而节点的强度低于被连接的梁和柱。地震时往往因节点的抗剪强度不足，钢筋锚固失效，节点过早的发生破坏，以致原来的刚接框架转变为铰接的机动架构。所以，高烈度地震区不宜采用全装配式钢筋混凝土框架。

4.6.2.2　装配式楼板的接头

在现浇梁柱的框架结构房屋中，由于纵横梁的约束，未曾发现预制楼板接头处的裂缝。但采用框架-抗震墙体系的高层建筑，由于抗震墙的抗侧移刚度远大于框架，各楼面水平地震作用大部分由抗震墙承担，因而各层楼板需要承担传递各楼面水平地震力的任务。为使楼盖在地震作用下所产生的水平挠度不超过允许值，预制板接头的强度能满足传力要求，预制板端头应伸出钢筋，在接缝处相互搭接，并用细混凝土填灌密实（图 4-17），从而使整个楼盖形成一个比较刚强的整体。

在采用预制多孔楼板的同时，若结合采用预制叠合梁，不仅可以避免增加楼层高度，还由于梁的上半部分利用现浇混凝土将梁的钢筋和板端伸出的纵向搭接钢筋浇筑为一个整体（图 4-18），更增强了整个楼盖以至整个结构的整体性。

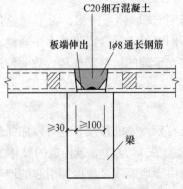

图 4-17　预制板的配筋接头

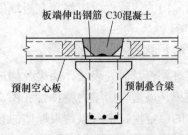

图 4-18　预制叠合梁的板梁连接

不过，在砌体结构中，以往设计的预制多孔板端部无钢筋伸出，拼装成的楼板端部接头为 30mm 左右宽的细石混凝土填缝。采用此种装配式楼板的多层砖房，在历次地震中，大房间的预制板接头常被拉开，裂缝宽度有的达 20mm。因此，对砌体结构，现浇钢筋混凝土楼板或屋面板，伸进墙内的长度应有一定的长度。当板的跨度大于 4.8m 并与外墙平行时，靠外墙的预制板侧边应采用拉结筋与墙或圈梁拉结。对房屋端部大房间的楼板，以及 8 度时房屋的屋盖或者 9 度时房屋的楼盖、屋盖，当圈梁设在板底时，应加强钢筋混凝土预制板相互间的拉结，以及板与梁、墙和圈梁的拉结。

4.7 非结构部件处理

非结构部件一般是指附属于主体结构的构件，如围护墙、内隔板、女儿墙、装饰贴面、玻璃幕墙、吊顶等。这些构件若构造不当或处理不妥，地震时往往发生局部或装饰品脱落，砸伤人员，砸坏设备，影响主体结构的安全。非结构构件按其参与主体结构工作，大致分为两类：一类为非结构的墙体，如填充墙、外墙板；另一类为附属构件或装饰物。

4.7.1 考虑填充墙的影响

在钢筋混凝土框架体系房屋中，隔墙和围护墙采用实心砖、空心砖、硅酸盐砌块或加气混凝土砌块砌筑时，这些刚性填充墙将在很大程度上改变结构的动力特性，给整个结构的抗震性能带来一些有利的或不利的影响，应在工程设计中考虑利用其有利的一面，防止其不利的一面。概括起来，砌体填充墙对结构的抗震性能的影响有以下几点：

（1）使结构抗侧移刚度增大，自振周期减短，从而使作用于整个建筑的水平地震力增大，增加的幅度可达 30%～50%。

（2）改变了结构的地震剪力分布状况。由于砌体填充墙参与抗震，分担了很大一部分水平地震剪力，反而使框架所承担的楼层地震剪力减小。

（3）由于砌体填充墙具有较大的抗侧移刚度，限制了框架的变形，从而减小了整个结构的地震侧移幅值。

（4）相对于框架而言，砌体填充墙具有很大的初期刚度，建筑物遭受地震前几个较大加速度脉冲时，填充墙承担了大部分地震力，并用它自身的变形及墙面裂缝的出现和开展，消耗输入建筑的地震能量。所以，砌体填充墙在这里充当了第一道抗震防线的主力构件，使框架退居为第二道防线。

砌体填充墙不同于轻型隔墙，虽然也是非承重构件，但由于它具有较大的抗侧移刚度，所以不能随意布置。在建筑平面上，砌体填充墙的布置应力求对称均匀，以避免造成结构偏心，从而导致建筑在地震时发生扭转振动。沿房屋竖向砌体填充墙应连续贯通，以避免在填充墙中断的楼层出现框架剪力的骤然增大。

采用钢筋混凝土框架的建筑，就框架柱的受力状况和破坏形态而言，一般情况下均属于长柱。然而，当维护墙采用嵌砖砌墙时，每开间墙面上均开有较宽的窗洞，剩余的窗间墙根窄，而窗洞上下的两条砖带（窗裙墙）是通长的，并与框架柱紧密相接，由于窗裙墙对框架柱的刚性约束，减短了柱的有效长度，使它变成了短柱，承担的地震剪力大增，因而往往发生剪切破坏。从图 4-19 所示的典型震例中可以看出，柱身在窗洞高度范围内出现的斜向裂缝，就属于短柱的剪切型破坏。房屋内部不到顶的砌体隔墙，同样也会使框架柱变成短柱而发生剪切破坏。

1976 年唐山大地震，天津人民印刷厂装订车间第 2~4 层的钢筋混凝土外柱，几乎全部在窗顶和窗台高度处产生水平裂缝，这里主要是由于窗裙墙对外柱的嵌固作用，使柱的实际长度减短，抗侧移刚度增大，分担地震剪力增多，以致柱身因抗弯强度不足而断裂。

因此，在框架体系房屋中，当必须采用砌体填充墙作围护墙时，应采取有效措施防止窗裙墙对框架柱所产生的嵌固作用。采用围护墙方案或墙、柱柔性连接方案都是可行的途径之一。

4.7.2 外墙板的连接

图 4-19 填充墙引起的短柱剪切型破坏

在高层建筑中，预制钢筋混凝土墙板或加气混凝土墙板与主体结构的连接，有刚性方案和柔性方案两种，应根据以下三方面情况来确定：

（1）结构抗震分析中是否要求外墙板参与受力；

（2）结构抗侧移刚度的大小；

（3）抗震设防烈度的高低；

在全墙体系的"内浇外挂"或装配式大板的钢筋混凝土高层建筑中，外墙板与内墙之间多采取刚性连接方案。因为采用钢筋混凝土全墙体系的建筑，抗侧移刚度很大，地震作用下的层间侧移较小，外墙板的刚性方案在构造上能够满足变形要求，只要外墙板及其连接在强度上能满足设计要求，参与抗震是可行的。唐山地震时，北京大量此种类型高层建筑，经受了 6 度地震的考验，未发生问题。

4.7.3 附属构件或装饰物

附属构件或装饰物等构件不参与主体结构工作。对于附属构件，如女儿墙、雨篷等，应采取措施加强本身的整体性，并与主体结构加强连接和锚固，避免地震时倒塌伤人。对于装饰物，如建筑贴面、玻璃幕墙、吊顶等，应增强其与主体结构的可靠连接，必要时采用柔性连接，使主体结构变形不会导致贴面和装饰的损坏。

＊＊＊＊＊＊＊＊＊＊＊＊＊＊＊＊＊＊＊＊＊＊＊＊＊＊＊＊＊＊＊＊＊＊＊＊＊

本 章 小 结

本章简要介绍了建筑抗震设计中的一些最基本的概念与原则，主要内容包括：

（1）选择工程场址时，应选择对建筑抗震有利的地段，避开对建筑抗震不利的地段。

（2）建筑的平立面设计宜简单合理，建筑的竖向体型应力求规则、均匀，避免有过大的外挑和内收，并应符合一定的高宽比要求。

（3）结构材料与结构体系的选择应符合抗震结构体系的要求，结构平面布置应力求对称，竖向布置应使其刚度、强度变化均匀，避免出现薄弱层，并应尽可能降低房屋的重心。

（4）多道抗震防线对抗震结构是必要的，当第一道防线的抗侧力构件在强烈地震袭击下遭到破坏后，后备的第二道乃至第三道防线的抗侧力构件可立即接替，抵挡住后续的地震动的冲击，可保证建筑物最低限度的安全，免于倒塌。

（5）在确定建筑结构体系时，需要在结构刚度、承载力及延性之间寻求一种较好的匹配关系。

（6）结构的整体性是保证结构各部件在地震作用下协调工作的必要条件。较好运用这些概念与原则是结构抗震设计的必要前提。

＊＊＊＊＊＊＊＊＊＊＊＊＊＊＊＊＊＊＊＊＊＊＊＊＊＊＊＊＊＊＊＊＊＊＊＊

复习思考题

4-1 何谓"概念设计"？"概念设计"与计算设计有何不同？

4-2 对建筑抗震有利的地段有哪些？对建筑抗震危险的地段有哪些？为什么要避开抗震危险地段？

4-3 建筑平立面布置的基本原则是什么？为什么要控制房屋的高宽比？

4-4 《抗震规范》关于抗震结构体系有哪些要求？

4-5 抗震结构体系在结构平面布置与竖向布置中应注意哪些问题？

4-6 何谓"多道抗震防线"？为什么多道抗震防线对抗震结构是必要的？

4-7 结构刚度、承载力与延性之间有何关系？结构抗震设计中如何协调三者之间的关系？

4-8 为什么说结构的整体性是保证结构各部件在地震作用下协调工作的必要条件？

4-9 何谓非结构部件？非结构部件对结构抗震性能有何影响？

4-10 什么样的建筑属于不规则类型建筑？

4-11 钢筋混凝土框架体系结构抗震设计中如何考虑填充墙的影响？

5 多层及高层钢筋混凝土房屋抗震设计

本章提要

　　本章简要叙述了多层及高层钢筋混凝土结构房屋的主要结构体系及震害特点；介绍了常见的框架结构、框架-抗震墙结构及抗震墙结构布置的基本要求；在此基础上，本章重点讨论了高层钢筋混凝土结构房屋中框架结构的抗震设计问题，给出了设计例题。

5.1 概　　述

　　多层及高层钢筋混凝土结构包括框架、抗震墙、框架-抗震墙、框架-筒体及筒体等结构体系，近年尚有应用异形柱框架和短肢剪力墙结构体系的。

　　框架结构体系由梁和柱组成，平面布置灵活，易于满足建筑物设置大房间的要求，在工业与民用建筑中应用广泛。框架结构的侧向刚度小，在房屋高度增加的情况下其内力和侧移增长很快。为使房屋柱截面不致过大而影响使用，往往需要在结构的恰当部位布置少量钢筋混凝土墙或墙组成的筒体，以增加结构的抗侧力刚度，这样便形成了框架-抗震墙或框架-筒体体系。

　　抗震墙也称剪力墙，这种结构体系由钢筋混凝土纵横墙组成，抗侧力性能较强，但平面布置不灵活，纯剪力墙体系一般用于住宅、旅馆和办公楼建筑。

　　筒体结构或由四周封闭的剪力墙构成单筒式的筒状结构；或以楼电梯为内筒，密排柱深梁框架为外框筒组成筒中筒结构。这种结构的空间刚度大，抗侧和抗扭刚度都很强，建筑布局灵活。常用于超高层公寓、办公楼和商业大厦建筑等。

　　目前，我国地震区的工业与民用建筑中，大多采用多层框架、框架-剪力墙及剪力墙结构体系。本章主要讨论框架结构房屋的抗震设计问题，对多层及高层钢筋混凝土结构的结构布置等问题也作简要介绍。

　　历次地震经验表明，钢筋混凝土结构房屋一般具有较好的抗震性能。结构设计只要经过合理的抗震计算并采取妥善的抗震构造措施，在一般烈度区建造多层和高层钢筋混凝土结构房屋是可以保证安全的。例如，天津友谊宾馆是 8 层钢筋混凝土框架大孔砖填充墙结构，按 7 度进行抗震设计，建成后不久，遭遇 1976 年唐山大地震，烈度为 8 度。调查资料表明，震后该建筑物主体结构破坏轻微，非结构部件（如填充墙等）有一定损坏。第 4 章所述 1972 年 12 月马那瓜地震中 18 层美洲银行的情况更能说明这一观点。

　　不过，设计不良或施工质量欠佳的钢筋混凝土结构房屋在地震中遭遇震害的情况，亦不鲜见。主要震害可概述如下。

5.1.1　共振效应引起的震害

1976 年唐山地震中，位于塘沽区（烈度为 8 度）的 7~10 层框架结构，因其自振周期 0.6~1.0s 与该场地土（海滨）的自振周期 0.8~1.0s 接近，发生共振，导致该类框架破坏严重。

5.1.2　结构平面或竖向布置不当引起的震害

1976 年唐山地震中，汉沽化工厂的一些框架厂房因平面形状和刚度不对称，产生了显著的扭转，从而使柱上下错位、断裂。1985 年墨西哥城地震中，平面不规则建筑物也产生了严重的扭转破坏，其中角柱破坏十分严重。1988 年苏联亚美尼亚地震中，下层柔性柱、上层抗震墙或砖墙的柔性底层房屋的震害很严重。1995 年日本兵库县南部 7.2 级地震中，鸡腿式建筑物底层柱发生剪切破坏或脆性压弯破坏，导致上部倒塌；有不少中高层建筑物，因沿竖向刚度分布不合理而导致中间层破坏倒塌。

5.1.3　框架柱、梁和节点的震害

框架柱在地震时的破坏有不同的情形（图 5-1）。一般框架长柱的破坏发生在柱上下两端，特别是柱顶。其表现形式是，在弯矩、剪力、轴力的复合作用下，柱顶周围有水平裂缝或交叉斜裂缝，严重者会发生混凝土压碎，箍筋拉断或崩开，纵筋受压屈服呈灯笼状。短柱由于刚度较大，分担的地震剪力大，而剪跨比又小，容易导致脆性剪切破坏。角柱处于双向偏压状态，受结构整体扭转影响大，受力复杂，而受横梁约束的条件又相对减弱，因此其震害重于内柱。

框架梁的破坏一般发生在梁端。在竖向荷载与地震作用下，梁端承受反复作用的剪力与弯矩，出现垂直裂缝、交叉斜裂缝。当抗剪钢筋配置不足时发生脆性破坏；当抗弯钢筋配置不足时发生弯曲破坏。另外，当梁主筋在节点内锚固不足时发生锚固失效（拔出）。

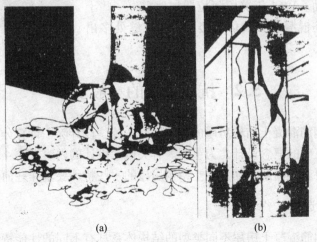

(a)　　　　　　　　　　　　(b)

图 5-1　框架柱震害示例

（a）弯曲破坏；（b）剪切破坏

　　梁柱节点核心区破坏的实例很多。当节点配筋或构造不当时，会出现交叉裂缝形式的剪切破坏，后果往往较严重。节点区箍筋过少，或节点区钢筋过密影响混凝土浇筑质量，都会引起节点区的破坏。

　　1976 年唐山地震中，位于 9 度区的唐山陡河电厂主厂房框架，未经抗震设防，有四榀框架倒塌，其余严重破坏。其中，现浇框架的柱和梁节点核心区都发生了剪切破坏，端梁出现塑性铰。

　　1985 年墨西哥城地震中有 143 幢框架房屋倒塌。这些房屋柱较细，柱中箍筋较少，柱和梁节点破坏严重。

　　1995 年日本兵库地震中，按旧规范和新规范设计的框架均发生了柱端混凝土剪切破坏及主筋屈曲而柱丧失承载能力的破坏。

5.1.4　框架砖填充墙的震害

　　框架中嵌砌砖填充墙，容易发生墙面斜裂缝，并沿柱周边裂开。端墙、窗间墙和门窗洞口边角部分破坏更严重。烈度较高时墙体容易倒塌。由于框架变形属于剪切型，下部层间位移大填充墙震害呈现"上重下轻"的现象。

　　填充墙破坏的主要原因是：墙体受剪承载力低，变形能力小，墙体与框架缺乏有效拉结，因此在往复变形时墙体容易发生剪切破坏和散落。

5.1.5　抗震墙的震害

　　在强震作用下，抗震墙的震害主要表现为墙肢之间连梁的剪切破坏。这主要是由于连梁跨度小、高度大形成深梁，在反复荷载作用下形成 X 形剪切裂缝（图 5-2），这种破坏为剪切型脆性破坏，尤其在房屋 1/3 高度处的连梁破坏更为明显。其次，底部楼层的水平施工缝处易产生水平错动。1964 年美国阿拉斯加地震，一些十几层高的现浇钢筋混凝土全墙体系楼房，施工缝处多出现此类震害。

图 5-2　剪力墙连梁破坏形态

5.2　抗震设计的一般要求

　　总结多高层钢筋混凝土结构房屋的震害经验，抗震设计除了计算分析及采取合理的构造措施外，掌握正确的概念设计尤为重要。有关概念设计的内容在第 4 章已作了比较详细的阐述，这里主要就多高层钢筋混凝土结构房屋的一些特殊要求作些简介。

5.2.1　结构体系选择

　　多层和高层钢筋混凝土房屋不同类型的结构体系具有不同的性能特点，在确定结构方案时，应根据建筑使用功能要求进行合理选择。从抗震角度来说，结构的抗侧移刚度是选择结构体系时要考虑的重要因素，特别是对于高层建筑的设计，这一点往往起控制作用。

随着房屋高度的增加，结构在地震作用以及其他荷载作用下产生的水平位移迅速增大，要求结构的抗侧移刚度必须随之增大。不同的结构体系，其抗震性能、使用效果和经济指标亦不同。《抗震规范》在考虑地震烈度、场地土、抗震性能、使用要求及经济效果等因素和总结地震经验的基础上，对地震区多、高层房屋适用的最大高度给出了规定，如表 5-1 所示。平面和竖向均不规则的结构适用的最大高度应适当降低。

表 5-1　现浇钢筋混凝土房屋适用的最大高度　　　　　　　　　　　　　（m）

结 构 类 型		烈　度				
		6	7	8 (0.2g)	8 (0.3g)	9
框　架		60	50	40	35	24
框架-抗震墙		130	120	100	80	50
抗震墙		140	120	100	80	60
部分框支抗震墙		120	100	80	50	不可采用
筒体	框架-核心筒	150	130	100	90	70
	筒中筒	180	150	120	100	80
板柱-抗震墙		80	70	55	40	不可采用

注：1. 房屋高度指室外地面到主要屋面板板顶的高度（不包括局部突出屋顶部分）；
　　2. 框架-核心筒结构指周边稀柱框架与核心筒组成的结构；
　　3. 部分框支抗震墙结构指首层或底部两层为框支层结构，不包括仅个别框支墙的情况；
　　4. 表中框架不包括异形柱框架；
　　5. 板柱-抗震墙结构指板柱、框架和抗震墙组成抗侧力体系的结构；
　　6. 乙类建筑可按本地区抗震设防烈度确定其适用的最大高度；
　　7. 超过表内高度的房屋，应进行专门研究和论证，采取有效的加强措施。

《高层规程》对房屋的最大高宽比尚有规定。选择结构体系，要考虑建筑物刚度与场地条件的关系，其详述见 4.3 节。

选择结构体系，要注意选择合理的基础形式。我国《高层规程》规定：基础埋置深度，采用天然地基时，可不小于房屋高度的 1/15；采用桩基础，可不小于建筑高度的 1/18（桩长不计在内）。当建筑物采用岩石地基或采用有效措施时，在满足地基承载力、稳定性要求的前提下，基础埋深可根据工程具体情况确定。当地基可能产生滑移时，应采取有效的抗滑移措施。

选择结构体系，必须注意经济指标。多高层房屋一般用钢量大、造价高，因而要尽量选择轻质高强和多功能的建筑材料，减轻自重，降低造价。

5.2.2　结构布置

结构体系确定后，结构布置应密切结合建筑设计进行，使建筑物具有良好的体型，使结构受力构件得到合理的组合，结构体系受力性能与技术经济指标能否做到先进合理与结构布置密切相关。

多高层钢筋混凝土结构房屋结构布置的基本原则是：（1）结构平面应力求简单规则，结构的主体抗侧力构件应对称均匀布置，应尽量使结构的刚心和质心重合，避免地震时引起结构扭转及局部应力集中；（2）结构的竖向布置，应使其质量沿高度方向均匀分布，避免结构刚度突变，并应尽可能地降低建筑物的重心，以利结构的整体稳定性；（3）合理的设置变形缝；（4）加强楼盖的整体性；（5）尽可能做到技术先进、经济合理。

5.2.2.1 框架结构布置

框架结构主要用于 10 层以下的住宅、办公及各类公共建筑与工业建筑。常见的框架柱网形式有方格式与内廊式两类，如图 5-3 所示。

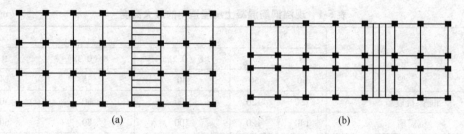

(a)   (b)

图 5-3 常见框架柱网
（a）方格式柱网；（b）内廊式柱网

为抵抗不同方向的地震作用，承重框架亦双向设置。楼电梯间不宜设在结构单元的两端及拐角处，因为单元角部扭转应力大，受力复杂，容易造成破坏。

框架刚度沿高度不宜突变，以免造成薄弱层。同一结构单元宜将框架梁设置在同一标高处，尽可能不采用复式框架，避免出现错层和夹层，造成短柱破坏。出屋面小房间不易做成砖混结构，可将框架柱延伸上去或做成钢木轻型结构，以防鞭端效应造成结构破坏。

地震区的结构框架，应设计成延伸框架，遵守"强柱弱梁"、"强剪弱弯"、强节点、强锚固等设计原则。柱截面不亦过小，应满足结构侧移变形及轴压比要求。梁与柱轴线亦重合；不能重合时其最大偏心距不宜大于柱宽的 1/4。

在确定框架结构方案的同时，应初步确定框架梁、柱的截面尺寸和材料强度等级。框架柱的截面尺寸往往由结构的侧移要求决定，但结构侧移在结构地震反应确定后方可求得，故通常根据工程经验并通过对柱子的轴压比等控制值初步确定柱截面尺寸。梁截面尺寸一般依挠度要求取 $h = (1/14 \sim 1/8)l$，$b = (1/3 \sim 1/2)h$。

抗震试验表明，对截面面积相同的梁，当梁的宽高比 b/h 较小时，混凝土能承担的剪力有较大降低，例如 $b/h < 0.25$ 的无箍筋梁，约比方形截面梁降低 40% 左右。同时梁越高，梁的刚度越大，地震时柱中轴力增加也加大了柱的轴压比。为此框架梁的截面宽度与高度之比宜符合式（5-1）的要求

$$b/h \geq 0.25 \tag{5-1}$$

且 b 不宜小于 200mm，也不宜小于 1/2 柱宽度。

跨高比小于 4 的梁极易发生斜裂缝破坏。在这种梁上，一旦形成主斜裂缝后，构件承载力急剧下降，呈现极差的延性性能。因而梁的跨高比应满足式（5-2）的要求：

$$l_n/h \geq 4 \tag{5-2}$$

采用宽扁梁时，楼板宜现浇；宽扁梁的截面尺寸应符合式（5-3）规定，并应满足挠度和裂缝宽度要求。

$$b_b \leq 2b_c \tag{5-3a}$$

$$b_{\mathrm{b}} \leqslant b_{\mathrm{c}} + h_{\mathrm{b}} \tag{5-3b}$$

$$h_{\mathrm{b}} \leqslant 16d \tag{5-3c}$$

式中　b_{c}——柱截面宽度，对圆形截面取直径的 0.8 倍；

b_{b}，h_{b}——分别为梁截面的宽度和高度；

d——柱纵筋直径。

框架柱的截面尺寸，应符合下列要求：（1）柱截面的宽度和高度均不宜小于 300mm；（2）柱剪跨比宜大于 2；（3）柱截面高宽比不宜大于 3。

框架结构中，非承重墙的材料、选型和布置，应根据烈度、房屋高度、建筑体型、结构层变形、墙体抗侧力性能的利用等因素，经综合分析后确定。应优先采用轻质墙体材料，刚性非承重墙体在平面和竖向的布置宜均匀对称，避免形成薄弱层或短柱。

墙体与结构体系应有可靠的拉结，应能适应不同方向的层间位移；8 度、9 度时应满足层间变位的变形能力或转动能力。

砌体填充墙宜与梁柱轴线位于同一平面内，应采取措施减少对结构体系的不利影响。考虑抗震设防时，宜与柱脱开或采用柔性连接。

5.2.2.2　框架-抗震墙结构布置

框架-抗震墙结构是由框架和抗震墙结合而共同工作的结构体系，兼有框架和抗震墙结构体系的优点。既有较大空间，又有较大抗侧刚度，用于 10～20 层的房屋。图 5-4 为框架-抗震墙结构平面布置示意。

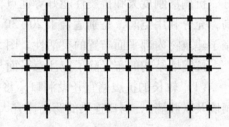

图 5-4　框架-抗震墙结构平面示意图

框架-抗震墙结构布置中的关键问题是抗震墙的布置，其基本原则是：

（1）抗震墙在结构平面的布置应对称均匀，避免结构刚心与质心有较大的偏移。

（2）抗震墙应沿结构的纵横向设置，宜贯通房屋全高，纵横向抗震宜相互联合组成 T 形、L 形、十字形等刚度较大的截面，以提高抗震墙的利用效率。

（3）抗震墙应设置在墙面不需要开大洞口的位置，开洞口时应上下对齐，洞边距端柱不宜小于 300mm；抗震等级为一、二级的联肢墙洞口间的连梁，跨高比不宜大于 5，且梁截面高度不宜小于 400mm。

（4）抗震墙应尽可能靠近房屋平面的端部，但不宜布置在外墙；房屋较长时，刚度较大的纵向抗震墙不宜设置在房屋的端开间。

（5）抗震墙宜贯通全高，沿竖向截面不宜有较大突变，以保证结构竖向的刚度基本均匀。

（6）抗震墙与柱中线宜重合，当不能重合时，柱中线与抗震墙中线之间偏心距不宜大于柱宽的 1/4。

抗震墙的数量以能满足结构的侧移变形为原则，不宜过多，以免结构刚度过大，增加结构的地震反应。抗震墙的间距应能保证楼、屋盖有效地传递地震剪力给抗震墙。《抗震规范》要求，框架-抗震墙结构和板柱-抗震墙结构以及框支层中抗震墙之间无大洞口的楼、屋盖的长宽比不宜超过表 5-2 的规定，符合该规定的楼盖可近似按刚性楼盖考虑；超过上述规定时，应考虑楼盖平面内变形的影响。

表 5-2　抗震墙之间楼屋盖的长宽比

楼、屋盖类型		设防烈度			
		6	7	8	9
框架-抗震墙结构	现浇或叠合楼、屋盖	4	4	3	2
	装配整体式楼、屋盖	3	3	2	不宜采用
板柱-抗震墙结构的现浇楼、屋盖		3	3	2	—
框支层的现浇楼、屋盖		2.5	2.5	2	—

　　框架-抗震墙采用装配式楼、屋盖时，应采取措施保证楼、屋盖的整体性及其与抗震墙的可靠连接。采用配筋现浇面层加强时，厚度不应小于 50mm。

　　框架-抗震墙结构中的抗震墙基础和部分框支抗震墙结构的落地抗震墙基础，应有良好的整体性和抗转动能力。

5.2.2.3　抗震墙结构布置

　　抗震墙结构是由钢筋混凝土墙体承受竖向荷载和水平荷载的结构体系。具有整体性良好、抗侧移刚度大和抗震性能好等优点，该类结构无突出墙面的梁、柱，可降低建筑物层高，充分利用空间，特别适合于 20~30 层的高层居住建筑，但该类建筑大面积的墙体限制了建筑物内部平面布置的灵活性。图 5-5 为抗震墙结构平面布置示意。

　　抗震墙结构的布置除了应注意平面与竖向的均匀外，还应注意以下几点：

　　（1）较长的抗震墙宜开设洞口，将一道抗震墙分成长度均匀的若干墙段（包括小开洞墙及联肢墙），洞口连梁的跨高比宜大于 6（图 5-6），各墙段的高宽比不应小于 2。

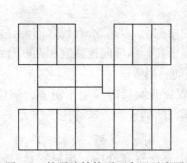

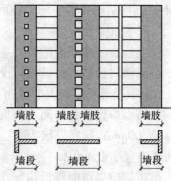

图 5-5　抗震墙结构平面布置示意图　　　　图 5-6　抗震墙的墙肢与墙段

　　（2）墙肢的长度沿结构全高不宜突变，抗震墙有较大洞口时，洞口位置应上下对齐，以形成明确的墙肢与连梁，保证结构受力合理、有良好的抗震性能。一、二级抗震墙底部加强部位不宜有错洞墙。

　　（3）为了在抗震墙结构的底层获得较大空间以满足使用要求，一部分抗震墙不落地而由框架支承，这种底部框支层是结构的薄弱层，在地震作用下可能产生塑性变形的集中，导致首先被破坏甚至倒塌，因此应限制框支层刚度和承载力的过大削弱，以提高房屋整体的抗震能力。《抗震规范》规定，矩形平面的部分框支抗震墙结构，其框支层的楼层侧向刚度不应小于相邻非框支层楼层侧向刚度的 50%；框支层落地抗震墙间距不应大于 24m；框支层的平面布置尚宜对称，且宜设抗震筒体。

（4）落地抗震墙之间楼盖长宽比不应超过表 5-2 规定数值。

5.2.2.4 抗震缝布置

震害调查表明，设有抗震缝的建筑，地震时由于缝宽不够，仍难免使相邻建筑发生局部碰撞，建筑装饰也易遭破坏。但抗震缝宽度过大，又给立面处理和抗震构造带来困难，故多高层钢筋混凝土结构房屋，宜选用合理的建筑结构方案而避免设置抗震缝。当建筑平面突出部分较长，结构刚度及荷载相差悬殊或房屋有较大错层时，应设置抗震缝。

设置抗震缝时，缝的最小宽度应符合第 4 章有关要求。

8 度、9 度框架结构房屋防震缝两侧结构层高相差较大时，防震缝两侧框架柱的箍筋应沿房屋全高加密，并可根据需要在缝两侧沿房屋全高各设置至少两道垂直于防震缝的抗撞墙。抗撞墙的布置宜避免加大扭转效应，其长度可不大于 1/2 层高，抗震等级可同框架结构；框架结构的内力应按设置和不设置抗撞墙两种计算模型的不利情况取值。

5.2.3 抗震等级

抗震等级是结构构件抗震设防的标准，钢筋混凝土房屋应根据烈度、结构类型和房屋高度采用不同的抗震等级，并应符合相应的计算、构造措施和材料要求。抗震等级的划分考虑了技术要求和经济条件，随着设计方法的改进和经济水平的提高，抗震等级亦将相应调整。抗震等级共分为四级，它体现了不同的抗震要求，其中一级抗震要求最高。

丙类多层及高层钢筋混凝土结构房屋的抗震等级划分如表 5-3 所示。

表 5-3 丙类多层及高层现浇钢筋混凝土结构房屋的抗震等级

结构类型		设防烈度							
		6		7			8		9
框架结构	高度/m	≤24	>24	≤24	>24		≤24	>24	≤24
	框架	四	三	三	二		二	一	一
	大跨度框架	三		二			一		
框架-抗震墙结构	高度/m	≤60	>60	≤24	25~60	>60	≤24	25~60	>60	≤24	25~50
	框架	四	三	四	三	二	三	二	一	二	一
	抗震墙	三		三		二	二		一	一	
抗震墙结构	高度/m	≤80	>80	≤24	25~80	>80	≤24	25~80	>80	≤24	25~60
	抗震墙	四	三	四	三	二	三	二	一	二	一
部分框支抗震墙结构	高度/m	≤80	>80	≤24	25~80	>80	≤24	25~80			
	抗震墙 一般部位	四	三	四	三	二	三	二			
	抗震墙 加强部位	三	二	三	二	一	二	一			
	框支层框架	二		二		一	一				
框架-核心筒结构	框架	三		二			一				
	核心筒	二		二			一				
筒中筒结构	外筒	三		二			一				
	内筒	三		二			一				

续表 5-3

结构类型		设 防 烈 度						9
		6		7		8		
		≤35	>35	≤35	>35	≤35	>35	
板柱-抗震墙结构	高度/m	≤35	>35	≤35	>35	≤35	>35	
	框架、板柱的柱	三	二	二	二	一	一	
	抗震墙	二	二	二	一	二	一	

注：1. 建筑场地为Ⅰ类时，除6度外应允许按表内降低1度所对应的抗震构造措施采取抗震构造措施，但相应的计算要求不应降低；

2. 接近或等于高度分界时，应允许结合房屋不规则程度及场地、地基条件确定抗震等级；

3. 大跨度框架指跨度不小于18m 的框架；

4. 高度不超过60m 的框架-核心筒结构按框架-抗震墙的要求设计时，应按表中框架-抗震墙结构的规定确定其抗震等级。

其他类建筑采取的抗震措施应按有关规定和表 5-3 确定对应的抗震等级。由表 5-3 可见，在同等设防烈度和房屋高度的情况下，对于不同的结构类型，其次要抗侧力构件抗震要求可低于主要抗侧力构件，即抗震等级低些。如框架-抗震墙结构中的框架，其抗震要求低于框架结构中的框架；相反，其抗震墙则比抗震墙结构有更高的抗震要求。框架-抗震墙结构中，当取基本振型分析时，若抗震墙部分承受的地震倾覆力矩不大于结构总地震倾覆力矩的 50%，考虑到此时抗震墙的刚度较小，其框架部分的抗震等级应按框架结构划分。

另外，对同一类型结构抗震等级的高度分界，《抗震规范》主要按一般工业与民用建筑的层高考虑，故对层高特殊的工业建筑应酌情调整。设防烈度为6度、建于Ⅰ~Ⅲ类场地上的结构，不需做抗震验算但需按抗震等级设计截面，满足抗震构造要求。

不同场地对结构的地震反应不同，通常Ⅳ类场地较高的高层建筑的抗震构造措施与Ⅰ~Ⅲ类场地相比应有所加强，而在建筑抗震等级的划分中并未引入场地参数，没有以提高或降低一个抗震等级来考虑场地的影响，而是通过提高其他重要部位的要求（轴压比、柱纵筋配筋率控制；加密区箍筋设置等）来加以考虑。

5.3　框架内力与位移计算

结构计算考虑地震作用时，一般可不考虑风荷载的影响。整个设计步骤如图 5-7 所示。

结构抗震计算的内容一般包括：（1）结构动力特性分析，主要是结构自振周期的确定；（2）结构地震反应计算，包括多遇烈度下的地震荷载与结构侧移；（3）结构内力分析；（4）截面抗震设计等。

随着计算机的普及及结构 CAD 技术的发展，目前我国工程界结构抗震计算基本上实现了电算化。在这些电算化方法中，一般将结构简化为质量集中于楼层的多质点体系，运用经典力学的有关原理进行相关计算。如结构动力特性分析是基于结构动力学基本原理，通过求解结构振动特征方程求得；结构振动反应计算一般基于反应谱理论，运用振型分解法确定；结构内力分析则运用结构内力矩阵位移法计算。有关这方面的内容请参阅有关力

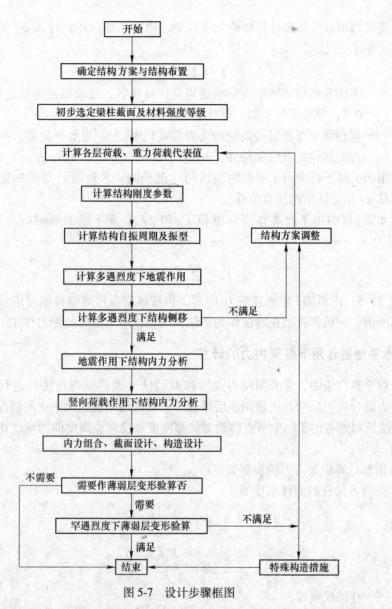

图 5-7 设计步骤框图

学专著及相关计算软件技术条件说明。限于篇幅,这里仅对工程中可能遇到的有关手算方法予以简介。

5.3.1 水平地震作用计算

结构的地震作用,一般情况下,可在建筑结构的两个主轴方向分别考虑水平地震作用。各方向的水平地震作用全部由该方向抗侧力框架结构承担。

计算多层框架结构的水平地震作用时,一般应以防震缝所划分的结构单元作为计算单元,在计算单元中各楼层重力荷载代表值的集中质点 G_i 设在楼屋盖标高处。对于高度不超过 40m、质量和刚度沿高度分布比较均匀的框架结构,可采用底部剪力法按第 3 章所述原则分别求单元的总水平地震作用标准值 F_{EK}、各层水平地震作用标准值 F_i 和顶部附加水平地震作用标准值 ΔF_n。

一般多采用顶点位移法计算结构基本周期。由第 3 章所述，计入 ψ_T 的影响，框架结构的基本周期 T_1 可按式（5-4）计算：

$$T_1 = 1.7\psi_T\sqrt{\mu_T} \tag{5-4}$$

式中　　ψ_T——考虑非结构墙体刚度影响的周期折减系数，当采用实体填充砖墙时取 0.6～0.7；当采用轻质墙、外挂墙板时取 0.8；

　　　　μ_T——假想集中在各层楼面处的重力荷载代表值 G_i 为水平荷载，按弹性方法所求得的结构定点假象位移，m。

应该指出，对于有突出于屋面的屋顶间（电梯间、水箱间）等的框架结构房屋，结构假想位移 μ_T 指主体结构顶点位移。

当已知第 j 层的水平地震作用标准值 F_i 和 ΔF_n，第 i 层的地震剪力 V_i 按式（5-5）计算：

$$V_i = \sum_{j=i}^{n} F_j + \Delta F_n \tag{5-5}$$

按式（5-5）求得第 i 层地震剪力 V_i 后，再按该层各柱的侧移刚度求其分担的水平地震剪力标准值。一般将砖填充墙仅作为非结构构件，不考虑其抗侧力作用。

5.3.2　水平地震作用下框架内力的计算

在工程手算方法中，常采用反弯点法和 D 值法（改进反弯点法）进行水平地震作用下框架内力的分析。反弯点法适用于层数较少、梁柱线刚度比大于 3 的情况，计算比较简单。D 值法近似地考虑了框架节点转动对侧移刚度和反弯点高度的影响，比较精确，应用比较广泛。

用 D 值法计算框架内力的步骤如下：

（1）计算各层柱的侧移刚度 D。

$$D = \alpha K_c \frac{12}{h^2} \tag{5-6}$$

$$K_c = \frac{E_c I_c}{h} \tag{5-7}$$

式中　　K_c——柱的线刚度；

　　　　E_c——柱的弹性模量；

　　　　I_c——柱截面惯性矩；

　　　　h——楼层高度；

　　　　α——节点转动影响系数，由梁柱线刚度，按表 5-4 取用。

表 5-4　节点转动影响系数 α

楼层	边　柱		中　柱		α
一般层	K_c　$\begin{array}{c} K_1 \\ K_2 \end{array}$	$\bar{K} = \dfrac{K_1 + K_2}{2K_c}$	$\begin{array}{cc} K_1 & K_2 \\ K_c & \\ K_3 & K_4 \end{array}$	$\bar{K} = \dfrac{K_1 + K_2 + K_3 + K_4}{2K_c}$	$\alpha = \dfrac{\bar{K}}{2 + \bar{K}}$

续表 5-4

楼层	边　柱	中　柱	α
底层	K_5　K_c　　$\bar{K} = \dfrac{K_5}{K_c}$	K_5　K_6　K_c　　$\bar{K} = \dfrac{K_5 + K_6}{K_c}$	$\alpha = \dfrac{0.5 + \bar{K}}{2 + \bar{K}}$

注：1. $K_1 \sim K_6$ 为梁线刚度；K_c 为柱线刚度；

　　2. K 为楼层梁柱平均线刚度比。

（2）计算各柱所分配的剪力 V_{ij}。

$$V_{ij} = \frac{D_{ij}}{\displaystyle\sum_{j=1}^{n} D_{ij}} \times V_i \tag{5-8}$$

式中　V_{ij}——第 i 层第 j 根柱所分配的地震剪力；

　　　V_i——第 i 层楼层剪力；

　　　D_{ij}——第 i 层第 j 根柱的侧移刚度；

　　$\displaystyle\sum_{j=1}^{n} D_{ij}$——第 i 层所有各柱侧移刚度之和。

（3）确定反弯点高度 y。

$$y = (y_0 + y_1 + y_2 + y_3)h \tag{5-9}$$

式中，y_0 为标准反弯点高度比，由框架总层数、该柱所在层数及梁柱平均线刚度比 $\bar{K}$ 确定（表5-5）。y_1 为某层上下梁线刚度不同时，对 y_0 的修正值（表5-6）。当 $K_1 + K_2 < K_3 + K_4$ 时，令

$$\alpha_1 = \frac{K_1 + K_2}{K_3 + K_4} \tag{5-10}$$

这时反弯点上移，故 y_1 取正值［图 5-8（a）］；当 $K_1 + K_2 > K_3 + K_4$ 时，令

$$\alpha_1 = \frac{K_3 + K_4}{K_1 + K_2} \tag{5-11}$$

这时反弯点下移，故 y_1 取负值［图 5-8（b）］；对于首层不考虑 y_1 值。y_2 为上层层高与本层高度不同时（图 5-9）反弯点高度修正值。可根据 $\alpha_2 = \dfrac{h_u}{h}$ 和 $\bar{K}$ 由表5-7 查得。y_3 为下层高度与本层高度不同时（图 5-9）反弯点高度修正值。可根据 $\alpha_2 = \dfrac{h_1}{h}$ 和 $\bar{K}$ 由表5-7 查得。

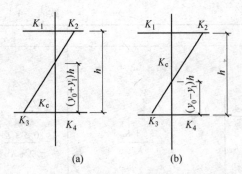

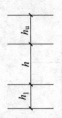

图 5-8　上下层梁线刚度比不同时反弯点高度修正　　　图 5-9　下层与本层高度不同时的情况

表 5-5　反弯点高度 y_0（倒三角形节点荷载）

m	n	$\overline{K}$													
		0.1	0.2	0.3	0.4	0.5	0.6	0.7	0.8	0.9	1.0	2.0	3.0	4.0	5.0
1	1	0.80	0.75	0.70	0.65	0.65	0.60	0.60	0.60	0.60	0.55	0.55	0.55	0.55	0.55
2	2	0.50	0.45	0.40	0.40	0.40	0.40	0.40	0.40	0.40	0.45	0.45	0.45	0.45	0.50
	1	1.00	0.85	0.25	0.70	0.65	0.65	0.65	0.65	0.60	0.60	0.55	0.55	0.55	0.55
3	3	0.25	0.25	0.25	0.30	0.30	0.35	0.35	0.35	0.40	0.40	0.45	0.45	0.45	0.50
	2	0.60	0.50	0.50	0.50	0.50	0.45	0.45	0.45	0.45	0.45	0.50	0.50	0.55	0.55
	1	1.15	0.90	0.80	0.75	0.75	0.70	0.70	0.65	0.65	0.65	0.55	0.55	0.55	0.55
4	4	0.10	0.15	0.20	0.25	0.30	0.35	0.35	0.35	0.40	0.45	0.45	0.45	0.45	0.50
	3	0.35	0.35	0.35	0.40	0.40	0.40	0.40	0.45	0.45	0.45	0.45	0.50	0.50	0.50
	2	0.70	0.60	0.55	0.50	0.50	0.50	0.50	0.50	0.50	0.50	0.50	0.50	0.50	0.50
	1	1.20	0.95	0.85	0.80	0.75	0.70	0.70	0.65	0.65	0.55	0.55	0.55	0.55	0.55
5	5	−0.05	0.10	0.20	0.25	0.30	0.30	0.35	0.35	0.35	0.35	0.40	0.45	0.45	0.45
	4	0.20	0.25	0.35	0.35	0.40	0.40	0.40	0.40	0.45	0.45	0.45	0.50	0.50	0.50
	3	0.45	0.40	0.45	0.45	0.45	0.45	0.45	0.45	0.45	0.45	0.50	0.50	0.50	0.50
	2	0.75	0.60	0.55	0.55	0.55	0.50	0.50	0.50	0.50	0.50	0.50	0.50	0.50	0.50
	1	1.30	1.00	0.85	0.80	0.75	0.70	0.70	0.70	0.65	0.65	0.60	0.55	0.55	0.55
6	6	−0.15	0.05	0.15	0.20	0.25	0.30	0.30	0.35	0.35	0.35	0.40	0.45	0.45	0.45
	5	0.10	0.25	0.30	0.35	0.35	0.40	0.40	0.40	0.45	0.45	0.45	0.50	0.50	0.50
	4	0.30	0.35	0.40	0.40	0.45	0.45	0.45	0.45	0.45	0.45	0.50	0.50	0.50	0.50
	3	0.50	0.45	0.45	0.45	0.45	0.45	0.45	0.45	0.50	0.50	0.50	0.50	0.50	0.50
	2	0.80	0.65	0.55	0.55	0.55	0.50	0.50	0.50	0.50	0.50	0.50	0.50	0.50	0.50
	1	1.30	1.00	0.85	0.80	0.75	0.70	0.70	0.65	0.65	0.65	0.60	0.55	0.55	0.55
7	7	−0.20	0.05	0.15	0.20	0.25	0.30	0.30	0.35	0.35	0.35	0.45	0.45	0.45	0.45
	6	0.05	0.20	0.30	0.35	0.35	0.40	0.40	0.40	0.40	0.45	0.45	0.50	0.50	0.50
	5	0.20	0.30	0.35	0.40	0.40	0.45	0.45	0.45	0.45	0.45	0.50	0.50	0.50	0.50
	4	0.35	0.40	0.40	0.45	0.45	0.45	0.45	0.45	0.45	0.45	0.50	0.50	0.50	0.50
	3	0.55	0.50	0.50	0.50	0.50	0.50	0.50	0.50	0.50	0.50	0.50	0.50	0.50	0.50

续表 5-5

m	n	$\overline{K}$													
		0.1	0.2	0.3	0.4	0.5	0.6	0.7	0.8	0.9	1.0	2.0	3.0	4.0	5.0
7	2	0.80	0.65	0.60	0.55	0.55	0.55	0.50	0.50	0.50	0.50	0.50	0.50	0.50	0.50
	1	1.30	1.00	0.90	0.80	0.75	0.70	0.70	0.70	0.65	0.65	0.60	0.55	0.55	0.55
8	8	-0.20	0.05	0.15	0.20	0.25	0.30	0.30	0.35	0.35	0.35	0.45	0.45	0.45	0.45
	7	0.00	0.20	0.30	0.35	0.35	0.40	0.40	0.40	0.40	0.45	0.50	0.50	0.50	0.50
	6	0.15	0.30	0.35	0.40	0.40	0.45	0.45	0.45	0.45	0.45	0.50	0.50	0.50	0.50
	5	0.30	0.35	0.40	0.45	0.45	0.45	0.45	0.45	0.45	0.45	0.50	0.50	0.50	0.50
	4	0.40	0.45	0.45	0.45	0.45	0.45	0.45	0.50	0.50	0.50	0.50	0.50	0.50	0.50
	3	0.60	0.50	0.50	0.50	0.50	0.50	0.50	0.50	0.50	0.50	0.50	0.50	0.50	0.50
	2	0.85	0.65	0.60	0.55	0.55	0.55	0.50	0.50	0.50	0.50	0.50	0.50	0.50	0.50
	1	1.30	1.00	0.90	0.80	0.75	0.70	0.70	0.70	0.65	0.65	0.60	0.55	0.55	0.55
9	9	-0.25	0.00	0.15	0.20	0.25	0.30	0.30	0.35	0.35	0.40	0.45	0.45	0.45	0.45
	8	0.00	0.20	0.30	0.35	0.35	0.40	0.40	0.40	0.40	0.45	0.45	0.50	0.50	0.50
	7	0.15	0.30	0.35	0.40	0.40	0.45	0.45	0.45	0.45	0.45	0.50	0.50	0.50	0.50
	6	0.25	0.35	0.40	0.40	0.45	0.45	0.45	0.45	0.50	0.50	0.50	0.50	0.50	0.50
	5	0.35	0.40	0.45	0.45	0.45	0.45	0.45	0.45	0.50	0.50	0.50	0.50	0.50	0.50
	4	0.45	0.45	0.45	0.45	0.45	0.50	0.50	0.50	0.50	0.50	0.50	0.50	0.50	0.50
	3	0.60	0.50	0.50	0.50	0.50	0.50	0.50	0.50	0.50	0.50	0.50	0.50	0.50	0.50
	2	0.85	0.65	0.60	0.55	0.55	0.55	0.55	0.50	0.50	0.50	0.50	0.50	0.50	0.50
	1	1.35	1.00	0.90	0.80	0.75	0.75	0.70	0.70	0.65	0.65	0.60	0.55	0.55	0.55
10	10	-0.25	0.00	0.15	0.20	0.25	0.30	0.30	0.35	0.35	0.40	0.45	0.45	0.45	0.45
	9	-0.05	0.20	0.30	0.35	0.35	0.40	0.40	0.40	0.40	0.45	0.45	0.50	0.50	0.50
	8	-0.10	0.30	0.35	0.40	0.40	0.40	0.45	0.45	0.45	0.45	0.50	0.50	0.50	0.50
	7	0.20	0.35	0.40	0.40	0.45	0.45	0.45	0.45	0.45	0.50	0.50	0.50	0.50	0.50
	6	0.30	0.40	0.40	0.45	0.45	0.45	0.45	0.45	0.50	0.50	0.50	0.50	0.50	0.50
	5	0.40	0.45	0.45	0.45	0.45	0.45	0.45	0.50	0.50	0.50	0.50	0.50	0.50	0.50
	4	0.50	0.45	0.45	0.45	0.50	0.50	0.50	0.50	0.50	0.50	0.50	0.50	0.50	0.50
	3	0.60	0.55	0.50	0.50	0.50	0.50	0.50	0.50	0.50	0.50	0.50	0.50	0.50	0.50
	2	0.85	0.65	0.60	0.55	0.55	0.55	0.55	0.50	0.50	0.50	0.50	0.50	0.50	0.50
	1	1.35	1.00	0.90	0.80	0.75	0.75	0.70	0.70	0.65	0.65	0.60	0.55	0.55	0.55
11	11	-0.25	0.00	0.15	0.20	0.25	0.30	0.30	0.30	0.35	0.35	0.45	0.45	0.45	0.45
	10	0.05	0.20	0.25	0.30	0.35	0.40	0.40	0.40	0.40	0.45	0.45	0.50	0.50	0.50
	9	0.10	0.30	0.35	0.40	0.40	0.40	0.45	0.45	0.45	0.45	0.50	0.50	0.50	0.50
	8	0.20	0.35	0.40	0.40	0.45	0.45	0.45	0.45	0.45	0.45	0.50	0.50	0.50	0.50
	7	0.25	0.40	0.40	0.45	0.45	0.45	0.45	0.45	0.45	0.50	0.50	0.50	0.50	0.50
	6	0.35	0.40	0.45	0.45	0.45	0.45	0.45	0.50	0.50	0.50	0.50	0.50	0.50	0.50

m	n	$\bar{K}$													
		0.1	0.2	0.3	0.4	0.5	0.6	0.7	0.8	0.9	1.0	2.0	3.0	4.0	5.0
11	5	0.40	0.44	0.45	0.45	0.45	0.50	0.50	0.50	0.50	0.50	0.50	0.50	0.50	0.50
	4	0.50	0.50	0.50	0.50	0.50	0.50	0.50	0.50	0.50	0.50	0.50	0.50	0.50	0.50
	3	0.65	0.55	0.50	0.50	0.50	0.50	0.50	0.50	0.50	0.50	0.50	0.50	0.50	0.50
	2	0.85	0.65	0.60	0.55	0.50	0.55	0.50	0.50	0.50	0.50	0.50	0.50	0.50	0.50
	1	1.35	1.50	0.90	0.80	0.75	0.75	0.70	0.70	0.65	0.65	0.60	0.55	0.55	0.55
12层以上	1	-0.30	0.00	0.15	0.20	0.25	0.30	0.30	0.30	0.35	0.35	0.40	0.45	0.45	0.45
	自上 2	-0.10	0.20	0.25	0.30	0.35	0.40	0.40	0.40	0.40	0.40	0.45	0.45	0.45	0.45
	3	0.05	0.25	0.35	0.40	0.40	0.40	0.45	0.45	0.45	0.45	0.45	0.50	0.50	0.50
	4	0.15	0.30	0.40	0.40	0.45	0.45	0.45	0.45	0.45	0.45	0.45	0.50	0.50	0.50
	5	0.25	0.35	0.40	0.45	0.45	0.45	0.45	0.45	0.45	0.45	0.50	0.50	0.50	0.50
	6	0.30	0.40	0.40	0.45	0.45	0.45	0.45	0.45	0.45	0.45	0.50	0.50	0.50	0.50
	7	0.35	0.40	0.45	0.45	0.45	0.45	0.50	0.50	0.50	0.50	0.50	0.50	0.50	0.50
	8	0.35	0.45	0.45	0.45	0.50	0.50	0.50	0.50	0.50	0.50	0.50	0.50	0.50	0.50
	中间	0.45	0.45	0.45	0.45	0.50	0.50	0.50	0.50	0.50	0.50	0.50	0.50	0.50	0.50
	4	0.55	0.50	0.50	0.50	0.50	0.50	0.50	0.50	0.50	0.50	0.50	0.50	0.50	0.50
	自下 3	0.65	0.55	0.50	0.50	0.50	0.50	0.50	0.50	0.50	0.50	0.50	0.50	0.50	0.50
	2	0.70	0.70	0.60	0.55	0.55	0.55	0.55	0.50	0.50	0.50	0.50	0.50	0.50	0.50
	1	1.35	1.05	0.90	0.80	0.75	0.75	0.70	0.70	0.65	0.65	0.60	0.55	0.55	0.55

注：m 为总层数；n 为所在楼层的位置；$\bar{K}$ 为平均线刚度比。

表 5-6　上下层横梁线刚度比对 y_0 的修正值 y_1

α_1	$\bar{K}$													
	0.1	0.2	0.3	0.4	0.5	0.6	0.7	0.8	0.9	1.0	2.0	3.0	4.0	5.0
0.4	0.55	0.40	0.30	0.25	0.20	0.20	0.20	0.10	0.15	0.15	0.05	0.05	0.05	0.05
0.5	0.45	0.30	0.20	0.20	0.15	0.15	0.15	0.10	0.10	0.10	0.05	0.05	0.05	0.05
0.6	0.30	0.20	0.15	0.15	0.10	0.10	0.10	0.10	0.05	0.05	0.05	0.05	0	0
0.7	0.20	0.15	0.10	0.10	0.10	0.05	0.05	0.05	0.05	0.05	0.05	0	0	0
0.8	0.15	0.10	0.05	0.05	0.05	0.05	0.05	0.05	0.05	0	0	0	0	0
0.9	0.05	0.05	0.05	0.05	0.05	0	0	0	0	0	0	0	0	0

表 5-7　上下层高变化对 y_0 的修正值 y_2 和 y_3

α_2	α_3	$\bar{K}$													
		0.1	0.2	0.3	0.4	0.5	0.6	0.7	0.8	0.9	1.0	2.0	3.0	4.0	5.0
2.0		0.25	0.15	0.15	0.10	0.10	0.10	0.10	0.10	0.05	0.05	0.05	0.05	0.0	0.0
1.8		0.20	0.15	0.10	0.10	0.10	0.05	0.05	0.05	0.05	0.05	0.05	0.0	0.0	0.0
1.6	0.4	0.15	0.10	0.10	0.05	0.05	0.05	0.05	0.05	0.05	0.05	0.0	0.0	0.0	0.0

α_2	α_3	$\overline{K}$													
		0.1	0.2	0.3	0.4	0.5	0.6	0.7	0.8	0.9	1.0	2.0	3.0	4.0	5.0
1.4	0.6	0.10	0.05	0.05	0.05	0.05	0.05	0.05	0.05	0.05	0.0	0.0	0.0	0.0	0.0
1.2	0.8	0.05	0.05	0.05	0.0	0.0	0.0	0.0	0.0	0.0	0.0	0.0	0.0	0.0	0.0
1.0	1.0	0.0	0.0	0.0	0.0	0.0	0.0	0.0	0.0	0.0	0.0	0.0	0.0	0.0	0.0
0.8	1.2	-0.05	-0.05	-0.05	0.0	0.0	0.0	0.0	0.0	0.0	0.0	0.0	0.0	0.0	0.0
0.6	1.4	-0.10	-0.05	-0.05	-0.05	-0.05	-0.05	-0.05	-0.05	-0.05	0.0	0.0	0.0	0.0	0.0
0.4	1.6	-0.15	-0.10	-0.10	-0.05	-0.05	-0.05	-0.05	-0.05	-0.05	0.0	0.0	0.0	0.0	0.0
	1.8	-0.20	-0.15	-0.10	-0.10	-0.10	-0.05	-0.05	-0.05	-0.05	-0.05	0.0	0.0	0.0	0.0
	2.0	-0.25	-0.15	-0.15	-0.10	-0.10	-0.10	-0.10	-0.10	-0.05	-0.05	-0.05	0.0	0.0	0.0

（4）计算柱的剪力。由柱剪力 V_{ij} 和反弯点高度 y ，按式（5-12）求得（图 5-10）：

上端
$$M_c^u = V_{ij} \times (h - y) \tag{5-12a}$$

下端
$$M_c^l = V_{ij} \times y \tag{5-12b}$$

（5）计算梁端弯矩 M_b。梁端弯矩可按节点弯矩平衡条件，将节点上下柱端弯矩之和按左右梁的线刚度比例分配，按式（5-13）计算（图 5-11）：

$$M_b^l = (M_c^u + M_c^l) \frac{K_1}{K_1 + K_2} \tag{5-13a}$$

$$M_b^r = (M_c^u + M_c^l) \frac{K_2}{K_1 + K_2} \tag{5-13b}$$

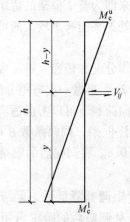

图 5-10 柱剪力 V_{ij} 与反弯点高度 y

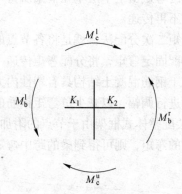

图 5-11 梁端弯矩

（6）计算梁端剪力 V_b。根据梁的两端弯矩，按式（5-14）计算（图 5-12）：

$$V_b = \frac{M_b^l + M_b^r}{l} \tag{5-14}$$

（7）计算柱轴力 N。边柱轴力为各层梁端剪力按层叠加，中柱轴力为柱两侧梁端剪力之差，亦按层叠加。如图 5-13 所示，边柱底层柱轴力为：

$$N = V_{b1} + V_{b2} + V_{b3} + V_{b4}$$

中柱底层柱轴力（拉力）为：

$$N = 46.6 + 112.7 + 174.4 + 253.1 - 12.2 - 30.2 - 43.7 - 71.8$$
$$= 429.2kN$$

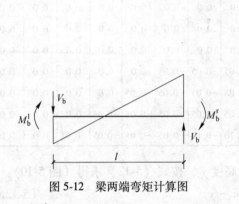

图 5-12　梁两端弯矩计算图

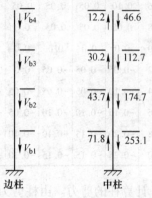

图 5-13　边柱轴力及中柱轴力（单位：kN）

5.3.3　竖向荷载作用下框架内力计算

竖向荷载下框架内力近似计算可采用分层法和弯矩二次分配法。

分层法，就是将该层梁与上下柱组成计算单元。每单元按双层框架计算其内力。每层只承受该层竖向荷载，不考虑其他各层荷载的影响。由于各个单元上下柱的远端并不是固定端，而是弹性嵌固的，故在计算简图中除底层外其他各层柱的线刚度均乘以折减系数 0.9，因此柱的弯矩传递系数也相应地由 1/2 改为 1/3。

用弯矩分配法逐层计算各个单元框架的弯矩，叠加起来即为整个框架的弯矩。每一层柱的最终弯矩由上下层单元框架所得弯矩叠加。对于节点处不平衡弯矩较大的可再分配一次，但不再传递。

弯矩二次分配法，就是将各节点的不平衡弯矩，同时作分配和传递。第一次按梁柱线刚度分配固定弯矩，将分配弯矩传递一次（传递系数为 1/2），再做一次弯矩分配即可。

由于钢筋混凝土结构具有塑性内力重分布性质，在竖向荷载下可以考虑适当降低梁端弯矩，进行调幅，以减少负弯矩钢筋的拥挤现象。对于现浇框架，调幅系数 β 可取 0.8～0.9；装配整体式框架由于节点的附加变形，可取 $\beta = 0.7 \sim 0.8$。将调幅后的梁端弯矩叠加简支梁的弯矩，则可得到梁的跨中弯矩。

支座弯矩调幅降低后，梁跨中弯矩应相应增加，且调幅后的跨中弯矩不应小于简支情况下跨中弯矩的 50%。如图 5-14 所示，跨中弯矩如式（5-15）所示。

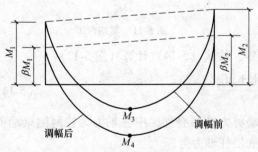

图 5-14　竖向荷载下梁端弯矩调幅

$$M_4 = M_3 + \left[\frac{1}{2}(M_1 + M_2) - \frac{1}{2}\beta(M_1 + M_2)\right]$$

（5-15）

只有竖向荷载作用下的梁端弯矩可以调幅，水平荷载作用下的梁端弯矩不能考虑调幅。因此，必须先将竖向荷载作用下的梁端弯矩调幅后，再与水平荷载产生的梁端弯矩进行组合。

据统计，国内高层民用建筑荷载约 $12 \sim 15 \text{kN/m}^2$，其中活荷载为 2kN/m^2 左右，所占比例较小，其不利布置对结构内力的影响并不大。因此，当活荷载不很大时，可按全部满载布置。这样可不考虑框架的侧移，以简化计算。当活荷载较大时，可将跨中弯矩乘以 $1.1 \sim 1.2$ 系数加以修正，以考虑活荷载不利位置对跨中弯矩的影响。

5.3.4 内力组合

通过框架内力分析获得了在不同荷载作用下产生的构件内力标准值。进行结构设计时，应根据可能出现的最不利情况确定构件内力设计值，进行截面设计。在框架抗震设计时，一般应考虑以下两种基本组合。

5.3.4.1 地震作用下效应与重力荷载代表值效应组合

抗震设计第一阶段的任务，是在多遇地震作用下使结构有足够的承载力。此时，除地震作用外，还认为结构受到重力荷载代表值和其他活荷载的作用。按《抗震规范》规定的承载力状态设计表达的一般形式如式（3-198）所示。当只考虑水平地震作用与重力荷载代表值时，其内力组合设计值 S 可写成：

$$S = 1.2S_{GE} + 1.3S_{Ehk} \tag{5-16}$$

式中　S_{GE}——相应于水平地震作用下重力荷载代表值的效应；

S_{Ehk}——水平地震作用标准值的效应。

5.3.4.2 竖向荷载效应，一般可仅考虑由可变荷载效应控制的组合

无地震作用时，结构受到全部恒荷载和活荷载的作用。考虑到全部竖向荷载一般比重力荷载代表值要大，且计算承载力时不引入承载力抗震调整系数。这样，就可能出现在正常竖向荷载下所需的构件承载力要大于水平地震作用下所需要的构件承载力的情况。因此，应进行正常竖向荷载作用下的内力组合。此时，内力组合设计值 S 可写成：

$$S = 1.2S_G + 1.4S_Q \tag{5-17}$$

式中　S_G——由恒荷载标准值产生的内力标准值；

S_Q——由活荷载标准值产生的内力。

在上述两种荷载组合中，取最不利情况作为截面设计用的内力设计值。当需要考虑竖向地震作用或风荷载作用时，其内力组合设计值可参考有关规定。

现以框架梁、柱为例，说明内力组合方法。

A　梁的组合内力

支座负弯矩为：　　　　　　$-M = -(1.2M_G + 1.3M_E)$

支座正弯矩为：　　　　　　$+M = 1.3M_E - 1.2M_G$

跨间正弯矩取 $+M = M_{GE}$ 或 $+M = 1.2M'_{G中} + 1.4M_{Q中}$ 进行截面配筋，取大值。

梁端剪力：　　　　　　　　$V = 1.2V_G + 1.3V_E$

式中　M_E，V_E——分别为水平地震作用下梁的支座弯矩和剪力；

M_G，V_G——分别为重力荷载代表值作用下梁的支座弯矩和剪力；

$M'_{G中}$，$M_{Q中}$——分别为永久、可变荷载标准值作用下梁跨间最大正弯矩；

M_{GE}——梁跨间在重力荷载与地震作用共同作用下的最大弯矩。

当梁上仅有均布荷载时，可采用数解法计算 M_{GE}（图 5-15），当地震作用自左至右时，可写出离左端点为 x 位置截面的弯矩方程为：

$$M_x = R_A x - qx^2/2 - M_{GA} + M_{EA}$$

由 $\mathrm{d}M_x/\mathrm{d}x = 0$ 解得跨中最大弯矩离 A 支座距离为 $x = \dfrac{R_A}{q}$

代入上式得：

$$M_{GE} = R_A^2/2q - M_{GA} + M_{EA} \tag{5-18}$$

式中　R_A——梁在 q，M_G，M_E 作用下左端点的反力。

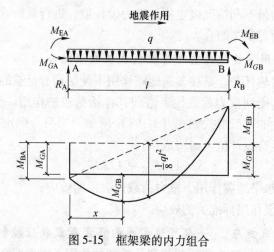

图 5-15　框架梁的内力组合

B　柱的组合内力

以横向地震作用效应为例，单向偏心受压时，

$$M_x = 1.2M_G + 1.3M_E,\qquad N = 1.2N_G + 1.3N_E$$
$$M_y = 1.2M_G' + 1.4M_Q,\qquad N = 1.2N_G' + 1.4N_Q$$

式中　M_G'，N_G'——分别为永久荷载标准值作用下的弯矩、剪力；

　　　M_Q，N_Q——分别为可变荷载标准值作用下的弯矩、剪力。

按上述两种组合求截面配筋，取最大值。

双向偏心受压是由于框架柱在两个主轴方向均承受弯矩而引起的，例如当考虑沿 x 方向有地震作用时，柱内力应考虑以下组合：

$$M_x = 1.2M_{Gx} + 1.3M_{Ex},\qquad M_y = 1.2M_{Gy},\qquad N = 1.2N_G + 1.3N_E$$
$$M_x = 1.2M_{Gx}' + 1.4M_{Qx},\qquad M_y = 1.2M_{Gy}' + 1.4M_{Qy},\qquad N = 1.2N_G' + 1.4N_Q$$

按两组内力组合进行双偏压验算或配筋，取不利者。式中角标 x、y 代表平面中两个主轴方向。

根据上述各项要求所确定的组合内力设计值，在满足了内力调整要求后，即可按现行《混凝土结构设计规范》进行梁柱截面承载力验算。应注意，考虑地震荷载组合时，构件承载力设计值应除以承载力抗震调整系数。

5.3.5　框架结构位移验算

位移计算是框架结构抗震计算的一个重要方面。前已述及，框架结构的构件尺寸往往取决于结构的侧移变形要求。按照我国《抗震规范》二阶段三水准的设计思想，框架结构应进行两方面的侧移验算：（1）多遇地震作用下层间弹性位移的计算，对所有框架都进行此项计算；（2）罕遇地震作用下层间弹塑性位移验算，《抗震规范》规定，7~9度时楼层屈服强度系数小于0.5的钢筋混凝土框架结构宜进行此项计算。

5.3.5.1 多遇地震作用下层间弹性位移的计算

多遇地震作用下，框架结构的层间弹性位移验算，应按式（3-199）进行，即：

$$\Delta\mu_e \leq [\theta_e]h \tag{5-19}$$

式中 $\Delta\mu_e$ 可依 D 值法按式（5-20）进行计算：

$$\Delta\mu_e = \frac{V_i}{\sum_{j=i}^{n} D_{ij}} \tag{5-20}$$

式中 h——层高；

$[\theta_e]$——层间弹性位移角限值，取 1/550。

5.3.5.2 罕遇地震作用下层间弹塑性位移验算

《抗震规范》规定，对于不超过 12 层，且刚度无突变的钢筋混凝土框架结构，可按式（3-204）采用简化方法，验算框架薄弱层的弹塑性变形，即：

$$\Delta\mu_p \leq [\theta_p]h \tag{5-21}$$

式中 $[\theta_p]$——层间弹塑性位移角限值，对钢筋混凝土框架结构取 1/50。

式中弹塑性层间位移 $\Delta\mu_p$ 由式（3-201）计算，即：

$$\Delta\mu_p = \eta_p \Delta\mu_e \tag{5-22}$$

式中，η_p 为弹塑性位移增大系数，见表 3-16，其值与楼层屈服强度系数 ξ_y 有关。ξ_y 可按式（3-200）计算。

5.4 钢筋混凝土框架结构设计

5.4.1 框架梁截面设计

众所周知，框架结构的合理屈服机制是在梁上出现塑性铰。但在梁端出现塑性铰后，随着反复荷载的循环作用，剪力的影响逐渐增加，剪切变形相应加大。因此，既允许塑性铰在梁上出现又不要发生梁剪切破坏，同时还要防止由于梁筋屈服渗入节点而影响节点核心区的性能，这就是对梁端抗震设计的基本要求。具体来说，即：

（1）形成塑性铰后仍有足够的受剪承载力；

（2）梁筋屈服后，塑性铰区段应有较好的延性和消能能力；

（3）妥善地解决梁筋锚固问题。

5.4.1.1 框架梁抗剪承载力验算

A 梁剪力设计值

为了使梁端有足够的抗剪承载力，实现"强剪弱弯"的设计思想，应充分估计框架梁端实际配筋达到屈服并产生超强时有可能产生的最大剪力。《抗震规范》规定：对于抗震等级为一、二、三级的框架梁端剪力设计值 V，应按式（5-23）进行调整：

$$V = \eta_{Vb}(M_b^l + M_b^r)/l_u + V_{Gb} \tag{5-23}$$

9 度和一级框架结构尚应符合：

$$V = 1.1(M_{bua}^l + M_{bua}^r)/l_u + V_{Gb} \tag{5-24}$$

式中　　l_u——梁的净跨；

　　　　V_{Gb}——梁在重力荷载代表值（9 度时高层建筑尚应包括竖向地震作用标准值）作用下，按简支梁分析的梁端截面剪力设计值；

　M_b^l，M_b^r——分别为梁端左右反时针或顺时针方向组合的弯矩设计值，一级框架两端弯矩均为负弯矩时，绝对值较小一端的弯矩取零；

M_{bua}^l，M_{bua}^r——分别为梁左右端反时针或顺时针方向根据实配钢筋面积（计入受压钢筋）和材料强度标准值计算的正截面受弯承载力所对应的弯矩设计值；

　　　η_{Vb}——梁端剪力增大系数，一级为 1.3，二级为 1.2，三级为 1.1。

根据本条规定，对于抗震等级为一、二、三级的框架梁，当考虑地震作用进行内力组合时，其剪力可不必组合。

B　剪压比限值

剪压比是截面上平均剪应力与混凝土轴心抗压强度设计值的比值，以 $V/(\beta_c f_c b h_0)$ 表示，用以说明截面上承受名义剪应力的大小。

梁塑性铰区的截面剪应力大小对梁的延性、消能及保持梁的刚度和承载力有明显影响。根据反复荷载下配箍较高的梁剪切试验资料，其极限剪压比平均值约为 0.24。当剪压比大于 0.30 时，即使增加配箍，也容易发生斜压破坏。

为了保证梁截面不至于过小，使其不产生过高的主压应力，规范规定：对于跨高比大于 2.5 的框架梁，其截面尺寸与剪力设计值应符合式（5-25）的要求：

$$V \leqslant \frac{1}{\gamma_{RE}}(0.20\beta_c f_c b h_0) \tag{5-25}$$

根据工程实践实验，一般受弯构件当截面尺寸满足此要求时，可以防止在使用荷载下出现过宽的斜裂缝。

对于跨高比不大于 2.5 的框架梁，其截面尺寸与剪力设计值应符合式（5-26）的要求：

$$V \leqslant \frac{1}{\gamma_{RE}}(0.15\beta_c f_c b h_0) \tag{5-26}$$

C　梁斜截面受剪承载力

与非抗震设计类似，梁的受剪承载力可归结为由混凝土和抗剪钢筋两部分组成。但是在反复荷载作用下，混凝土的抗剪作用将有明显的削弱，其原因是梁的受压区混凝土不再完整，斜裂缝的反复张开与闭合，使骨料的咬合作用下降，严重时混凝土将剥落。根据试验资料，在反复荷载下梁的受剪承载力比静载下低 20%～40%。《混凝土结构设计规范》规定，对于矩形、T 形和 I 字形截面的一般框架梁，斜截面受剪承载力应按式（5-27）验算：

$$V_b \leqslant \frac{1}{\gamma_{RE}}\left(0.42f_t b h_0 + 1.25f_{yv}\frac{A_{sv}}{s}h_0\right) \tag{5-27}$$

式中　f_{yv}——箍筋抗拉强度设计值；

　　　A_{sv}——同一截面箍筋各肢的全部截面面积；

　　　γ_{RE}——承载力抗震调整系数，一般取 0.85，对于一、二级框架短梁，取 1.0。

国外有的规范，为安全起见，不考虑塑性铰区的混凝土抗剪作用，全部剪力均由抗剪钢筋承担。

5.4.1.2　提高梁延展性的措施

由于影响地震作用和结构承载能力的因素十分复杂，人们对地震破坏的机理尚不是十分清楚，目前还难以做出精确的计算与评估，在不可能进行大规模地震模拟实验的情况下，在大量的震害调查中总结经验，提出合理的抗震措施，以提高结构的抗震能力，往往较之截面计算更显得重要。

另一方面，从我国《抗震规范》"二阶段三水准"的设防原则来看，前面的地震反应计算及截面承载力计算，仅仅解决了众值烈度下第一水准的设防问题，对于基本烈度下的非弹性变形及罕遇烈度下的防倒塌问题，还有赖于合理的概念设计及正确的构造措施。

对于钢筋混凝土框架结构来说，构造设计的目的，主要在于保证结构在非弹性变形阶段有足够的延展性，使之能吸收较多的地震能量。因此在设计中应注意防止结构发生剪切破坏或混凝土受压区脆性破坏。

试验和理论分析表明，影响梁截面延展性的主要因素有梁的截面尺寸、纵向箍筋配筋率、剪压比、配箍率、钢筋和混凝土的强度等级等。

A　梁截面尺寸

在地震作用下，梁端塑性铰区混凝土保护层容易剥落。如果梁截面宽度过小则截面损失比例较大，故一般框架梁宽度不宜小于 200mm。为了对节点核心区提供约束以提高节点受剪承载力，梁宽不宜小于柱宽的 1/2。狭而高的梁不利混凝土约束，也会在梁刚度降低后引起侧向失稳，故梁的高宽比不宜大于 4。另外，梁的塑性铰区发展范围与梁的跨高比有关，当跨高比小于 4 时，属于短梁，在反复弯剪作用下，斜裂缝将沿梁全长发展，从而使梁的延展性和承载力急剧降低。所以，《抗震规范》规定，梁净跨与截面高度之比不宜小于 4。

B　梁纵筋配筋率

试验表明，当纵向受拉钢筋配筋率很高时，梁受压区的高度相应加大，截面上受到的压力也大。在弯矩达到峰值时，弯矩-曲率曲线很快出现下降（图 5-16）；但当配筋率较低时，达到弯矩峰值后能保持相当长的水平段，因而大大提高了梁的延展性和耗散能量的能力。因此，梁的变形能力随截面混凝土受压区的相对高度 ζ（$\zeta = x/h_0$）的减小而增大。当 $\zeta = 0.20 \sim 0.35$ 时，梁的位移延展性可达 3~4。控制梁受压区高度，也就控制了梁的纵向钢筋

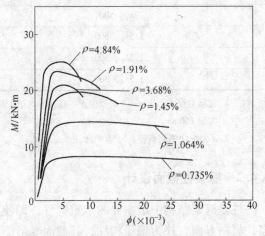

图 5-16　纵向受拉配筋对截面延性的影响

配筋率。《抗震规范》规定，截面相对受压区高度（可考虑受压钢筋影响）与有效高度之比，一级框架梁不应大于0.35，且梁纵向受拉钢筋的配筋率均不应大于2.5%。限制受拉配筋率是为了避免剪跨比较大的梁在未达到延展性要求之前，梁端下部受拉区混凝土过早达到极限压应变而破坏。

C　梁纵筋配置

梁端截面上纵向受压钢筋与纵向受拉钢筋保持一定的比例，对梁的延展性也有较大的影响。其一，一定的受压钢筋可以减小混凝土受压区的高度；其二，在地震作用下，梁端可能会出现正弯矩，如果梁底面钢筋过少，梁下部破坏严重，也会影响梁的承载力和变形能力。所以在梁端箍筋加密区，受压钢筋的面积和受拉钢筋面积的比值，一级不应小于0.5，二级、三级不应小于0.3。在计算该截面受压区高度时，由于受压钢筋在梁铰形成时呈现不同的压曲失效，一般可按照受压钢筋面积的60%且不大于同截面受拉钢筋的30%考虑。

考虑到地震弯矩的不确定性，梁顶面和底面应配置一定的通长钢筋，对于一、二级抗震等级不应小于$2\phi14$，且分别不应小于梁两端顶面和底面纵向钢筋中较大截面面积的1/4，三、四级不应小于$2\phi12$。

一、二级框架梁内贯通中柱节点的每根纵向钢筋直径，对于矩形截面柱不宜大于柱在该方向截面尺寸的1/20。

D　梁端箍筋加密

在梁端预期塑性铰区加密箍筋，可以起到约束混凝土，提高混凝土变形能力的作用，从而可获得提高梁截面转动能力，增加其延展性的效果。《抗震规范》对梁端加密区的范围和构造要求所做的规定如表5-8所示。《抗震规范》还规定，当梁端纵向受拉钢筋配筋率大于2%时，表5-8中箍筋最小直径数值应增大2mm；加密区箍筋肢距，一级不宜大于200mm和20倍箍筋直径的较大值，四级不宜大于300mm。在梁端箍筋加密区内一般不宜设置纵筋接头。

表5-8　梁加密区的长度，箍筋的最大间距和最小直径

抗震等级	加密区长度（采用较大值）/mm	箍筋最大间距（采用最小值）/mm	箍筋最小直径
一	$2h_b$，500	$h_b/4$，$6d$，100	$\phi10$
二	$1.5h_b$，500	$h_b/4$，$8d$，100	$\phi8$
三	$1.5h_b$，500	$h_b/4$，$8d$，150	$\phi8$
四	$1.5h_b$，500	$h_b/4$，$8d$，150	$\phi6$

注：1. 箍筋直径大于12mm，数量少于4肢且不大于150mm时，一、二级的最大间距应允许适当放宽，但是不得大于150mm；

　　2. d为纵向钢筋直径；h_b为梁高。

5.4.2　框架柱截面设计

柱是框架结构中最主要的承重构件，即使是个别柱的失效，也可能导致结构的全面倒塌；另一方面，柱为偏压构件，其截面变形能力远不如以弯曲作用为主的梁。要使框架结构具有较好的抗震性能，应该确保柱有足够的承载力和必要的延展性。因此，柱的设计应

遵循以下的设计原则：

（1）强柱弱梁，使柱尽量不要出现塑性铰；

（2）在弯曲破坏之前不发生剪切破坏，使柱有足够的抗剪能力；

（3）控制柱的轴压比不要太大；

（4）加强约束，配置必要的约束钢筋。

5.4.2.1 强柱弱梁

"强柱弱梁"的概念是要求在强烈的地震作用下，结构发生较大侧移进入非弹性阶段时，为使框架保持足够的竖向荷载能力而免于倒塌，要求实现梁铰侧移机构，即塑性铰应首先在梁上形成，尽可能避免在危害更大的柱上出现塑性铰。

为此，就承载力而言，要求在同一节点上，下柱端截面极限抗弯承载力之和应大于同一平面内节点左右梁端截面的极限抗弯能力之和（图 5-17）。《抗震规范》规定：一、二、三级框架的梁柱节点处，除框架顶层和柱轴压比小于 0.15 外，柱端弯矩设计值应符合式（5-28）的要求：

$$\sum M_c = \eta_c \sum M_b \tag{5-28}$$

9 度和一级框架结构尚应符合：

$$\sum M_c = 1.2 \sum M_{bua} \tag{5-29}$$

式中　$\sum M_c$——节点上下柱端截面顺时针或反时针方向组合的弯矩设计值之和，上下柱端弯矩，一般情况可按照弹性分析分配；

$\sum M_b$——节点左右梁端截面顺时针或反时针方向组合的弯矩设计值之和，一级框架节点左右梁端均为负弯矩时，绝对值较小一端的弯矩均取零；

$\sum M_{bua}$——节点左右梁端截面顺时针或反时针方向根据实际配筋面积（考虑受压钢筋）和材料强度标准值计算的受弯承载力所对应的弯矩设计值之和；

η_c——框架柱端弯矩增大系数；对于框架结构，一、二、三、四级可分别取 1.7、1.5、1.3、1.2；其他结构类型中的框架，一级可取 1.4，二级可取 1.2，三、四级可取 1.1。

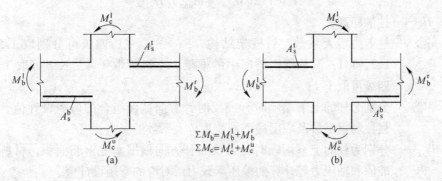

图 5-17　强柱弱梁示意图

当反弯点不在柱高范围内时，说明框架梁对柱的约束作用较弱，为避免在竖向荷载和地震共同作用下柱压屈失稳，柱端的弯矩设计值可乘以上述增大系数。对于轴压比小于 0.15 的柱，包括顶层柱，因其具有与梁相近的变形能力，故可以不满足上述要求。

试验表明，即使满足上述强柱弱梁的计算要求，要完全避免柱中出现塑性铰仍是很困难的。对于某些柱端，特别是底层柱的底端很容易形成塑性铰。因为地震时柱的反弯点会偏离柱的中部，使梁的某一端承受的弯矩很大，超过了其极限抗弯能力。另外，地震作用可能来自任意方向，柱双向偏心受压会降低柱的承载力，而楼板钢筋参与工作又会提高梁的受弯承载力。凡此种种原因，都会使柱出现塑性铰难以完全避免。国内外研究表明，要真正达到强柱弱梁的目的，柱与梁的极限抗弯承载力之比要在 1.60 以上。而按《抗震规范》设计的框架结构这个比值在 1.25 左右。因此，按式（5-29）设计时只能取得在同一楼层中部分为梁铰、部分为柱铰以及不至于在柱上下端同时出现铰的混合机制。故对框架柱的抗震设计还应采取其他措施，尽可能提高其极限变形能力，如限制轴压比和剪压比，加强柱端约束箍筋等。

试验研究还表明，框架底层柱根部对整体框架延展性起控制作用，柱脚过早出现塑性铰将影响整个结构的变形和消能能力。随着底层框架梁铰的出现，底层柱根部弯矩亦有增大趋势。为了延缓底层根部柱铰的发生，使整个结构的塑性化过程得以充分发展，而且底层柱计算长度和反弯点有更大的不确定性，故应当适当加强底层柱的抗弯能力。为此，《抗震规范》规定：一、二、三、四级框架结构的底层柱下端截面的弯矩设计值，应分别乘以增大系数 1.7、1.5、1.3、1.2。

《抗震规范》还规定：按两个主轴方向分别考虑地震作用时，一、二、三、四级框架结构的角柱按调整后的弯矩及剪力设计值还应乘以不小于 1.10 的增大系数。

5.4.2.2　强剪弱弯——在弯曲破坏之前不发生剪切破坏

A　柱剪力设计值

为防止框架柱出现剪切破坏，应充分估计到柱端处出现塑性铰即达到极限抗弯承载力时有可能产生的最大剪力，并以此进行柱斜截面计算。《抗震规范》规定：对于抗震等级为一、二、三级的框架柱端剪力设计值，应按式（5-30）进行调整：

$$V = \eta_{Vc}(M_c^l + M_c^b)/H_n \tag{5-30}$$

9 度和一级框架结构还应符合式（5-31）的要求：

$$V = 1.2(M_{cua}^l + M_{cua}^b)/H_n \tag{5-31}$$

式中　　H_n——柱的净高；

η_{Vc}——柱剪力增大系数，对框架结构，一、二、三、四级可分别取 1.5、1.3、1.2、1.1；其他结构类型中的框架，一级可取 1.4，二级可取 1.2，三、四级可取 1.1；

M_c^l，M_c^b——分别为柱的上下端顺时针或反时针方向截面组合的弯矩设计值，应考虑强柱弱梁系数及底层柱下端弯矩放大系数的影响；

M_{cua}^l，M_{cua}^b——分别为柱的上下端顺时针或反时针方向根据实配钢筋面积，材料强度标准值和轴压力等计算的偏压承载力所对应的弯矩设计值。

B　剪压比限值

剪压比是截面上平均剪应力与混凝土轴心抗压强度设计值的比值，以 $V/(\beta_c f_c bh_0)$ 表示，用以说明截面上承受名义剪应力的大小。

试验表明，在一定范围内可通过增加箍筋以提高构建的抗剪承载力，但作用在构件上的剪力最终要通过混凝土来传递。如果剪压比过大，混凝土就会过早地产生脆性破坏，使箍筋不能充分发挥作用。因此必须限制剪压比，实质上就是构件最小截面尺寸的限制条件。

《抗震规范》规定：对于剪跨比大于 2 的矩形截面框架柱，其截面尺寸与剪力设计值应符合式（5-32）的要求：

$$V \leqslant \frac{1}{\gamma_{RE}}(0.20\beta_c f_c bh_0) \tag{5-32}$$

对于剪跨比不大于 2 的框架短柱，其截面尺寸与剪力设计值应符合式（5-33）的要求：

$$V \leqslant \frac{1}{\gamma_{RE}}(0.15\beta_c f_c bh_0) \tag{5-33}$$

C 柱斜截面受剪承载力

试验证明，在反复荷载下，框架柱的斜截面破坏，有斜拉、斜压和剪压等几种破坏形态。当配筋率能满足一定要求时，可防止斜拉破坏；当截面尺寸满足一定要求时，可防止斜压破坏；而对于剪压破坏，应通过配筋计算来防止。

研究表明，影响框架柱受剪承载力的主要因素除混凝土强度外，还有剪跨比、轴压比和配箍特征值（$\rho_{sv}f_y/f_c$）等。剪跨比越大，受剪承载力越低。轴压比小于 0.4 时，由于轴向压力有利于骨料咬合，可以提高受剪承载力；而轴压比过大时混凝土内部产生微裂缝，受剪承载力反而下降。在一定范围内，配箍越多，受剪承载力提高越多。在反复荷载下，截面上混凝土反复开裂和剥落，混凝土咬合作用有所削弱，因而构件抗剪承载力会有所降低。与单调加载相比，在反复荷载下的构件受剪承载力要降低 10%～30%，因此，《混凝土结构设计规范》规定，框架柱斜截面受剪承载力按式（5-34）计算：

$$V_c \leqslant \frac{1}{\gamma_{RE}}\left(\frac{1.05}{\lambda+1}f_t b_c h_{c0} + f_{yv}\frac{A_{sv}}{s}h_{c0} + 0.056N\right) \tag{5-34}$$

当框架柱出现拉力时，其斜截面承载力应按式（5-35）计算：

$$V_c \leqslant \frac{1}{\gamma_{RE}}\left(\frac{1.05}{\lambda+1}f_t b_c h_{c0} + f_{yv}\frac{A_{sv}}{s}h_{c0} - 0.2N\right) \tag{5-35}$$

式中 λ——柱的计算剪跨比，$\lambda = H_n/2h_{c0}$；当 $\lambda<1$ 时，取 $\lambda=1$，当 $\lambda>3$ 时，取 $\lambda=3$；

N——考虑地震作用组合的柱轴向压力或拉力设计值，当 $N>0.3f_c b_c h_c$ 时，取 $N=0.3f_c b_c h_c$；

γ_{RE}——承载力抗震调整系数，取 0.85；

A_{sv}——同一截面内各肢水平箍筋的全部截面面积；

s——箍筋间距。

5.4.2.3 控制柱轴压比

轴压比 μ_N 是指柱组合的轴压力设计值与柱的全截面面积和混凝土轴心抗压强度设计值乘积之比值，以 $N/(f_c b_c h_c)$ 表示。轴压比是影响柱子破坏形态和延性的主要因素之一。试验表明，柱的位移延性随轴压比增大而急剧下降，尤其在高轴压比条件下，箍筋对柱的变形能力的影响越来越不明显。随轴压比的大小变化，柱将呈现两种破坏形态，即混凝土压碎而受拉钢筋并未屈服的小偏心受压破坏和受拉钢筋首先屈服的具有较好延性的大偏心受压破坏。框架柱的抗震设计一般应控制在大偏心受压破坏范围。因此，必须控制轴压比。

轴压比的限值是根据理论分析和试验研究确定的。由截面界限破坏可知（图 5-18），此时受拉钢筋屈服，同时混凝土也大到极限压应变（$\varepsilon_{cu} = 0.0033$）。则截面相对受压区高度 ξ_b 为：

$$\xi_b = \frac{x_b}{h_{c0}} = \frac{0.0033}{0.0033 + \frac{f_{yk}}{E_s}} \tag{5-36}$$

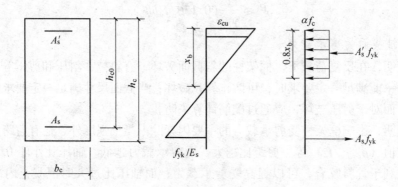

图 5-18   界限破坏时的受力情况

对于 HPB235 级、HRB335 级钢筋，ξ_b 分别为 0.75 和 0.66；对于对称配筋，且承受轴压力标准值 N 作用的截面，利用平衡条件可得受压区高度：

$$x = \frac{N_k}{f_c b_c} = 0.80\xi_b h_{c0} \tag{5-37}$$

将之改写为按轴压力设计值和混凝土轴心受压强度设计值计算，则

$$\frac{N}{f_c b_c h_c} = 0.8\xi_b \left(\frac{N}{N_k}\right)\left(\frac{\alpha f_c}{f_{ck}}\right)\left(\frac{f_{ck}}{f_c}\right)\left(\frac{h_{c0}}{h_c}\right) = 1.30\xi_b \tag{5-38}$$

对于 HPB235 级、HRB335 级钢筋，轴压比分别为 0.97 和 0.85，这是对配筋柱大小偏心受压状态的轴压比分界值。在此基础上，综合考虑不同抗震等级的延性要求，对于考虑地震作用组合的各种柱轴压比限值见表 5-9。IV 类场地上较高的高层建筑的轴压比限值应适当减小。

5.4.2.4 柱内纵向钢筋配置

通过分析国内外 270 余根柱的试验资料，发现柱屈服位移角的大小主要受受拉钢筋配筋率的支配，并且大致随配筋率呈线性增大。

为了避免地震作用下柱过早进入屈服，并获得较大的屈服变形，必须满足柱纵向钢筋的最小配筋率要求（表 5-10），同时每一侧配筋率不应小于 0.2%；对建造于 IV 类场地且较高的高层建筑，最小配筋率应增加 0.1%。总配筋率应按柱截面中全部纵向钢筋的面积与截面积之比计算。柱纵向钢筋宜对称配置，截面尺寸大于 400mm 的柱，纵向钢筋间距不宜大于 200mm。

表 5-9 柱轴压比限值

结 构 类 型	抗 震 等 级			
	一	二	三	四
框架结构	0.65	0.75	0.85	0.90
框架-抗震墙、板柱-抗震墙、框架-核心筒及筒中筒	0.75	0.85	0.90	0.95
部分框支抗震墙	0.6	0.7	—	

注：1. 轴压比指柱组合的轴压力设计值与柱的全截面面积和混凝土轴心抗压强度设计值之比值；可不进行地震作用计算的结构，取无地震作用组合的轴力设计值；

2. 表内限值适用于剪跨比大于 2、混凝土强度等级不高于 C60 的柱，轴压比限值应降低 0.05；剪跨比小于 1.5 的柱轴压比限值应专门研究并采取特殊构造措施；

3. 沿柱全高采用井字复合箍且箍筋肢距不大于 200mm、间距不大于 100mm、直径不小于 12mm，或沿柱全高采用复合螺旋箍，螺旋间距不大于 100mm、箍筋肢距不大于 200mm、直径不小于 12mm，或沿柱全高采用连续复合矩形螺旋箍，螺旋净距不大于 80mm、箍筋肢距不大于 200mm、直径不小于 10mm，轴压比限值均可增加 0.10；上述三种箍筋的配箍特征值均应按增大的轴压比确定；

4. 在柱的截面中部附加芯柱，其中另加的纵向钢筋的总面积应不少于柱截面面积的 0.8%，轴压比限值可增加 0.05；此项措施与注 3 的措施共同采用时，轴压比限值可增加 0.15，但箍筋的体积配筋率仍可按轴压比增加 0.10 的要求确定；

5. 柱轴压比不应大于 1.05。

表 5-10 柱纵向钢筋最小配筋率

类 别	抗 震 等 级			
	一	二	三	四
中柱和边柱	0.9 (1.0)	0.7 (0.8)	0.6 (0.7)	0.5 (0.6)
角柱、框支柱	1.1	0.9	0.8	0.7

注：1. 表中括号内数值用于框架结构的柱；

2. 钢筋强度标准值小于 400MPa 时，表中数值应增加 0.1；钢筋强度标准值为 400MPa 时，表中数值应增加 0.05；

3. 混凝土强度等级高于 C60 时，上述数值应增加 0.1。

框架柱纵向钢筋的最大总配筋率也应受到控制。过大的配筋率易产生黏结破坏并降低柱的延性。因此，对采用 HRB335、HRB400 级钢筋的柱，总配筋率不应大于 5%。一级且剪跨比不大于 2 的柱，其纵向受拉钢筋单边配筋率不宜大于 1.2%，并应沿柱全高采用复合箍筋，以防止黏结型剪切破坏。

5.4.2.5 加强柱端约束

根据震害调查，框架柱的破坏主要集中在柱端 1.0~1.5 倍柱截面高度范围内。加密柱端箍筋可以有三方面作用：（1）承担柱子剪力；（2）约束混凝土，提高混凝土的抗压强度及变形能力；（3）为纵向钢筋提供侧向支承，防止纵筋压曲。试验表明，当箍筋间距小于 6~8 倍柱纵筋直径时，在受压混凝土压溃之前，一般不会出现钢筋压曲现象。

柱端箍筋加密区范围，应按下列规定采用：

（1）柱端，取截面高度（圆柱直径）、柱净高的 1/6 和 500mm 三者的最大值。

（2）底层柱，柱根不小于柱净高的 1/3；当有刚性地面时，除柱端外还应取刚性地面上下各 500mm。

（3）剪跨比不大于 2 的柱和其填充墙等形成的柱净高与柱截面高度之比不大于 4 的柱，取全高。

（4）框支柱取全高。

（5）一级及二级框架的角柱取全高。

一般情况下，柱端箍筋加密区的箍筋间距和直径，应符合表 5-11 的要求。二级框架柱的箍筋直径不小于 10mm，且箍筋肢距不大于 200mm 时，除柱根外最大间距应允许采用 150mm；三级框架柱的截面尺寸不大于 400mm 时，箍筋最小直径允许采用 6mm；四级框架柱剪跨比不大于 2 时，箍筋直径不应小于 8mm；框支柱和剪跨比不大于 2 的柱，箍筋间距不应大于 100mm。

表 5-11   柱端加密区箍筋构造要求

抗震等级	箍筋最大间距（采用最小值）	箍筋最小直径
一	$6d$，100mm	A10
二	$8d$，100mm	A8
三	$8d$，150mm（柱根 100）	A8
四	$8d$，150mm（柱根 100）	A6（柱根 A8）

注：1. d 为柱纵筋最大直径；

　　2. 柱根指底层柱下端箍筋加密区。

框支柱和柱净高与柱截面高度之比不大于 4 及剪跨比小于 2 的柱，箍筋间距不应大于 100mm。

柱箍筋加密区的箍筋肢距，一般不宜大于 200mm；二、三级不宜大于 250mm 和 20 倍箍筋直径的较大值；四级不应大于 300mm。且至少每隔一根纵筋宜在两个方向有箍筋或拉筋约束；采用拉筋组合箍时，拉筋宜紧靠纵向钢筋并钩住封闭箍筋。

试验资料表明，在满足一定位移的条件下，约束箍筋的用量随轴压比的增大而增加，大致呈线性关系。依柱轴压比的不同，《抗震规范》规定柱端箍筋加密区约束箍筋的体积配筋率应符合式（5-39）要求：

$$\rho_v \geqslant \lambda_v f_c / f_{yv} \tag{5-39}$$

式中　ρ_v——柱箍筋加密区的体积配筋率，一级不应小于 0.8%；二级不应小于 0.6%；三、四级不应小于 0.4%；计算复合螺旋箍的体积配筋率时，其非螺旋箍的箍筋体积应乘以折减系数 0.80；

　　　　f_c——混凝土轴心抗压强度设计值，强度低于 C35 时，取 C35 计算；

　　　　f_{yv}——箍筋抗拉强度设计值，超过 360N/mm^2 时，取 360N/mm^2；

　　　　λ_v——最小配筋特征值，按表 5-12 采用。

表 5-12   柱箍筋加密区的箍筋最小配箍特征值

抗震等级	箍筋形式	柱轴压比								
		≤0.3	0.4	0.5	0.6	0.7	0.8	0.9	1.0	1.05
一	普通箍、复合箍	0.1	0.11	0.13	0.15	0.17	0.20	0.23		
	螺旋箍、复合或连续复合矩形螺旋箍	0.08	0.09	0.11	0.13	0.15	0.18	0.21		

抗震等级	箍筋形式	柱轴压比								
		≤0.3	0.4	0.5	0.6	0.7	0.8	0.9	1.0	1.05
二	普通箍、复合箍	0.08	0.09	0.11	0.13	0.15	0.17	0.19	0.22	0.24
	螺旋箍、复合或连续复合矩形螺旋箍	0.06	0.07	0.09	0.11	0.13	0.15	0.17	0.20	0.22
三	普通箍、复合箍	0.06	0.07	0.09	0.11	0.13	0.15	0.17	0.20	0.22
	螺旋箍、复合或连续复合矩形螺旋箍	0.05	0.06	0.07	0.09	0.11	0.13	0.15	0.18	0.22

注：1. 普通箍指单个矩形箍；复合箍指由矩形、多边形、圆形箍或拉筋组成的箍筋；复合螺旋箍指由螺旋箍与矩形、多边形、圆形箍或拉筋组成的箍筋；连续复合矩形螺旋箍指全部螺旋箍为同一根钢筋加工而成的箍筋；

    2. 框支柱宜采用复合螺旋箍或井字复合箍，其最小配箍特征值应比表内数值增加 0.02，且体积配箍率不应小于 1.5%；

    3. 剪跨比不大于 2 的柱宜采用复合螺旋箍或井字复合箍，其体积配箍率不应小于 1.2%，9 度时不应小于 1.5%；

    4. 计算复合螺旋箍的体积配箍率时，其非螺旋箍的箍筋体积应乘以换算系数 0.8。

柱箍筋非加密区的箍筋体积配箍率不宜小于加密区的 50%；箍筋间距，一、二级框架柱不应大于 10 倍纵向钢筋直径。

5.4.3 框架节点抗震设计

框架节点是框架梁柱结构的公共部分，节点的失效意味着与之相连的梁与柱同时失效。另一方面，框架结构最佳的抗震机制是梁式侧移机构，但梁端塑性铰形成的基本前提是保证梁纵筋在节点区有可靠的锚固。因此，在框架结构抗震设计中对节点应予足够重视。

国内外大地震的震害表明，钢筋混凝土框架节点在地震中多有不同程度的破坏，破坏的主要形式是节点核心区剪切破坏和钢筋锚固破坏，严重的会引起整个框架倒塌。节点破坏后的修复也比较困难。根据"强节点弱构件"的设计概念，框架节点的设计准则是：

（1）节点的承载力不应低于其连接构件（梁、柱）的承载力；

（2）多遇地震时，节点应在弹性范围内工作；

（3）罕遇地震时，节点承载力的降低不得危及竖向荷载的传递；

（4）梁柱纵筋在节点区应有可靠的锚固；

（5）节点配筋不应使施工过分困难。

《抗震规范》要求，一、二级框架的节点核心区应进行抗震验算，三、四级框架节点核心区可不进行抗震验算，但应符合抗震构造措施的要求。

5.4.3.1 一般框架节点核心区抗剪承载力验算

A 剪力设计值 V_j

节点核心区是指框架与框架柱相交的部位。节点核心区的受力状态是很复杂的，主要是承受压力和水平剪力的组合作用。图 5-19 表示在水平地震作用和竖向荷载的共同作用下，节点核心区所受到的各种力。

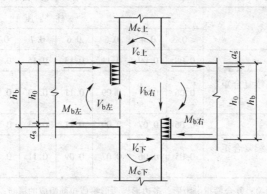

图 5-19   框架节点核心区受力示意图

在确定节点剪力设计值时，应根据不同的抗震等级，分别按式（5-40）与式（5-41）计算。

一级、二级框架：

$$V_j = \frac{\eta_{jb} \sum M_b}{h_{b0} - a_s'} \left(1 - \frac{h_{b0} - a_s'}{H_c - h_b} \right) \tag{5-40}$$

9 度和一级框架结构：

$$V_j = \frac{1.15 \sum M_{bua}}{h_{b0} - a_s'} \left(1 - \frac{h_{b0} - a_s'}{H_c - h_b} \right) \tag{5-41}$$

式中 V_j ——梁柱节点核心区组合的剪力设计值；

     h_{b0} ——梁截面的有效高度，节点两侧梁截面高度不等时可采用平均值；

     a_s' ——梁受压钢筋合力点至受压边缘的距离；

     H_c ——柱的计算高度，可采用节点上下柱反弯点之间的距离；

     h_b ——梁的截面高度，节点两侧梁截面高度不等时可采用平均值；

     η_{jb} ——节点剪力增大系数，一级取 1.35，二级取 1.2；

     $\sum M_b$ ——节点左右梁端反时针或顺时针方向组合弯矩设计值之和，一级时节点左右梁端均为负弯矩，绝对值较小的弯矩应取零；

     $\sum M_{bua}$ ——节点左右梁端反时针或顺时针方向实配的正截面抗震受弯承载力所对应的弯矩值之和，根据实配钢筋面积（受压筋）和材料强度标准值确定。

   B   剪压比限值

为了防止节点核心区混凝土斜压破坏，同样要控制剪压比不得过大。但节点核心周圈一般都有梁的约束，抗剪面积实际比较大，故剪压比限值可适当放宽，一般应满足：

$$V_j \leqslant \frac{1}{\gamma_{RE}} (0.30 \eta_j f_c b_j h_j) \tag{5-42}$$

式中 η_j ——正交梁的约束影响系数，楼板为现浇，四侧各梁截面宽度不小于该侧柱截面宽度的 1/2，且正交方向梁高度不小于框架梁高度的 3/4 时，可采用 1.5，9 度时取 1.25，其他情况均采用 1.0；

     γ_{RE} ——承载力抗震调整系数，可采用 0.85；

h_j——节点核心区的截面高度，可采用验算方向的柱截面高度；

b_j——节点核心区的截面有效验算宽度，详见 D 部分。

C 节点受剪承载力

试验表明，节点核心区混凝土初裂前，剪力主要由混凝土承担，箍筋应力很小，节点受力状态类似一个混凝土斜压杆；节点核心区出现交叉斜裂缝后，剪力由箍筋与混凝土共同承担，节点受力类似于桁架。

框架节点的受剪承载力可以由混凝土和节点箍筋共同组成。影响受剪承载力的主要因素有柱轴向力、正交梁约束、混凝土强度和节点配箍情况等。

试验表明，与柱相似，在一定范围内，随着柱轴向压力的增加，不仅能提高节点的抗裂度，而且能提高节点极限承载力。另外，垂直于框架平面的正交梁如具有一定的截面尺寸，对核心区混凝土将具有明显的约束作用，实质上是扩大了受剪面积，因而也提高了节点的受剪承载力。《抗震规范》规定，现浇框架节点的受剪承载力按式（5-43）、式（5-44）计算：

$$V_j \leqslant \frac{1}{\gamma_{RE}}\left(1.1\eta_j f_t b_j h_j + 0.05\eta_j N \frac{b_j}{b_c} + f_{yv}A_{svj}\frac{h_{b0}-a'_s}{s}\right) \tag{5-43}$$

9 度时

$$V_j \leqslant \frac{1}{\gamma_{RE}}\left(0.9\eta_j f_t b_j h_j + f_{yv}A_{svj}\frac{h_{b0}-a'_s}{s}\right) \tag{5-44}$$

式中 N——考虑地震作用组合的节点上柱底部的轴向压力较小设计值；当 $N>0.5f_c b_c h_c$ 时，取 $N=0.5f_c b_c h_c$，当 N 为拉力时，取 $N=0$；

f_{yv}——节点箍筋抗拉强度设计值；

A_{svj}——核心区有效验算宽度范围内同一截面验算方向各肢箍筋的总截面面积；

s——箍筋间距。

D 节点截面有效宽度

在上面计算中，$b_j h_j$ 为节点截面受剪的有效面积，其中节点截面有效宽度 b_j 应视梁柱轴线是否重合等情况，分别按下列公式确定：

（1）当验算方向的梁截面宽度小于该侧柱截面宽度的 1/2 时，b_j 可采用该侧柱截面宽度

$$b_j = b_c \tag{5-45}$$

（2）当截面宽度小于该侧柱截面宽度的 1/2 时，可采用下列二者的较小值：

$$b_j = b_b + 0.5h_c \tag{5-46}$$

$$b_j = b_c \tag{5-47}$$

式中 b_j——节点核心区的截面有效验算宽度；

b_b——梁截面宽度；

h_c——验算方向的柱截面高度；

b_c——验算方向的柱截面宽度。

（3）当梁柱轴线不重合且偏心距 e 较大时，则梁传到节点的剪力将偏向一侧，这时节点有效宽度 b_j 将比 b_c 小。当偏心距不大于柱宽的 1/4 时，核心区的截面验算宽度可采

用式（5-46）、式（5-47）和式（5-48）计算结果的较小值。

$$b_j = 0.5(b_b + b_c) + 0.25h_c - e \tag{5-48}$$

E　框架节点构造要求

为保证节点核心区的抗剪承载力，使框架梁、柱纵向钢筋有可靠的锚固条件，对节点核心区混凝土进行有效的约束是必要的。节点区箍筋最大间距和最小直径宜按表5-11采用。但节点核心区箍筋的作用与柱端有所不同，为便于施工，可适当放宽构造要求，一、二、三级框架节点核心区含箍特征值分别不宜小于0.12、0.10、0.08，轴压比小于0.4时，可按表5-12采用。柱剪跨比不大于2的框架节点核心区含箍特征值不宜小于核心区上下柱端的较大含箍特征值。

此外，也可利用柱纵向钢筋进行约束，因此柱的纵筋间距不宜大于200mm，还可以在节点核心两侧的梁高度范围内设置竖向剪力钢筋，形成笼状约束，从而提高节点的承载力。

封闭箍筋应有135°弯钩，弯钩末端直线延长段不宜小于10倍箍筋直径并锚入核心区混凝土内箍筋的无支承长度不得大于350mm，否则应配置辅助拉条。

柱中的纵向受力钢筋不宜在节点中切断。

5.4.3.2　梁柱纵筋在节点区的锚固

在反复荷载作用下，钢筋与混凝土的黏结强度将发生退化，梁筋锚固破坏是常见的脆性破坏形式之一。锚固破坏将大大降低梁截面后期抗弯承载力及节点刚度。当梁端截面的底面钢筋面积与顶面钢筋面积相比相差较多时，底面钢筋更容易产生滑动，应设法防止。

梁筋的锚固方式一般有两种：直线锚固和弯折锚固，在中柱常用直线锚固，在边柱常用90°弯折锚固。

试验表明，直线筋的黏结强度主要与锚固长度、混凝土抗拉强度和箍筋数量等因素有关，也与反复荷载的循环次数有关。反复荷载下黏结强度退化率为0.75左右。因此，可在单调加载的受拉筋最小锚固长度 l_a 的基础上增加一个附加锚固长度 Δl，以满足抗震要求。附加锚固长度 Δl 可用下式计算：

$$\Delta l = l_a \left(\frac{1}{0.75} - 1 \right)$$

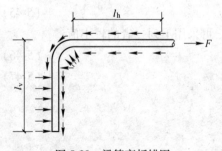

图5-20　梁筋弯折锚固

弯折锚固可分为水平锚固段和弯折锚固段两部分（图5-20）。试验表明，弯折筋的主要持力段是水平段。只是到加载后期，水平段发生黏结破坏、钢筋滑移量相当大时，锚固力才转移由弯折段承担。弯折段对节点核心区混凝土有挤压作用，因而总锚固力比只有水平段要高，但弯折段较短时，其弯折角度有增大趋势，造成节点变形大幅度增加。若无足够的箍筋约束或柱侧面混凝土保护层较弱都将会发生锚固破坏。因此，弯折段长度不能太短，一般不小于15d（d 为纵向钢筋直径）。另外，如无适当的水平段长度，只增加弯折段的长度对提高黏结强度并无显著作用。

根据试验结果,《抗震规范》规定:抗震设计时,钢筋混凝土结构构件纵向受拉钢筋的最小锚固长度应按下列各式采用:

一、二级抗震等级 $l_{aE} = 1.15 l_a$

三级抗震等级 $l_{aE} = 1.05 l_a$ (5-49)

四级抗震等级 $l_{aE} = 1.00 l_a$

式中 l_a——受拉钢筋的锚固长度,按现行国家标准《混凝土结构设计规范》取用。

抗震设计时,框架梁、柱的纵向钢筋在框架节点的锚固和搭接,应符合下列要求(图 5-21):

(1)顶层中节点柱纵向钢筋和边节点柱内侧纵向钢筋应伸至柱顶;当从梁底边计算的直线锚固长度不小于 l_a 时,可不必水平弯折,否则应向柱内或梁内、板内水平弯折;当充分利用柱纵向钢筋的抗拉强度时,锚固段弯折前的竖直投影长度不应小于 $0.5l_{IE}$,弯折后的水平投影长度不宜小于 12 倍的柱纵向钢筋直径。

(2)顶层端节点处,在梁宽范围内柱外侧纵向钢筋可与梁上部纵向钢筋搭接,搭接长度不应小于 $1.5l_a$,且伸入梁内的柱外侧纵向钢筋截面面积不宜小于柱外侧全部纵向钢筋截面面积的 65%;在梁宽范围以外的柱外侧纵向钢筋可伸入现浇板内,其伸入长度与伸入梁内的相同。当柱外侧纵向钢筋的配筋率大于 1.2% 时,伸入梁内的柱纵向钢筋宜分两批截断,其截断点之间的距离不宜小于 20 倍的柱纵向钢筋直径。

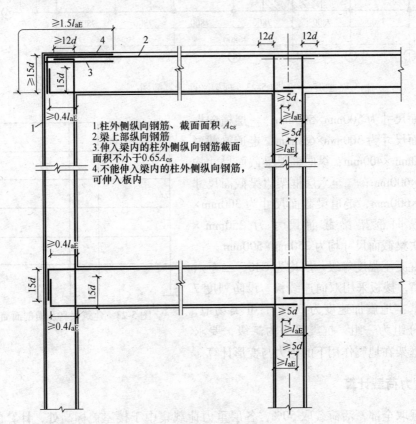

图 5-21 抗震设计时框架梁、柱纵向钢筋在节点区的锚固要求

（3）梁上部纵向钢筋伸入端节点的锚固长度，直线锚固时不应小于 l_a，且伸过柱中心线的长度不宜小于 5 倍的梁纵向钢筋直径；当柱截面尺寸不足时，梁上部纵向钢筋应伸至节点对边并向下弯折，锚固段弯折前的水平投影长度不应小于 $0.4l_a$，弯折后的竖直投影长度应取 15 倍的梁纵向钢筋直径。

（4）梁下部纵向钢筋的锚固与梁上部纵向钢筋相同，但采用 90° 弯折方式锚固时，竖直段应向上弯入节点内。

5.5 框架结构抗震计算例题

某办公楼，主体为 6 层现浇钢筋混凝土框架结构，空心砖填充墙，其柱网布置如图 5-22 所示，建筑层高及横剖面简图如图 5-23 所示，一层柱截面尺寸为 600mm×600mm，二至

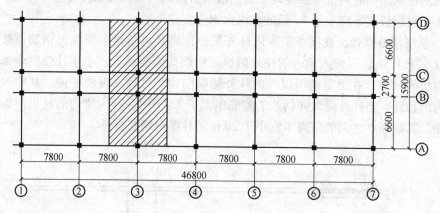

图 5-22　框架平面计算简图

六层柱截面尺寸为 500mm×500mm，一层横向框架边梁截面尺寸为 300mm×650mm，走道梁截面尺寸为 300mm×400mm；纵向框架梁截面尺寸均为 300mm×600mm；二至六层框架边梁截面尺寸为 300mm×600mm，走道梁截面尺寸为 300mm×400mm；纵向框架梁截面尺寸为 250mm×600mm；次梁截面尺寸均为 250mm×500mm。

梁柱混凝土强度等级一层均为 C40，二至六层均为 C35，楼板采用双向连续板。设防烈度 7 度，设计基本地震加速度为 0.15g，Ⅱ 类场地，设计地震分组为一组，抗震等级为二级，要求进行横向框架在地震作用下的内力与变形计算。

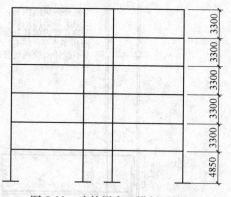

图 5-23　建筑层高及横剖面简图

5.5.1 重力荷载计算

恒荷载取全部，活荷载取 50%，各层重力荷载集中于楼屋盖标高处，计算的重力荷载代表值如图 5-24 所示。

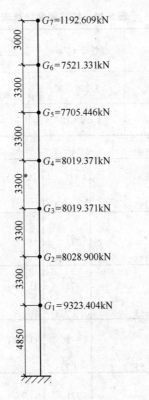

图 5-24 各质点重力荷载代表值

5.5.2 横向框架结构侧向刚度计算

5.5.2.1 框架梁柱线刚度计算

混凝土强度等级、截面、计算跨度不同，则梁、柱线刚度不同，具体如表 5-13 和表 5-14 所示。横向中框架梁、柱线刚度及梁柱线刚度比 $\bar{K}$ 的计算结果见图 5-25。

表 5-13 梁线刚度计算表

层数	梁跨	E /N·mm^{-2}	截面 $b \times h$ /mm×mm	计算跨度 l/mm	矩形截面惯性矩 I_0/mm^4	边框架 $I_b(=1.5I_0)$ /mm^4	边框架 $K_b\left(=\dfrac{EI_b}{l}\right)$ /N·mm	中框架 $I_b(=2.0I_0)$ /mm^4	中框架 $K_b\left(=\dfrac{EI_b}{l}\right)$ /N·mm
6 ~ 2	A~B	3.15×10^4	300×600	6600	5.400×10^9	8.100×10^9	3.866×10^{10}	1.080×10^{10}	5.155×10^{10}
	B~C	3.15×10^4	300×400	2700	1.600×10^9	2.400×10^9	2.800×10^{10}	3.200×10^9	3.733×10^{10}
	C~D	3.15×10^4	300×600	6600	5.400×10^9	8.100×10^9	3.866×10^{10}	1.080×10^{10}	5.155×10^{10}
1	A~B	3.25×10^4	300×650	6600	6.870×10^9	1.031×10^{10}	5.072×10^{10}	1.374×10^{10}	6.762×10^{10}
	B~C	3.25×10^4	300×400	2700	1.600×10^9	2.400×10^9	2.800×10^{10}	3.200×10^9	3.852×10^{10}
	C~D	3.25×10^4	300×650	6600	6.870×10^9	1.031×10^{10}	5.072×10^{10}	1.374×10^{10}	3.852×10^{10}

表 5-14　柱线刚度计算表

楼层	$E/\text{N} \cdot \text{mm}^{-2}$	截面 $b \times h$ /mm×mm	惯性矩 I_0/mm^4	层高 h/mm	$K_c \left(= \dfrac{EI_c}{h} \right) /\text{N} \cdot \text{mm}$
2~6	3.15×10^4	500×500	5.208×10^9	3300	4.971×10^{10}
1	3.25×10^4	600×600	1.080×10^{10}	4850	7.237×10^{10}

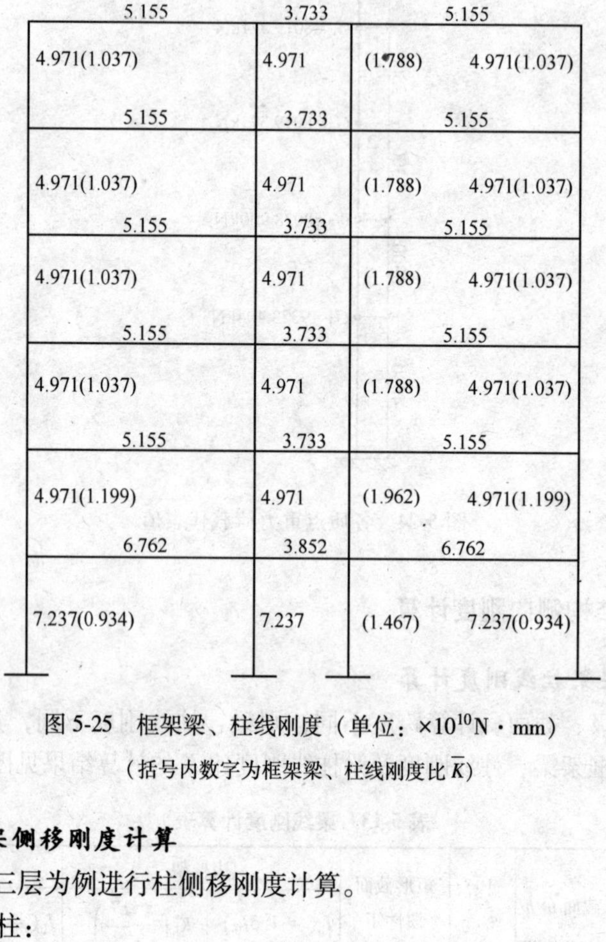

图 5-25　框架梁、柱线刚度（单位：×10¹⁰N · mm）
（括号内数字为框架梁、柱线刚度比 $\overline{K}$）

5.5.2.2　框架侧移刚度计算

以第一层和第三层为例进行柱侧移刚度计算。

（1）第一层边柱：

梁柱线刚度比
$$\overline{K} = \frac{K_b}{K_c} = \frac{6.762}{7.237} = 0.934$$

节点转动影响系数
$$\alpha = \frac{0.5 + \overline{K}}{2 + \overline{K}} = \frac{0.5 + 0.934}{2 + 0.934} = 0.489$$

侧移刚度
$$D_{11} = \alpha \frac{12K_c}{h^2} = \frac{12 \times 7.237 \times 10^{10}}{4850^2} \times 0.489 = 18054\text{N/mm}$$

第一层中柱：

梁柱线刚度比
$$\overline{K} = \frac{\Sigma K_b}{K_c} = \frac{6.762 + 3.852}{7.237} = 1.467$$

节点转动影响系数 $\quad \alpha = \dfrac{0.5 + \bar{K}}{2 + \bar{K}} = \dfrac{0.5 + 1.467}{2 + 1.467} = 0.567$

侧移刚度 $\quad D_{12} = \alpha \dfrac{12K_c}{h^2} = \dfrac{12 \times 7.237 \times 10^{10}}{4850^2} \times 0.567 = 20933 \text{N/mm}$

第一层一榀横向中框架的总侧移刚度为：
$$D_1 = （18054 + 20933）\times 2 = 77974 \text{N/mm}$$

（2）第三层边柱：

梁柱线刚度比 $\quad \bar{K} = \dfrac{\Sigma K_b}{2K_c} = \dfrac{5.155 \times 2}{2 \times 4.971} = 1.037$

节点转动影响系数 $\quad \alpha = \dfrac{\bar{K}}{2 + \bar{K}} = \dfrac{1.037}{2 + 1.037} = 0.341$

侧移刚度 $\quad D_{31} = \alpha \dfrac{12K_c}{h^2} = \dfrac{12 \times 4.971 \times 10^{10}}{3300^2} \times 0.341 = 18679 \text{N/mm}$

第三层中柱：

梁柱线刚度比 $\quad \bar{K} = \dfrac{\Sigma K_b}{2K_c} = \dfrac{(5.155 + 3.733) \times 2}{2 \times 4.791} = 1.788$

节点转动影响系数 $\quad \alpha = \dfrac{\bar{K}}{2 + \bar{K}} = \dfrac{1.788}{2 + 1.788} = 0.472$

侧移刚度 $\quad D_{32} = \alpha \dfrac{12K_c}{h^2} = \dfrac{12 \times 4.971 \times 10^{10}}{3300^2} \times 0.472 = 25855 \text{N/mm}$

第三层一榀横向中框架的总侧移刚度为：
$$D_3 = （18679 + 25855）\times 2 = 89068 \text{N/mm}$$

其余层的计算过程和三层类似，结算结果如表 5-15 和表 5-16 所示。

表 5-15　一榀横向边框架侧移刚度

楼层	柱线刚度 K_c	层高	边框架边柱			边框架中柱			ΣD
			$\bar{K}$	α	D_{i1}	$\bar{K}$	α	D_{i2}	
6	4.971	3300	0.778	0.280	15338	1.341	0.401	21966	74608
5	4.971	3300	0.778	0.280	15338	1.341	0.401	21966	74608
4	4.971	3300	0.778	0.280	15338	1.341	0.401	21966	74608
3	4.971	3300	0.778	0.280	15338	1.341	0.401	21966	74608
2	4.971	3300	0.899	0.310	16981	1.427	0.424	23225	80412
1	7.237	4850	0.701	0.445	16429	1.100	0.516	19050	70958

5.5.3 横向框架侧向刚度比验算

由平面图可知，结构平面内有 5 榀中框架和 2 榀边框架，则各层总侧移刚度等于 5 榀

表 5-16   一榀横向中框架侧移刚度

楼层	柱线刚度 K_c	层高	中框架边柱			中框架中柱			$\sum D$
			$\bar{K}$	α	D_{i1}	$\bar{K}$	α	D_{i2}	
6	4.971	3300	1.037	0.341	18679	1.788	0.472	25855	89068
5	4.971	3300	1.037	0.341	18679	1.788	0.472	25855	89068
4	4.971	3300	1.037	0.341	18679	1.788	0.472	25855	89068
3	4.971	3300	1.037	0.341	18679	1.788	0.472	25855	89068
2	4.971	3300	1.199	0.375	20541	1.962	0.495	27115	95312
1	7.237	4850	0.934	0.489	18054	1.467	0.567	20933	77974

中框架和 2 榀边框架侧移刚度之和。

例如：$\sum D_6 = 89068 \times 5 + 74608 \times 2 = 594556\text{N/mm}$。

对于框架结构，楼层与上部相邻楼层的侧移刚度比 γ_1 按下式计算：

$$\gamma_1 = D_{i-1}/D_i$$

例如：$\sum D_1 / \sum D_2 = 0.834 > 0.7$，故该框架为规则框架。

楼层与上部相邻楼层的侧移刚度比验算见表 5-17。

表 5-17   楼层与上部相邻楼层的侧移刚度比验算

楼层	1	2	3	4	5	6
D_i	531786	637384	594556	594556	594556	594556
D_{i-1}/D_i	0.834	1.072	1.000	1.000	1.000	—

由表 5-17 可知，各层侧移刚度比均大于 0.7，且与上部相邻三层侧移刚度比 γ_1 的平均值均大于 0.8，故满足要求，该框架为规则框架。

5.5.4   自振周期计算

由于本设计为质量和刚度沿高度方向分布比较均匀的框架结构，所以基本自振周期 $T_1(\text{s})$ 可按顶点位移法估算：

$$T_1 = 1.7 \psi_T \sqrt{\mu_T}$$

式中 ψ_T——结构基本自振周期考虑非承重砖墙影响的折减系数，考虑填充墙框架自振周期减少的影响，取 0.6；

       μ_T——计算结构基本自振周期用的结构顶点假想位移，即假想把集中在各层楼面处的重力荷载代表值作为水平荷载而算得的结构顶点位移。

对于屋面局部突出的房间，按顶点位移相等的原则将其重力荷载代表值折算到主体结构的顶层，本设计中

$$G_e = G_{n+1}\left(1 + \frac{3h_1}{2H}\right) = 1192.609 \times \left(1 + \frac{3 \times 3.0}{2 \times 21.35}\right) = 1443.979\text{kN}$$

结构顶点假想侧移计算见表 5-18。

按前述方法估算基本周期：

$$T_1 = 1.7 \psi_T \sqrt{\mu_T} = 1.7 \times 0.6 \times \sqrt{0.2977} = 0.557\text{s}$$

表 5-18 结构顶点假想侧移计算

楼层	G_i	$V_{Gi} = \sum\limits_{k=i}^{n} G_k$	ΣD_i	$\Delta u_i = \dfrac{V_{Gi}}{\Sigma D_i}$	$u_i = \sum\limits_{k=1}^{i} \Delta u_i$
6	8965.310	8965.310	594556	15.079	297.732
5	7705.446	16670.756	594556	28.039	282.635
4	8019.371	24690.127	594556	41.527	254.596
3	8019.371	32709.498	594556	55.015	213.069
2	8028.900	40738.398	637384	63.915	158.054
1	9323.404	50061.802	531786	94.139	94.139

5.5.5 水平地震作用

由于本设计中所示结构高度未超过 40m，质量和刚度沿高度分布比较均匀，变形以剪切型为主，故采用底部剪力法计算水平地震作用。

首先计算结构等效重力荷载 G_{eq}：

$$G_{eq} = 0.85 \times \Sigma G_i$$
$$= 0.85 \times (9323.404 + 8028.900 + 8019.371 \times 2 + 7705.446 +$$
$$7521.331 + 1192.609)$$
$$= 49810.432 \text{kN}$$

其次，计算水平地震影响系数 α_1。

根据《建筑抗震规范》5.1.5 条规定，当 $T_g \leqslant T_1 \leqslant 5T_g$ 时，

$$\alpha_1 = \left(\frac{T_g}{T_1}\right)^{\gamma} \eta_2 \alpha_{max}$$

其中，γ 取 0.9，η_2 取 1.0，水平地震影响系数 α_{max} 取 0.12，特征周期 T_g 取 0.35，则

$$\alpha_1 = \left(\frac{T_g}{T_1}\right)^{\gamma} \eta_2 \alpha_{max} = \left(\frac{0.35}{0.557}\right)^{0.9} \times 1.0 \times 0.12 = 0.0788 \text{s}$$

最后，确定结构水平地震作用标准值 F_{Ek}：

$$F_{Ek} = \alpha_1 \cdot G_{eq} = 0.0788 \times 49810.432 = 3925.06 \text{kN}$$

因为 $1.4T_g = 1.4 \times 0.35 = 0.49 < T_1 = 0.557 \text{s}$，所以考虑顶部附加水平地震作用，顶部附加地震作用系数 δ_n 按《建筑抗震规范》5.2.1 条规定取用，即

$$\delta_n = 0.08T_1 + 0.07 = 0.08 \times 0.557 + 0.07 = 0.11456$$
$$\Delta F_6 = 0.11456 \times 3925.06 = 449.65 \text{kN}$$

将上述计算结果代入下式可得各楼层地震剪力，

$$F_i = \frac{G_i H_i}{\sum\limits_{j=1}^{n} G_j H_j} F_{Ek}(1 - \delta_n)$$

计算结果及过程如表 5-19 所示。

表 5-19   各质点横向水平地震作用及楼层地震剪力计算

楼层	H_i	G_i	G_iH_i	$\dfrac{G_iH_i}{\Sigma G_jH_j}$	$F_i = \dfrac{G_iH_i}{\sum\limits_{j=1}^{n} G_jH_j} \cdot F_{Ek}(1-\delta_n)$	层间剪力 V_i
7	24.35	1192.609	29040.030	0.045	155.40	155.40
6	21.35	7521.331	160580.420	0.247	1308.95	1464.35
5	18.05	7705.446	139083.300	0.214	744.26	2208.61
4	14.75	8019.371	118285.720	0.182	632.97	2841.58
3	11.45	8019.371	91821.800	0.141	491.36	3332.93
2	8.15	8028.900	65435.540	0.101	350.16	3683.09
1	4.85	9323.404	45218.510	0.070	241.97	3925.06

5.5.6   水平地震作用下位移验算

计算水平地震作用下框架结构的层间位移 Δu_i：

$$\Delta u_i = \frac{V_i}{\sum\limits_{j=1}^{s} D_{ij}}$$

计算顶点位移 u：

$$u = \sum_{k=1}^{n} \Delta u_k$$

还计算了各层的层间弹性位移角 θ_e：

$$\theta_e = \frac{\Delta u_i}{h_i}$$

其计算结果及过程如表 5-20 所示。

表 5-20   横向水平地震作用下的位移验算

楼层	$V_i = \sum\limits_{k=1}^{n} F_k$	ΣD_i	$\Delta u_i = \dfrac{V_i}{\Sigma D_i}$	h_i	$\theta_e = \dfrac{\Delta u_i}{h_i}$	$u_i = \sum\limits_{k=1}^{n} (\Delta u)_k$
6	1464.35	594556	2.46	3300	1/1340	29.72
5	2208.61	594556	3.71	3300	1/888	27.26
4	2841.58	594556	4.78	3300	1/690	23.55
3	3332.93	594556	5.61	3300	1/589	18.77
2	3683.09	637384	5.78	3300	1/571	13.16
1	3925.06	531786	7.38	4850	1/657	7.38

由表 5-20 可见，最大层间弹性位移角发生在第二层，其值为 1/571，根据《建筑抗震规范》5.5.1 条规定，钢筋混凝土框架结构的 $[\theta_e] = 1/550$，大于 1/571。所以满足要求。

5.5.7 水平地震作用下横向框架内力分析

以图 5-22 中③轴线横向框架在左地震作用下作为计算对象,进行内力计算。水平地震作用下的横向框架柱端弯矩的计算采用 D 值法,首先要确定反弯点的位置。

5.5.7.1 柱反弯点位置

计算各柱的反弯点高度比:

$$y = y_n + y_1 + y_2 + y_3$$

其中 y_n 查倒三角形分布水平荷载下各层柱标准反弯点高度比,在本设计中上下层线刚度未发生变化,所以 y_1 不调整,底层柱修正值 y_2,二层柱修正值 y_3,其余柱均无修正,具体修正过程及结果如表 5-21 所示。

表 5-21 柱反弯点计算

楼层	层高	Ⓐ柱/Ⓓ柱						Ⓑ柱/Ⓒ柱					
		$\overline{K}$	y_n	y_1	y_2	y_3	yh	$\overline{K}$	y_n	y_1	y_2	y_3	yh
6	3.3	1.037	0.381	0	0	0	1.256	1.788	0.429	0	0	0	1.415
5	3.3	1.037	0.45	0	0	0	1.485	1.788	0.45	0	0	0	1.485
4	3.3	1.037	0.452	0	0	0	1.491	1.788	0.489	0	0	0	1.615
3	3.3	1.037	0.50	0	0	0	1.650	1.788	0.50	0	0	0	1.650
2	3.3	1.199	0.50	0.102	0	-0.06	1.789	1.962	0.50	0.053	0	-0.018	1.767
1	4.85	0.934	0.65	0	-0.052	0	2.900	1.467	0.623	0	-0.052	0	2.771

5.5.7.2 各层柱端弯矩及剪力计算

柱的剪力根据各柱的抗侧移刚度分配,即:

$$V_{ij} = \frac{D_{ij}}{\sum\limits_{j=1}^{n} D_{ij}} V_i$$

得到 V_{ij} 后,该柱上下端弯矩 M_{ij}^u、M_{ij}^l 按下式计算:

$$M_{ij}^l = V_{ij} \cdot yh$$

$$M_{ij}^u = V_{ij} \cdot (1 - y)h$$

具体的计算过程及结果如表 5-22 和表 5-23 所示。

表 5-22 各层边柱柱端弯矩及剪力计算

楼层	h_i /m	V_i /kN	$\sum D_{ij}$	Ⓐ柱/Ⓓ柱					
				D_{i1}	V_{i1}	K	y	M_{i1}^l	M_{i1}^u
6	3.3	1464.35	594556	18679	46.01	1.037	0.381	57.70	94.13
5	3.3	2208.61	594556	18679	69.39	1.037	0.450	103.04	125.94
4	3.3	2841.58	594556	18679	89.27	1.037	0.452	132.57	162.03
3	3.3	3332.93	594556	18679	104.71	1.037	0.500	172.77	172.77
2	3.3	3683.09	637384	20541	118.70	1.199	0.542	211.51	180.18
1	4.85	3925.06	531786	18054	133.25	0.934	0.598	387.77	258.51

表 5-23　各层中柱柱端弯矩及剪力计算

楼层	h_i /m	V_i /kN	ΣD_{ij}	⑧柱/ⓒ柱					
				D_{i2}	V_{i2}	K	y	M_{i2}^l	M_{i2}^u
6	3.3	1464.35	594556	25855	63.68	1.788	0.428	89.79	119.78
5	3.3	2208.61	594556	25855	96.04	1.788	0.450	142.63	174.32
4	3.3	2841.58	594556	25855	123.57	1.788	0.489	200.18	207.97
3	3.3	3332.93	594556	25855	144.94	1.788	0.500	239.15	239.15
2	3.3	3683.09	637384	27115	156.68	1.962	0.536	278.90	237.84
1	4.85	3925.06	531786	20933	154.50	1.467	0.571	427.98	322.22

具体计算过程以第六层边柱为例，其余各层同理。

$$V_{61} = (18679/594556) \times 1464.35 = 46.01\text{kN}$$

$$M_{61}^l = V_{61} \cdot yh = 46.01 \times 0.381 \times 3.3 = 57.70\text{kN} \cdot \text{m}$$

$$M_{61}^u = V_{61} \cdot (1 - y)h = 46.01 \times (1 - 0.381) \times 3.3 = 94.13\text{kN} \cdot \text{m}$$

5.5.7.3　梁端弯矩、剪力及轴力计算

根据上述计算得到柱端弯矩的值，采用节点平衡的方式，根据梁线刚度按照其线刚度分配的原则计算梁端弯矩，以一层 AB 跨的弯矩计算说明具体过程：

A 节点：

对于 A 节点，K_b^l 为 0。

$$M_b^r = \frac{K_b^r}{K_b^l + K_b^r}(M_{i+1, j}^l + M_{i, j}^u) = \frac{6.762 \times 10^{10}}{0 + 6.762 \times 10^{10}} \times (211.51 + 258.51) = 470.02\text{kN} \cdot \text{m}$$

B 节点：

$$M_b^l = \frac{K_b^r}{K_b^l + K_b^r}(M_{i+1, j}^l + M_{i, j}^u) = \frac{6.762 \times 10^{10}}{3.852 \times 10^{10} + 6.762 \times 10^{10}} \times (278.90 + 322.22)$$

$$= 384.72\text{kN} \cdot \text{m}$$

$$M_b^r = (M_{i+1, j}^l + M_{i, j}^u) - M_b^l = 278.90 + 322.22 - 384.72 = 216.40\text{kN} \cdot \text{m}$$

计算所得到的弯矩为节点弯矩，将其反向即得到所需杆的弯矩。

所以 AB 梁的剪力为：

$$V_b = \frac{M_b^r + M_b^l}{l} = \frac{470.02 + 384.72}{6.6} = 129.51\text{kN} \cdot \text{m}$$

二层 AB 跨：

A 节点：

对于 A 节点，K_b^l 为 0。

$$M_\text{b}^\text{r} = \frac{K_\text{b}^\text{r}}{K_\text{b}^\text{l} + K_\text{b}^\text{r}}(M_{i+1,\,j}^\text{l} + M_{i,\,j}^\text{u}) = \frac{5.155 \times 10^{10}}{0 + 5.155 \times 10^{10}} \times (172.77 + 180.18) = 352.95\text{kN} \cdot \text{m}$$

B 节点：

$$M_\text{b}^\text{l} = \frac{K_\text{b}^\text{r}}{K_\text{b}^\text{l} + K_\text{b}^\text{r}}(M_{i+1,\,j}^\text{l} + M_{i,\,j}^\text{u}) = \frac{5.155 \times 10^{10}}{5.155 \times 10^{10} + 3.733 \times 10^{10}} \times (239.15 + 237.84)$$

$$= 276.65\text{kN} \cdot \text{m}$$

$$M_\text{b}^\text{r} = (M_{i+1,\,j}^\text{l} + M_{i,\,j}^\text{u}) - M_\text{b}^\text{l} = 239.15 + 237.84 - 276.65 = 200.34\text{kN} \cdot \text{m}$$

所以 AB 梁的剪力为：

$$V_\text{b} = \frac{M_\text{b}^\text{r} + M_\text{b}^\text{l}}{l} = \frac{352.95 + 276.65}{6.6} = 95.39\text{kN} \cdot \text{m}$$

其余各梁端弯矩及剪力计算与上述相同，具体计算过程及结果如表 5-24 所示。

表 5-24　梁端弯矩、剪力计算

楼层	AB 梁/CD 梁				BC 梁			
	M_b^l	M_b^r	L	V_b	M_b^l	M_b^r	L	V_b
6	94.13	69.47	6.6	−24.80	50.31	50.31	2.7	−37.26
5	183.64	153.18	6.6	−51.03	110.93	110.93	2.7	−82.17
4	265.07	203.35	6.6	−70.91	147.25	147.25	2.7	−109.08
3	305.34	254.81	6.6	−84.87	184.52	184.52	2.7	−136.68
2	352.95	276.65	6.6	−95.39	200.34	200.34	2.7	−148.40
1	470.02	384.72	6.6	−129.51	216.40	216.40	2.7	−160.30

柱的轴力根据下式计算：

$$N_i = \sum_{k=i}^{n} (V_\text{b}^\text{l} - V_\text{b}^\text{r})_k$$

由此可得四根柱的轴力，如表 5-25 所示。

表 5-25　柱轴力计算

楼层	N_A	N_B	N_C	N_D
6	−24.80	−12.46	12.46	24.80
5	−75.83	−43.59	43.59	75.83
4	−146.80	−81.70	81.70	146.80
3	−231.67	−133.51	133.51	231.67
2	−327.07	−186.51	186.51	327.07
1	−456.57	−217.30	217.30	456.57

综合上述内容，做水平左地震作用下的③轴线框架的弯矩图、梁端剪力图及柱轴力图，如图 5-26~图 5-28 所示。

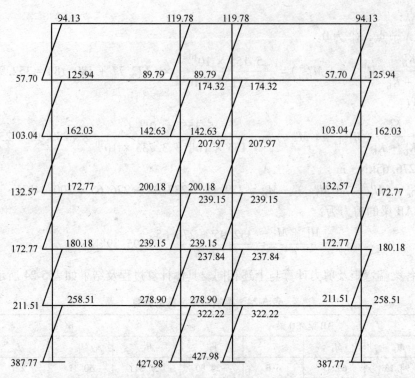

图 5-26　左地震作用下框架柱弯矩图（单位：kN·m）

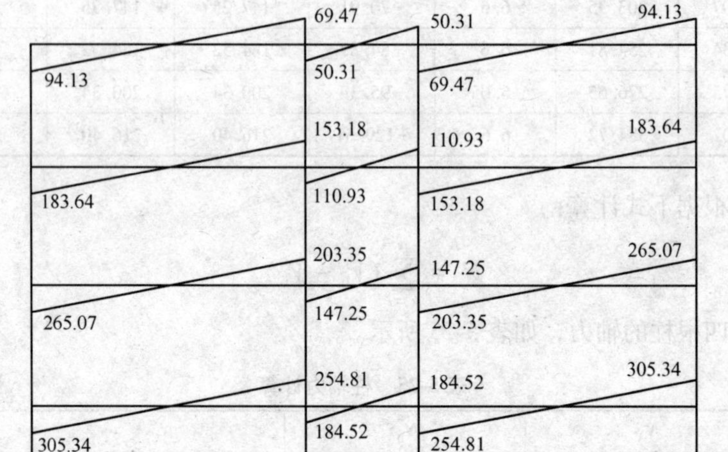

图 5-27　左地震作用下框架梁弯矩图（单位：kN·m）

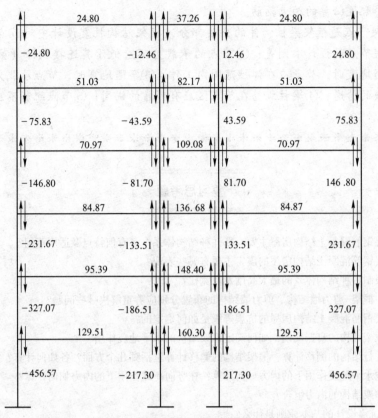

图 5-28　左地震作用下梁端弯矩剪力及轴力图（单位：kN）

****

本 章 小 结

本章简要介绍了多层和高层钢筋混凝土结构房屋主要的结构体系及布置要求，给出了多层和高层钢筋混凝土结构房屋（主要是框架结构房屋）的抗震设计内容、步骤及基本要求。

（1）结构抗震计算的内容一般包括：①结构动力特性分析，主要是结构自振周期的确定；②结构地震反应计算，包括多遇烈度下的地震反应与结构侧移计算；③结构内力分析；④截面抗震设计等。

（2）多层和高层钢筋混凝土结构房屋的水平地震作用一般可通过底部剪力法或振型分解法依据反应谱理论确定。

（3）地震区的框架结构，应设计成延性框架，遵守"强柱弱梁"、"强剪弱弯"、强节点、强锚固等设计原则。

（4）框架梁设计的基本要求是：①梁端形成塑性铰后仍有足够的受剪承载力；②梁筋屈服后，塑性铰区段应有较好的延性和消能能力；③应可靠解决梁筋锚固问题。

（5）框架柱的设计应遵循以下设计原则：①强柱弱梁，使柱尽量不出现塑性铰；②在弯曲破坏之前不发生剪切破坏，使柱有足够的抗剪能力；③控制柱的轴压比不要太大；

④加强约束，配置必要的约束箍筋。

（6）框架节点是框架梁柱构件的公共部分，框架结构抗震设计中对节点应予以足够的重视。框架节点的设计准则是：①节点的承载力不应低于其连接构件（梁、柱）的承载力；②多遇地震时，节点应在弹性范围内工作；③罕遇地震时，节点承载力的降低不得危及竖向荷载的传递；④梁柱纵筋在节点区应有可靠的锚固；⑤节点配筋不应使施工过分困难。

＊＊＊＊＊＊＊＊＊＊＊＊＊＊＊＊＊＊＊＊＊＊＊＊＊＊＊＊＊＊＊＊＊

复习思考题

5-1　多层和高层钢筋混凝土结构房屋主要有哪几种结构体系？各有何特点及适用范围？

5-2　多层和高层钢筋混凝土结构房屋的震害主要有哪些表现？

5-3　为什么要限制各种结构体系的最大高度及高宽比？

5-4　框架结构、框架-剪力墙结构、剪力墙结构的布置分别应着重解决哪些问题？

5-5　多层和高层钢筋混凝土结构房屋的抗震等级是如何确定的？

5-6　如何计算框架结构的自振周期？如何确定框架结构的水平地震作用？

5-7　为什么要进行结构的侧移计算？框架结构的侧移计算包括哪几个方面？各如何计算？

5-8　框架结构在水平地震作用下的内力如何计算？在竖向荷载作用下的内力如何计算？

5-9　如何进行框架结构的内力组合？

5-10　框架结构抗震设计的基本原则是什么？

5-11　如何进行框架梁、柱、节点设计？

5-12　框架结构中的填充墙布置应符合哪些要求？

5-13　框架梁、柱纵向受力钢筋的锚固和接头有何要求？箍筋锚固有何要求？

6 多层砌体结构房屋的抗震设计

本章提要

　　本章叙述了多层砌体结构房屋的主要结构体系及震害特点；介绍了多层砌体结构房屋，底层或底部两层框架-抗震墙砌体房屋在结构布置方面的基本要求；重点讨论了砌体结构抗震计算和抗震构造措施等方面的抗震设计问题，并给出了设计例题。

6.1　概　　述

　　砌体结构，通常是指由黏土砖、混凝土砌块等砌成的结构，多层砌体结构房屋包括砌体承重的多层房屋，底层或底部两层框架-抗震墙砌体房屋，这是我国居住、办公、学校等建筑中普遍使用的一种结构形式。

　　由于砌体是一种脆性材料，其抗拉、抗剪、抗弯强度均较低，因而砌体房屋的抗震性能相对较差。在国内外历次强烈地震中，砌体结构的破坏率相当高。

　　同时，震害调查表明，不仅在 7 度、8 度区，甚至在 9 度区，砌体结构房屋震害较轻，或者基本完好的也不乏其例。实践表明，只要经过认真的抗震设计，通过合理的抗震设防、得当的构造措施、良好的施工质量保证，则即使在中、高烈度区，砌体结构房屋也能够不同程度地抵御地震的破坏。

　　在砌体结构房屋中，墙体是主要的承重构件，它不仅承受竖直方向的荷载，也承受水平和竖直方向的地震作用，受力复杂，加之砌体本身的脆性性质，地震时在墙体上很容易产生裂缝。在反复地震作用下，裂缝会不断发展、增多、加宽，最后导致墙体崩塌、楼盖塌落、房屋破坏。其震害情况大致如下：

　　（1）房屋倒塌。当房屋墙体特别是底层墙体整体抗震强度不足时，易造成房屋整体倒塌；当房屋局部或上层墙体抗震强度不足时，易发生局部倒塌；当个别部位构件间强度连接不足时，易造成局部倒塌。

　　（2）墙体开裂、破坏。墙体裂缝形式主要是水平裂缝、斜裂缝、交叉裂缝和竖向裂缝。墙体出现斜裂缝的主要原因是抗剪强度不足。高宽比较小的墙片易出现斜裂缝，高宽比较大的窗间墙易出现水平偏斜裂缝。当墙片平面外受弯时，易出水平裂缝；当纵横墙交接处连接不好时，易出现竖向裂缝。

　　（3）墙角破坏。墙角为纵横墙的交汇点，地震作用下其应力状态复杂，因而其破坏形态多种多样，有受剪斜裂缝、受压竖向裂缝、块材被压碎或墙角脱落。

　　（4）纵横墙连接破坏。一般是因为施工时纵横墙没有很好的咬槎，连接差，加之地震时两个方向地震作用使连接处受力复杂，应力集中，这种破坏将导致整片纵墙外闪甚至倒塌。

（5）楼梯间破坏。主要是墙体破坏，而楼梯本身很少破坏。这是因为楼梯在水平方向刚度大，不易破坏，而墙体在高度方向缺乏有力支撑，空间刚度差，且高厚比较大，稳定性差，容易造成破坏。

（6）楼盖与屋盖破坏。主要是因为楼板支承长度不足，引起局部倒塌，或是其下部的支承墙体破坏倒塌，引起楼、屋盖倒塌。

（7）附属构件的破坏。主要是由于这些构件与建筑物本身连接较差等原因，在地震时造成大量破坏。如突出屋面的小烟囱、女儿墙、门脸或附墙烟囱的倒塌，隔墙等非结构构件、室内外装饰等开裂、倒塌。

6.2　结构方案与结构布置

实践证明，多层砌体结构建筑布置的具体做法及结构构件的具体选择对建筑物的抗震性能以及是否会出现大的震害关系重大，因而，在具体进行建筑平面、立面以及结构抗震体系的布置与选择方面，除应满足一般原则要求外，还必须遵循以下一些规定。

（1）建筑平面及结构布置。多层砌体房屋应优先采用横墙承重或纵横墙共同承重的结构体系；不应采用砌体墙和混凝土墙混合承重的结构体系；纵横向砌体抗震墙的布置宜均匀对称，沿平面内宜对齐，沿竖向应上下连续，且纵横向墙体的数量不宜相差过大；平面轮廓凹凸尺寸不应超过典型尺寸的 50%，当超过典型尺寸的 25% 时，房屋转角处应采取加强措施；楼板局部大洞口的尺寸不宜超过楼板宽度的 30%，且不应在洞口两侧同时开洞；房屋错层的楼板高差超过 500mm 时，应按两层计算，错层部位的墙体应采取加强措施；墙面洞口的面积，6 度、7 度时不宜大于墙面总面积的 55%，8 度、9 度时不宜大于 55%；同一轴线上的窗间墙宽度宜均匀；在房屋宽度方向的中部应设置内纵墙，其累计长度不一小于房屋总长度的 60%（高宽比大于 4 的墙段不计入）；楼梯间不宜设置在房屋的尽端或转角处；不应在房屋的转角处设置转角窗；横墙较少、跨度较大的房屋，宜采用现浇钢筋混凝土楼、屋盖。

房屋有下列情况之一时宜设置防震缝，缝两侧均应设置墙体，缝宽应根据烈度和房屋高度确定，可采用 70~100mm：

①房屋立面高差在 6m 以上；

②房屋有错层，且楼板高差大于层高的 1/4；

③各部分结构刚度、质量截然不同。

（2）多层房屋的总高度和层数限制。一般情况下，房屋的层数和总高度不应超过表6-1 的规定。横墙较少（横墙较少是指同一楼层内开间大于 4.2m 的房间占该层总面积的40% 以上；其中，开间不大于 4.2m 的房间占该层总面积不到 20% 且开间大于 4.8m 的房间占该层总面积的 50% 以上为横墙较少）的多层砌体房屋，总高度应比表 6-1 的规定降低3m，层数相应减少一层；各层横墙很少的多层砌体房屋，还应再减少一层。6 度、7 度时，横墙较少的丙类多层砌体房屋，当按规定采取加强措施并满足抗震承载力要求时，其高度和层数应允许仍按表 6-1 的规定采用。

表 6-1 房屋的层数和总高度限值 （m）

房屋类别		最小抗震墙厚度/mm	烈度和设计基本地震加速度									
			6度		7度				8度				9度	
			0.05g		0.10g		0.15g		0.20g		0.30g		0.40g	
			高度	层数	高度	层数	高度	层数	高度	层数	高度	层数	高度	层数
多层砌体房屋	普通砖	240	21	7	21	7	21	7	18	6	15	5	12	4
	多孔砖	240	21	7	21	7	18	6	18	6	15	5	9	3
	多孔砖	190	21	7	18	6	15	5	15	5	12	4	—	—
	小砌块	190	21	7	21	7	18	6	18	6	15	5	9	3
底部框架-抗震墙砌体房屋	普通砖	240	22	7	22	7	19	6	16	5				
	多孔砖													
	多孔砖	190	22	7	19	6	16	5	13	4	—	—	—	—
	小砌块	190	22	7	22	7	19	6	16	5	—	—	—	—

注：房屋的总高度指室外地面到主要屋面板板顶或檐口的高度，半地下室从地下室室内地面算起，全地下室和嵌固条件好的半地下室应允许从室外地面算起；对带阁楼的坡屋面应算到山尖墙的 1/2 高度处；室内外高差大于 0.6m 时，房屋总高度应允许比表中的数据适当增加，但增加量应少于 1.0m；乙类的多层砌体房屋仍按本地区设防烈度查表，其层数应减少一层且总高度应降低 3m；不应采用底部框架-抗震墙砌体房屋；表中小砌块砌体房屋不包括钢筋混凝土小型空心砌块砌体房屋。

普通砖（包括烧结、蒸压、混凝土普通砖）、多孔砖（包括烧结、混凝土多孔砖）和混凝土小型空心砌块砌体承重的多层房屋的层高，不应超过 3.6m。钢筋混凝土底部框架-抗震墙砌体房屋的底部，层高不应超过 4.5m；当底层采用约束砌体抗震墙时，底层的层高不应超过 4.2m。

（3）多层砌体房屋高宽比限值见表 6-2。

表 6-2 房屋最大高宽比

烈 度	6度	7度	8度	9度
最大高宽比	2.5	2.5	2.0	1.5

注：单面走廊房屋的总宽度不包括走廊宽度；建筑平面接近正方形时，其高宽比宜适当减少。

（4）房屋抗震横墙的间距限值见表 6-3。

表 6-3 房屋抗震横墙的间距 （m）

房屋类别		烈 度			
		6度	7度	8度	9度
多层砌体房屋	现浇或装配整体式钢筋混凝土楼、屋盖	15	15	11	7
	装配式钢筋混凝土楼、屋盖	11	11	9	4
	木屋盖	9	9	4	—
底部框架-抗震墙砌体房屋	上部各层	同多层砌体房屋			—
	底层或底部两层	18	15	11	—

注：多层砌体房屋的顶层，除木屋盖外的最大横墙间距应允许适当放宽，但应采取相应加强措施；多孔砖抗震横墙厚度为 190mm 时，最大横墙间距应比表中数值减少 3m。

（5）房屋中砌体墙段的局部尺寸限值见表6-4。

表6-4 房屋的局部尺寸限值　　　　（m）

部　　　位	6度	7度	8度	9度
承重窗间墙最小宽度	1.0	1.0	1.2	1.5
承重外墙尽端至门窗洞边的最小距离	1.0	1.0	1.2	1.5
非承重外墙尽端至门窗洞边的最小距离	1.0	1.0	1.0	1.0
内墙阳角至门窗洞边的最小距离	1.0	1.0	1.5	2.0
无锚固女儿墙（非出入口处）的最大高度	0.5	0.5	0.5	0.0

注：局部尺寸不足时，应采取局部加强措施弥补，且最小宽度不宜小于1/4层高和表列数据的80%；出入口的女儿墙应有锚固。

6.3　多层砌体房屋抗震计算

地震时，在水平及竖直方向都有地震作用，某些情况下还有地震扭转作用。一般来讲，对地震的竖向作用，仅在长悬臂和其他大跨度结构以及烟囱等高耸结构、高层建筑中才加以考虑，对于多层砌体房屋不要求进行这方面的计算。对地震的扭转作用，在多层砌体房屋中亦可不作计算，仅在进行建筑平面、立面布置及结构布置时尽量质量、刚度均匀，一方面减少扭转的影响，另一方面增强抗扭能力。因此，对多层砌体房屋抗震计算，一般只需验算房屋在横向和纵向水平地震作用下，横墙和纵墙在其自身平面内的剪切强度。同时《抗震规范》规定，进行多层砌体房屋抗震强度验算时，可只选择从属面积较大或竖向应力较小的墙段进行截面承载力验算。

6.3.1　计算简图

在确定多层砌体结构房屋的计算简图时，主要有以下考虑：

（1）在建筑物两个主轴方向分别计算水平地震作用并进行抗震验算。

（2）地震作用下结构的变形为剪切型。这是因为对多层砌体结构房屋的高度、高宽比及横墙间距都有一定的规定和限制，且房屋高度较低，可以认为砌体房屋在水平地震作用下的变形以层间剪切变形为主。

（3）房屋各层楼盖水平刚度无限大，仅做平移运动，因此各抗侧力构件在同一楼层标高处侧移相同。

在计算多层砌体房屋地震作用时，应以防震缝所划分的结构单元作为计算单元，在计算单元中各楼层的集中质点设在楼、屋盖标高处，各楼层质点重力荷载应包括：楼、屋盖上的重力荷载代表值，楼层上下各半层墙体的重力荷载。图6-1为多层砌体房屋的计算简图。

计算简图中结构底部固定端标高的取法：对于多层砌体结构房屋，当基础埋置较浅时，取为基础顶面；当基础埋置较深时，可取为室外地坪下0.5m处；当设有整体刚度很大的全地下室时，则取为地下室顶板顶部；当地下室整体刚度较小或为半地下室时，则应取为地下室室内地坪处。

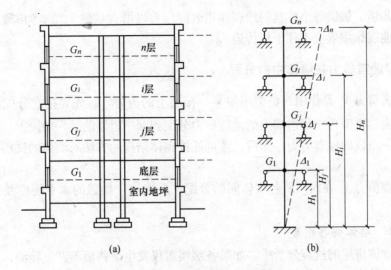

图 6-1　多层砌体房屋的计算简图
（a）多层砌体房屋；（b）计算简图

6.3.2　地震作用

因为多层砌体结构房屋的质量和刚度沿高度分布均匀，且以剪切型变形为主，故可以按底部剪力法来确定其地震作用。结构底部总水平地震作用的标准值 F_{Ek} 由式（3-107）计算：

$$F_{Ek} = \alpha_1 G_{eq} \tag{6-1}$$

考虑到多层砌体房屋中纵向和横向承重墙体的数量较多，房屋的侧向刚度很大，因而其纵向和横向基本周期较短，一般均不超过 0.25s。所以《抗震规范》规定：对于多层砌体房屋确定水平地震作用时，采用 $\alpha_1 = \alpha_{max}$ ，α_{max} 为水平地震影响系数最大值。这是偏于安全的。

计算质点 i 的水平地震作用标准值 F_i 时，考虑到多层砌体房屋的自振周期较短，地震作用采用倒三角形分布，其顶部误差不大，故取 $\delta_n = 0$，则 F_i 的计算公式（3-110）成为：

$$F_i = \frac{G_i H_i}{\sum\limits_{j=1}^{n} G_j H_j} F_{Ek} \tag{6-2}$$

如图 6-2 所示。

作用在第 i 层的地震剪力 V_i 为 i 层以上各层地震作用之和，即：

$$V_i = \sum_{i=1}^{n} F_i \tag{6-3}$$

采用底部剪力法时，对于突出屋面的

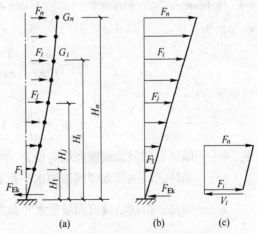

图 6-2　多层砌体房屋地震作用分布
（a）地震作用分布图；（b）地震作用图；
（c）i 层地震剪力

屋顶间、女儿墙、烟囱等小建筑的地震作用效应应乘以增大系数 3，以考虑鞭梢效应。此增大部分的地震作用效应不往下层传递。

6.3.3　楼层地震剪力在墙体中的分配

楼层地震剪力 V_i 是作用在整个房屋某一楼层上的剪力。首先要把它分配到同一楼层的各道墙上去，进而再把每道墙上的地震剪力分配到同一道墙的某一墙段上。这样，当某一道墙或某一墙段的地震剪力已知后，才可能按砌体结构的方法对墙体的抗震承载力进行验算。

楼层地震剪力 V_i 在同一层各墙体间的分配主要取决于楼盖的水平刚度及各墙体的侧移刚度。

6.3.3.1　墙体侧移刚度

在多层砌体房屋的抗震分析中，如果各层楼盖仅发生平移而不发生转动，确定墙体的层间抗侧力等效刚度时，视其为下端固定、上端嵌固的构件，即一般假设：各层墙体或开洞墙中的窗间墙、门间墙上下端均不发生转动（图6-3）。对于这类构件在单位水平力作用下由弯曲引起的变形与由剪切引起的变形（图6-4）分别如下所述。

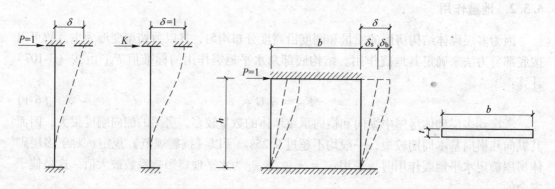

图 6-3　构件的侧移柔度、侧移刚度　　　图 6-4　单位力作用下构件弯曲变形、剪切变形

弯曲变形为：

$$\delta_b = \frac{h^3}{12EI} = \frac{1}{Et} \cdot \frac{h}{b} \cdot \left(\frac{h}{b}\right)^2 \tag{6-4}$$

剪切变形为：

$$\delta_s = \frac{\xi h}{AG} = 3 \cdot \frac{1}{Et} \cdot \frac{h}{b} \tag{6-5}$$

式中　h——墙体、门间墙或窗间墙高度；

　　　A——墙体、门间墙或窗间墙的水平截面面积，$A = bt$；

　　　I——墙体、门间墙或窗间墙的水平截面面积，$I = \frac{1}{12}b^3 t$；

　　b，t——分别为墙体、墙段的宽度和厚度；

　　　ξ——截面剪应力分布不均匀系数，对矩形截面取 $\xi = 1.2$；

　　　E——砌体弹性模量；

G——砌体剪切模量，一般取 $G = 0.4E$；

总变形为：

$$\delta = \delta_b + \delta_s \tag{6-6}$$

将式（6-4）和式（6-5）代入式（6-6），得到构件在单位水平力作用下的总变形为：

$$\delta = \frac{1}{Et} \cdot \frac{h}{b} \cdot \left(\frac{h}{b}\right)^2 + 3 \cdot \frac{1}{Et} \cdot \frac{h}{b} \tag{6-7}$$

图 6-5 给出不同高宽比墙段其剪切变形和弯曲变形的数量关系以及在总变形中所占的比例。从图 6-5 中可以看出：当 $h/b < 1$ 时，弯曲变形占总变形的 10% 以上；当 $h/b > 4$ 时，剪切变形在总变形中所占的比例很小，其侧移柔度值很大；当 $1 \leqslant h/b \leqslant 4$ 时，剪切变形和弯曲变形在总变形中占有相当的比例。为此，《抗震规范》规定：

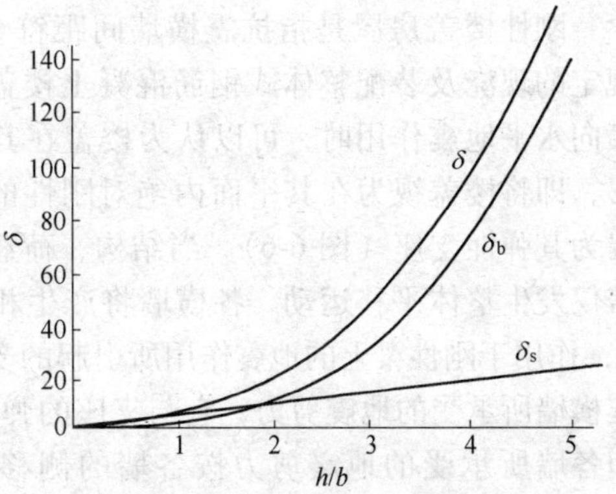

（1）高宽比小于 1 时，可只考虑剪切变形，有：

$$K_s = \frac{1}{\delta_s} = \frac{Etb}{3h} \tag{6-8}$$

图 6-5　剪切变形与弯曲变形
在总变形中的比例关系

（2）高宽比不大于 4 且不小于 1 时，应同时考虑弯曲和剪切变形，即：

$$K_{bs} = \frac{1}{\delta} = \frac{Et}{(h/b)\left[3 + (h/b)^2\right]} \tag{6-9}$$

（3）高宽比大于 4 时，由于侧移柔度值很大，可不考虑其刚度，即取 $K = 0$。

对小开口墙段按毛截面计算的刚度应乘以洞口影响系数。洞口影响系数根据开洞率确定，见表 6-5。

表 6-5　墙段洞口影响系数

开洞率	0.10	0.20	0.30
影响系数	0.98	0.94	0.88

注：1. 开洞率为洞口水平截面积与墙段水平毛截面积之比，相邻洞口之间净宽度小于 500mm 的墙段视为洞口；

　　2. 洞口中线偏离墙段中线大于墙段长度的 1/4 时，表中影响系数值折减 0.9；门洞的洞顶高度大于层高 80% 时，表中数据不适用；窗洞高度大于 50% 层高时，按门洞对待。

6.3.3.2　楼层地震剪力 V_i 的分配原则

当地震作用沿房屋横向作用时，由于横墙在其平面内的刚度很大，而纵墙在其平面内的刚度很小，所以，地震作用的绝大部分由横墙承担；反之，当地震作用沿房屋纵向作用时，则地震作用的绝大部分由纵墙承担。因此在抗震设计中，当抗震横墙间距不超过规定的限值时，则假定 V_i 由各层与 V_i 方向一致的抗震墙体共同承担，即横向地震作用全部由横墙承担，而不考虑纵墙作用；同样，纵向地震作用全部由纵墙承担，而不考虑横墙的作用。

6.3.3.3　横向楼层地震剪力 V_i 的分配

横向楼层地震剪力在横向各抗侧力墙体之间的分配，不仅取决于每片墙体的层间抗侧力等效刚度，而且取决于楼盖的整体水平刚度。楼盖的水平刚度一般取决于楼盖的结构类型和楼盖的长宽比。对于横向计算若近似认为楼盖的长宽比保持不变，则楼盖的水平刚度仅与楼盖的结构类型有关。

A　刚性楼盖房屋

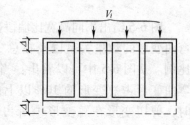

刚性楼盖房屋是指抗震横墙间距符合《抗震规范》规定的现浇及装配整体式钢筋混凝土楼盖房屋。当受到横向水平地震作用时，可以认为楼盖在其水平面内无变形，即将楼盖视为在其平面内绝对刚性的连续梁，而横墙为其弹性支座（图6-6）。当结构、荷载都对称时，楼盖仅发生整体平移运动，各横墙将产生相等的水平位移 Δ，作用于刚性梁上的地震作用所引起的支座反力即为抗震横墙所承受的地震剪力，它与支座的弹性刚度成正比，即各墙所承受的地震剪力按各墙的侧移刚度比例进行分配。

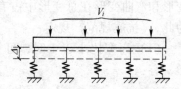

图 6-6　刚性楼盖计算简图

第 i 层各抗震横墙所分担的地震剪力 V_{im} 之和即为该楼层总地震剪力 V_i：

$$\sum_{m=1}^{s} V_{im} = V_i \quad (i = 1,\ 2,\ \cdots,\ n) \tag{6-10}$$

式中　V_{im}——第 i 层第 m 道墙所分担的地震剪力。

V_{im} 即为该墙的侧移值 Δ 与其侧移刚度 K_{im} 的乘积：

$$V_{im} = \Delta \cdot K_{im} \tag{6-11}$$

即

$$\sum_{m=1}^{s} \Delta \cdot K_{im} = V_i$$

则有

$$\Delta = \frac{V_i}{\sum\limits_{m=1}^{s} K_{im}} \tag{6-12}$$

将式（6-12）代入式（6-11）得：

$$V_{im} = \frac{K_{im}}{\sum\limits_{m=1}^{s} K_{im}} V_i \tag{6-13}$$

当计算墙体在其平面内的侧移刚度 K_{im} 时，因其弯曲变形小，故一般可只考虑剪切变形的影响，即：

$$K_{im} = \frac{A_{im} G_{im}}{\xi h_{im}} \tag{6-14}$$

式中 G_{im}——第 i 层第 m 道墙砌体的剪切模量；

A_{im}——第 i 层第 m 道墙净截面面积；

h_{im}——第 i 层第 m 道墙的高度。

若各道墙的高度 h_{im} 相同，材料相同，从而 G_{im} 相同，则：

$$V_{im} = \frac{A_{im}}{\sum\limits_{m=1}^{s} A_{im}} V_i \tag{6-15}$$

式中 $\sum\limits_{m=1}^{s} A_{im}$——第 i 层各抗震横墙净横截面面积之和。

式（6-4）表明，对于刚性楼盖，当各抗震墙的高度、材料相同时，其楼层水平地震剪力可按各抗震墙的横截面面积比例进行分配。

B 柔性楼盖房屋

柔性楼盖房屋是指以木结构等柔性材料为楼盖的房屋。由于楼盖在其自身平面内的水平刚度很小，因此，当受到横向水平地震作用时，楼盖变形除平移外还有弯曲变形，在各横墙处的变形不相同，变形曲线不连续，因而可近似地视整个楼盖为分段简支于各片横墙的多跨简支梁（图6-7），各片横墙可独立变形。各横墙所承担的地震作用为该墙两侧横墙之间各一半楼（屋）盖面积的重力荷载所产生的地震作用。因此，各横墙所承担的地震作用即可按各墙所承担的上述重力荷载代表值的比例进行分配，即：

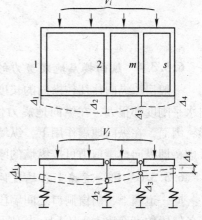

图 6-7 柔性楼盖计算简图

$$V_{im} = \frac{G'_{im}}{G_i} V_i \tag{6-16}$$

式中 G_i——第 i 层楼（屋）盖上所承担的总重力荷载代表值；

G'_{im}——第 i 层楼（屋）盖上第 m 道墙与左右两侧相邻横墙之间各一半楼（屋）盖面积上所承担的总重力荷载代表值之和。

当楼（屋）盖面积上重力荷载均匀分布时，各横墙所承担的地震剪力可换算为按该墙与两侧相邻横墙之间各一半所楼（屋）盖面积比例进行分配，即：

$$V_{im} = \frac{F_{im}}{F_i} V_i \tag{6-17}$$

式中 F_i——第 i 层楼（屋）盖的总面积；

F_{im}——第 i 层楼（屋）盖上第 m 道墙与左右两侧相邻横墙之间各一半楼（屋）盖面积之和。

C 中等刚性楼盖房屋

装配式钢筋混凝土楼盖属于中等刚性楼盖，其楼（屋）盖的刚度介于刚性与柔性楼（屋）盖之间，既不能把它假定为绝对刚性水平连续梁，也不能假定为多跨简支梁。在横向水平地震作用下，中等刚性楼盖在各片横墙间将产生一定的相对水平变形，各片横墙产生的位移并不相等，因而，各片横墙所承担的地震剪力不仅与横墙抗侧力等效刚度有关，而且与楼盖的水平变形有关。可以合理地选择楼盖的刚度参数按精确计算模型进行空间分析，从而得到各片横墙所承担的地震剪力。在一般多层砌体的设计中，对于中等刚性楼盖房屋，第 i 层第 m 片横墙所承担的地震剪力，可取刚性楼盖和柔性楼盖房屋两种计算结果的平均值：

$$V_{im} = \frac{1}{2}\left(\frac{K_{im}}{\sum\limits_{m=1}^{s} K_{im}} + \frac{G'_{im}}{G_i}\right) V_i \tag{6-18}$$

对于一般房屋，当墙高 h_{im} 相同，所用材料相同，楼（屋）盖重力荷载均匀分布时，V_{im} 也可为：

$$V_{im} = \frac{1}{2}\left(\frac{A_{im}}{\sum\limits_{m=1}^{s} A_{im}} + \frac{F_{im}}{F_i}\right) V_i \tag{6-19}$$

6.3.3.4　纵向楼层地震剪力的分配

一般房屋纵向往往较横向的长度大几倍，且纵墙的间距小。无论何种类型楼盖，其纵向水平刚度都很大，在纵向地震力作用下，楼盖的变形小，可认为在其自身平面内无变形，因而，在纵向地震作用下，纵墙所承受的地震剪力，不论哪种楼盖，均可按刚性楼盖考虑，即纵向地震剪力可按纵墙的刚度比例进行分配。

6.3.3.5　同一道墙上各墙段间地震剪力的分配

同一道墙上，门窗洞口之间墙段所承受的地震剪力可按墙段的侧移刚度进行分配。由于各墙段的高宽比 h/b 不同，其侧移刚度也不同。墙段的高宽比为洞净高与洞侧墙宽之比。洞高的取法为：窗间墙取窗洞高；门间墙取门洞高；门窗之间的墙取窗洞高；尽端墙取紧靠尽端的门洞或窗洞高。墙段侧移刚度的确定方法见上文。

在求各墙段所分配的地震剪力时，按下列原则进行：

（1）若各墙段高宽比 h/b 均小于 1，则计算各墙段的侧移刚度时仅考虑剪切变形的影响，即对于第 r 个墙段其抗剪强度 K_{imr} 为：

$$K_{imr} = \frac{A_{imr} G_{imr}}{\xi h_{imr}}$$

第 r 个墙段所分配的地震剪力为：

$$V_{imr} = \frac{K_{imr}}{\sum\limits_{m=1}^{s} K_{imr}} V_{im}$$

当各墙段的材料、高度均相同时，各墙段的地震剪力分配可按各墙段的横截面面积比例进行，即对于第 r 个墙段其分配的地震剪力为：

$$V_{imr} = \frac{A_{imr}}{\sum\limits_{m=1}^{s} A_{imr}} V_{im}$$

式中，K_{imr}、A_{imr}、h_{imr}、G_{imr} 分别为第 i 层第 m 道墙第 r 墙段的侧移刚度、横截面面积、

墙段高度、墙段剪切模量；V_{imr} 为第 i 层第 m 道墙第 r 墙段所分配的地震剪力。

（2）当各墙段高宽比相差较大，求各墙段侧移刚度时，有的墙段需考虑弯曲变形及剪切变形的影响，有的墙段仅需考虑剪切变形的影响，因此，各墙段的地震剪力应按墙段的侧移刚度比例进行分配。

对同时需考虑弯曲变形及剪切变形影响的墙段：

$$V_{imb} = \frac{K_{bs}}{\Sigma K_{bs} + \Sigma K_s} V_{im}$$

对于需考虑剪切变形影响的墙段：

$$V_{ims} = \frac{K_s}{\Sigma K_{bs} + \Sigma K_s} V_{im}$$

式中　V_{imb}——需同时考虑弯曲变形及剪切变形影响的墙段所分配的地震剪力；

　　　V_{ims}——仅需考虑剪切变形影响的墙段所分配的地震剪力；

　　　K_{bs}——同时考虑弯曲变形及剪切变形影响的墙段的侧移刚度；

　　　K_s——仅需考虑剪切变形影响的墙段的侧移刚度；

　　　V_{im}——第 i 层第 m 道墙所分配的地震剪力。

6.3.4　墙体抗震承载力验算

对于多层砌体房屋，可只选择承载面积较大或竖向应力较小的墙段进行截面抗震承载力验算。

各类砌体沿阶梯形截面破坏的抗震抗剪强度设计值，按式（6-20）计算：

$$f_{vE} = \zeta_N f_v \tag{6-20}$$

式中　f_{vE}——砌体沿阶梯形截面破坏的抗震抗剪强度设计值；

　　　f_v——非抗震设计的砌体抗剪强度设计值；

　　　ζ_N——砌体抗剪强度的正应力影响系数，应按表 6-6 采用。

表 6-6　砌体强度的正应力影响系数

砌体类别	σ_0/f_v							
	0.0	1.0	3.0	5.0	7.0	10.0	12.0	≥16.0
普通砖、多孔砖	0.80	0.99	1.25	1.47	1.65	1.90	2.05	—
小砌块	—	1.23	1.69	2.15	2.57	3.02	3.32	3.92

注：σ_0 为对应于重力荷载代表值的砌体截面平均压应力。

（1）普通砖、多孔砖墙体的截面抗震受剪承载力，应按下列规定验算：

1）一般情况下，应按式（6-21）验算：

$$V \le f_{vE} A / \gamma_{RE} \tag{6-21}$$

式中　V——墙体剪力设计值；

　　　f_{vE}——砖砌体沿阶梯形截面破坏的抗震抗剪强度设计值；

　　　A——墙体横截面面积，多孔砖取毛截面面积；

　　　γ_{RE}——承载力抗震调整系数，承重墙按第 3.10 节采用，自承重墙按 0.75 采用。

2）采用水平配筋的墙体，应按式（6-22）验算：

$$V \le \frac{1}{\gamma_{RE}}(f_{vE}A + \zeta_s f_{yh} A_{sh}) \tag{6-22}$$

式中 f_{yh}——水平钢筋抗拉强度设计值；

  f_{vE}——砖砌体沿阶梯形截面破坏的抗震抗剪强度设计值；

  A_{sh}——层间墙体竖向截面的总水平钢筋面积，其配筋率应不小于0.07%且不大于0.17%；

  ζ_s——钢筋参与工作系数可按表6-7采用。

表6-7　钢筋参与工作系数

墙体高宽比	0.4	0.6	0.8	1.0	1.2
ζ_s	0.10	0.12	0.14	0.15	0.12

3）当按式（6-21）、式（6-22）验算不满足要求时，可计入基本均匀设置于墙段中部、截面积不小于240mm×240mm（墙厚190mm时为240mm×190mm）且间距不大于4m的构造柱对受剪承载力的提高作用，按下列简化方法验算：

$$V \le \frac{1}{\gamma_{RE}}[\eta_c f_{vE}(A - A_c) + \zeta_c f_t A_c + 0.08 f_{yc} A_{sc} + \zeta_s f_{yh} A_{sh}] \tag{6-23}$$

式中 A_c——中部构造柱的横截面总面积（对横墙和内纵墙，$A_c > 0.15A$ 时，取 $0.15A$；对外纵墙，$A_c > 0.25A$ 时，取 $0.25A$）；

  A_{sc}——中部构造柱的纵向钢筋截面总面积（配筋率应不小于0.6%，大于1.4%时取1.4%）；

  f_t——中部构造柱的混凝土轴心抗拉强度设计值；

f_{yh}, f_{yc}——分别为墙体水平钢筋、构造柱钢筋抗拉强度设计值；

  ζ_c——中部构造柱参与工作系数，居中设一根时取0.5，多于一根时取0.4；

  η_c——墙体约束修正系数；一般情况取1.0，构造柱间距不大于3.0m时取1.1；

  A_{sh}——层间墙体竖向截面的总水平钢筋面积，无水平钢筋时取0.0。

（2）混凝土小砌块墙体的截面抗震受剪承载力，应按式（6-24）验算：

$$V \le \frac{1}{\gamma_{RE}}[f_{vE}A + (0.3f_t A_c + 0.05f_y A_s)\zeta_c] \tag{6-24}$$

式中 f_t——芯柱混凝土轴心抗拉强度设计值；

  f_y——芯柱钢筋抗拉强度设计值；

  A_c——芯柱截面总面积；

  A_s——芯柱钢筋截面总面积；

  ζ_c——芯柱参与工作系数，可按表6-8采用。

注：当同时设置芯柱和构造柱时，构造柱截面可作为芯柱截面，构造柱钢筋可作为芯柱钢筋。

表 6-8 芯柱参与工作系数

填孔率	$\rho < 0.15$	$0.15 \leqslant \rho < 0.25$	$0.25 \leqslant \rho < 0.5$	$\rho \geqslant 0.5$
ζ_c	0.0	1.0	1.10	1.15

注：填孔率指芯柱根数（含构造柱和填实孔洞数量）与孔洞总数之比。

6.4 多层砌体结构房屋的抗震构造措施

在多层砌体结构房屋的震害中，有相当大的部分是因为构造不合理或不符合抗震要求而造成的。震害检测表明，未经合理抗震设计的多层砌体结构房屋抗震性能较差，在历次地震中多层砌体结构房屋的破坏率都较高，6 度区已有震害，随烈度的增加，破坏也更加严重，特别是在强烈地震下极易倒塌，因此，防倒塌是多层砌体结构房屋抗震设计的重要问题。多层砌体结构房屋的抗倒塌，主要通过采取抗震构造措施以提高房屋的变形能力来保证。

6.4.1 多层砖房构造措施

6.4.1.1 构造柱

设置钢筋混凝土构造柱可以明显改善多层砌体结构房屋的抗震性能，可使砌体的抗剪强度提高 10%~30%，提高幅度与墙体高宽比、竖向压力和开洞情况有关。由于构造柱对砌体的约束作用，从而可提高其变形能力；设置在震害较重、连接构造比较薄弱和易于应力集中的部位的构造柱可起到减轻震害的作用。

（1）构造柱的设置要求见表 6-9。

表 6-9 多层砌体结构房屋构造柱设置要求

房 屋 层 数				设 置 部 位	
6 度	7 度	8 度	9 度		
四、五	三、四	二、三		楼、电梯间四角，楼梯斜梯段上下端对应的墙体处；外墙四角和对应转角；错层部位横墙与外纵墙交接处；大房间内外墙交接处；较大洞口两侧	隔 12m 或单元横墙与外纵墙交接处；楼梯间对应的另一侧内横墙与外纵墙交接处
六	五	四	二		隔开间横墙（轴线）与外墙交接处；山墙与内纵墙交接处
七	≥六	≥五	≥三		内墙（轴线）与外墙交接处；内墙的局部较小墙垛处；内纵墙与横墙（轴线）交接处

注：较大洞口，内墙指不小于 2.1m 的洞口；外墙在内外墙交接处已设置构造柱时应允许适当放宽，但洞侧墙体应加强。

外廊式和单面走廊式的多层房屋，应根据房屋增加一层后的层数，按表 6-9 的要求设置构造柱，且单面走廊两侧的纵墙均应按外墙处理。

教学楼、医院等横墙较少的房屋，应根据房屋增加一层后的层数，按表 6-9 的要求设置构造柱；当教学楼、医院横墙较少的房屋为外廊式或单面走廊式时，应根据房屋增加一层后的层数，按表6-9的要求设置构造柱，且单面走廊两侧的纵墙均应按外墙处理。但6度不超过4层、7度不超过3层和8度不超过2层时，应按增加2层后的层数考虑。

（2）构造柱的构造。构造柱的最小截面可采用240mm×180mm（墙厚190mm时为180mm×190mm），纵向钢筋宜采用4φ12，箍筋间距不宜大于250mm，且在柱上下端宜适当加密；6度、7度时超过六层，8度时超过五层和9度时，构造柱纵向钢筋宜采用4φ14，箍筋间距不应大于200mm；房屋四角的构造柱应适当加大截面及配筋。

钢筋混凝土构造柱必须先砌墙、后浇柱，构造柱与墙连接处应砌成马牙槎，并沿墙高每隔500mm设2φ6水平钢筋和φ4分布短筋平面内点焊组成的拉结网片或φ4点焊钢筋网片，每边伸入墙内不宜小于1m（图6-8）。

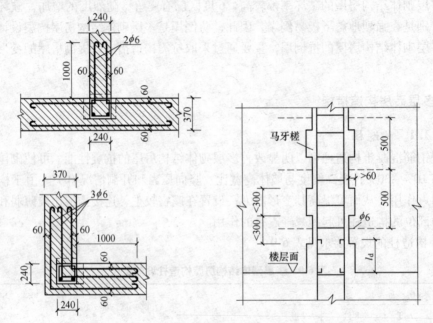

图6-8 构造柱与墙体连接构造（单位：mm）

构造柱应与圈梁连接，以增加构造柱的中间支点。构造柱与圈梁连接处，构造柱的纵筋应在圈梁纵筋内侧穿过，保证构造柱纵筋上下贯通。

构造柱可不单独设置基础，但应伸入室外地面下500mm，或与埋深小于500mm的基础圈梁相连。

房屋高度和层数接近表6-1的限值时，纵、横墙内构造柱的间距还应符合下列要求：
①横墙内的构造柱间距不宜大于层高的2倍；下部1/3楼层的构造柱间距适当减小；
②当外纵墙开间大于3.9m，应另设加强措施。内纵墙的构造柱间距不宜大于4.2m。

6.4.1.2 圈梁

圈梁对房屋抗震有重要的作用，且是多层砌体结构房屋的一种经济有效的抗震措施，其主要功能为：（1）加强房屋的整体性。由于圈梁的约束作用，减小了预制板散开以及墙体出平面倒塌的危险性，使纵、横墙能保持为一个整体的箱形结构，充分发挥各片墙体的平面内抗剪强度，有效抵御自任何方向的水平地震作用。（2）圈梁作为楼盖的边缘构件，提高了楼盖的水平刚度，同时箍住楼（屋）盖，增强楼盖的整体性；可以限制墙体斜裂缝的开展和延伸，使墙体裂缝仅在两道圈梁之间的墙段内发生，墙体抗剪强度得以充分的发挥，同时提高了墙体的稳定性；圈梁还可以减轻地震时地基不均匀沉陷对房屋的影响及减轻和防止地震时的地表裂隙将房屋撕裂。

A 圈梁的设置

多层砖砌体房屋的现浇钢筋混凝土圈梁设置应符合下列要求。

（1）装配式钢筋混凝土楼、屋盖或木屋盖的砖房，横墙承重时应按表 6-10 的要求设置圈梁；纵墙承重时，抗震横墙上的圈梁间距应比表 6-10 内的要求适当加密。

表 6-10　多层砖砌体房屋现浇钢筋混凝土圈梁设置要求

墙　类	烈　度		
	6、7	8	9
外墙和内纵墙	屋盖处及每层楼盖处	屋盖处及每层楼盖处	屋盖处及每层楼盖处
内横墙	屋盖处及每层楼盖处；屋盖处间距不应大于 4.5m；楼盖处间距不应大于 7.2m；构造柱对应部位	屋盖处及每层楼盖处；各层所有横墙，且间距不应大于 4.5m；构造柱对应部位	屋盖处及每层楼盖处；各层所有横墙

（2）现浇或装配整体式钢筋混凝土楼、屋盖与墙体有可靠连接的房屋，应允许不另设圈梁，但楼板沿抗震墙体周边均应加强配筋并应与相应的构造柱钢筋可靠连接。

B 圈梁构造

多层砖砌体房屋的现浇钢筋混凝土圈梁应闭合，遇有洞口圈梁应上下搭接。圈梁宜与预制板设在同一标高处或仅靠板底；在表 6-10 要求的间距内无横墙时，应利用梁或板缝中配筋替代圈梁。

圈梁的截面高度不应小于 120mm，配筋应符合表 6-11 的要求；为加强基础整体性和刚性而增设基础圈梁，截面高度不应小于 180mm，配筋不应少于 4ϕ12。

表 6-11　多层砖砌体房屋圈梁配筋要求

配　筋	烈　度		
	6、7	8	9
最小纵筋	4ϕ10	4ϕ12	4ϕ14
箍筋最大间距/mm	250	200	150

6.4.1.3　楼（屋）盖结构及其连接

现浇钢筋混凝土楼板或屋面板伸进纵、横墙内的长度，均不应小于 120mm。装配式钢筋混凝土楼、屋面板，当圈梁未设在板的同一标高时，板端伸进外墙的长度不应小于 120mm，伸进内墙的长度不应小于 100mm 或采用硬架支模连接，在梁上不应小于 80mm 或采用硬架支模连接。当板的跨度大于 4.8m 并与外墙平行时，靠外墙的预制板侧板应与墙或圈梁拉结。房间端部大房间的楼盖，6 度时房屋的屋盖和 7~9 度时房屋的楼、屋盖，当圈梁设在板底时，钢筋混凝土预制板应相互拉结，并应与梁、墙或圈梁拉结。楼、屋盖的钢筋混凝土梁或屋架应与墙、柱（包括构造柱）或圈梁可靠连接；不得采用独立砖柱。跨度不小于 6m 大梁的支承构件应组合砌体等加强措施，并满足承载力要求。

丙类的多层砖砌体房屋，当横墙较少且总高度和层数接近或达到表 6-1 规定限值时，应采取加强措施：房屋的最大开间尺寸不宜大于 6.6m。同一结构单元内横墙错位数量不宜超过横墙总数的 1/3，且连续错位不宜多于两道；错位的墙体交接处均应增设构造柱，且楼、屋面板应采用现浇钢筋混凝土板。横墙和内纵墙上洞口的宽度不宜大于 1.5m；外纵墙上洞口的宽度不宜大于 2.1m 或开间尺寸的一半；且内外墙上洞口位置不应影响内外纵墙与横墙的整体连接。所有纵横墙均应在楼、屋盖标高处设置加强的现浇钢筋混凝土圈梁；圈梁的截面高度不宜小于 150mm，上下纵筋各不应少于 3ϕ10，箍筋不小于 ϕ6，间距不大于 300mm。所有纵横墙交接处及横墙的中部，均应增设满足下列要求的构造柱：在纵横墙内的柱距不宜大于 3.0m，最小截面尺寸不宜小于 240mm×240mm（墙厚 190mm 时为 240mm×190mm），配筋宜符合表 6-12 的要求。

表 6-12　增设构造柱的纵筋和箍筋设置要求

位　置	纵　向　钢　筋			箍　筋		
	最大配筋率/%	最小配筋率/%	最小直径/mm	加密区范围/mm	加密区范围/mm	最小直径/mm
角柱	1.8	0.8	14	全高	100	6
边柱	1.8	0.8	14	上端 700	100	6
中柱	1.4	0.6	12	下端 500	100	6

同一结构单元的楼、屋面板应设置在同一标高处。屋面底层和顶层的窗台标高处，宜设置沿纵横墙通长的水平现浇钢筋混凝土带；其截面高度不小于 60mm，宽度不小于墙厚，纵向配筋不少于 2ϕ10，横向分布筋的直径不小于 ϕ6 且其间距不大于 200mm。6 度、7 度时长度大于 7.2m 的房间，以及 8 度、9 度时外墙转角及内外墙交接处，应沿墙高每隔 500mm 配置 2ϕ6 的通长钢筋和 ϕ4 分布短筋平面内点焊组成的拉结网片或 ϕ4 点焊钢筋网片。坡屋顶房屋的屋架应与顶层圈梁可靠连接，檩条或屋面板应与墙、屋架可靠连接，房屋出入口处的檐口瓦应与屋面构件锚固。采用硬山搁檩时，顶层内纵墙顶宜增砌支承山墙的踏步式墙垛，并设置构造柱。门窗洞处不应采用砖过梁，过梁支承长度，6~8 度时不应小于 240mm，9 度时不应小于 360mm。预制阳台，6 度、7 度时应与圈梁和楼板的现浇板带可靠连接，8 度、9 度时不应采用预制阳台。

6.4.1.4　对楼梯间的要求

楼梯间是发生地震时的疏散通道，同时，历次地震震害表明，由于楼梯间比较空旷，常常破坏严重，在 9 度及 9 度以上地区曾多次发生楼梯间的局部倒塌，当楼梯间设置在房屋尽端时破坏尤为严重。因此，要求顶层楼梯间墙体应沿墙高每隔 500mm 配置 2ϕ6 的通长钢筋和 ϕ4 分布短筋平面内点焊组成的拉结网片或 ϕ4 点焊钢筋网片；7~9 度时其他各层楼梯间墙体应在休息平台或楼层半高处设置 60mm 厚、纵向钢筋不应少于 2ϕ10 的钢筋混凝土带或配筋砖带，配筋砖带不少于 3 皮，每皮的配筋不少于 2ϕ6，砂浆强度等级不应低于 M7.5 且不低于同层墙体的砂浆强度等级。楼梯间及门厅内墙阳角处的大梁支承长度不应小于 500mm，并应与圈梁连接。装配式楼梯段应与平台板的梁可靠连接，8 度、9 度时不应采用装配式楼梯段；不应采用墙中悬挑式踏步或踏步竖肋插入墙体的楼梯，不应采用无筋砖砌栏板。突出屋顶的楼、电梯间，构造柱应伸到顶部，并与顶部圈梁连接，所有墙体应沿墙高每隔 500mm 配置 $2\phi6$ 的通长钢筋和 $\phi4$ 分布短筋平面内点焊组成的拉结网片或 $\phi4$ 点焊钢筋网片。

6.4.2 多层砌块结构房屋的抗震构造措施

混凝土小型空心砌块房屋应按表 6-13 的要求设置钢筋混凝土芯柱，对医院、教学楼等横墙较少的房屋，应根据房屋增加一层后的层数，按表 6-13 的要求设置芯柱。

表 6-13 多层小砌块房屋芯柱设置要求

房屋层数				设置部位	设置数量
6 度	7 度	8 度	9 度		
四、五	三、四	二、三		外墙转角，楼、电梯间四角，楼梯斜梯段上下端对应的墙体处；大房间内外墙交接处；错层部位横墙与外纵墙交接处；隔 12m 或单元横墙与外纵墙交接处	外墙转角灌实 3 个孔；内外墙交接处灌实 4 个孔；楼梯斜段上下端对应的墙体处，灌实 2 个孔
六	五	四		外墙转角，楼、电梯间四角，楼梯斜梯段上下端对应的墙体处；大房间内外墙交接处；错层部位横墙与外纵墙交接处；隔 12m 或单元横墙与外纵墙交接处；隔开间横墙（轴线）与外纵墙交接处	
七	六	五	二	外墙转角，楼、电梯间四角，楼梯斜梯段上下端对应的墙体处；大房间内外墙交接处；错层部位横墙与外纵墙交接处；隔 12m 或单元横墙与外纵墙交接处；各内墙（轴线）与外纵墙交接处；内纵墙与横墙（轴线）交接处和洞口两侧	外墙转角灌实 5 个孔；内外墙交接处灌实 4 个孔；内墙交接处灌实 4~5 个孔；洞口两侧各灌实 1 个孔
	七	≥六	≥三	外墙转角，楼、电梯间四角，楼梯斜梯段上下端对应的墙体处；大房间内外墙交接处；错层部位横墙与外纵墙交接处；隔 12m 或单元横墙与外纵墙交接处；横墙内芯柱间距不大于 2m	外墙转角灌实 7 个孔；内外墙交接处灌实 5 个孔；内墙交接处灌实 4~5 个孔；洞口两侧各灌实 1 个孔

注：外墙转角、内外墙交接处、楼电梯间四角等部位，应允许采用钢筋混凝土构造柱替代部分芯柱。

小砌块房屋的芯柱应符合：混凝土小型空心砌块房屋芯柱截面不宜小于 120mm×120mm；芯柱混凝土强度等级不应低于 Cb20；芯柱的竖向插筋应贯通墙身且与圈梁连接；插筋不应小于 $1\phi12$，6 度、7 度时超过五层，8 度时超过四层和 9 度时，插筋不应小于 $1\phi14$；芯柱应伸入室外地面下 500mm 或与埋深小于 500mm 的基础梁相连；为提高墙体抗震承载力而设置的芯柱，宜在墙体内均匀布置，最大净距不宜小于 2.0m。

小砌块房屋中替代芯柱的钢筋混凝土构造柱，应符合：构造柱截面不宜小于 190mm×190mm，纵向钢筋宜采用 $4\phi12$，箍筋间距不宜大于 250mm，且在柱上下端应适当加密；6

度、7 度时超过五层，8 度时超过四层和 9 度时，构造柱纵向钢筋宜采用 4ϕ14，箍筋间距不宜大于 200mm；外墙转角的构造柱可适当加大截面及配筋；构造柱与砌块墙连接处应砌成马牙槎，与构造柱相邻的砌块孔洞，6 度时宜填实，7 度时应填实，8 度、9 度时应填实并插筋；构造柱与砌块墙之间沿墙高每隔 600mm 设置 ϕ4 点焊拉结钢筋网片，并应沿墙体水平通长设置；6 度、7 度时底部 1/3 楼层，8 度时底部 1/2 楼层，9 度时全部楼层，上述拉结钢筋网片沿墙高间距不大于 400mm；构造柱与圈梁连接处，构造柱的纵筋应在圈梁纵筋内侧穿过，保证构造柱纵筋上下贯通；构造柱可不单独设置基础，但应伸入室外地面下 500mm，或与埋深小于 500mm 的基础圈梁相连。

多层混凝土小型空心砌块房屋的现浇钢筋混凝土圈梁的设置位置应按表 6-10 的要求设置，圈梁宽度不应小于 190mm，配筋不应少于 4ϕ12，箍筋间距不应大于 200mm。

小砌块房屋墙体交接处或芯柱与墙体连接处应设置拉结钢筋网片，网片可采用直径 4mm 的钢筋电焊而成，沿墙高间距不大于 600mm，并沿墙体水平通长设置；6 度、7 度时底部 1/3 楼层，8 度时底部 1/2 楼层，9 度时全部楼层，上述拉结钢筋网片沿墙高间距不大于 400mm。

小砌块房屋的层数，6 度时超过五层、7 度时超过四层、8 度时超过三层和 9 度时，在底层和顶层的窗台标高处，沿纵横墙应设置通长的水平现浇钢筋混凝土带；其截面高度不小于 60mm，纵筋不少于 2ϕ10，并应有分布拉结钢筋；其混凝土强度等级不应低于 C20。

6.4.3　多层砌块结构房屋抗震设计例题

某 4 层砌体结构办公楼，其平面、剖面尺寸如图 6-9 所示。楼盖和屋盖采用预制钢筋混凝土空心板。横墙承重，楼梯间突出屋顶。砖的强度等级为：底层、2 层为 M5，其余层为 M2.5。窗口尺寸除个别注明外，一般为 1500mm×2100mm，内门尺寸为 1000mm×2500mm，设防烈度为 7 度，设计基本加速度值 0.10g，建筑场地为 Ⅰ 类，设计地震分组为一组。试验算该楼墙体的抗震承载力。

解：

（1）建筑总重力荷载代表值计算。集中在各楼层标高处的各质点重力荷载代表值包括：楼面（或屋面）自重的标准值、50% 楼（屋）面承受的活荷载、上下各半墙重的标准值之和，即：

屋顶间顶盖处质点　　　　　$G_5 = 205.94\text{kN}$

4 层屋盖处质点　　　　　　$G_4 = 4140.84\text{kN}$

3 层楼盖处质点　　　　　　$G_3 = 4856.67\text{kN}$

2 层楼盖处质点　　　　　　$G_2 = 4856.67\text{kN}$

底层楼盖处质点　　　　　　$G_1 = 5985.85\text{kN}$

建筑总重力荷载代表值　　　$G_E = \sum_{i=1}^{5} G_i = 20045.97 \text{ kN}$

（2）水平地震作用计算。房屋底部总水平地震作用标准值 F_{Ek} 为：

$$F_{Ek} = \alpha_1 G_{eq} = \alpha_{max} \times 0.85 G_E = 0.08 \times 0.85 \times 20045.97 = 1363.13 \text{ kN}$$

各楼层的水平地震作用标准值（图 6-10）及地震剪力标准值如表 6-14 所示。

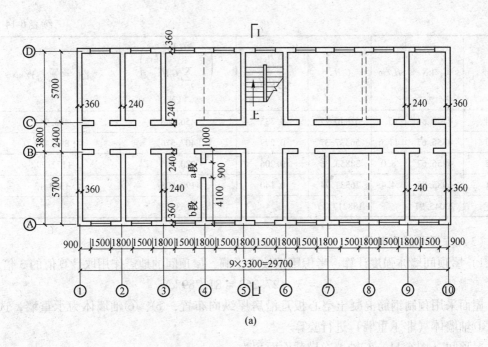

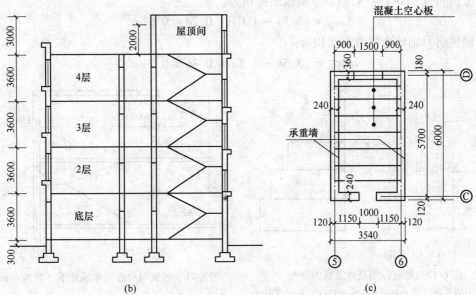

图 6-9　办公楼平面、剖面（单位：mm）

（a）底层平面图；（b）Ⅰ—Ⅰ剖面图；（c）出屋顶楼梯间平面图

表 6-14　各楼层的水平地震作用标准值及地震剪力标准值

	G_i/kN	H_i/m	G_iH_i	$\dfrac{G_iH_i}{\sum\limits_{j=1}^{5}G_jH_j}$	$F_i\left(=\dfrac{G_iH_i}{\sum\limits_{j=1}^{5}G_jH_j}F_{\mathrm{Ek}}\right)$ /kN	$V_i\left(=\sum\limits_{i=1}^{5}F_i\right)/\mathrm{kN}$
屋顶间	205.94	18.2	3748.11	0.020	27.263	27.263

	G_i/kN	H_i/m	G_iH_i	$\dfrac{G_iH_i}{\sum\limits_{j=1}^{5}G_jH_j}$	$F_i\left(=\dfrac{G_iH_i}{\sum\limits_{j=1}^{5}G_jH_j}F_{Ek}\right)$ /kN	$V_i\left(=\sum\limits_{i=1}^{5}F_i\right)/\text{kN}$
4	4140.84	15.2	62940.77	0.335	456.648	483.911
3	4856.67	11.6	56337.37	0.299	407.576	891.487
2	4856.67	8.0	38853.36	0.206	280.805	1172.292
1	5985.85	4.4	26337.74	0.140	190.838	1363.13
Σ	20045.97		188217.35		1363.13	

（3）抗震承载力验算。

1）屋顶间墙体强度计算。考虑鞭梢效应影响，屋顶间的地震作用取计算值的 3 倍：

$$V_5 = 3 \times 27.263 = 81.789 \text{ kN}$$

屋面采用预制钢筋混凝土空心板且沿房屋纵向布置，⑤、⑥轴墙体为承重墙，选取ⓒ、ⓓ轴墙体（非承重墙）进行验算。

屋顶间（图 6-11）ⓒ轴墙净横截面面积为：

$$A_{ⓒ顶} = (3.54 - 1.0) \times 0.24 = 0.61\text{m}^2$$

屋顶间ⓓ轴墙净横截面面积为：

$$A_{ⓓ顶} = (3.54 - 1.5) \times 0.36 = 0.73\text{m}^2$$

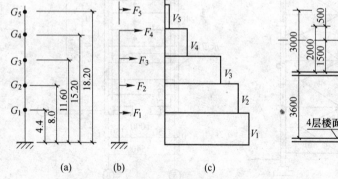

图 6-10　地震作用及地震剪力分布

（a）计算简图；（b）地震作用简图；（c）地震剪力图

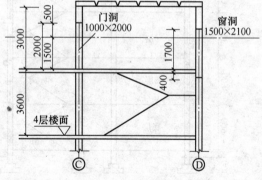

图 6-11　屋顶间剖面尺寸示意图（单位：mm）

因屋顶间沿房屋纵向尺寸很小，故其水平地震作用产生的剪力分配按式（6-19）进行，即：

$$V_{ⓒ顶} = (1/2) \times [0.61/(0.61 + 0.73) + 1/2] \times 81.789 = 39.054\text{kN}$$

$$V_{ⓓ顶} = (1/2) \times [0.73/(0.61 + 0.73) + 1/2] \times 81.789 = 42.735\text{kN}$$

在层高半高处 σ_0 对应于重力荷载代表值的砌体截面平均压应力为（砖砌体重度按 19kN/m³ 计）：

ⓒ轴墙　　$$\sigma_0 = \frac{(1.5 \times 3.54 - 0.5 \times 1.0) \times 0.24 \times 19}{0.24 \times (3.54 - 1.0)} = 35.98\text{kN/m}^2$$

⑩轴墙　　　$\sigma_0 = \dfrac{(1.5 \times 3.54 - 0.2 \times 1.5) \times 0.36 \times 19}{0.36 \times (3.54 - 1.5)} = 46.66 \text{kN/m}^2$

由《砌体结构设计规范》（GB 50003—2011）查得砂浆强度等级为 M2.5 时的砖砌体 $f_v = 0.08 \text{N/mm}^2$，其 σ_0/f_v 值为：

©轴墙　　　　　$\sigma_0/f_v = 3.598 \times 10^{-2}/0.08 = 0.45$

⑩轴墙　　　　　$\sigma_0/f_v = 4.666 \times 10^{-2}/0.08 = 0.58$

砌体强度的正应力影响系数 ζ_N 为：

©轴墙　　　　　$\zeta_N = 0.89$

⑩轴墙　　　　　$\zeta_N = 0.916$

所以沿阶梯形截面破坏的抗震抗剪强度设计值为：

©轴墙　　　$f_{vE} = \zeta_N f_v = 0.89 \times 0.08 = 0.071 \text{N/mm}^2$

⑩轴墙　　　$f_{vE} = \zeta_N f_v = 0.916 \times 0.08 = 0.073 \text{N/mm}^2$

因墙体不承重，其承载力抗震调整系数采用 0.75，则：

©轴墙　　　$f_{vE} A/\gamma_{RE} = 0.071 \times 610000/0.75 = 57.75 \text{kN}$

©轴墙承受的设计地震剪力 $= \gamma_{Eh} V_{©顶} = 1.3 \times 39.054 = 50.76 \text{kN} < 57.75 \text{kN}$

抗剪承载力满足要求。

⑩轴墙 $f_{vE} A/\gamma_{RE} = 0.073 \times 730000/0.75 = 71.05 \text{kN} > \gamma_{Eh} V_{⑩顶} = 1.3 \times 42.735 = 55.56 \text{kN}$

抗剪承载力满足要求。

2）横向地震作用下，横墙的抗剪承载力验算（取底层④、⑨轴墙体）。

a. ④墙体验算：

④墙体横截面面积：　　　　$A_{14} = (6 - 0.9) \times 0.24 = 1.224 \text{m}^2$

底层横墙总截面面积：　　　$A_1 = 27.26 \text{m}^2$

④轴墙承担地震作用的面积：　$F_{14} = 3.3 \times (5.70 + 0.18 + 1.20) = 23.36 \text{m}^2$

底层建筑面积：　　　　　　$F_1 = 14.16 \times 30.06 = 425.65 \text{m}^2$

④轴墙体由地震作用所产生的剪力按式（6-19）计算得：

$$V_{14} = \frac{1}{2} \times \left(\frac{A_{14}}{A_1} + \frac{F_{14}}{F_1} \right) V_1 = \frac{1}{2} \times \left(\frac{1.224}{27.26} + \frac{23.36}{425.65} \right) \times 1363.13 = 68.16 \text{ kN}$$

④轴墙有门洞 0.9m×2.1m。将墙分为 a、b 两段，计算墙段高宽比 h/b 时，墙段 a、b 的 h 取为 2.1m，则

a 墙段　　　　　　　　$1 < h/b = 2.10/1.0 = 2.1 < 4$

b 墙段　　　　　　　　$h/b = 2.10/4.1 = 0.51 < 1$

求墙段侧移刚度时，a 墙段考虑剪切和弯曲变形的影响，b 墙段仅考虑剪切变形的影响。

$$K_a = \frac{Et}{(h/b)[(h/b)^2 + 3]} = \frac{Et}{2.1 \times (2.1^2 + 3)} = 0.064 Et$$

$$K_b = \frac{Et}{3 \times h/b} = \frac{Et}{3 \times 0.51} = 0.654 Et$$

所以　　　　　　$\Sigma K = K_a + K_b = (0.064 + 0.654) Et = 0.718 Et$

各墙段分配的地震剪力为：

a 墙段

$$V_a = \frac{K_a}{\sum K}V_{14} = \frac{0.064Et}{0.718Et} \times 68.16 = 6.076 \text{ kN}$$

b 墙段

$$V_b = \frac{K_b}{\sum K}V_{14} = \frac{0.654Et}{0.718Et} \times 68.16 = 62.084 \text{ kN}$$

各墙段在半层高处重力荷载代表值的平均压应力为（计算过程略）：

a 墙段 $\qquad\sigma_0 = 60.33 \times 10^{-2} \text{ N/mm}^2$

b 墙段 $\qquad\sigma_0 = 46.21 \times 10^{-2} \text{ N/mm}^2$

各墙段抗剪承载力验算结果列于表 6-15，砂浆强度等级为 M5 时，$f_v = 0.11 \text{N/mm}^2$。

表 6-15   各墙段抗剪承载力验算

	A/mm^2	$\sigma_0/\text{N} \cdot \text{mm}^{-2}$	σ_0/f_v	ζ_N	$f_{vE}(=\zeta_N f_v)$ /N·mm^{-2}	V/kN	$\gamma_{Eh}V/\text{kN}$	$\dfrac{f_{vE}A}{\gamma_{RE}}/\text{kN}$
a	240000	60.33×10^{-2}	5.48	1.55	0.17	6.076	7.899	40.8
b	984000	46.21×10^{-2}	4.20	1.41	0.16	62.084	80.709	152.5

由以上计算可看出，各墙段抗剪承载力均满足要求。

b. ⑨墙体验算：

⑨墙体横截面面积： $\qquad A_{19} = 6.0 \times 0.24 \times 2 = 2.88\text{m}^2$

底层横墙总截面面积： $\qquad A_1 = 27.26\text{m}^2$

⑨轴墙承担地震作用的面积：$F_{19} = (3.3 + 1.65) \times 7.08 + (4.95 + 1.65) \times 7.08 = 81.77\text{m}^2$

底层建筑面积： $\qquad F_1 = 14.16 \times 30.06 = 425.65\text{m}^2$

⑨轴墙体由地震作用所产生的剪力按式（6-19）计算得：

$$V_{19} = \frac{1}{2} \times \left(\frac{A_{19}}{A_1} + \frac{F_{19}}{F_1}\right)V_1 = \frac{1}{2} \times \left(\frac{2.88}{27.26} + \frac{81.77}{425.65}\right) \times 1363.13 = 203.11 \text{ kN}$$

各墙段在半层高处的平均压应力为：

$$\sigma_0 = 41.60 \times 10^{-2} \text{ N/mm}^2$$

砂浆强度等级为 M5，抗剪强度 $f_v = 0.11\text{N/mm}^2$，则

$$\sigma_0/f_v = 41.60 \times 10^{-2}/0.11 = 3.78$$

$$\zeta_N = 1.366$$

$$f_{vE} = \zeta_N f_v = 1.366 \times 0.11 = 0.15 \text{ N/mm}^2$$

$$f_{vE}A/\gamma_{RE} = 0.15 \times 2880000/1 = 432 \text{ kN}$$

承受的设计地震剪力 $= \gamma_{Eh}V_{19} = 1.3 \times 203.11 = 264\text{kN} < 432\text{kN}$

抗剪承载力满足要求。

3）纵向地震作用下，外纵墙的抗剪承载力验算（取底层Ⓐ轴墙体）。

a. 作用在Ⓐ轴窗间墙的地震剪力：

作用在Ⓐ轴纵墙上的地震剪力应按式（6-15）计算，由于Ⓐ轴各窗间墙的宽度相等，故作用在窗间墙上的地震剪力 V_c 可按横截面面积的比例进行分配，即：

$$V_c = \frac{A_{1A}}{A_1}V_1 \times \frac{a_c}{A_{1A}} = \frac{a_c}{A_1}V_1$$

式中　A_1——底层纵墙总横截面面积，$A_1 = 22\text{m}^2$；

　　A_{1A}——底层Ⓐ轴纵墙横截面净面积；

　　a_c——窗间墙横截面面积，$a_c = 1.8 \times 0.36 = 0.648\text{m}^2$。

$$V_c = (0.648/22) \times 1363.13 = 40.15\text{kN}$$

b. 窗间墙抗剪承载力：

Ⓐ轴墙体在半层高处的平均压应力为：

$$\sigma_0 = 35.06 \times 10^{-2} \text{ N/mm}^2$$

$$\sigma_0/f_v = 35.06 \times 10^{-2}/0.11 = 3.18$$

$$\zeta_N = 1.299$$

$$f_{vE} = \zeta_N f_v = 1.299 \times 0.11 = 0.156 \text{ N/mm}^2$$

以上验算的是纵向非承重窗间墙，但从总体上看，有大梁作用于纵墙上，故仍属承重砖墙，其承载力抗震调整系数仍采用1，故

$$f_{vE}A/\gamma_{RE} = 0.156 \times 1800 \times 360/1 = 101.98 \text{ kN}$$

承受的设计地震剪力 $= \gamma_{Eh}V_c = 1.3 \times 40.15 = 52.20\text{kN} < 101.98\text{kN}$

纵向窗间墙抗剪承载力满足要求。

（4）其他各层墙体验算方法同上，从略。

6.5　底部框架-抗震墙房屋的抗震设计要点

6.5.1　结构方案与结构布置

底部框架-抗震墙房屋主要是指底部采用框架-抗震墙，上部为多层砖墙结构的房屋。

由于底部框架砖房的上部各层纵横墙较密，不仅重量大，而且抗侧刚度也大，而底层承重结构为框架-抗震墙，其抗侧刚度比上部小，这就形成了"上刚下柔"的结构体系。如刚度的变化急剧，则房屋的侧移将集中发生于相对薄弱的底层，而上部其他各层的侧移很小。众所周知，地震时结构变形的大小是破坏程度的主要标志。底部框架砖房的地震位移反应相对集中于底层，引起底层的严重破坏，危及整个房屋的安全。

为了防止底层因过多的变形集中而发生严重震害，应对该类房屋的结构方案和结构布置进行严格的限制。具体要求为：房屋的底部应沿纵横两个方向设置一定数量的抗震墙，并应均匀对称布置。上部的砌体墙体与底部的框架梁或抗震墙，除楼梯间附近的个别墙段外均应对齐。6度且总层数不超过四层的底层框架-抗震墙砌体房屋，应允许采用嵌砌于框架之间约束普通砖砌体或小砌块砌体的砌体抗震墙，但应计入砌体墙对框架的附加轴力和附加剪力并进行底层的抗震验算，且同一方向不应同时采用钢筋混凝土抗震墙和约束砌体抗震墙；其余情况，8度时应采用钢筋混凝土抗震墙，6度、7度时应采用钢筋混凝土抗震墙或配筋小砌块砌体抗震墙。

底层框架-抗震墙砌体房屋的纵横两个方向，第二层计入构造柱影响的侧向刚度与底层侧向刚度的比值，6度、7度时不应大于2.5，8度时不应大于2.0，且均不应小于1.0。

底部两层框架-抗震墙砌体房屋的纵横两个方向，底层与底部第二层侧向刚度应接近，第三层计入构造柱影响的侧向刚度与底部第二层侧向刚度的比值，6度、7度时不应大于

2.0，8 度时不应大于 1.5，且均不应小于 1.0。

底部框架-抗震墙砌体房屋的抗震墙应设置条形基础、筏形基础等整体性好的基础。

6.5.2　底部框架-抗震墙房屋的抗震设计要点

底部框架-抗震墙砌体房屋的抗震计算，可采用底部剪力法。动力计算简图可取为单质点体系，基本周期按一般单质点体系求解，或按能量法近似公式计算，底部剪力、质点地震作用及层间剪力的计算方法与一般多层砌体结构房屋相同，但考虑到变形集中对结构的不利影响，需对底层的地震作用作适当调整。

底层框架-抗震墙砌体房屋的底层，纵向和横向地震剪力设计值均应乘以增大系数，其值应允许在 1.2~1.5 范围内选用，第二层与底层侧向刚度比大者应取大值。

对底部两层框架-抗震墙砌体房屋，底层和第二层的纵向和横向地震剪力设计值亦均应乘以增大系数，其值应允许在 1.2~1.5 范围内选用，第三层与第二层侧向刚度比大者应取大值。

底层或底部两层的纵向和横向地震剪力设计值应全部由该方向的抗震墙承担，并按各墙体的侧向刚度比例分配。

底部框架-抗震墙砌体房屋中，底部框架柱的地震剪力和轴向力可按下列方法确定。

（1）框架柱承担的地震剪力设计值，可按各抗侧力构件有效侧向刚度比例分配确定；有效侧向刚度的取值，框架不折减，混凝土墙或配筋混凝土小砌块砌体墙可乘以折减系数 0.30，约束普通砖砌体或小砌块砌体抗震墙可乘以折减系数 0.20。即：

$$V_c = \frac{K_c}{\Sigma K_c + \Sigma K_w} V \tag{6-25}$$

式中　K_c——一根钢筋混凝土柱的侧移刚度，$K_c = \alpha \dfrac{12EI_c}{h^3}$，即柱的 D 值；

　　　　V——层间剪力；

　　　　K_w——一片墙开裂后的抗侧移刚度。

对混凝土墙或配筋混凝土小砌块砌体墙：

$$K_w = 0.3 \times \frac{1}{\dfrac{1.2h}{GA} + \dfrac{h^3}{3EI}} \tag{6-26}$$

对约束普通砖砌体或小砌块砌体墙：

$$K_w = 0.2 \times \frac{1}{\dfrac{1.2h}{GA} + \dfrac{h^3}{3EI}} \tag{6-27}$$

式中　G——材料的剪切模量，对钢筋混凝土取 $G = 0.43E$，对砖砌体取 $G = 0.4E$。

（2）框架柱的轴力应计入地震倾覆力矩引起的附加轴力，上部砖房可视为刚体，底部各轴线承受的地震倾覆力矩，可近似按底部抗震墙和框架的有效侧向刚度的比例分配确定。

一片抗震墙承担的倾覆力矩为：

$$M_w = \frac{K_w'}{K} M_1 \tag{6-28}$$

一榀框架承担的倾覆力矩为：

$$M_f = \frac{K'_f}{\overline{K}} M_1 \tag{6-29}$$

$$\overline{K} = \Sigma K'_w + \Sigma K'_f \tag{6-30}$$

式中　M_1——作用于底层框架顶面的地震倾覆力矩，$M_1 = \sum\limits_{i=2}^{n} F_i h_i$ ；

　　F_i , h_i——分别为底层框架顶面算起的第 i 层的地震作用及高度（图 6-12）；

　　K'_w——底层一片抗震墙的平面内转动刚度，

$$K'_w = \cfrac{1}{\cfrac{h}{EI} + \cfrac{1}{C_\varphi I_\varphi}} \tag{6-31}$$

　　K'_f——一片框架沿自身平面内转动刚度，

$$K'_f = \cfrac{1}{\cfrac{h}{E\Sigma(A_i x_i^2)} + \cfrac{1}{C_z \Sigma(F'_i x_i^2)}} \tag{6-32}$$

　　I , I_φ——分别为抗震墙水平截面和基础底面积对形心轴的惯性矩；

　　C_z , C_φ——分别为地基抗压和抗弯刚度系数；

　　A_i , F'_i——分别为一榀框架中第 i 根柱子水平截面面积和基础底面积；

　　x_i——第 i 根柱子到所在框架中和轴的距离。

当一榀框架所分担的倾覆力矩求出后，柱的附加轴力可以近似取为 $N' = \pm M_f/B$，即假定附加轴力全部由最外边的两边柱承担，式中 B 为两边柱之间的距离。或者可考虑各柱均参加抗倾覆，此时，$N' = \pm \cfrac{M_f A_i x_i}{\sum\limits_{i=1}^{n}(A_i x_i^2)}$，式中 n 为一榀框架

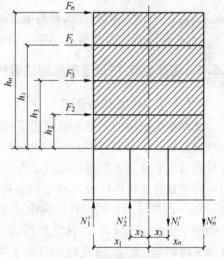

图 6-12　底部框架-抗震墙结构
的地震作用及柱轴力

柱子的总数。图 6-12 为底部框架-抗震墙结构的地震作用及柱轴力图。

（3）计算底部框架-抗震墙砌体房屋的钢筋混凝土托墙梁地震组合内力时，应采用合适的计算简图。若考虑上部墙体与托墙梁的组合作用，应计入地震时墙体开裂对组合作用的不利影响，可调整有关的弯矩系数、轴力系数等计算参数。作为简化计算，偏于安全，在托墙梁上部各层墙体不开洞和跨中 1/3 范围内开一个洞口的情况，也可采用折减荷载的方法：计算托墙梁弯矩时，由重力荷载代表值产生的弯矩，四层以下全部计入，四层以上可有所折减，取不小于四层的数值计入组合；计算托墙梁剪力时，由重力荷载产生的剪力不折减。

（4）底层框架-抗震墙砌体房屋中嵌砌于框架之间的普通砖或小砌块的砌体墙，其抗震验算应符合下列规定：

1）底层框架柱的轴向力和剪力应计入砖墙或小砌块墙引起的附加轴向力和附加剪力，其值可按式（6-33）、式（6-34）确定：

$$N_f = \frac{V_w H_f}{l} \tag{6-33}$$

$$V_f = V_w \tag{6-34}$$

式中　V_w——墙体承担的剪力设计值，柱两侧有墙时可取二者的较大值；

N_f——框架柱的附加轴压力设计值；

V_f——框架柱的附加剪力设计值；

H_f，l——分别为框架的层高和跨度。

2）嵌砌于框架之间的普通砖或小砌块墙及两端框架柱，其抗震受剪承载力应按式（6-35）验算：

$$V \leqslant \frac{1}{\gamma_{REc}} \Sigma (M_{yc}^u + M_{yc}^l)/H_0 + \frac{1}{\gamma_{REw}} \Sigma f_{vE} A_{w0} \tag{6-35}$$

式中　　V——嵌砌普通砖墙或小砌块墙及两端框架柱剪力设计值；

A_{w0}——砖墙或小砌块墙水平截面的计算面积，无洞口时取实际截面的 1.25 倍，有洞口时取截面净面积，但不计入宽度小于洞口高度 1/4 的墙肢截面面积；

M_{yc}^u，M_{yc}^l——分别为底层框架柱上下端的正截面受弯承载力设计值，可按现行国家标准《混凝土结构设计规范》中非抗震设计的有关公式取等号计算；

H_0——底层框架柱的计算高度，两侧均有砌体墙时取柱净高的 2/3，其余情况取柱净高；

γ_{REc}——底层框架柱承载力抗震调整系数，可采用 0.8；

γ_{REw}——嵌砌普通砖或小砌块墙承载力抗震调整系数，可采用 0.9。

6.5.3　底部框架-抗震墙房屋的抗震构造措施

6.5.3.1　构造柱的设置

底部框架房屋的上部应根据房屋的总层数按表 6-9、表 6-13 的规定设置钢筋混凝土构造柱或芯柱，上部砌体墙的中心线宜与底部的框架梁、抗震墙的中心线相重合，构造柱或芯柱宜与框架柱上下贯通。过渡层尚应在底部框架柱、混凝土墙或约束砌体墙的构造柱所对应位置处设置构造柱或芯柱；构造柱的截面不宜小于 240mm×240mm（墙厚 190mm 时为 240mm×190mm）；构造柱纵向钢筋不宜少于 4φ14，箍筋间距不宜大于 200mm；芯柱每孔插筋不应小于 1φ14，芯柱之间沿墙高应每隔 400mm 设 φ4 焊接钢筋网片。过渡层构造柱的纵向钢筋，6 度、7 度时不宜少于 4φ16，8 度时不宜少于 4φ18。过渡层芯柱的纵向钢筋，6 度、7 度时不宜少于每孔 1φ16，8 度时不宜少于每孔 1φ18。一般情况下，纵向钢筋应锚入下部的框架柱或混凝土墙内，当纵向钢筋锚固在托墙梁内时，托墙梁的相应位置应加强；构造柱应与每层圈梁连接，或与现浇板可靠拉接。

6.5.3.2　楼盖的构造要求

底部框架房屋过渡层的楼板应采用现浇钢筋混凝土楼板，板厚不应小于 120mm；并应少开洞、开小洞，当洞口尺寸大于 800mm 时，洞口周边应设置边梁。其他楼层，采用装配式钢筋混凝土楼板时均应设圈梁；采用现浇钢筋混凝土楼板时应允许不另设圈梁，但楼板沿抗震墙体周边均应加强配筋并与相应的构造柱可靠连接。

6.5.3.3 托墙梁的构造要求

底部框架房屋钢筋混凝土托墙梁的截面宽度不应小于 300mm，梁截面高度不应小于跨度的 1/10；箍筋的直径不应小于 8mm，间距不应大于 200mm；梁端在 1.5 倍梁高且不小于 1/5 梁净跨范围内，以及上部墙体的洞口处和洞口两侧各 500mm 且不小于梁高的范围内，箍筋间距不应大于 100mm。沿梁高应设腰筋，数量不应少于 2ϕ14，间距不应大于 200mm；梁的纵向受力钢筋和腰筋应按受拉钢筋的要求锚固在柱内，且支座上部的纵向钢筋在柱内的锚固长度应符合钢筋混凝土框支梁的有关要求。

6.5.3.4 抗震墙的构造要求

A 钢筋混凝土抗震墙

底部钢筋混凝土抗震墙的墙板周边应设置梁（或暗梁）和边框柱（或框架柱）组成的边框；边框梁的截面宽度不宜小于墙板厚度的 1.5 倍，截面高度不宜小于墙板厚度的 2.5 倍；边框柱的截面高度不宜小于墙板厚度的 2 倍。抗震墙板的厚度不宜小于 160mm，且不应小于墙板净高的 1/20；墙体宜开设洞口形成若干墙段，各墙段的高宽比不宜小于 2。墙体的竖向和横向分布钢筋配筋率均不应小于 0.30%，并应采用双排布置；双排分布钢筋间拉筋的间距不应大于 600mm，直径不应小于 6mm。

B 砖砌体抗震墙

当 6 度设防的底层框架-抗震墙砖房的底层采用约束砖砌体墙时，砖墙厚不应小于 240mm，砌筑砂浆强度等级不应低于 M10，应先砌墙后浇框架。沿框架柱每隔 300mm 配置 2ϕ8 水平钢筋和 ϕ4 分布短筋平面内点焊组成的拉结网片，并沿砖墙水平通长设置；在墙体半高处还应设置与框架柱相连的钢筋混凝土水平系梁。墙长大于 4m 时和洞口两侧，应在墙内增设钢筋混凝土构造柱。

C 小砌块砌体抗震墙

当 6 度设防的底层框架-抗震墙砖房的底层采用约束小砌块砌体墙时，墙厚不应小于 190mm，砌筑砂浆强度等级不应低于 Mb10，应先砌墙后浇框架。沿框架柱每隔 400mm 配置 2ϕ8 水平钢筋和 ϕ4 分布短筋平面内点焊组成的拉结网片，并沿砌块墙水平通长设置；在墙体半高处尚应设置与框架柱相连的钢筋混凝土水平系梁。系梁截面不应小于 190mm×190mm，纵筋不应小于 4ϕ12，箍筋直径不应小于 ϕ6，间距不应大于 200mm。墙体在门、窗洞口两侧应设置芯柱，墙长大于 4m 时，应在墙内设置芯柱；其余位置，宜采用钢筋混凝土构造柱代替芯柱。

6.5.3.5 材料要求

底部框架-抗震墙砌体房屋中框架柱、混凝土墙和托墙梁的混凝土强度等级，不应低于 C30；过渡层砌体块材的强度等级不应低于 MU10，砖砌体砌筑砂浆强度的等级不应低于 M10，砌块砌体砌筑砂浆强度的等级不应低于 Mb10。

6.6 配筋混凝土小型空心砌块抗震墙房屋的抗震设计要点

配筋混凝土小型空心砌块抗震墙是砌体结构中抗震性能较好的一种新型结构体系。这种结构的基本构造形式是，在混凝土小型空心砌块墙体的孔洞中配置竖向钢筋，并灌实混凝土，在水平灰缝或在凸槽砌体中配置水平钢筋，以此形成承受竖向和水平作用的配筋混凝土小型空心砌块抗震墙。国外的研究、工程实践和震害表明，这种结构形式强度高、延性好，其受力性能和计算方法与现浇钢筋混凝土抗震墙结构相似，而且具有施工方便、造价较低的特点，在欧美等发达国家已得到较广泛的应用。

我国自 20 世纪 80 年代以来，对配筋混凝土小型空心砌块抗震墙结构开展了一系列的试验研究，并积极进行试点建筑，工程实践表明，对中高层房屋，这种结构形式具有足够的承载能力和规范要求的变形能力，而且更能体现配筋砌块砌体结构施工和经济方面的优势。在此基础上，并借鉴国外标准，我国抗震设计规范和砌体结构设计规范对配筋小型空心砌块抗震墙的抗震设计作出了相应的规定。

6.6.1　结构方案与结构布置

6.6.1.1　建筑平面及结构布置

平面形状宜简单、规则，凹凸不宜过大；竖向布置宜规则、均匀，避免过大的外挑和内收。纵横向抗震墙宜拉通对直；每个独立墙段长度不宜大于 8m，且不宜小于墙厚的 5 倍；墙段的总高度与墙段长度之比不宜小于 2；门洞口宜上下对齐，成列布置。

房屋需要设置防震缝时，当房屋高度不超过 24m，最小宽度可采用 100mm；当超过 24m 时，6 度、7 度、8 度和 9 度相应每增加 6m、5m、4m 和 3m，最小宽度宜加宽 20mm。

采用现浇钢筋混凝土楼、屋盖时，抗震横墙的最大间距，应符合表 6-16 的要求。

表 6-16　配筋混凝土小型空心砌块抗震横墙的最大间距

烈　　度	6 度	7 度	8 度	9 度
最大间距/m	15	15	11	7

6.6.1.2　房屋高度和层高限值

配筋混凝土小型空心砌块抗震墙结构房屋的最大高度和最大宽高比，应分别符合表 6-17 和表 6-18 的规定。

表 6-17　配筋混凝土小型空心砌块抗震墙房屋适用的最大高度

结构类型最小墙厚/mm		设防烈度和设计基本地震					
		6 度	7 度		8 度		9 度
		0.05g	0.10g	0.15g	0.20g	0.30g	0.40g
配筋砌块砌体抗震墙	190mm	60	55	45	40	30	24
部分框支抗震墙		55	49	40	31	24	—

注：1. 房屋高度指室外地面到主要屋面板板顶的高度（不包括局部突出屋顶部分）；
　　2. 某层或几层开间大于 6.0m 以上的房间建筑面积占相应层建筑面积 40% 以上时，表中数据相应减少 6m；
　　3. 部分框支抗震墙结构指首层或底部两层为框支层的结构，不包括仅个别框支墙的情况；
　　4. 房屋的高度超过表内高度时，应根据专门研究，采取有效的加强措施。

表 6-18　配筋混凝土小型空心砌块抗震墙房屋适用的最大宽高比

烈　度	6 度	7 度	8 度	9 度
最大宽高比	4.5	4.0	3.0	2.0

注：房屋的平面布置和竖向布置不规则时应适当减小最大宽高比。

配筋混凝土小型空心砌块抗震墙房屋的层高，应符合下列规定：

（1）底部加强部位（不小于房屋高度的 1/6 且不小于底部二层的高度范围）的层高（房屋总高度小于 21m 时取一层），一、二级不宜大于 3.2m，三、四级不应大于 3.9m。

（2）其他部位的层高，一、二级不应大于 3.9m，三、四级不应大于 4.8m。

6.6.1.3　抗震等级的划分

配筋混凝土小型空心砌块抗震墙结构抗震等级的划分，是基于不同烈度和不同房屋高度对结构抗震性能的不同要求，包括考虑了结构构件的延性和消能能力。丙类建筑的抗震等级宜按表 6-19 确定。

表 6-19　配筋混凝土小型空心砌块抗震墙房屋的抗震等级

烈度	6 度		7 度		8 度		9 度
高度/m	≤24	>24	≤24	>24	≤24	>24	≤24
抗震等级	四	三	三	二	二	一	一

注：接近或等于高度分界时，可结合房屋不规则程度及场地、地基条件确定抗震等级。

6.6.2　配筋混凝土小型空心砌块抗震墙抗震计算

6.6.2.1　层间弹性位移角限值

配筋混凝土小型空心砌块抗震墙房屋抗震计算时，6 度时可不进行截面抗震验算，但应采取相应的抗震构造措施。配筋混凝土小型空心砌块抗震墙房屋应进行多遇地震作用下的抗震变形验算，其楼层内最大的弹性层间位移角，底层不宜超过 1/1200，其他楼层不宜超过 1/800。

6.6.2.2　地震作用计算和地震剪力分配

配筋混凝土小型空心砌块抗震墙结构应按抗震设计规范的规定进行地震作用计算。一般可只考虑水平地震作用的影响。对于平立面布置规则的房屋，可采用底部剪力法或振型分解反应谱法。

由于此种结构的楼屋盖一般采用现浇钢筋混凝土结构，即使在抗震等级低时（如四级时）至少也要采用装配整体式钢筋混凝土楼屋盖，故属于刚性楼屋盖，因此，对于楼层水平地震剪力，应按各墙体的刚度比例在墙体间分配。

6.6.2.3　配筋混凝土小型空心砌块抗震墙抗震承载力验算

A　墙体抗震承载力验算

a　正截面抗震承载力验算

考虑地震作用组合的配筋混凝土小型空心砌块抗震墙墙体可能是偏向受压或偏心受拉构件，其正截面承载力可采用配筋砌块砌体非抗震设计计算公式，但在公式右端应除以承载力抗震调整系数 $\gamma_{RE} = 0.85$。

b 斜截面抗震承载力验算

（1）剪力设计值的调整。为了提高配筋混凝土小型空心砌块抗震墙的整体抗震能力，防止抗震墙底部在弯曲破坏前发生剪切破坏，保证强剪弱弯的要求，在进行斜截面抗剪承载力验算且抗震等级一、二、三级时应对墙体底部加强区范围内剪力设计值 V 进行调整，按式（6-36）取值：

$$V = \eta_{vw} V_w \tag{6-36}$$

式中 V——抗震墙底部加强部位截面组合的剪力设计值；

V_w——抗震墙底部加强部位截面组合的剪力计算值；

η_{vw}——剪力增大系数，一级取 1.6，二级取 1.4，三级取 1.2，四级取 1.0。

（2）抗震墙的截面尺寸要求。当剪跨比大于 2 时，

$$V \leqslant \frac{1}{\gamma_{RE}}(0.2f_g bh) \tag{6-37}$$

当剪跨比不大于 2 时，

$$V \leqslant \frac{1}{\gamma_{RE}}(0.15f_g bh) \tag{6-38}$$

式中 f_g——灌孔小砌块砌体抗压强度设计值；

b——抗震墙截面宽度；

h——抗震墙截面高度；

γ_{RE}——承载力抗震调整系数，取 0.85。

（3）配筋混凝土小型空心砌块抗震墙斜截面受剪承载力验算。

偏心受压情况：

$$V \leqslant \frac{1}{\gamma_{RE}}\left[\frac{1}{\lambda - 0.5}(0.48f_{gv}bh_0 + 0.1N) + 0.72f_{yh}\frac{A_{sh}}{s}h_0\right] \tag{6-39}$$

$$0.5V \leqslant \frac{1}{\gamma_{RE}}\left(0.72f_{yh}\frac{A_{sh}}{s}h_0\right) \tag{6-40}$$

式中 N——抗震墙组合的轴向压力设计值，当 $N > 0.2f_g bh$ 时，取 $N = 0.2f_g bh$；

λ——计算截面处的剪跨比，取 $\lambda = M/(Vh_0)$，小于 1.5 时取 1.5，大于 2.2 时取 2.2；

f_{gv}——灌孔小砌块砌体抗剪强度设计值，$f_{gv} = 0.2f_g^{0.55}$；

A_{sh}——同一截面的水平钢筋截面面积；

s——水平分布筋间距；

f_{yh}——水平分布筋抗拉强度设计值；

h_0——抗震墙截面有效高度。

在多遇地震组合下，配筋混凝土小型空心砌块抗震墙的墙肢不应出现小偏心受拉。大偏心受拉配筋混凝土小型空心砌块抗震墙，其斜截面受剪承载力应按式（6-41）、式（6-42）计算：

$$V \leqslant \frac{1}{\gamma_{RE}}\left[\frac{1}{\lambda - 0.5}(0.48f_{gv}bh_0 - 0.17N) + 0.72f_{yh}\frac{A_{sh}}{s}h_0\right] \tag{6-41}$$

$$0.5V \leqslant \frac{1}{\gamma_{RE}}\left(0.72f_{yh}\frac{A_{sh}}{s}h_0\right) \tag{6-42}$$

当 $0.48f_{gv}bh_0 - 0.17N \leqslant 0$ 时，取 $0.48f_{gv}bh_0 - 0.17N = 0$。式中，$N$ 为抗震墙组合的轴向拉力设计值。

B 连梁抗震承载力验算

（1）配筋混凝土小型空心砌块抗震墙跨高比大于 2.5 的连梁宜采用钢筋混凝土连梁，其截面组合的剪力设计值和斜截面受剪承载力，应符合现行国家标准《混凝土结构设计规范》（GB 50010—2010）对连梁的有关规定。

（2）抗震墙采用配筋混凝土小型空心砌块砌体连梁时，应符合下列要求：

1）连梁的截面应满足式（6-43）要求：

$$V \leqslant \frac{1}{\gamma_{RE}}(0.15f_gbh_0) \tag{6-43}$$

2）连梁的斜截面受剪承载力应按式（6-44）计算

$$V \leqslant \frac{1}{\gamma_{RE}}\left(0.56f_{gv}bh_0 + 0.7f_{yv}\frac{A_{sv}}{s}h_0\right) \tag{6-44}$$

式中　A_{sv}——配置在同一截面内的箍筋各肢的全部截面面积；

　　　f_{yv}——箍筋的抗拉强度设计值。

6.6.3 配筋混凝土小型空心砌块抗震墙房屋抗震构造措施

6.6.3.1 墙体材料及钢筋的构造要求

（1）配筋混凝土小型空心砌块抗震墙房屋的灌孔混凝土应采用坍落度大、流动性及和易性好，并与砌块结合良好的混凝土，灌孔混凝土的强度等级不应低于 Cb20。配筋混凝土小型空心砌块抗震墙房屋的抗震墙，应全部用灌孔混凝土灌实。

（2）配筋混凝土小型空心砌块抗震墙的横向和竖向分布钢筋应符合表 6-20 和表 6-21 的要求；横向分布钢筋宜双排布置，双排分布钢筋之间拉结筋的间距不应大于 400mm，直径不应小于 6mm；竖向分布钢筋宜采用单排布置，直径不应大于 25mm。

表 6-20 配筋混凝土小型空心砌块抗震墙横向分布钢筋构造要求

抗震等级	最小配筋率/%		最大间距/mm	最小直径/mm
	一般部位	加强部位		
一级	0.13	0.15	400	8
二级	0.13	0.13	600	8
三级	0.11	0.13	600	8
四级	0.10	0.10	600	6

配筋混凝土小型空心砌块抗震墙内竖向和横向分布钢筋的搭接长度不应小于 48 倍钢筋直径，锚固长度不应小于 42 倍钢筋直径。

配筋混凝土小型空心砌块抗震墙的横向分布钢筋，沿墙长应连续布置，两端的锚固应符合下列规定：（1）一、二级的抗震墙，横向分布钢筋可绕竖向主筋弯 180° 弯钩，弯钩

表 6-21　配筋混凝土小型空心砌块抗震墙竖向分布钢筋构造要求

抗震等级	最小配筋率/%		最大间距/mm	最小直径/mm
	一般部位	加强部位		
一级	0.15	0.15	400	12
二级	0.13	0.13	600	12
三级	0.11	0.13	600	12
四级	0.10	0.10	600	12

注：9 度时配筋率不应小于 0.2%；在顶层和底部加强部位，最大间距应适当减小。

端部直段长度不宜小于 12 倍钢筋直径；横向分布钢筋亦可弯入端部灌孔混凝土中，锚固长度不应小于 30 倍钢筋直径且不应小于 250mm。（2）三、四级的抗震墙，横向分布钢筋亦可弯入端部灌孔混凝土中，锚固长度不应小于 25 倍钢筋直径且不应小于 200mm。

6.6.3.2　轴压比要求

配筋混凝土小型空心砌块抗震墙在重力荷载代表值作用下的轴压比，应符合下列要求：

（1）一般墙体的底部加强部位，一级（9 度）不宜大于 0.4，一级（8 度）不宜大于 0.5，二、三级不宜大于 0.6；一般部位均不宜大于 0.6。

（2）短肢墙体全高范围，一级不宜大于 0.5，二、三级不宜大于 0.6；对于无翼缘的一字形短肢墙，其轴压比限值应相应降低 0.1。

（3）各向墙肢截面均为 $3b < h < 5b$ 的独立小墙肢，一级不宜大于 0.4，二、三级不宜大于 0.5；对于无翼缘的一字形独立小墙肢，其轴压比限值应相应降低 0.1。

6.6.3.3　墙体边缘构件的设置

配筋混凝土小型空心砌块抗震墙墙肢端部应设置边缘构件；底部加强部位的轴压比，一级大于 0.2 和二级大于 0.3 时，应设置约束边缘构件。

构造边缘构件的配筋范围：无翼墙端部为 3 孔配筋；"L"转角节点为 3 孔配筋；"T"转角节点为 4 孔配筋；边缘构件范围应设置水平箍筋，最小配筋率应符合表 6-22 的要求。约束边缘构件的范围应沿受力方向比构造边缘构件增加 1 孔，水平箍筋应相应加强，也可采用混凝土边框柱加强。

表 6-22　抗震墙边缘构件的配筋要求

抗震等级	每孔竖向钢筋最小配筋量		水平箍筋最小直径/mm	水平箍筋最大间距/mm
	底部加强部位	一般部位		
一级	1ϕ20	1ϕ18	8	200
二级	1ϕ18	1ϕ16	6	200
三级	1ϕ16	1ϕ14	6	200
四级	1ϕ14	1ϕ12	6	200

注：1. 边缘构件水平箍筋宜采用搭接点焊网片形式；

　　2. 一、二、三级时，边缘构件箍筋应采用不低于 HRB335 级的热轧钢筋；

　　3. 二级轴压比大于 0.3 时，底部加强部位水平箍筋的最小直径不应小于 8mm。

6.6.3.4 连梁的构造要求

配筋混凝土小型空心砌块抗震墙中，当采用混凝土连梁时，应符合混凝土强度的有关规定以及《混凝土结构设计规范》（GB 50010—2010）中有关地震区连梁的构造要求；对于跨高比小于2.5的连梁可采用砌体连梁，其构造应符合下列要求：

（1）连梁的上下纵向钢筋锚入墙内的长度，一、二级不应小于1.15倍锚固长度，三级不应小于1.05倍锚固长度，四级不应小于锚固长度；且均不应小于600mm。

（2）连梁的箍筋应沿梁全长布置；箍筋直径，一级不小于10mm，二、三、四级不小于8mm；箍筋间距，一级不大于75mm，二级不大于100mm，三级不大于120mm。

（3）顶层连梁在深入墙体的纵向钢筋长度范围内应设置间距不大于200mm的构造箍筋，其直径应与该连梁的箍筋直径相同。

（4）自梁顶面下200mm至梁顶面上200mm范围内应增设腰筋，其间距不大于200mm；每层腰筋的数量，一级不少于$2\phi12$，二~四级不少于$2\phi10$；腰筋伸入墙内的长度不应小于30倍的钢筋直径且不应小于300mm。

（5）连梁内不宜开洞，当需要开洞时，应在跨中梁高1/3处预埋外径不大于200mm的钢套管，洞口上下的有效高度不应小于1/3梁高，且不应小于200mm，洞口处应配补强钢筋，被洞口削弱的截面应进行受剪承载力验算。

6.6.3.5 钢筋混凝土圈梁的构造要求

配筋混凝土小型空心砌块抗震墙房屋的墙体在基础和各楼层标高处均应设置现浇钢筋混凝土圈梁，圈梁的宽度应同墙厚，其截面高度不宜小于200mm；圈梁混凝土抗压强度不应小于相应灌孔小砌块砌体的强度，且不应小于C20；圈梁纵向钢筋直径不应小于墙中横向分布钢筋的直径，且不应小于$4\phi12$；基础圈梁纵筋不应小于$4\phi12$；圈梁及基础圈梁箍筋直径不应小于8mm，间距不应大于200mm；当圈梁高度大于300mm时，应沿圈梁截面高度方向设置腰筋，其间距不应大于200mm，直径不应小于10mm；圈梁底部嵌入墙顶小砌块孔洞内，深度不宜小于30mm，圈梁顶部应是毛面。

****

本 章 小 结

本章介绍了多层砌体结构的分类，分析了结构发生破坏的原因与破坏特征，提出了进行建筑布置及结构选型应注意的问题，给出了对多层砌体结构房屋进行抗震计算应选取的计算简图、地震作用的计算方法和步骤，楼层地震剪力在各墙体间的分配方法以及墙体抗震承载力验算的方法和步骤，同时着重介绍了各类多层砌体结构房屋的抗震构造措施，具体包括以下七方面：

（1）砖房的震害现象：房屋倒塌；墙体开裂、破坏；墙角破坏；纵、横墙连接破坏；楼梯间破坏；楼盖与屋盖破坏；附属构件破坏等，设计时应避免相应破坏的发生。

（2）多层砌体结构房屋在强烈地震下易发生倒塌，防止砌体结构房屋的倒塌主要是从总体布置和细部构造措施等抗震措施方面着手，通过搞好结构的抗震概念设计加以解决，内容主要包括：①房屋体型的设计与变形缝的设置；②房屋总高度与最大高宽比的限制；③抗震横墙的最大间距限制；④钢筋混凝土构造柱和芯柱设置；⑤房屋局部尺寸限值；⑥圈梁的设置；⑦楼梯间的布置；⑧连接的要求等。

（3）多层砌体结构房屋抗震计算一般只考虑水平方向地震作用，确定结构计算简图时，将水平方向地震作用在建筑物两个主轴方向进行抗震验算。地震作用下结构的变形为剪切型，地震作用的确定采用底部剪力法，$\alpha_1 = \alpha_{max}$。

（4）楼层地震剪力根据楼盖的水平刚度及各墙体的侧移刚度分配。

（5）对多层砌体结构房屋，可只选择承担地震作用较大的，或竖向压应力较小的，或局部截面较小的墙段进行截面抗剪验算。

（6）底部框架-抗震墙房屋是上刚下柔的结构体系，为了防止底层变形集中而发生严重震害，应对这类房屋的结构方案和结构布置进行严格的限制。

（7）配筋混凝土小型空心砌块抗震墙是砌体结构中抗震性能较好的一种新型结构体系，具有强度高、延性好的特点，其受力性能和计算方法与现浇钢筋混凝土抗震墙结构相似。工程实践表明，对中高层房屋，这种结构形式具有足够的承载能力和规范要求的变形能力，而且更能体现配筋砌块砌体结构施工和经济方面的优势。

＊＊＊＊＊＊＊＊＊＊＊＊＊＊＊＊＊＊＊＊＊＊＊＊＊＊＊＊＊＊＊＊＊＊＊

复习思考题

6-1 多层砌体结构的类型有哪几种？

6-2 多层砌体结构抗震设计中，除进行抗震能力的验算外，为何更要注意概念设计及抗震构造措施的处理？

6-3 砌体结构房屋的常见震害有哪些？一般会在什么情况下发生？设计应如何避免破坏的发生？

6-4 砌体结构房屋的概念设计包括哪些方面？

6-5 多层砌体结构房屋的计算简图如何选取？地震作用如何确定？层间地震剪力在墙体间如何分配？

6-6 墙体间抗震承载力如何验算？

6-7 多层砌体结构房屋的抗震构造措施包括哪些方面？

6-8 配筋混凝土小型空心砌块抗震墙房屋与传统的多层砌体结构相比，在抗震性能和设计要求、设计方法等方面有哪些不同？与钢筋混凝土多、高层结构相比有哪些不同？

7 高层及多层钢结构房屋的抗震设计

本章提要

本章介绍高层及多层钢结构房屋的抗震设计。其主要内容包括：钢结构的震害及破坏特点；高层钢结构的体系与布置、高层钢结构的抗震设计、钢构件的抗震设计与构造措施、钢节点及连接的抗震计算与构造措施；多层钢结构房屋的布置与结构体系、多层钢结构房屋的抗震计算、多层钢结构房屋的抗震构造措施。

本章内容只包括高层及多层钢结构房屋的抗震规定，未包括与抗震无关的设计计算规定。

钢结构是不同于钢筋混凝土结构和砌体结构的另一种类型的结构，学习时，应重点掌握钢结构抗震设计与钢筋混凝土及砌体结构抗震设计的不同点。

7.1 概 述

钢材基本上属于各向同性的均质材料，具有轻质高强、延性好的性能，是一种很适宜于建造抗震结构的材料。在地震作用下，钢结构房屋由于钢材的材质均匀，强度易于保证，因而结构的可靠性大；轻质高强的特点使钢结构房屋的自重轻，从而结构所受的地震作用减小；良好的延性性能使钢结构具有很大的变形能力，即使在很大的变形下仍不致倒塌，从而保证结构的抗震安全性。但是，钢结构房屋如果设计与制造不当，在地震作用下，可能发生构件的失稳和材料的脆性破坏及连接破坏，从而使其优良的材料性能得不到充分的发挥，结构未必具有较高的承载力和延性。

一般来说，钢结构房屋在强震作用下，强度方面是足够的，但其侧向刚度一般不足。钢结构在地震作用下，虽很少整体倒塌，但常发生局部破坏和材料的脆性破坏。例如，1985年9月19日，墨西哥城发生8.1级大地震，震后发现，1957年以前采用的钢结构体系（如交叉支撑结构）发生严重破坏，而以后普遍采用的抗弯框架体系和抗弯框架-支撑体系则破坏较轻，其中抗弯框架体系的破坏主要发生在梁柱连接处，以及桁架梁的受压斜杆屈曲。抗弯框架-支撑体系除了Pino Suarez综合楼发生倒塌外，只有两栋结构有损伤。1994年美国诺斯里奇（Northrige）发生6.7级地震，震后未发现倒塌的钢结构建筑，钢结构的破坏形式主要为：

（1）框架节点区的梁柱焊接连接破坏；

（2）竖向支撑的整体失稳和局部失稳；

（3）柱脚焊缝破坏及锚栓失效。

204

1995 年 1 月 17 日日本阪神发生了 7.2 级大地震，钢结构建筑中震害严重和数量较多的主要是年久失修的简易型低层钢结构，但也有建于 20 世纪 70 年代后期的钢结构建筑遭受破坏。其主要破坏形式为：

（1）钢柱脆断；

（2）支撑及其连接板的破坏；

（3）梁柱节点的破坏。

这次地震中，由于钢结构具有良好的延性，相对于钢筋混凝土结构的破坏程度要小，同时也表明充分考虑抗震设计的钢结构建筑很少破坏。但是，有些钢结构建筑的倒塌和钢柱的脆性断裂，以及支撑屈曲和数量较多的梁柱节点破坏，已引起工程界的重视，并进行了相应的研究。

7.2 · 高层钢结构房屋抗震设计

7.2.1 高层钢结构的体系与布置

7.2.1.1 高层钢结构的体系

高层钢结构的结构体系主要有框架体系、框架-支撑（剪力墙板）体系、筒体体系（框筒、筒中筒、桁架筒、束筒等）或巨型框架体系。

A 框架体系

框架体系是沿房屋纵横方向由多榀平面框架构成的结构。这类结构的抗侧力能力主要决定于梁柱构件节点的强度与延性，故节点常采用刚性连接节点。

B 框架-支撑体系

框架-支撑体系是在框架体系中沿结构的纵、横两个方向均匀布置一定数量的支撑所形成的结构体系。在框架-支撑体系中，框架是剪切型结构，底部层间位移大；支撑架是弯曲型结构，底部层间位移小，两者并联，可以明显减小建筑物下部的层间位移。因此，在相同的侧移限值标准的情况下，框架-支撑体系可以用于比框架体系更高的房屋。

支撑体系的布置由建筑要求及结构功能来确定，一般布置在端框架中、电梯井周围等处。支撑类型的选择与是否抗震有关，也与建筑的层高、柱距以及建筑使用要求（如人行通道、门洞和空调管道设置等）有关，因此需要根据不同的设计条件选择适宜的支撑类型。

a 中心支撑

中心支撑是指斜杆、横梁及柱汇交于一点的支撑体系，或两根斜杆与横杆汇交于一点，也可与柱子汇交于一点，但汇交时均无偏心距。根据斜杆的不同布置形式，可形成 X 形支撑［图 7-1（a）］、单斜支撑［图 7-1（b）］、人字形支撑［图 7-1（c）］、K 形支撑［图 7-1（d）］及 V 形支撑［图 7-1（e）］等类型。中心支撑是常用的支撑类型之一，因具有较大的侧向刚度，对减小结构的水平位移和改善结构的内力分布是有效的，但在往复地震作用下，会产生下列后果：

（1）支撑斜杆重复压曲后，其抗压承载力急剧降低。

（2）支撑的两侧柱子产生压缩变形和拉伸变形后，由于支撑的端节点实际构造做法

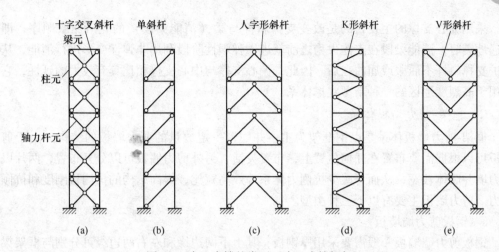

图 7-1　中心支撑的类型（中心支撑框架）
（a）X 形支撑；（b）单斜支撑；（c）人字形支撑；（d）K 形支撑；（e）V 形支撑

并非铰接，引发支撑产生很大的内力和应力。

（3）斜杆从受压的压曲状态变为受拉的拉伸状态，将对结构产生冲击作用力，使支撑及其节点和相邻的结构产生很大的附加应力。

（4）同一层支撑框架内的斜杆轮流压曲而不能恢复（拉直），楼层的受剪承载力迅速降低。

因此，对于地震区建筑，不得采用图 7-1（d）所示的 K 形中心支撑，因为 K 形支撑的斜杆因受压屈曲或受拉屈服，将使柱子发生屈曲甚至严重破坏。在房屋中，当采用单斜支撑且按受拉设计时，应同时设置不同倾斜方向的两组单斜杆，且每层中不同方向单斜杆的面积在水平方向的投影面积之差不得大于 10%。

b　偏心支撑

偏心支撑是指支撑斜杆的两端至少有一端与梁相交（不在柱节点处），另一端可在梁与柱交点处连接，或偏离另一根支撑斜杆一段长度与梁连接，并在支撑斜杆杆端与柱子之间构成一段消能梁，或在两根支撑斜杆之间构成一消能梁段的支撑。图 7-2 为偏心支撑的几种类型。

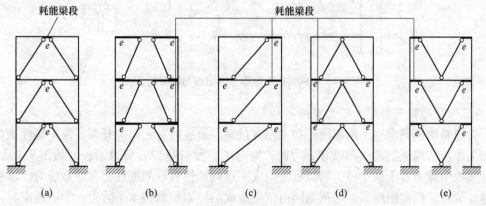

图 7-2　偏心支撑的类型（偏心支撑框架）
（a）门架式 1；（b）门架式 2；（c）单斜杆式；（d）人字形式；（e）V 字形式

采用偏心支撑的主要目的是改变支撑斜杆与梁（消能梁段）的先后屈服顺序，即在罕遇地震时，消能梁段在支撑失稳之前就进入弹塑性阶段利用非弹性变形进行消能，从而保护支撑斜杆不屈服或屈曲在后。因此，偏心支撑与中心支撑相比具有较大的延性，它是适用于高烈度地区的一种新型支撑体系。

C　框架-剪力墙板体系

框架-剪力墙板体系是以钢框架为主，并配置一定数量的剪力墙板的结构。由于剪力墙板可以根据需要布置在任何位置上，布置灵活，另外剪力墙板可以分开布置，两片以上剪力墙并联体较宽，从而可减少抗侧力体系等效高宽比，提高结构的抗侧移刚度和抗倾覆能力。剪力墙板主要有以下三种类型。

a　钢板剪力墙墙板

钢板剪力墙墙板一般需要采用厚钢板，其上下两边缘和左右两边缘可分别与框架梁和框架柱连接，一般采用高强度螺栓连接。钢板剪力墙墙板承担沿框架梁、柱周边的剪力，不承担框架梁上的竖向荷载。

b　内藏钢板支撑剪力墙墙板

内藏钢板支撑剪力墙墙板是以钢板为基本支撑，外包钢筋混凝土墙板的预制构件，如图 7-3 所示。内藏钢板支撑可做成中心支撑也可做成偏心支撑，但在地震高烈度地区，宜采用偏心支撑。预制墙板仅在钢板支撑的上下端节点处与钢框架梁相连，除节点部位外，与钢框架的梁或柱均不相连，留有间隙，因此，内藏钢板支撑剪力墙仍是一种受力明确的钢支撑。由于钢支撑有外包混凝土，故可不考虑平面内和平面外的屈曲。墙板对提高框架结构的承载能力和刚度，以及在强震作用时吸收地震能量方面均有重要作用。

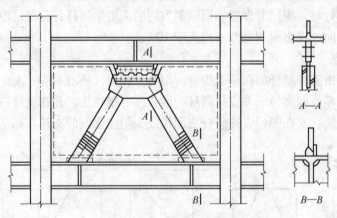

图 7-3　内藏钢板支撑剪力墙墙板与框架的连接

c　带竖缝钢筋混凝土剪力墙板

普通整块钢筋混凝土墙板由于初期刚度过高，地震时首先斜向开裂，发生脆性破坏而退出工作，造成框架超载而破坏，为此，提出了一种带竖缝的剪力墙板，如图 7-4 所示。它在墙板中设有若干条竖缝，将墙板分割成一系列延性较好的壁柱。多遇地震时，墙板处于弹性阶段，侧向刚度大，墙板如同由壁柱组成的框架板承担水平剪力；罕遇地震时，墙板处于弹塑性阶段而在壁柱上产生裂缝，壁柱屈服后刚度降低，变形增大，起到消能减震的作用。

D　筒体体系

筒体结构体系因其具有较大刚度，有较强的抗侧力能力，能形成较大的使用空间，对于超高层建筑是一种经济有效的结构形式。根据筒体的布置、组成、数量的不同，筒体结构体系可分为框架筒、桁架筒、筒中筒及束筒等体系。

a　框架筒体系

框架筒体系是由密柱深梁刚性连接构成外筒结构来承担水平荷载，结构内部的梁柱铰接，柱子只承受竖向荷载而不承担水平荷载。柱网布置如图 7-5（a）所示。

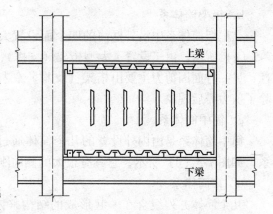

图 7-4　带竖缝剪力墙板与框架的连接

框架筒作为悬臂筒体结构，在水平荷载作用下结构如能整体工作，其截面上的应力分布如图 7-5（b）中虚线所示，但由于框架横梁的弯曲变形，引起剪力滞后现象，截面上弯曲应力的分布将呈非线性分布，如图 7-5（b）中实线所示，这样，使得房屋的角柱要承受比中柱更大的轴力，并且结构的侧向挠度将呈明显的剪切型变形。

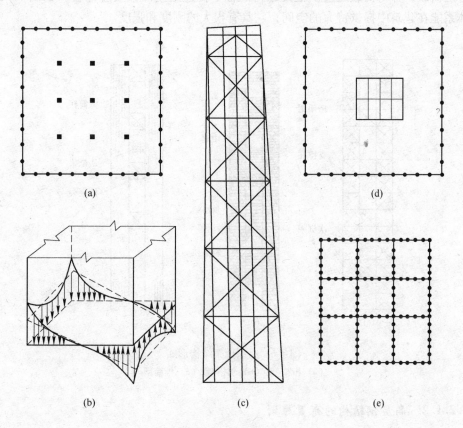

图 7-5　筒体体系

（a）框架筒柱网布置；（b）框架筒压力分布；（c）桁架筒；（d）筒中筒；（e）束筒

b 桁架筒体系

在框架筒体系中沿外框筒的四个面设置大型桁架（支撑）就构成桁架筒体系，如图7-5（c）所示。由于设置了大型桁架（支撑），一方面大大提高了结构的空间刚度和整体性，另一方面因剪力主要由桁架（支撑）斜杆承担，避免了横梁受剪切变形，基本上消除了剪力滞后现象。

c 筒中筒体系

筒中筒体系是由内外设置的几个筒体通过楼盖系统连接组成的能共同工作的结构体系，如图7-5（d）所示，它具有很大的侧向刚度和抗侧能力。

d 束筒体系

几个筒体并列组合在一起形成的结构整体称为束筒结构体系，如图7-5（e）所示。它是以外框筒为基础，在其内部沿纵横向设置多榀框架所构成，因此，具有更好的整体性和更大的整体侧向刚度；同时由于设置了多榀腹板框架，减小了筒体的边长，从而大大减小了剪力滞后效应。

e 巨型框架体系

巨型框架体系是由柱距较大的立体桁架柱及立体桁架梁构成。立体桁架梁应沿纵横向布置，并形成一个空间桁架层，在两层空间桁架层之间设置次框架结构，以承担空间层之间的各层荷载，并将荷载通过次框架结构的柱子传递给立体梁及立体柱，如图7-6所示。这种体系能在建筑中提供特大的空间，它具有很大的刚度和强度。

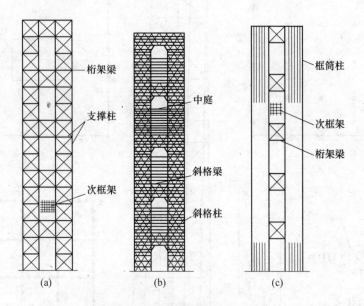

图7-6 巨型框架结构形式

（a）桁架型；（b）斜格型；（c）框筒型

7.2.1.2 高层钢结构的布置原则

A 高层钢结构适用的最大高度

高层钢结构可选用各种不同的体系，其适用的最大高度宜符合表7-1的规定。

表 7-1 钢结构房屋适用的最大高度

结 构 类 型	6、7 度 (0.1g)	7 度 (0.15g)	8 度		9 度 (0.4g)
			(0.20g)	(0.30g)	
框架	110	90	90	70	50
框架-中心支撑	220	200	180	150	120
框架-偏心支撑（延性墙板）	240	220	200	180	160
筒体（框筒、筒中筒、桁架筒、束筒）和巨型框架	300	280	260	240	180

注：1. 房屋高度是指室外地面到主要屋面板板顶的高度（不包括局部突出屋顶部分）；
 2. 超过表内高度的房屋，应进行专门研究的论证，采取有效的加强措施；
 3. 表内的筒体不包括混凝土筒。

B 高层钢结构的高宽比限值

结构的高宽比对结构的整体稳定性和人在建筑中的舒适感等有重要的影响，钢结构民用房屋适用的最大高宽比如表 7-2 所示。

表 7-2 钢结构民用房屋适用的最大高宽比

抗震设防烈度	6、7	8	9
最大高宽比	6.5	6.0	5.5

注：计算高宽比的高度从室外地面算起；当塔形建筑的底部有大底盘时，高宽比可按大底盘以上计算。

C 高层钢结构房屋的抗震等级

高层钢结构房屋应根据设防分类、烈度和房屋高度采用不同的抗震等级，并应符合相应的计算和构造措施要求。丙类建筑的抗震等级应按表 7-3 确定。

表 7-3 钢结构的抗震等级

房屋高度	设 防 烈 度			
	6	7	8	9
≤50m		四	三	二
>50m	四	三	二	一

注：1. 高度接近或等于高度分界时，应允许结合房屋不规则程度和场地、地基条件确定抗震等级；
 2. 一般情况，构件的抗震等级应与结构相同；当某个部位各构件的承载力均满足 2 倍地震作用组合下的内力要求时，7～9 度的构件抗震等级应允许按降低一度确定。

D 高层钢结构的布置要求

高层钢结构的布置除应符合第 4 章的有关要求外，还应符合下列规定：

（1）钢结构房屋需要设置防震缝时，缝宽应不小于相应钢筋混凝土结构房屋的 1.5 倍。

（2）一、二级的钢结构房屋，宜设置偏心支撑、带竖缝钢筋混凝土抗震墙板、内藏钢板支撑或其他消能支撑及筒体结构；采用框架结构时，甲、乙类建筑和高层的丙类建筑不应采用单跨框架，多层的丙类建筑不宜采用单跨框架。

（3）支撑框架在两个方向的布置均宜基本对称，支撑框架之间楼盖的长宽比不宜大于 3；三、四级且高度不大于 50m 的钢结构宜采用中心支撑，也可采用偏心支撑、屈曲约束支撑等消能支撑；中心支撑框架宜采用交叉支撑，也可采用人字支撑或单斜杆支撑，不宜采用 K 形支撑；支撑的轴线宜交汇于梁柱构件轴线的交点，偏离交点时的偏心距不应超过支撑杆件宽度，并应计入由此产生的附加弯矩；当中心支撑采用只能受拉的单斜杆体系时，应同时设置不同倾斜方向的两组斜杆，且每组中不同方向单斜杆的截面面积在水平方向的投影面积之差不应大于 10%；偏心支撑框架的每根支撑应至少有一端与框架梁连接，并在支撑与梁交点或柱之间或同一跨内另一支撑与梁交点之间形成消能梁段；采用屈曲约束支撑时，宜采用人字支撑、成对布置的单斜杆支撑等形式，不应采用 K 形或 X 形，支撑与柱的夹角宜在 35°~55°之间；屈曲的约束支撑受压时，其设计参数、性能检验和作为一种消能部件的计算方法可按相关要求设计。

（4）钢框架-筒体结构，在必要时可设置由筒体外伸臂或外伸臂和周边桁架组成的加强层。

（5）钢结构房屋的楼盖宜采用压型钢板现浇钢筋混凝土组合楼板或钢筋混凝土楼板，并应与钢梁有可靠连接；对 6 度、7 度时不超过 50m 的钢结构，还可采用装配整体式钢筋混凝土楼板，也可采用装配式楼板或其他轻型楼盖；但应将楼板预埋件与钢梁焊接，或采取其他保证楼盖整体性的措施；对转换层楼盖或楼板有大洞口等情况，必要时可设置水平支撑。

（6）钢结构房屋设置地下室时，框架-支撑（抗震墙板）结构中竖向连续布置的支撑（抗震墙板）应延伸至基础，框架柱应至少延伸至地下一层，其竖向荷载应直接传至基础。超过 50m 的钢结构房屋应设置地下室，其基础埋置深度，当采用天然地基时不宜小于房屋总高度的 1/15；当采用桩基时，桩承台埋深不宜小于房屋总高度的 1/20。

7.2.2　高层钢结构的抗震计算

7.2.2.1　地震作用计算

A　结构自振周期

对于质量及刚度沿高度分布比较均匀的高层钢结构，基本自振周期可按式（3-78）顶点位移法计算。

在初步设计基本周期可按经验公式（7-1）估算：

$$T_1 = 0.1n \tag{7-1}$$

式中　n——建筑物层数（不包括地下部分及屋顶小塔楼）。

B　设计反应谱

钢结构抗震计算的阻尼比宜符合下列规定：（1）多遇地震下的计算，高度不大于 50m 时可取 0.04；高度大于 50m 且小于 200m 时，可取 0.03；高度不小于 200m 时，宜取 0.02。（2）当偏心支撑框架部分承担的地震倾覆力矩大于结构总地震倾覆力矩的 50% 时，其阻尼比可比（1）条款相应增加 0.005。（3）在罕遇地震下的弹塑性分析，阻尼比可取 0.05。

在高层钢结构的设计中，水平地震影响系数曲线中相关参数的确定可参考 3.3.4 节的内容。

C 底部剪力法

采用底部剪力法计算水平地震作用时，结构总水平地震作用等效底部剪力标准值由式（3-107）计算。

7.2.2.2 地震作用下内力与位移计算

A 多遇地震作用下

结构在第一阶段多遇地震作用下的抗震设计中，其地震作用效应采取弹性方法计算。可根据不同情况，采用底部剪力法、振型分解反应谱法以及时程分析法等方法。

对多遇地震作用下的分析，框架梁可按梁端截面的内力设计。对工字形截面柱，宜计入梁柱节点域剪切变形对结构侧移的影响；对箱形柱框架、中心支撑框架和不超过 50m 的钢结构，其层间位移计算可不计入梁柱节点域剪切变形的影响，近似按框架轴线分析。钢框架-支撑结构的斜杆可按端部铰接杆计算；其框架部分按刚度分配计算得到的地震层剪力应乘以调整系数，达到不小于结构底部总剪力的 25% 和框架部分计算最大层剪力 1.8 倍二者的较小值。钢结构转换构件下的钢框架柱，地震内力应乘以增大系数，其值可取 1.5。钢框架梁的上翼缘采用抗剪连接件与组合楼板连接时，可不验算地震作用下的整体稳定。

高层钢结构在进行内力和位移计算时，对于框架、框架-支撑、框架-剪力墙板及框筒等结构常采用矩阵位移法，但计算时应考虑梁、柱弯曲变形，并应考虑梁柱节点域的剪切变形对侧移的影响。对于筒体结构，可将其按位移相等原则转化为连续的竖向悬臂筒体，采用有限元法对其进行计算。

在预估杆件截面时，内力和位移的分析可采用近似力法。在水平荷载作用下，框架结构可采用 D 值法进行简化计算；框架-支撑（剪力墙）结构可简化为平面抗侧力体系，分析时将所有框架合并为总框架，所有竖向支撑（剪力墙）合并为总支撑（剪力墙），然后进行协同工作分析。此时，可将总支撑（剪力墙）当做一悬臂梁。

B 罕遇地震作用下

高层钢结构第二阶段的抗震验算应采用时程分析法对结构进行弹塑性时程分析，其结构计算可以用杆系模型、剪切型层模型、弯剪型层模型或弯剪协同工作模型。在采用杆系模型分析时，柱、梁的恢复力模型可采用两折线型，其滞回模型可不考虑刚度退化。钢支撑和消能梁段等构件的恢复力模型，应按杆件特性确定。采用层模型分析时，应采用计入有关构件弯曲、轴向力、剪切变形等影响的等效层剪切刚度，层恢复力模型的骨架曲线可采用静力弹塑性方法进行计算，并可简化为二折线或三折线，并尽量与计算所得骨架曲线接近。在对结构进行静力弹塑性计算时，应同时考虑水平地震作用与重力荷载。构件所用材料的屈服强度和极限强度应采用标准值。对新型、特殊的杆件和结构，其恢复力模型宜通过试验确定。分析时结构的阻尼比可取 0.05，并应考虑重力二阶效应对侧移的影响。

7.2.2.3 构件的内力组合与设计原则

A 内力组合

构件设计内力的组合方法见式（3-198）。在抗震设计中，一般高层钢结构可不考虑风荷载及竖向地震作用，但对于高度大于 60m 的高层钢结构则必须考虑风荷载的作用，在 9 度区尚须考虑竖向地震作用。

B 设计原则

框架梁、柱截面按弹性设计。设计时应考虑到结构在罕遇地震作用下允许出现塑性变形，但须保证这一阶段的延性性能，使其不致倒塌。要注意防止梁、柱在塑性变形时发生整体和局部失稳，故梁、柱板件的宽厚比应不超过其在塑性设计时的限值。同时，将框架设计成强柱弱梁体系，使框架在形成倒塌机构时塑性铰只出现在梁上，而柱子除柱脚截面外保持为弹性状态，以使框架具有较大的消能能力。也要考虑到塑性铰出现在柱端的可能性而采取构造措施，以保证柱的强度。这是因为框架在重力荷载和地震作用的共同作用下反应十分复杂，很难保证所有塑性铰出现在梁上，且由于构件的实际尺寸、强度以及材料性能常与设计取值有相当大的出入，当梁的实际强度大于柱时，塑性铰将转移至柱。此外，还需考虑支撑失稳后的行为。

7.2.2.4 侧移控制

在小震下（弹性阶段），过大的层间位移会造成非结构构件的破坏，而在大震下（弹塑性阶段），过大的变形会造成结构的破坏或倒塌，因此，应限制结构的侧移，使其不超过一定的数值。

在多遇地震下，高层钢结构的层间侧移标准值应不超过层高的 1/250。结构平面端部构件的最大侧移不得超过质心侧移的 1.3 倍。

在罕遇地震下，高层钢结构的层间侧移不应超过层高的 1/50，同时结构层间侧移的延性比对于纯框架、偏心支撑框架、中心支撑框架、有混凝土剪力墙的钢框架应分别大于 3.5、3.0、2.5 和 2.0。

7.2.3 钢构件的抗震设计和构造措施

钢构件的设计包括以下内容：

（1）构件的强度验算。

（2）构件的稳定承载力验算。

（3）为保证构件截面的塑性变形能充分开展，同时满足构件的局部失稳不先于构件的整体失稳，应对宽厚比作出严格的限制。

（4）受压构件的长细比和受弯构件的塑性铰处侧向支承点与相邻侧向支承点间构件最大侧向长细比的验算。

7.2.3.1 钢梁

钢梁的抗震破坏主要表现在梁的侧向整体失稳和局部失稳，钢梁的强度及变形性能根据其板件宽厚比、侧向支承长度及弯矩梯度、节点的连续构造等的不同而有很大差别。在抗震设计中，为了满足抗震要求，钢梁必须具有良好的延性性能，因此必须正确设计截面尺寸、合理布置侧向支撑，注意连接构造，保证其能充分发挥变形能力。

A 梁的强度

钢梁在反复荷载下的极限荷载将比单调荷载时小，但考虑到楼板的约束作用又将使梁的承载能力有明显提高，因此，钢梁承载力计算与一般在静力荷载作用下的钢结构相同，计算时取截面塑性发展系数 $\gamma_x = 1.0$，承载力抗震调整系数 $\gamma_{RE} = 0.8$。

在进行多遇地震作用下的构件承载力计算时，托柱梁的内力应乘以不小于 1.5 的增大系数。

B 梁的整体稳定

钢梁的整体稳定验算公式一般与在静力荷载下的钢结构相同，承载力抗震调整系数 $\gamma_{RE} = 0.8$。

当梁设有侧向支撑，并符合《钢结构设计规范》（GB 50017—2003）规定的受压翼缘自由长度与其宽度之比的限制时，可不计算整体稳定。按 7 度及 7 度以上抗震设防的高层钢结构，梁受压翼缘侧向支承点间的距离与梁翼缘宽度之比还应符合该规范关于塑性设计时的长细比要求。

C 梁的板件宽厚比

在钢梁设计中，为了保证梁的安全承载，除了考虑承载力和整体稳定问题外，还必须考虑梁的局部稳定问题。如果梁的受压翼缘宽厚比或腹板的高厚比比较大，则在受力过程中它们就会出现局部失稳。板件的局部失稳，会降低构件的承载力。防止板件失稳的有效方法是限制它的宽厚比。对按 7 度及 7 度以上抗震设防的框架梁，要求梁出现塑性铰后还有转动能力，以实现结构内力重分布，因此，对板件的宽厚比有严格的限制；对设防烈度为 6 度和非抗震设计的结构，要求梁截面出现塑性铰，但不要求太大的转动能力。因此，正确地确定板件宽厚比，可以使结构安全而合理。框架梁板件宽厚比不应超过表 7-4 规定的限值。

表 7-4 框架梁、柱板件宽厚比限值

板 件 名 称		一级	二级	三级	四级
柱	工字形截面翼缘外伸部分	10	11	12	13
	工字形截面腹板	43	45	48	52
	箱形截面壁板	33	36	38	40
梁	工字形截面和箱形截面翼缘外伸部分	9	9	10	11
	箱形截面翼缘在两腹板之间部分	30	30	32	36
	工字形截面和箱形截面腹板	$72 - 120\dfrac{N_b}{Af} \leqslant 60$	$72 - 110\dfrac{N_b}{Af} \leqslant 65$	$80 - 110\dfrac{N_b}{Af} \leqslant 70$	$85 - 120\dfrac{N_b}{Af} \leqslant 75$

注：1. 表中所列数值适用于 Q235 钢，其他钢号应乘以 $\sqrt{235/f_{ay}}$。

2. 表中 $\dfrac{N_b}{Af}$ 为梁轴压比，其中 N_b 为梁的轴向力，A 为梁的截面面积，f 为梁的钢材抗力强度设计值。

7.2.3.2 钢柱

A 框架柱的计算长度

在框架柱的抗震设计中，当计算柱在多遇地震组合下的稳定时，柱的计算长度系数 μ，纯框架体系按《钢结构设计规范》（GB 50017—2003）中有侧移时的 μ 值取用；有支撑或剪力墙的体系在层间位移不超过层高的 1/250 时，取 $\mu = 1.0$。对纯框架体系及有支撑或剪力墙体系，若层间位移不超过层高的 1/10000，按《钢结构设计规范》（GB 50017—2003）中无侧移时的 μ 值确定。

B　强柱弱梁设计

高层钢结构采用强柱弱梁设计概念，在地震作用下，塑性铰应在梁端形成而不应在柱端形成，使框架具有较大的内力重分布和耗散能量的能力。为此柱端应比梁端有更大的承载力储备。对于抗震设防的框架柱在框架的任一节点处，柱截面的截面模量和梁截面的截面模量宜满足下列要求：

等截面梁：

$$\sum W_{pc}\left(f_{yc} - \frac{N}{A_c}\right) \geqslant \eta \sum W_{pb} f_{yb} \tag{7-2a}$$

端部翼缘变截面梁：

$$\sum W_{pc}\left(f_{yc} - \frac{N}{A_c}\right) \geqslant \eta \sum (W_{pb1} f_{yb} + V_{pb}s) \tag{7-2b}$$

式中　W_{pc}，W_{pb}——分别为交汇于节点的柱和梁的塑性截面模量；

　　　　W_{pb1}——梁塑性铰所在截面的梁塑性截面模量；

　　　　f_{yc}，f_{yb}——分别为柱和梁的钢材屈服强度；

　　　　N——地震组合的柱轴力；

　　　　A_c——框架柱的截面面积；

　　　　η——强柱系数，一级取 1.15，二级取 1.0，三级取 1.05；

　　　　V_{pb}——梁塑性铰剪力；

　　　　s——塑性铰至柱面的距离，塑性铰可取梁端部变截面翼缘的最小处。

当符合下列情况时，可不按式（7-2）进行计算：

（1）柱所在楼层的受剪承载力比相邻上一层的受剪承载力高出 25%；

（2）柱轴压比不超过 0.4，或 $N_2 \leqslant \varphi A_c f$（$N_2$ 为 2 倍地震作用下的组合轴力设计值）；

（3）与支撑斜杆相连的节点。

框架柱当根据强柱弱梁设计时，柱中一般不会出现塑性铰，仅考虑柱在后期出现少量塑性，不需要很高的转动能力。因此，对柱板件的宽厚比不需要像梁那样严格。框架柱的板件宽厚比限值如表 7-4 所示。

C　节点域设计

a　节点域的屈服承载力

为了较好地发挥节点域的消能作用，在大地震时使节点首先屈服，其次是梁出现塑性铰，节点域的屈服承载力应符合式（7-3）要求：

$$\psi(M_{pb1} + M_{pb2})/V_p \leqslant \frac{4}{3}f_{yv} \tag{7-3}$$

式中　M_{pb1}，M_{pb2}——分别为节点域两侧梁的全塑性受弯承载力；

　　　　V_p——节点域的体积，按式（7-6）或式（7-7）计算；

　　　　f_{yv}——钢材的屈服抗剪强度，取钢材屈服强度的 0.58 倍；

　　　　ψ——受循环荷载时的强度降低系数；三、四级取 0.6，一、二级取 0.7。

b　节点域的稳定剂受剪承载力验算

为了保证在大地震作用下使柱和梁连接的节点域腹板不致局部失稳，以利于吸收和耗散地震能量，在柱与梁连接处，柱应设置与梁上下翼缘位置对应的加劲肋，使之与柱翼缘相包围处形成梁柱节点域。节点域柱腹板的厚度，一方面要满足腹板局部稳定的要求，另一方面还应满足节点域的抗剪要求。为保证工字形截面柱和箱形截面柱的节点域的稳定，节点域腹板的厚度应满足式（7-4）要求：

$$t_w \geq \frac{h_b + h_c}{90} \tag{7-4}$$

式中　　t_w——柱在节点域的腹板厚度；

h_b，h_c——分别为梁翼缘厚度中点间的距离和柱翼缘厚度中点间的距离。

节点域的受剪承载力应满足式（7-5）要求：

$$(M_{b1} + M_{b2}) / V_p \leq \frac{4}{3} \frac{f_v}{\gamma_{RE}} \tag{7-5}$$

式中　　M_{b1}，M_{b2}——分别为节点域两侧梁的弯矩设计值；

f_v——钢材的抗剪强度设计值；

γ_{RE}——节点域抗震承载力调整系数，取 0.75；

V_p——节点域的体积，应按下列规定计算：

工字形截面柱

$$V_p = h_b h_c t_w \tag{7-6}$$

箱形截面柱

$$V_p = 1.8 h_b h_c t_w \tag{7-7}$$

圆管截面柱

$$V_p = \frac{\pi}{2} h_b h_c t_w \tag{7-8}$$

D　框架柱的长细比

长细比和轴压比均较大的柱，其延性较小，并容易发生全框架整体失稳。对柱的长细比和轴压比作些限制，就能控制二阶效应对柱的极限承载力的影响。为了保证框架柱具有较好的延性，地震区柱的长细比不宜太大，宜符合表 7-5 的规定。

表 7-5　框架柱长细比限值

抗震等级	一	二	三	四
长细比	60	80	100	120

注：表中所列数值适用于 Q235 钢，其他钢号应乘以 $\sqrt{235/f_{ay}}$。

7.2.3.3　中心支撑构件

中心支撑体系包括十字交叉支撑、单斜杆支撑、人字形或 V 形支撑、K 形支撑等。支撑构件的性能与杆件的长细比、截面形状、板件宽厚比、端部支承条件、杆件初始缺陷和钢材性能等因素有关。

A　支撑杆件长细比

支撑杆件在轴向往复荷载作用下，其抗拉和抗压承载力均有不同程度的降低，在弹塑性屈曲后，支撑杆件的抗压承载力退化更为严重。支撑杆件的长细比是影响其性能的重要因素，当长细比较大时，构件只能受拉，不能受压，通常在反复荷载作用下，当支撑杆件受压失稳后，其承载能力降低、刚度退化，消能能力随之降低。长细比小的杆件，滞回曲线丰富，消能性能好，工作性能稳定。但支撑杆件的长细比并非越小越好，支撑杆件的长细比越小，支撑框架的刚度就越大，不但承受的地震作用越大，而且在某些情况下动力分析得出的层间位移也越大。

支撑杆件的长细比，按压杆设计时，不应大于 $120\sqrt{235/f_{ay}}$；一、二、三级中心支撑不得采用拉杆设计，四级采用拉杆设计时，其长细比不应大于 180。

B　支撑杆件的板件宽厚比

板件宽厚比是影响局部屈曲的重要因素，直接影响支撑杆件的承载力和消能能力。杆件在反复荷载作用下比单向静载作用下更容易发生失稳，因此，有抗震设防要求时，板件宽厚比的限值应比非抗震设防时要求更严格。同时，板件宽厚比应与支撑杆件长细比相匹配，对于长细比小的支撑杆件，宽厚比应严格一些，对长细比大的支撑杆件，宽厚比应放宽是合理的。

支撑杆件的板件宽厚比，不应大于表 7-6 规定的限值。

表 7-6　钢结构中心支撑板件宽厚比限值

板 件 名 称	一级	二级	三级	四级
翼缘外伸部分	8	9	10	13
工字形截面腹板	25	26	27	33
箱形截面壁板	18	20	25	30
圆管直径与壁厚比	38	40	40	42

注：表列数值适用于 Q235 钢，采用其他牌号钢材应乘以 $\sqrt{235/f_{ay}}$，圆管应乘以 $235/f_{ay}$。

中心支撑的斜杆可按端部铰接杆件进行分析。中心支撑框架的斜杆轴线偏离梁柱轴线交点不超过支撑杆件的宽度时，仍可按中心支撑框架分析，但应计及由此产生的附加弯矩。在多遇地震作用效应组合下，支撑斜杆受压承载力验算按式（7-9）进行：

$$\frac{N}{\varphi A_{br}} \leqslant \frac{\psi f}{\gamma_{RE}} \tag{7-9}$$

$$\psi = \frac{1}{1 + 0.35\lambda_n} \tag{7-10}$$

$$\lambda_n = \frac{\lambda}{\pi}\sqrt{\frac{f_{ay}}{E}} \tag{7-11}$$

式中　　N——支撑斜杆的轴向力设计值；

　　　A_{br}——支撑斜杆的截面面积；

　　　φ——轴心受压杆件的稳定系数；

　　　ψ——受循环荷载时的强度降低系数；

λ,λ_n——分别为支撑斜杆的长细比和正则化长细比；

　　　E——支撑斜杆钢材的弹性模量；

f,f_{ay}——分别为钢材强度设计值和屈服强度；

γ_{RE} ——支撑稳定破坏承载力抗震调整系数。

人字形支撑和 V 形支撑的框架梁在支撑连接处应保持连续，并按不计入支撑支点作用的梁验算重力荷载和支撑屈曲时不平衡力作用下的承载力；不平衡力应按受拉支撑的最小屈服承载力和受压支撑最大屈曲承载力的 0.3 倍计算。必要时，人字形支撑和 V 形支撑可沿竖向交替设置或采用拉链柱。

7.2.3.4 偏心支撑

框架-偏心支撑结构的框架部分，当房屋高度不高于 100m 且框架部分按计算分配的地震作用不大于结构底部总地震剪力的 25% 时，一、二、三级的抗震构造措施可按框架结构降低一级的相应要求采用。

A 消能梁段的设计

偏心支撑框架设计的基本概念，是使消能梁段进入塑性状态，而其他构件仍处于弹性状态。设计良好的偏心支撑框架，除柱脚有可能出现塑性铰外，其他塑性铰均出现在梁段上。

偏心支撑框架的每根支撑应至少一端与梁连接，并在支撑与梁交点和柱之间或同一跨内另一支撑与梁交点之间形成消能梁段。消能梁段的受剪承载力应按下列规定验算：

当 $N \leqslant 0.15Af$ 时：

$$V \leqslant \frac{\varphi V_1}{\gamma_{RE}} \tag{7-12}$$

其中，$V_1 = 0.58A_w f_{ay}$ 或 $V_1 = 2M_{lp}/a$ ，取两者中较小值；$A_w = (h - 2t_f) t_w$ ；$M_{lp} = fW_p$ 。

当 $N > 0.15Af$ 时：

$$V \leqslant \frac{\phi V_{lc}}{\gamma_{RE}} \tag{7-13}$$

其中，$V_{lc} = 0.58A_w f_{ay} \sqrt{1 - [N/(Af)]^2}$ 或 $V_{lc} = \dfrac{2.4M_{lp}[1 - N/(Af)]}{a}$ ，取两者中较小值。

以上式中，N、V 分别为消能梁段的轴力设计值和剪力设计值；V_1、V_{lc} 分别为消能梁段受剪承载力和计入轴力影响的受剪承载力；M_{lp} 为消能梁段的全塑性受弯承载力；A、A_w 分别为消能梁段的截面面积和腹板截面面积；W_p 为消能梁段的塑性截面模量；a、h 分别为消能梁段的净长和截面高度；t_w、t_f 分别为消能梁段的腹板厚度和翼缘厚度；f、f_{ay} 为消能梁段钢材的抗压强度设计值和屈服强度；ϕ 为系数，可取 0.9；γ_{RE} 为消能梁段承载力抗震调整系数，取 0.75。

支撑斜杆与消能梁段连接的承载力不得小于支撑的承载力。若支撑需抵抗弯矩，支撑与梁的连接应按抗压弯连接设计。

消能梁段的屈服强度越高，屈服后的延性越差，消能能力越小，因此消能梁段的钢材屈服强度不应大于 345MPa。

消能梁段板件宽厚比的要求比一般框架梁略严格一些。消能梁段及与消能梁段同一跨内的非消能梁段，其板件的宽厚比不应大于表 7-7 规定的限值。

表 7-7　偏心支撑框架梁板件宽厚比限值

板件名称		宽厚比限值
翼缘外伸部分		8
腹板	当 $N/(Af) \leqslant 0.14$ 时	$90[1 - 1.65N/(Af)]$
	当 $N/(Af) > 0.14$ 时	$33[2.3 - N/(Af)]$

注：1. N 为偏心支撑框架的轴力设计值，A 为梁截面面积，f 为钢材抗拉强度设计值；

　　2. 表列数值适用于 Q235 钢，当材料为其他牌号钢材应乘以 $\sqrt{235/f_{ay}}$，$N/(Af)$ 为梁轴压比。

消能梁段还应符合下列构造要求：

（1）当 $N/(Af) > 0.16$ 时，消能梁段的长度 a 应符合下列规定：

当 $\rho A_w/A < 0.3$ 时（$\rho = N/V$），

$$a < \frac{1.6M_{lp}}{V_1} \tag{7-14}$$

当 $\rho A_w/A \geqslant 0.3$ 时，

$$a < \frac{1.6\left(1.15 - \dfrac{0.5\rho A_w}{A}\right)M_{lp}}{V_1} \tag{7-15}$$

（2）消能梁段的腹板不得贴焊补强板，也不得开洞。

（3）消能梁段与支撑斜杆的连接处，应在梁腹板的两侧配置加劲肋，加劲肋的高度应为梁腹板高度，一侧加劲肋宽度不应小于 $\left(\dfrac{b_f}{2} - t_w\right)$，厚度不应小于 $0.75t_w$ 和 10mm 的较大值。

（4）消能梁段应按下列要求在腹板上配置中间加劲肋：

1）当 $a \leqslant \dfrac{1.6M_{lp}}{V_1}$ 时，加劲肋间距不大于 $\left(30t_w - \dfrac{h}{5}\right)$；

2）当 $\dfrac{2.6M_{lp}}{V_1} < a \leqslant \dfrac{5M_{lp}}{V_1}$ 时，应在距消能梁段端部各 $1.5b_f$ 处配置中间加劲肋，且中心加劲肋间距不应大于 $\left(52t_w - \dfrac{h}{5}\right)$；

3）$\dfrac{1.6M_{lp}}{V_1} < a < \dfrac{2.6M_{lp}}{V_1}$ 时，中间加劲肋的间距宜在上述二者间线性插入；

4）$a > \dfrac{5M_{lp}}{V_1}$ 时，可不配置中间加劲肋；

5）中间加劲肋应与消能梁段的腹板等高，当消能梁段截面高度不大于 640mm 时，可配置单侧加劲肋，消能梁段截面高度大于 640mm 时，应在两侧配置加劲肋，一侧加劲肋的宽度不应小于 $\left(\dfrac{b_f}{2} - t_w\right)$，厚度不应小于 t_w 和 10mm。

B 支撑斜杆及框架柱设计

偏心支撑框架的设计要求是在足够大的地震效应作用下，消能梁段屈服而其他构件不屈服，为了满足这一要求，与消能梁段相连构件的内力设计值，应按下列要求调整：

（1）支撑斜杆的轴力设计值，应取与支撑斜杆相连接的消能梁段达到受剪承载力时支撑斜杆轴力与增大系数的乘积；其增大系数，一级不应小于 1.4，二级不应小于 1.3，三级不应小于 1.2。

（2）位于消能梁段同一跨的框架梁内力设计值，应取消能梁段达到受剪承载力时框架梁内力与增大系数的乘积；其增大系数，一级不应小于 1.3，二级不应小于 1.2，三级不应小于 1.1。

（3）框架柱的内力设计值，应取消能梁段达到受剪承载力时柱内力与增大系数的乘积；其增大系数，一级不应小于 1.3，二级不应小于 1.2，三级不应小于 1.1。

偏心支撑框架的支撑杆件的长细比不应大于 $120\sqrt{235/f_{ay}}$，支撑杆件的板件宽厚比不应超过现行国家标准《钢结构设计规范》（GB 50017—2003）规定的轴心受压构件在弹性设计时的宽度比限值。

消能梁段梁端上下翼缘应设置侧向支撑，支撑的轴力设计值不得小于消能梁段翼缘轴向承载力设计值的 6%，即 $0.06b_ft_ff$；非消能梁段梁端上下翼缘应设置侧向支撑，支撑的轴力设计值不得小于梁翼缘轴向承载力设计值的 2%，即 $0.02b_ft_ff$。

7.2.3.5 剪力墙板

常用的剪力墙板有钢板剪力墙板、内藏式钢板支撑剪力墙板和带竖缝混凝土剪力墙板等。

非抗震设计及按 6 度抗震设防的建筑，采用的钢板剪力墙可不设置加劲肋。按 7 度及 7 度以上抗震设防的建筑，钢板剪力墙必须设置纵横两个方向的加劲肋，以减少加劲肋区格的钢板宽厚比，防止局部失稳，且宜两面设置加劲肋，以提高板的临界应力。

内藏钢板支撑剪力墙板在支撑节点处应与钢框架连接，混凝土墙板与框架梁、柱间应有间隙。

内藏钢支撑钢筋混凝土墙板和带竖缝钢筋混凝土墙板应按有关规定计算，带竖缝钢筋混凝土墙板可仅承受水平荷载产生的剪力，不承受竖向荷载产生的压力。

各种剪力墙板的设计按《高层民用建筑钢结构技术规程》（JGJ 99—98）进行。

7.2.4 钢结构节点的抗震设计和构造措施

7.2.4.1 节点设计的原则

钢结构中的节点连接对结构受力有着重要的影响。根据地震震害分析，许多钢结构都是由于节点首先破坏而导致建筑物整体破坏的，因此节点设计是整个设计工作中的重要环节。当非抗震设防时，应按结构处于弹性受力阶段设计。当抗震设防时，为了满足"小震不坏，大震不倒"的要求，应按结构进入弹塑性阶段设计，节点连接的承载力应高于构件截面的承载力。对要求抗震设防的结构，当风荷载起控制作用时，仍应满足抗震设防的构造要求。

抗震设防的高层建筑钢结构框架，从梁端或柱端算起的 1/10 跨长或 2 倍截面高度范围内，节点设计应验算下列各项：

（1）节点连接的最大承载力；

（2）构件塑性区的板件宽厚比；

（3）受弯构件塑性区侧向支承点间的距离。

高层钢结构的节点连接，根据具体情况可采用焊接、高强螺栓连接或栓焊混合连接。根据受力情况，节点的焊接连接可采用全熔透或部分熔透焊缝，遇下列情况之一时应采用全熔透焊缝：

（1）要求与母材等强的焊接连接；

（2）框架节点塑性区段的焊接连接。

高层钢结构承重构件的螺栓连接，应采用摩擦型高强度螺栓，以避免在使用荷载下发生滑移，增大节点的变形。高强度螺栓的最大受剪承载力应按式（7-16）验算：

$$N_v^b = 0.75nA_n^b f_u^b \tag{7-16}$$

式中　　N_v^b——一个高强度螺栓的最大受剪承载力；

　　　　n——连接的剪切面数目；

　　　　A_n^b——螺栓螺纹处的净截面面积；

　　　　f_u^b——螺栓钢材的极限抗拉强度最小值。

7.2.4.2　连接的承载力验算

高层钢结构连接的最大承载力，应符合下列要求：

（1）高层钢结构节点处（柱贯通型）梁端翼缘连接的极限受弯承载力应不小于梁全塑性受弯承载力的 1.2 倍；梁腹板连接的极限承载力应不小于梁截面屈服受剪承载力的 1.3 倍。当梁翼缘用全熔透焊缝与柱连接并用引弧板和引出板时，可不验算连接的受弯承载力。

（2）支撑与框架的连接以及螺栓连接的支撑拼接处，其连接的极限承载力应不小于支撑净面积屈服承载力的 1.2 倍。

（3）梁、柱构件拼接处，翼缘连接的极限受弯承载力应不小于构件全塑性受弯承载力的 1.2 倍；腹板连接的极限受剪承载力应不小于构件截面屈服受剪承载力的 1.3 倍。

现分述如下。

A　梁与柱连接的承载力

框架结构的塑性发展是从梁柱连接处开始的。为使梁柱构件能充分发展塑性形成塑性铰，构件的连接应用充分的承载力。在梁柱连接中，梁端部（梁贯通型为柱端部）的最大连接承载力应高于构件本身的屈服承载力，即：

$$M_u \geqslant 1.2M_p \tag{7-17}$$

$$V_u \geqslant 1.3(2M_p/l_n) , \quad \text{且} \quad V_u \geqslant 0.58h_w t_w f_{ay} \tag{7-18}$$

$$M_u = A_r^w (h_w - t_w) f_u^w \tag{7-19}$$

腹板用角钢焊缝连接时，

$$V_u = 0.58A_r^w f_u^w \tag{7-20}$$

腹板用高强螺栓连接时，取下列两者的较小值：

$$V_u = 0.58nA_n^b f_u^b \quad （螺栓受剪） \tag{7-21}$$

$$V_u = d \sum t f_{cu}^b \qquad \text{（钢板承压）} \qquad (7\text{-}22)$$

式中　　M_u ——梁上下翼缘全熔透坡口焊缝的极限受弯承载力；

　　　　V_u ——梁腹板连接时的极限受剪承载力；垂直于角焊缝受剪时，可提高 1.22 倍；

　　　　M_p ——梁（梁贯通时为柱）的全塑性受弯承载力；

　　　　l_n ——梁的净跨（梁贯通时取该楼层柱的净高）；

　　　　h_w ——梁腹板的高度；

　　　　t_w ——梁腹板的厚度；

　　　　f_u^w ——构件母材的抗拉强度最小值；

　　　　f_{ay} ——钢材的屈服强度；

　　　　f_u^b ——螺栓钢材的抗拉强度最小值；

　　　　A_r^w ——连接角焊缝的有效受剪面积；

　　　　A_n^b ——螺栓螺纹处的有效截面面积；

　　　　n ——螺栓连接一侧的螺栓数；

　　　　d ——螺栓杆直径；

　　　　$\sum t$ ——同一受力方向的钢板厚度之和；

　　　　f_{cu}^b ——螺栓连接板的极限受压强度，取 $1.5 f_u^w$。

在柱贯通型连接中，当梁翼缘用全熔透焊缝与柱连接并用引弧板时，可不验算连接的受弯承载力。

B　支撑连接的承载力

支撑与框架连接处和支撑拼接，需采用螺栓连接。连接在支撑轴线方向的极限承载力应满足式（7-23）~式（7-25）要求：

$$N_{ubr} > 1.2 A_n f_{ay} \qquad (7\text{-}23)$$

$$N_{ubr} = 0.58 n A_n^b f_u^b \qquad \text{（螺栓受剪）} \qquad (7\text{-}24)$$

$$N_{ubr} = d \sum t f_{cu}^b \qquad \text{（钢板承压）} \qquad (7\text{-}25)$$

式中　　N_{ubr} ——分别为按极限抗拉强度最小值计算的支撑杆件在连接处和拼接处的承载力；

　　　　A_n ——支撑的净截面面积；

　　　　f_{ay} ——支撑钢材的屈服强度。

螺栓受剪和钢板承压得出的承载力，应取两者的较小值。

C　梁、柱构件拼接处的承载力

梁、柱构件拼接处，除少数情况外，在大震时都将进入塑性区，故拼接按承受构件全截面屈服时的内力设计。连接的极限受弯、受剪承载力应符合下列要求：

$$V_u \geqslant 1.3 V_p \qquad (7\text{-}26)$$

$$V_p = 0.58 h_w t_w f_{ay} \qquad (7\text{-}27)$$

无轴向力时

$$M_u > 1.2 M_p \qquad (7\text{-}28)$$

有轴向力时

$$M_u > 1.2 M_{pc} \qquad (7\text{-}29)$$

式中 V_u，M_u——分别为按极限抗拉强度最小值计算的腹板拼接受剪、受弯承载力；

           M_p——梁（梁贯通时为柱）的全塑性受弯承载力；

           V_p——构件截面的屈服受剪承载力；

     h_w，t_w——分别为构件腹板的截面高度和厚度；

          M_{pc}——构件有轴向力时的全截面受弯承载力，按式（7-30）～式（7-34）计算。

a   对工字形截面（绕强轴）和箱形截面

当 $N/N_y \leqslant 0.13$ 时：

$$M_{pc} = M_p \tag{7-30}$$

当 $N/N_y > 0.13$ 时：

$$M_{pc} = 1.15(1 - N/N_y) M_p \tag{7-31}$$

$$N_y = A_n f_{ay} \tag{7-32}$$

b   对工字形截面（绕弱轴）

当 $N/N_y \leqslant A_{wn}/A_n$ 时：

$$M_{pc} = M_p \tag{7-33}$$

当 $N/N_y > A_{wn}/A_n$ 时：

$$M_{pc} = \{1 - [(N - A_{wn}f_{ay})/(N_y - A_{wn}f_{ay})]^2\} M_p \tag{7-34}$$

式中 N，N_y——分别为构件的轴向力和轴向屈服承载力；

          A_n——支撑的净截面面积；

     A，A_{wn}——分别为构件截面的面积和腹板截面净面积。

7.2.4.3   梁与柱的连接

框架梁与柱的连接宜采用柱贯通型，梁贯通型较少采用。在互相垂直的两个方向都与梁刚性连接的柱，宜采用箱形截面。当仅在一个方向刚接时，宜采用工字形截面，并将柱腹板置于刚接框架平面内。

梁与柱的连接应采用刚性连接，也可根据需要采用半刚性连接。梁与柱的刚性连接，可将梁与柱翼缘在现场直接连接，也可通过预先焊在柱上的梁悬臂段在现场进行梁的拼接。工字形柱翼缘与梁刚性连接时，梁翼缘与柱翼缘间应采用全熔透坡口焊缝，焊缝的冲击功应不低于母材冲击功的规定值，并在梁翼缘对应位置设置横向加劲肋，且加劲肋不应小于梁翼缘厚度。梁腹板宜采用摩擦型高强度螺栓通过连接板与柱连接［图 7-7（a）］，悬臂梁段与柱应采用全焊接连接［图 7-7（b）］。条件许可时，也可通过 T 形板件用高强度螺栓将梁翼缘与柱连接。

工字形柱（绕强轴）和箱形柱与梁刚接时，应符合下列要求（图 7-8）：

（1）梁翼缘与柱翼缘间应采用全熔透坡口焊缝，一、二级时，应检验焊缝 V 形切口的冲击韧性，其夏比冲击韧性在-20℃ 时不应低于 27J。

（2）柱在梁翼缘对应位置设置横向加劲肋，且加劲肋厚度不应小于梁翼缘厚度，强度与梁翼缘相同。

（3）梁腹板宜采用摩擦型高强度螺栓通过连接板与柱连接，腹板角部应设置焊接孔，孔形应使其端部与梁翼缘和柱翼缘间的全熔透坡口焊缝完全隔开。

（4）腹板连接板与柱的焊接，当板厚不大于 16mm 时应采用双面角焊缝，焊缝有效

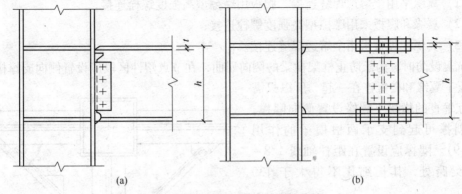

图 7-7　框架梁与柱翼缘的刚性连接

（a）框架梁与柱栓焊混合连接；（b）框架梁与柱全焊接连接

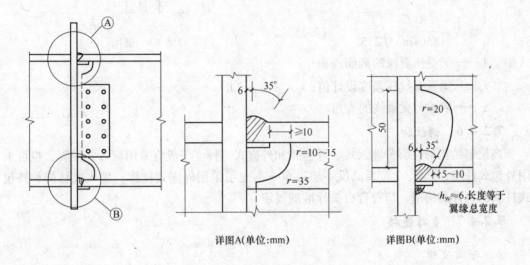

详图A(单位:mm)　　　　　详图B(单位:mm)

图 7-8　框架梁与柱的现场连接

厚度应满足等强度要求，且不小于 5mm；板厚大于 16mm 时采用 K 形坡口对接焊缝。该焊缝宜采用气体保护焊，且板端应绕焊。

（5）一级和二级时，宜采用能将塑性铰自梁端外移的端部扩大形连接、梁端加盖板或骨形连接。

梁与柱刚性连接时，柱在梁翼缘上下各 500mm 的范围内，柱翼缘与柱腹板间或箱形柱壁板间的连接焊缝应采用全熔透坡口焊缝。

7.2.4.4　柱与柱的连接

钢框架宜采用工字形柱或箱形柱，箱形柱宜为焊接柱，其角部的组装焊缝应为部分熔透的 V 形或 U 形焊缝，抗震设防时，焊缝厚度不小于板厚的 1/2，并不应小于 14mm。当梁与柱刚接时，在主梁上下至少 600mm 范围内，应采用全熔透焊缝。

抗震设防时，柱的拼接应位于框架节点塑性区以外，并按等强度原则设计。

7.2.4.5　梁与梁的连接

工地上，梁的接头主要用于柱带悬臂梁段与梁的连接，可采用下列接头形式：

（1）翼缘采用全熔透焊缝连接，腹板用摩擦型高强度螺栓连接；

（2）翼缘和腹板采用摩擦型高强度螺栓连接；

（3）翼缘和腹板采用全熔透焊缝连接。

抗震设防时，为了防止框架横梁的侧向屈曲，在节点塑性区段应设置侧向支撑构件。

由于梁上翼缘和楼板连在一起，所以只需在相互垂直的横梁下翼缘设置侧向隔撑，此时隔撑可起到支承两根横梁的作用（图 7-9）。隔撑应设置在距柱轴线 1/8 ~ 1/10 梁跨处，其长细比不得大于 130 $\sqrt{235/f_{\mathrm{ay}}}$ 。

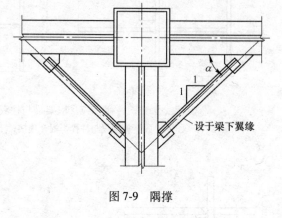

图 7-9　隔撑

侧向隔撑的轴向力应按式（7-35）计算：

$$N = \frac{A_{\mathrm{f}}f}{850\sin\alpha}\sqrt{\frac{f_{\mathrm{y}}}{235}} \qquad (7\text{-}35)$$

式中　A_{f}——梁受压翼缘的截面面积；

f_{y}——梁翼缘抗压强度设计值；

α——隔撑与梁轴线的夹角。

7.2.4.6　钢柱脚

高层钢结构的柱脚分埋入式、外包式和外露式三种。一般宜采用埋入式柱脚，也可采用外包式柱脚；6 度、7 度且高度不超过 50m 时也可采用外露式柱脚。埋入式柱脚和外包式柱脚的设计和构造，应符合有关标准的规定。

7.2.4.7　支撑连接

A　中心支撑

中心支撑的轴线应交汇于梁柱构件轴线的交点，当受构造条件的限制有偏心时，偏离中心不得超过支撑杆件的宽度；否则，节点设计应计入偏心造成附加弯矩的影响。中心支撑宜采用轧制 H 型钢制作，两端与框架可采用刚接构造，梁柱与支撑连接处应设置加劲肋；一级和二级采用焊接工字形截面的支撑时，其翼缘与腹板的连接宜采用全熔透连续焊缝。支撑与框架连接处，支撑杆端宜做成圆弧。

梁在其与 V 形支撑或人字支撑相交处，应设置侧向支撑；该支承点与梁端支承点间的侧向长细比（λ_{y}）以及支承力，应符合现行国家标准《钢结构设计规范》（GB 50017—2003）关于塑性设计的规定。若支撑和框架采用节点板连接，应符合现行国家标准《钢结构设计规范》（GB 50017—2003）关于节点板在连接杆件每侧有不小于 30°夹角的规定；一、二级时，支撑端部至节点板最近嵌固点（节点板与框架构件连接焊缝的端部）在沿支撑杆件轴线方向的距离，不应小于节点板厚度的 2 倍。

B　偏心支撑

偏心支撑的轴线与消能梁段轴线的交点宜交于消能梁段的端点［图 7-10（a）］，也可交于消能梁段［图 7-10（b）］，这样可使支撑的连接设计更灵活些，但不得将交点设置于消能梁段外。支撑与梁的连接应为刚性连接，支撑直接焊于梁段的节点连接特别有效。

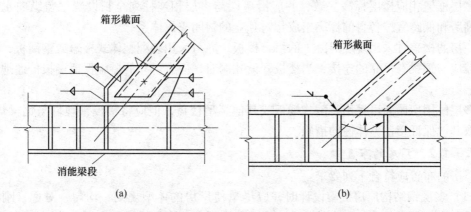

图 7-10　支撑与消能梁段轴线交点的位置

消能梁段与支撑斜杆的连接处应在梁腹板的两侧设置加劲肋。加劲肋的构造要求详见 7.2.3.4 节。

消能梁段与框架柱的连接为刚性节点，与一般的框架梁柱连接稍有区别。消能梁段与柱连接时，其长度不得大于 $\dfrac{1.6M_{lp}}{V_l}$；消能梁段翼缘与柱翼缘之间应采用坡口全熔透对接焊缝连接，消能梁段腹板与柱之间应采用角焊缝（气体保护焊）连接；角焊缝的承载力不得小于消能梁段腹板的轴力、剪力和弯矩同时作用时的承载力。消能梁段与柱腹板连接时，消能梁段翼缘与横向加劲板间应采用坡口全熔透焊缝，其腹板与柱连接板间应采用角焊缝（气体保护焊）连接；角焊缝的承载力不得小于消能梁段腹板的轴力、剪力和弯矩同时作用时的承载力。

7.3　多层钢结构厂房抗震设计

7.3.1　多层钢结构房屋的结构体系与布置

7.3.1.1　多层钢结构房屋的结构体系

多层钢结构房屋一般多采用框架体系和框架-支撑体系，根据工程情况可设置或不设置地下室，当设置地下室时，房屋一般较高，钢结构宜延伸至地下室。

框架-支撑结构体系的竖向支撑宜采用中心支撑，有条件时也可采用偏向支撑等消能支撑。中心支撑宜采用交叉支撑，也可采用人字形支撑或单斜杆支撑，采用单斜杆支撑时，应符合 7.2.3.3 节的有关规定。厂房的支撑宜布置在荷载较大的柱间，且在同一柱间上下贯通；当条件限制必须错开布置时，应在紧邻柱间连续布置，并宜适当增加相近楼层、屋面的水平支撑或柱间支撑搭接一层，确保支撑承担的水平地震作用可靠传递至基础。有抽柱的结构，应适当增加相近楼层、屋面的水平支撑，并在相邻柱间设置竖向支撑。当各榀框架侧向刚度相差较大、柱间支撑布置又不规则时，采用钢铺板的楼盖，应设置楼盖水平支撑。

　　框排架结构应设置完整的屋盖支撑，排架的屋盖横梁与多层框架的连接支座的标高，宜与多层框架相应楼层标高一致，并应沿单层与多层相连柱列全长设置屋盖纵向水平支撑；高跨和低跨宜按各自的标高组成相对独立的封闭支撑体系。

　　厂房的楼盖宜采用现浇混凝土的组合楼板，亦可采用装配整体式楼盖或钢铺板，混凝土楼盖应与钢梁有可靠的连接，当楼板开设孔洞时，应有可靠的措施保证楼板传递地震的作用。

　　多层民用房屋尚可采用装配式楼板或其他轻型楼盖，但应将楼板预埋件与钢梁焊接，或采取其他保证楼盖整体性的措施。

7.3.1.2　厂房的布置

　　厂房的布置应符合下列要求：

　　（1）多层钢结构厂房抗震设计时，应尽量使厂房的体型规则、均匀、对称，刚度中心与质量中心尽量重合；厂房的竖向布置要避免质量与刚度沿高度突变，从而保证厂房结构沿竖向变形协调且受力均匀。

　　（2）平面形状复杂、各部分构架高度差异大或楼层荷载相差悬殊时，应设置防震缝或采取其他措施。当设置防震缝时，缝宽不应小于相应混凝土结构房屋的1.5倍。

　　（3）重型设备宜低位布置。

　　（4）当设备重量直接由基础承受，且设备竖向需要穿过楼层时，厂房楼层应与设备分开。设备与楼层之间的缝宽，不得小于防震缝的宽度。

　　（5）楼层上的设备不应跨越防震缝布置；当运输机、管线等长条设备必须穿越防震缝布置时，设备应具有适应地震时结构变形的能力或防止断裂的措施。

　　（6）厂房内的工作平台结构与厂房框架结构宜采用防震缝脱开布置。当与厂房结构连接成整体时，平台结构的标高宜与厂房框架的相应楼层标高一致。

7.3.2　多层钢结构厂房的抗震设计

7.3.2.1　地震作用与作用效应

　　对多层钢结构进行抗震验算时，一般只需考虑水平地震作用，并在结构的两个主轴方向分别验算，各方向的水平地震作用应全部由该方向的抗震构件承担。水平地震作用可采用底部剪力法或振型分解反应谱法进行计算。计算时，在多遇地震下，阻尼比可采用0.03~0.04；在罕遇地震下，阻尼比可采用0.05。

　　计算地震作用时，重力荷载代表值的计算除了和多层钢结构房屋一样，应取结构和构配件自重标准值和各可变荷载组合值之和外，还应根据行业的特点，考虑楼面检修荷载、成品或原料堆积楼面荷载、设备和料斗及管道内的物料等，并采用相应的组合值系数。

　　震害调查表明，设备或材料的支撑结构破坏将危及下层的设备和人身安全，所以直接支撑设备和料斗的构件及其连接，除振动设备计算动力荷载外，还应计入其重力支撑构件及其连接的地震作用。设备与料斗对支撑构件及其连接的水平地震作用，可按式（7-36）、式（7-37）确定：

$$F_s = \alpha_{max} \lambda G_{eq} \tag{7-36}$$

$$\lambda = 1.0 + \frac{H_x}{H_n} \tag{7-37}$$

式中 F_s ——设备或料斗重心处的水平地震作用标准值；

α_{max} ——水平地震影响系数最大值；

λ ——放大系数；

G_{eq} ——设备或料斗的重力荷载代表值；

H_x ——基础至设备或料斗重心的距离；

H_n ——基础底部至建筑物顶部的距离。

此水平地震作用对支撑构件产生的弯矩、扭矩，取设备或料斗重心至支撑构件形心距计算。多层钢结构房屋荷载效应组合按第 3 章的有关规定进行。

7.3.2.2 多层钢结构厂房构件和节点的抗震承载力验算

按式（7-2）~式（7-8）验算节点左右梁端和上下柱端的全塑性承载力时，框架柱的强柱系数，一级和地震作用控制时，取 1.25；二级和 1.5 倍地震作用控制时，取 1.20；三级和 2 倍地震作用时，取 1.10。

下列情况可不满足式（7-2）~式（7-8）的要求：

（1）单层框架的柱顶或多层框架顶层的柱顶。

（2）不满足式（7-2）~式（7-8）的框架柱沿验算方向的受剪承载力总和小于该楼层框架受剪承载力的 20%；且该楼层每一柱列不满足式（7-2）~式（7-8）的框架柱的受剪承载力总和小于本柱列全部框架柱受剪承载力总和的 33%。

柱间支撑杆件设计内力与其承载力设计值之比不宜大于 0.8；当柱间支撑承担不小于 70% 的楼层剪力时，不宜大于 0.65。

7.3.3 多层钢结构厂房的抗震构造措施

7.3.3.1 框架柱、支撑的长细比与构件的板件宽厚比

多层框架柱的长细比不宜大于 150；当轴压比大于 0.2 时，不宜大于 $125[1 - 0.8N/(Af)]\sqrt{235/f_y}$ 。多层框架部分的柱间支撑，宜与框架横梁组成 X 形或其他有利于抗震的形式，其长细比不宜大于 150。

多层框架柱的板件宽厚比，单层部分和总高度不大于 40m 的多层部分，可按单层钢结构厂房的规定执行；多层部分总高度大于 40m 时，可按表 7-5 的规定执行。柱间支撑杆件的宽厚比应符合单层钢结构厂房的要求。

7.3.3.2 框架梁、柱的翼缘

框架梁、柱的最大应力区，不得突然改变翼缘截面，其上下翼缘均应设置侧向支承，此支承点与相邻支承点之间距应符合现行《钢结构设计规范》（GB 50017—2003）中塑性设计的有关要求。

7.3.3.3 框架梁拼接

框架梁采用高强度螺栓摩擦型拼接时，其位置宜避开最大应力区（1/10 梁净跨和 1.5 倍梁高的较大值）。梁翼缘拼接时，平行于内力方向的高强度螺栓不宜少于 3 排，拼接板的截面模量应大于被拼接截面模量的 1.1 倍。

7.3.3.4 厂房柱脚

厂房柱脚应能保证传递柱的承载力，宜采用埋入式、插入式和外包式柱脚，并按单层钢结构厂房的规定执行。

本 章 小 结

（1）钢结构轻质高强，具有良好的延性，在地震作用下，不仅能减弱地震作用反应，而且属于较理想的弹塑性结构，具有抵抗强烈地震的变形能力。钢结构在地震中的破坏主要表现为梁柱节点的破坏、支撑的整体失稳与局部失稳、支撑连接板的破坏、柱脚焊缝破坏等。

（2）高层钢结构的结构体系主要有框架体系、框架-支撑（剪力墙板）体系、筒体体系和巨型框架体系。不同的体系有不同的高度限值和宽高比限值。高层钢结构体系的选择应综合考虑以下因素：①要适应地震区和非地震建筑的不同要求；②要适应建筑高度和宽高比值的要求；③要适应建筑使用功能的要求；④抗侧力结构的经济性。

（3）对高层钢结构在多遇地震作用下进行抗震计算时，结构的阻尼比宜符合下列规定：①高度不大于 50m 时可取 0.04；高度大于 50m 且小于 200m 时，可取 0.03；高度不小于 200m 时，宜取 0.02。②当偏心支撑框架部分承担的地震倾覆力矩大于结构总地震倾覆力矩的 50% 时，其阻尼比可比①条款相应增加 0.005。而在罕遇地震作用下的抗震验算中，采用时程分析法对结构进行弹塑性分析时，结构的阻尼比可取 0.05。

（4）高层钢结构的杆件按照其功能和构造特点可分为：一般受力构件，抵抗地震作用的框架梁、柱构件，中心支撑和偏心支撑构件，抗震剪力墙体系及组合楼盖体系等。高层钢结构构件的截面形式、构造特点、设计原理和计算原则与一般建筑钢结构并没有本质上的区别，主要是构件的截面尺寸大、钢板的厚度大。在地震区为了充分发挥钢结构的延性性能，必须对其梁、柱、支撑构件和节点等进行合理的设计。

（5）钢结构的抗震设计应遵循"强柱弱梁"的设计原则，其内容包括构件的强度验算、构件稳定承载力验算和局部失稳的控制，同时应满足有关的构造要求。限制构件板件的宽厚比是为了防止板件的局部失稳，以保证板件的局部失稳不先于构件的整体失稳。构件的长细比对其抗震性能有较大影响，长细比过大，在反复循环荷载作用下，其承载能力、延性、消能能力会产生严重退化（在弹塑性屈曲后）。对于框架柱，过大的长细比会产生重力二阶效应，并容易发生框架整体失稳。支撑杆件长细比的大小对高层钢结构的动力反应有较大影响。

（6）构件的连接节点是保证高层钢结构安全可靠的关键部位，对结构的受力性能有着重要的影响。节点设计得是否合理，不仅会影响结构安全性和可靠性，而且会影响构件的加工制作与工地安装的质量，并直接影响构件的造价。因此，节点设计是整个设计工作中的一个重要环节。节点抗震设计的目的在于保证构件产生充分的塑性铰，使得变形时节点不致破坏，为此，应验算下列各项内容：节点连接的最大承载力、构件塑性区的局部稳定、受弯构件塑性区侧向支承点的距离，同时满足有关构造要求。

（7）高层钢结构的节点连接，可采用焊接、高强度螺栓连接或栓焊混合连接。在抗震设计的节点连接中，常要求计算连接的最大承载力，并满足有关构造要求。

（8）多层钢结构厂房抗震设计中厂房的结构布置应满足一系列要求。抗震计算中，厂房重力荷载代表值和组合系数等与一般民用建筑不同；计算设备与料斗对支撑构件及其连接的水平地震作用时，应乘以放大系数；当考虑设备或支撑设备的结构与厂房结构共同工作时，应计入设备及其支撑结构的刚度，地震作用效应应按两者的侧移刚度之比进行分配。框架柱的长细比、柱间支撑长细比、构件的板件宽厚比及连接应符合有关规定和构造要求。

＊＊＊＊＊＊＊＊＊＊＊＊＊＊＊＊＊＊＊＊＊＊＊＊＊＊＊＊＊＊＊＊＊＊＊＊

复习思考题

7-1　钢结构在地震中的破坏有何特点？

7-2　在高层钢结构的抗震设计中，为何宜采用多道抗震防线？

7-3　偏心支撑框架体系有何优缺点？

7-4　高层钢结构抗震设计中所采用的反应谱与一般钢结构相比有何不同？为什么？

7-5　高层钢结构在第一阶段设计和第二阶段设计验算中，阻尼比有何不同？为什么？

7-6　高层钢结构抗震设计中，"强柱弱梁"的设计原则是如何实现的？

7-7　高层钢结构的构件设计为什么要对板件的宽厚比提出更高的要求？

7-8　支撑长细比大小对高层钢结构的动力反应有何影响？

7-9　在多遇地震作用下，支撑斜杆的抗震验算如何进行？

7-10　抗震设防的高层钢结构连接节点最大承载力应满足什么要求？

7-11　梁的侧向隔撑有什么作用？应如何进行设计？

7-12　偏心支撑的消能的腹板加劲肋应如何设置？

7-13　多层钢结构厂房的结构体系应满足哪些要求？

钢筋混凝土柱单层厂房的抗震设计

本章提要

本章简要叙述单层钢筋混凝土柱厂房结构的震害特点，分析产生震害的主要原因，并介绍其主要结构体系和结构布置的基本原则。在此基础上，重点讨论单层钢筋混凝土柱厂房结构的横向与纵向抗震计算问题，给出了设计例题。此外，本章还简要介绍了单层钢筋混凝土柱厂房结构抗震构造的一般要求。

8.1 概　述

单层厂房结构是目前工业建筑中应用比较广泛的一种结构形式，多用于机械设备和产品较重且轮廓尺寸较大的生产车间。单层厂房结构依其生产规模可分为大型、中型、小型，依其主要承重构件的材料又可分为单层钢筋混凝土柱厂房、单层砖柱厂房和单层钢结构厂房等。承重构件的选择主要取决于厂房的跨度、高度和吊车起重量等因素，对于广泛应用的中、小型厂房多采用钢筋混凝土结构，或采用钢筋混凝土与钢结构的混合结构形式。

单层钢筋混凝土厂房通常是由钢筋混凝土柱、钢筋混凝土屋架或钢屋架以及有檩或无檩的钢筋混凝土屋盖组成的装配式结构。这种结构的屋盖较重，整体性较差。由于用途的不同，在厂房的跨度、跨数、柱距以及轨顶标高等方面的变化都较大，结构复杂多变，因此单层厂房的震害现象是较复杂的。

装配式单层钢筋混凝土厂房震害的一般表现是：在 6~7 度区主体结构完好；少数出现围护墙开裂或外闪，突出屋面的 Π 形天窗架局部损坏；在 8 度区，随着场地的不同，主体结构有不同程度的破坏；9 度区主体结构损坏严重，围护墙大量倒塌，突出屋面的 Π 形天窗架倾倒，屋面局部塌落；10 度、11 度区许多厂房倒塌毁坏。不少震害资料还表明，震害的轻重与场地类别有密切关系。当结构自振周期与场地卓越周期相接近时，震害加重，这是因为建筑物与地基土产生类共振现象。另外，厂房纵向的震害一般较横向严重。以下分别按厂房横向排架和纵向柱列两个方向的震害来进行分析。

8.1.1　横向地震作用下厂房主体结构的震害

横向地震作用主要由横向排架抵抗。屋盖及吊车产生的惯性力将通过柱子传至基础、地基。在地震作用下，如果构件或节点承载力不足或变形过大，将会引起相应的破坏，其中较典型的有以下几方面：

（1）柱头及其与屋架连接的破坏。厂房的重量主要集中于屋盖，屋盖地震作用首先通过柱头节点向下传递，因此柱与屋架的连接节点是个重要部位。柱头在强大的横向水平地震作用与竖向重力荷载及竖向地震作用的共同作用下，当屋架与柱头采取焊接连接，而焊缝强度不足时，则可能引起焊缝切断，或者因预埋锚固筋锚固强度不足而被拔出，使连接破坏，屋架由柱顶塌落；当节点连接强度足够时，柱头在反复水平地震作用下处于剪压复合受力状态，加上屋架与柱顶之间由于角变形引起柱头混凝土受挤压（柱与屋架的连接为非理想铰接），因此柱头混凝土被剪压而出现斜裂缝，被挤压而酥落 ［图 8-1（a）］，锚固钢筋被拔出，钢筋弯折使柱头失去承载力，屋架下落。

（2）柱肩竖向拉裂。在高低跨厂房的中柱，常用柱肩或牛腿支承低跨屋架，地震时由于高振型影响，高低跨两层屋盖产生相反方向的运动，柱肩或牛腿所受的水平地震作用将增大许多，如果没有配置足够数量的水平钢筋，柱肩或牛腿就会被拉裂，产生竖向裂缝 ［图 8-1(b)］。

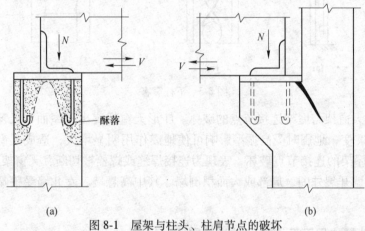

图 8-1　屋架与柱头、柱肩节点的破坏

（3）上柱柱身变截面处开裂或折断。上柱截面较弱，在屋盖及吊车的横向水平地震作用下承受着较大的剪力，故柱子处于压弯剪复合受力状态，在柱子的变截面处因刚度突变而产生应力集中，一般在吊车梁顶面附近易产生拉裂 ［图 8-2（a）］甚至折断。图 8-2（b）所示为 2008 年汶川地震中，某厂房上柱根部与吊车梁面处开裂的情况。

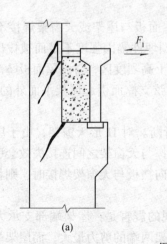

图 8-2　上柱震害

（4）下柱震害。最常见的是水平裂缝［图8-3（a）］，位于地坪以上窗台以下一段，多发生于厂房的中柱，主要原因是柱截面的抗弯承载力不足。在9度以上的高烈度区，曾有柱根折断而使厂房整片倒塌的例子。当下柱的抗剪承载力不足时则产生斜裂缝［图8-3（b）］，其中以薄壁工字形截面柱以及工字形空腹柱震害最为严重。平腹杆双肢柱表现为腹杆的环向拉裂［图8-3（c）］。

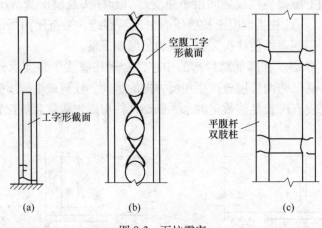

图 8-3   下柱震害

（5）Ⅱ形天窗架与屋架连接节点的破坏。Ⅱ形天窗架突出于屋面，天窗屋盖质量大，重心高，刚度突变，地震时受高振型影响可使地震作用明显增大，造成天窗架立柱折断，或使天窗架与屋架的连接节点破坏，表现为连接焊缝或螺栓被切断，天窗架下塌。

（6）围护墙开裂外闪、局部或大面积倒塌。其中高悬墙、女儿墙受鞭端效应的影响，破坏最为严重。

8.1.2   纵向地震作用下厂房主体结构的震害

纵向地震作用主要由纵向排架（柱列）抵抗。在厂房的纵向，一般由于支撑不完备或者承载力不足、连接无保证而震害严重。屋盖及吊车的纵向地震作用通过屋盖支撑、柱及柱间支撑传至基础、地基。在抗侧力结构中若某一环节因承载力不足而失效，便引起相应的震害，较典型的破坏情况可归纳如下：

（1）屋面板错动坠落。大型屋面板屋盖由于屋面板与屋架或天窗架焊接不牢（没有保证三点焊或焊接长度不足），或者屋面板大肋上预埋件锚固强度不足而被拔出，都会引起屋面板与屋架的拉脱、错动以致坠落。在9度以上高烈度区，常因屋面板坠落而砸坏厂房设备；或因某个柱间屋面板的坠落使屋架失去上弦支撑而引起屋架平面外的失稳倾斜，甚至倒塌。

（2）Ⅱ形天窗架倾倒，天窗架立柱在平面外折断。对Ⅱ形天窗架，由于屋面板与天窗架之间联结破坏，纵向支撑杆件的压曲失稳或支撑与天窗架之间连接失效会引起天窗架的倾倒；但如果纵向支撑过强或者天窗架的下部侧向挡板与天窗架焊接时，则将造成应力集中，导致立柱在平面外折断。

（3）屋架破坏。在纵向地震作用下屋架常出现的震害是：屋架端部支承大型屋面板的支墩被切断；屋架端节间上弦剪断。这是因为屋架两端的剪力最大，而屋架端节间经常是零杆,设计的截面较弱,在受到较大的纵向地震作用时,会因承载力不足而破坏。另外当屋盖支撑较弱时,一旦压曲易造成屋架倾斜。

(4)支撑震害。厂房的纵向刚度主要取决于支撑系统,在纵向地震作用下支撑内力较大。在一般情况下,支撑仅按构造设置,与抗震要求相比显得数量不足,杆件刚度偏弱以及承载力偏低,节点构造单薄,地震时普遍发生杆件压曲、部分节点板扭折、焊缝撕开、锚件拉脱、锚筋拉断等现象,也有个别杆件被拉断。

上述种种破坏致使支撑部分失效或完全失效,造成主体结构倾倒。在整个支撑系统中,以天窗垂直支撑的震害最重,其次是屋盖支撑及柱间支撑。有时因柱间支撑的刚度较强,支撑间距过大而使纵向地震作用过度集中于设置柱间支撑的柱子,致使柱身切断。

(5)纵向地震作用下围护结构的震害有山墙、山尖外闪或局部塌落。一般山墙面积大,与主体结构连接少,山尖部位高,动力反应大,在地震中往往破坏较早、较重;伸缩缝两侧的墙面由于缝宽较小,地震时易发生相互碰撞,造成局部破坏;当纵墙采用嵌砌墙时,会造成柱列刚度的不均,嵌砌墙的柱列刚度大,吸引大量的纵向地震作用,导致屋架与柱头节点的连接沿纵向破坏,例如焊缝或螺栓被切断。

此外,由于厂房平面布置不利于抗震或因车间内部设备、平台支架等影响,使厂房沿纵向或横向的刚度中心与质量中心不一致而产生扭转,使得厂房四角的柱子震害加重。若厂房主体结构与毗连的附属车间、生活间之间未设抗震缝或虽设抗震缝但宽度不够,由于彼此振动的不一致产生碰撞,会使毗连建筑物倾斜以致倒塌。

大量震害调查及试验研究表明,钢筋混凝土单层厂房经过抗震设防之后,具有良好的抗震性能,是一种较好的抗震结构。

8.2 结构布置的一般原则

地震是一种随机振动,有难于把握的复杂性和不确定性,要准确预测建筑物所遭遇地震的特性参数,目前尚难做到。在结构分析方面,由于未能充分考虑结构的空间作用、非弹性性质、材料时效及阻尼变化等多种因素,也存在着不准确性。因此,工程抗震问题不能完全依赖"计算设计"解决,为保证结构良好的抗震性能,选择与设计合理的结构体系及结构布置显得尤为重要,它不仅能保证结构的整体安全水平,而且还能为施工提供方便。下面阐述单层钢筋混凝土柱厂房结构在结构布置中应注意的一般问题。

8.2.1 体型与抗震缝

单层厂房的平面布置应注意体型简单、规则,各部分结构刚度、质量均匀对称,尽量避免体型曲折复杂、凹凸变化,尽可能选用长方形平面体型。当生产工艺确有必要采用较复杂的平面布置时,应用抗震缝将其分成体型简单的独立单元。

厂房的竖向布置,体型也应简单,尽可能避免局部突出和设置高低跨。当高低跨的高差不大时(例如钢筋混凝土多跨厂房高差小于 2 m),宜做成等高,否则应考虑高振型的影响。

厂房的毗连房屋沿厂房纵墙或山墙布置,而不宜布置在厂房角部和紧邻防震缝处。对结构复杂的厂房,在侧向刚度或高差变化很大的部位,以及沿厂房侧边有贴建房屋时,宜设抗震缝。抗震缝的两侧应布置墙或柱。抗震缝的宽度按烈度和结构相邻部分可能产生的侧向位移确定：在厂房纵横跨交接处、大柱网厂房或不设柱间支撑的厂房，缝宽可采用100~150mm，其他情况可采用50~90mm；沉降缝和温度缝的宽度，均应符合抗震缝的要求。

两个主厂房之间的过渡跨至少应有一侧采用防震缝与主厂房脱开。厂房内上吊车的铁梯不应靠近防震缝设置；多跨厂房各跨上吊车的铁梯不宜设置在同一横向轴线附近。厂房内工作平台宜与厂房主体结构脱开。

厂房的同一结构单元内，不应采用不同的结构形式；厂房端部应设屋架，不应采用山墙承重；厂房单元内不应采用横墙和排架混合承重。

厂房各柱列的侧移刚度宜均匀，厂房的围护墙沿纵向宜均匀对称布置。砌体隔墙与柱宜脱开或采用柔性连接，并应采取措施保证墙体稳定，隔墙顶部应设置现浇钢筋混凝土压顶梁。

8.2.2　屋盖体系

总的来说，应尽可能选用轻屋盖。减轻屋盖重量就能减小地震作用，减轻支撑体系、连接构造以及承重结构构件在地震时遭受的破坏。

在一般情况下，可采用重心较低的预应力混凝土、钢筋混凝土屋架；跨度不大于15m时可采用钢筋混凝土屋面梁；跨度大于24m，或8度Ⅲ、Ⅳ类场地和9度时应优先采用钢屋架；柱距为12m时，可采用预应力混凝土托架或托梁；当采用钢屋架时，亦可采用钢托架或托梁。

预应力混凝土或钢筋混凝土屋架、屋面梁宜采用整榀式。有突出屋面天窗架的屋盖不宜采用预应力混凝土或钢筋混凝土空腹屋架。

条件允许时可采用石棉瓦、瓦楞铁、冷轧轻钢檩条、V形折板等轻屋盖结构。但应注意，有檩屋盖的檩条必须与屋架（屋面梁）焊牢，并应有足够的支承长度，檩条上的瓦必须与檩条拉牢。当采用无檩屋盖时，屋面构件应连成整体，大型屋面板与屋架（屋面梁）之间至少要有三个角与屋架有可靠焊接，也可采用四个角都能与屋架焊接的切角构造，在屋面板吊装就位后，用短钢筋沿垂直屋架方向将相邻屋面板上的吊钩焊接连接，或者采用装配整体式屋面板接头等。此外，《抗震规范》对大型屋面板构件、连接焊缝做法等还给出了一些具体要求，设计中应注意遵守。

8.2.3　天窗架

突出屋面的Π形天窗架，地震时位移反应较大，特别在纵向地震作用下，由于高振型的影响往往造成天窗架与支撑的破坏，对屋盖和厂房抗震不利。为了保证天窗和整个厂房的安全，必须减轻天窗屋盖的重量及地震反应，故在天窗的选型上最好采用钢天窗架和轻型屋面板材；在6~8度地区可以采用钢筋混凝土天窗架，但杆件截面应取矩形；9度时可采用重心低的下沉式天窗，因为此类天窗抗震性能较好。在有条件的地区可尽量推广使用横向天窗、井式天窗和采光罩。

8度和9度时，天窗架宜从厂房单元端部第三柱间开始设置。天窗屋盖、端壁板和侧板，宜采用轻型板材。

为了减小天窗侧板刚度对天窗变形的影响，不致在天窗立柱连接处形成刚性节点而产生应力集中，天窗架两侧的侧板或下档与天窗立柱的连接宜采用螺栓连接。

8.2.4 柱

对于一般单层厂房或较高大的厂房均可以采用钢筋混凝土柱子。一般情况下，按抗震要求设计的钢筋混凝土柱具有足够的抗震能力，震区实践也证明了此点。但需要指出的是，设计柱子时，要提高其延性，使其在进入弹塑性工作阶段后仍能具有足够的变形能力和承载力。确定柱子截面时，要选取合适的刚度，过大的抗侧刚度对厂房抗震并不一定有利，相反会引起厂房横向周期的缩短而导致地震荷载的增大。在8~9度区，宜采用矩形、工字形截面柱或斜腹杆双肢柱，不宜采用薄壁开孔或预制腹板的工字形柱及平腹杆双肢柱以及管柱，因为这些形式的柱子抗剪能力较差，震害较重。此外，柱底至室内地坪以上500 mm范围内和阶形柱的上柱也宜采用矩形截面。

8.2.5 支撑系统

历次地震表明，地震中柱间支撑、屋架支撑、天窗架支撑等支撑系统受压屈曲、节点破坏的震害十分常见。其中，支撑布置不足或不合格是造成房屋大面积倒塌的重要原因。

屋盖支撑对于保证厂房屋盖的整体性和增强厂房的抗震能力具有重要作用。采用无檩体系时，除应继续保证屋面板与屋架的可靠连接外，还应在屋盖支撑体系上做更合理的布置和进一步加强。单层厂房的纵向抗震能力是不高的，增强屋盖支撑可以有力地提高厂房纵向抗震能力。柱间支撑是保证厂房纵向刚度和将屋盖地震荷载传到基础的重要构件。一般7度以上地震区必须在厂房设置柱间支撑，当设计烈度为8度、9度时，除在厂房单元中段设柱间支撑外，在两端应增设上柱支撑，这是考虑到8度、9度时地震荷载较大，为了将屋盖地震荷载分散传到柱上，从而减轻屋面板与屋架端部顶面联结点的应力，防止破坏。当厂房纵向较长、屋面较重、跨度较大且为多跨时，每一柱列亦可设两道以上柱间支撑，支撑位置可设在单元中段1/3范围内。

8.2.6 围护墙体

钢筋混凝土单层厂房的围护结构，常采用砖墙或大型墙板方案。震害表明，厂房的外围砖墙在地震后普遍开裂外闪，有的连同圈梁大面积倒塌，而大型墙板厂房则震害较轻，或震后基本完好。所以在有条件时，围护墙宜优先选用大型墙板或其他轻质板材。

当厂房外侧柱距为12m时应采用轻质墙板或钢筋混凝土大型墙板。厂房高低跨处的封墙和厂房纵横向交接处的悬墙宜采用轻质墙板。当高低跨处封墙采用砌体时，不应直接砌在低跨屋盖上。厂房砌体围护墙宜采用外贴式。

同时，由于圈梁随同墙体一起倒塌的例子较多，这说明圈梁必须与柱或屋盖构件具有良好的拉结，否则在地震力作用下，起不到增强厂房整体性的作用。这对顶部圈梁尤为重要，因厂房顶部在地震作用下产生位移最大，圈梁所受的冲击力亦大，为此顶部的圈梁应加强与屋盖构件或柱的拉结。山墙承重对抗震来说是不利的，一旦山墙出现严重破坏或倒塌，将造成严重后果，因此不宜采用山墙承重方案，而必须设置端屋架。

8.3 单层厂房的横向抗震计算

单层厂房的抗震计算，可以分别取横向和纵向两个方向进行。《抗震规范》规定，对于设防烈度为 7 度，Ⅰ类、Ⅱ类场地，柱高不超过 10 m 且结构单元两端均有山墙的单跨及等高多跨厂房（锯齿形厂房除外），可不进行横向及纵向的截面抗震验算，但应满足规定的抗震构造措施要求。

关于钢筋混凝土无檩和有檩屋盖厂房在横向地震作用下的内力计算，一般情况下宜采用考虑屋盖平面的横向弹性变形，按如图 8-4 所示的多质点空间结构进行内力计算分析。目前国内许多设计院都有这种按空间结构分析厂房内力的电算程序。当符合一定条件时，也可按平面排架计算。这是一种简化计算方法，便于手算，但由于与实际情况有出入，所以其计算结果还需乘以调整系数，以考虑空间工作和扭转影响。对于柱距相等的轻型屋盖厂房，也可按平面排架分析其内力。下面主要介绍按平面排架计算的内力分析方法。

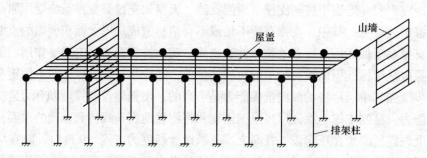

图 8-4　横向计算时的多质点空间结构模型

8.3.1　计算简图和重力荷载代表值的计算

单层厂房的横向抗震计算，与静力计算一样，取单榀排架作为计算单元。由于在计算周期和计算地震作用时采取的简化假定各不相同，故其计算简图和重力荷载集中方法要分别考虑。

8.3.1.1　确定自振周期时的计算简图和重力荷载集中

进行动力分析时，需要确定厂房的自振周期。此时可根据厂房类型和质量分布的不同，取重量集中在不同标高处的、下端固定于基础顶面的竖直弹性杆作为计算简图。这样，单跨和等高多跨厂房可简化为单质点体系［图 8-5（a）］，两跨不等高厂房可简化为二质点体系［图 8-5（b）］，三跨不对称带升高中跨的厂房，一般简化为三质点体系［图8-5（c）］。

集中于第 i 屋盖处的重力荷载代表值可按式（8-1）计算：

$$G_i = 1.0G_{屋盖} + 0.5G_{雪} + 0.5G_{积灰} + 1.0G_{悬挂} + 0.5G_{吊车梁} + 0.25G_{柱} + 0.25G_{纵墙} + 0.5G_{悬墙}$$

$$(8-1)$$

式中，$1.0G_{屋盖}$、$1.0G_{悬挂}$、$0.5G_{雪}$、$0.5G_{积灰}$ 分别为屋盖结构自重、屋盖悬挂荷载、乘以可变荷载组合值系数后的雪荷载和屋面积灰荷载；$0.5G_{吊车梁}$、$0.25G_{柱}$、$0.25G_{纵墙}$ 分别为乘以动力等效（即基本周期等效）换算系数的吊车梁自重、柱自重、外纵墙自重；$0.5G_{悬墙}$ 为高低跨处的悬墙重，假定上下各半，分别集中到高跨和低跨的屋盖处。

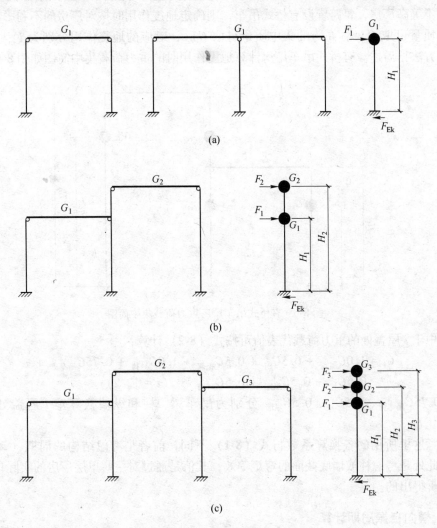

图 8-5 确定厂房自振周期的计算简图

对于不等高厂房高跨的吊车梁重量，如集中到相邻低跨屋盖处时，式（8-1）中的 $0.5G_{吊车梁}$ 应取为 $1.0G_{吊车梁}$。

根据实测资料分析和理论计算的比较可知，在同一个厂房横向计算单元内，当有吊车桥架时，桥架对横向排架起撑杆作用，使结构计算简图改变，横向刚度增大，自振周期变短，而桥架的重量却使自振周期增长。这两者的综合影响，使有吊车桥架的单元横向周期等于或略小于无吊车桥架单元的自振周期。计算厂房的横向自振周期，若考虑桥架的重量，则必须同时考虑其撑杆作用。若只计入吊车重量，会使计算周期增长而偏于不安全。故一般可不考虑吊车重量的影响。

关于动力等效换算系数的推求，见第 3 章。

8.3.1.2 计算厂房地震作用时的计算简图和重力荷载集中

对于设有桥式吊车的厂房,除了把厂房质量集中于屋盖标高处外,还要考虑吊车重量对柱子的最不利影响,一般把某跨吊车的全部重量布置于该跨两个柱子的吊车梁顶面处。如两跨不等高厂房,每跨皆设有桥式吊车,则确定地震作用时按对厂房的不利影响,低跨的集中质量可取 G_{cr1},高跨的集中质量可取 G_{cr2},对应的地震作用分别为 F_{cr1} 及 F_{cr2},其计算方法见后述。有桥式吊车厂房计算地震作用时的重力荷载集中简图如图 8-6 所示。

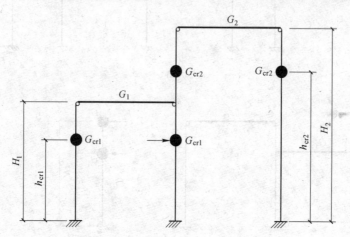

图 8-6 有桥式吊车厂房重力荷载集中简图

集中于 i 屋盖处的重力荷载代表值可按式(8-2)计算:

$$G_i = 1.0G_{屋盖} + 0.5G_{雪} + 0.5G_{积灰} + 1.0G_{悬挂} + 0.75G_{吊车梁} +$$
$$0.5G_{柱} + 0.5G_{纵墙} + 0.5G_{悬墙} \qquad (i = 1,\ 2) \tag{8-2}$$

式中,$0.75G_{吊车梁}$、$0.5G_{柱}$、$0.5G_{纵墙}$ 分别为吊车梁、柱和纵墙换算至 i 屋盖处的等效重量。

注意这里所用的各换算系数与式(8-1)不同,前者是考虑结构的周期(动力)等效,而此处是考虑柱或墙底截面的弯矩等效,其值是通过对一些单层厂房的实际计算结果统计分析得出的。

8.3.2 横向自振周期计算

在确定厂房的横向地震作用时,其横向基本周期可根据与厂房结构相应的合理计算简图采用理论方法计算确定。

8.3.2.1 单跨和等高多跨厂房

这类厂房大部分质量集中于屋盖处,可将其简化为单质点体系。按式(3-18),其结构基本周期 T_1 可按式(8-3)计算:

$$T_1 = 2\pi \sqrt{\frac{G_1 \delta_{11}}{g}} \approx 2\sqrt{G_1 \delta_{11}} \tag{8-3}$$

式中 G_1 ——集中于屋盖处的重力荷载代表值,kN;

  g ——重力加速度,m/s^2;

  δ_{11} ——作用于排架顶部的单位水平力在该处引起的侧移,m/kN;$\delta_{11} = (1 -$

$x_1)\delta_{11}^a$，其中 x_1 为排架横梁内力（kN）；δ_{11}^a 是 A 柱柱顶作用单位水平力时，在该处产生的侧移（图 8-7）。

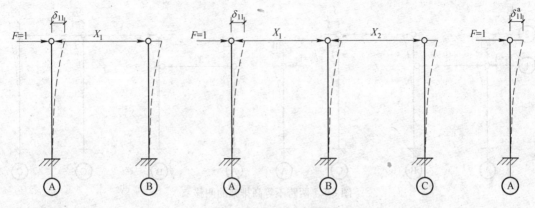

图 8-7　等高排架的侧移

8.3.2.2　两跨不等高厂房

这类厂房的自振周期可以通过对两质点体系自由振动频率方程求解，也可以采用近似计算法，如用 3.4 节所述的能量法求得其基本频率。对于两跨不等高厂房，按式（3-66），基本周期公式可写成：

$$T_1 = 2\sqrt{\frac{G_1 u_1^2 + G_2 u_2^2}{G_1 u_1 + G_2 u_2}} \quad (u_i \text{ 以 m 为单位}) \tag{8-4}$$

其中

$$\begin{cases} u_1 = G_1\delta_{11} + G_2\delta_{12} \\ u_2 = G_1\delta_{21} + G_2\delta_{22} \end{cases} \tag{8-5}$$

式中　G_1，G_2——分别为质点 1、2 的重力荷载代表值，按式（8-1）计算；

　　δ_{11}，δ_{22}——分别为 $F = 1$ 作用于屋盖 1、2 处时在该处产生的侧移；

　　δ_{12}，δ_{21}——分别为 $F = 1$ 作用于屋盖 2 或 1 处时使屋盖 1 或 2 引起的侧移，$\delta_{12} = \delta_{21}$（图 8-8），

$$\begin{cases} \delta_{11} = (1 - x_1^{①})\delta_{11}^a \\ \delta_{21} = x_2^{①}\delta_{22}^c = \delta_{12} = x_1^{②}\delta_{11}^a \\ \delta_{22} = (1 - x_2^{②})\delta_{22}^c \end{cases} \tag{8-6}$$

$x_1^{①}$，$x_2^{①}$，$x_1^{②}$，$x_2^{②}$——分别为 $F = 1$ 作用于屋盖 1 处在横梁 1 和 2 内引起的内力；

　　δ_{11}^a，δ_{22}^c——分别为在 A、C 柱柱顶作用单位水平力时，在该处引起的侧移。

当采用振型分解法计算二质点体系的地震作用时，不仅要知道该体系的基本周期，还要知道第二振型的自振周期。由式（3-61）可知，二质点体系自由振动的频率方程为：

$$\begin{vmatrix} m_1\delta_{11} - \dfrac{1}{\omega^2} & m_2\delta_{12} \\ m_1\delta_{21} & m_2\delta_{22} - \dfrac{1}{\omega^2} \end{vmatrix} = 0$$

将 $T = 2\pi/\omega$, $\delta_{12} = \delta_{21}$, $G = mg$ 的关系带入展开并整理，最后得：

$$T_{1,2} = 1.4\sqrt{G_1\delta_{11} + G_2\delta_{22} \pm \sqrt{(G_1\delta_{11} - G_2\delta_{22})^2 + 4G_1G_2\delta_{12}^2}} \qquad (8\text{-}7)$$

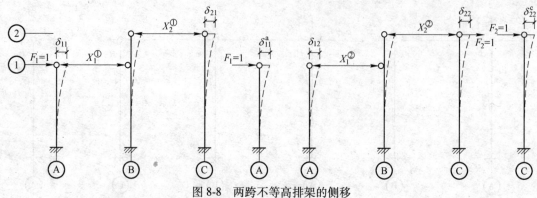

图 8-8　两跨不等高排架的侧移

8.3.2.3　三跨不对称带升高跨厂房

计算这类厂房的自振周期时，一般可简化为三质点体系，采用能量法计算其基本周期，公式为：

$$T_1 = 2\sqrt{\frac{G_1u_1^2 + G_2u_2^2 + G_3u_3^2}{G_1u_1 + G_2u_2 + G_3u_3}} \qquad (8\text{-}8)$$

其中

$$\begin{cases} u_1 = G_1\delta_{11} + G_2\delta_{12} + G_3\delta_{13} \\ u_2 = G_1\delta_{21} + G_2\delta_{22} + G_3\delta_{23} \\ u_3 = G_1\delta_{31} + G_2\delta_{32} + G_3\delta_{33} \end{cases} \qquad (8\text{-}9)$$

式中，δ_{11}、δ_{12}、δ_{13}、δ_{22}、δ_{23}、δ_{33} 均按结构力学方法计算，其他符号解释同前。

8.3.3　横向自振周期的调整

上述横向自振周期的计算是按铰接排架简图进行的。实际上，屋架与柱的连接因加焊而或多或少存在某些刚接作用，厂房纵墙对增大排架横向刚度也有明显的影响。这些都表明，实际自振周期比计算值小。所以《抗震规范》规定，按平面铰接排架计算的横向自振周期，应按下列规定加以调整：

（1）由钢筋混凝土屋架或钢屋架与钢筋混凝土柱组成的排架，有纵墙时取周期计算值的 80%，无纵墙时取 90%。

（2）由钢筋混凝土屋架或钢屋架与砖柱组成的排架，取周期计算值的 90%。

（3）由木屋架、钢木屋架或轻钢屋架与砖柱组成的排架，取周期计算值。

但应注意，上述规定不适用于纵墙连有刚度较大的附属建筑物的房屋。

8.3.4　排架地震作用的计算

单层厂房平面排架的横向水平地震作用可采用底部剪力法进行计算，其水平地震作用的计算简图分别如图 8-9（a）、图 8-9（b）所示。此时，根据式（8-2），即可将厂房结构的恒荷载及屋面积雪、积灰荷载等分别就近集中于屋盖高度，但对于有桥式吊车的厂房，还须考虑吊车重量引起的地震作用，并把该跨跨内最大一台吊车的重量集中于吊车梁顶面高度，据此计算吊车重量引起的地震作用。

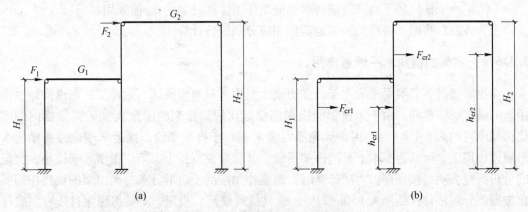

图 8-9　排架地震作用计算简图

(a) 确定屋盖地震作用的计算简图；(b) 确定吊车地震作用的计算简图

8.3.4.1　排架结构底部总剪力

作用于排架结构底部的总地震剪力标准值 F_{Ek} 可按式（3-107）计算，即：

$$F_{Ek} = \alpha_1 G_{eq}$$

式中　α_1——相应于结构基本周期 T_1 的地震影响系数；

　　　G_{eq}——结构等效总重力荷载，单质点时取 G_E，多质点时取 $0.85 G_E$；

　　　G_E——结构的总重力荷载代表值，即 $G_E = \sum\limits_{i=1}^{n} G_i$；

　　　G_i——集中于 i 点的重力荷载代表值，可按式（8-2）计算。

8.3.4.2　第 i 屋盖高度处的横向水平地震作用 j

作用于排架第 i 屋盖高度处的横向水平地震作用标准值 F_i 可按式（3-109）计算，即：

$$F_i = \frac{G_i H_i}{\sum\limits_{j=1}^{n} G_j H_j} F_{Ek}$$

式中　H_i——第 i 屋盖的高度，如图 8-9 所示。

其他符号意义同前。

8.3.4.3　吊车产生的横向水平地震作用

吊车产生的横向水平地震作用可按图 8-9（b）及式（8-10）计算确定。对于柱距为 12 m 或 12 m 以下的厂房，单跨时应取 1 台，多跨时不超过 2 台。集中的吊车重量为跨内一台最大吊车，软钩时不包括吊重，硬钩时要考虑吊重的 30%。

一台吊车产生的作用在一根柱上的吊车水平地震作用 F_{cri} 为：

$$F_{cri} = \alpha_1 G_{cri} \frac{h_{cri}}{H_i} \tag{8-10}$$

式中　G_{cri}——第 i 跨吊车作用于一根柱上的重力荷载，其数值取一台吊车自重轮压在一根柱上的牛腿反力；

h_{cri}——第 i 跨吊车梁面标高处的高度；

H_i——吊车所在跨柱顶的高度；

α_1——按厂房平面排架横向水平地震作用计算所取的 α_1 值采用。

当为多跨厂房时，各跨的吊车地震作用应分别进行计算。

8.3.5　天窗架的横向水平地震作用

突出屋面的钢筋混凝土天窗架，在历次地震中普遍遭到破坏，主要反映在纵向地震作用下的破坏。在横向，由于天窗架的横向刚度远比厂房排架的刚度大（天窗架横向刚度比排架刚度约大 5~58 倍），因而天窗架在横向相对于排架来说，接近于刚性，在横向水平地震作用下，可认为基本上是随排架平移，其自身变位甚小，第二振型影响极小。大量的分析研究表明，按底部剪力法计算时，地震作用按倒三角形分布，天窗架的地震作用要比按振型分解法计算结果大 15%~27%。故《抗震规范》规定，对突出屋面且带有斜腹杆的三铰拱式钢筋混凝土和钢天窗架，其横向地震作用按底部剪力法计算已足够安全，只对跨度大于 9m，或烈度为 9 度时，天窗架的横向地震作用效应才乘以效应增大系数 1.5，以考虑高振型的影响。

天窗架的横向水平地震作用 F_{sl} 可按式（8-11）进行计算：

$$F_{sl} = \frac{G_{sl}H_{sl}}{\sum_{j=1}^{n} G_j H_j} F_{Ek} \tag{8-11}$$

式中　G_{sl}——突出屋面部分天窗架的等效集中重力荷载代表值，$G_{sl} = 1.0G_{天窗屋盖} + 0.5G_{天窗积雪} + 0.5G_{天窗积灰}$；

H_{sl}——天窗屋盖标高的高度，由厂房柱基础顶面算起。

其他符号意义同前。

8.3.6　排架内力分析及组合

8.3.6.1　排架内力分析及调整

在求得地震作用后，便可将作用于排架上的 F_i 视为静力荷载，作用于排架相应的 i 点，如图 8-8 所示，然后按结构力学的方法对此平面排架进行内力分析，求出各柱控制截面的地震作用效应，并将此简化计算所得的结果作如下修正：

（1）考虑空间作用及扭转影响对柱地震作用效应的调整。采用钢筋混凝土屋盖的单层厂房，屋面板与屋架有一定的焊接要求，屋盖还要设置足够的支撑，因此整个厂房具有一定的空间作用，在地震作用下将产生整体振动。显然，只有当厂房两端无山墙（中间亦无横墙）时，厂房的整体振动（第一振型）才接近单片排架的平面振动。如图 8-10（a）所示，若将钢筋混凝土屋盖视为具有很大水平刚度、支承在若干弹性支承上的连续梁，在横向水平地震作用下，只要各弹性支承（即排架）的刚度相同，屋盖沿纵向质量分布也较均匀，各排架有同样的柱顶位移 u_0，则可认为无空间作用影响。当厂房两端有山墙［图 8-10(b)］，且山墙在其平面内的刚度很大时，作用于屋盖平面内的地震作用将部分通过屋盖传至山墙，而排架所受到的地震作用将有所减少，山墙的侧移 u_m 可近似视为零，厂房各排架的侧移将不等，中间排架处的柱顶侧移 u_1 最大，但 $u_1 < u_0$，山墙的间距愈小，u_1 比 u_0 小得愈多，即厂房存在空间工作，此时各排架实际承受的地震作用将比按平面排架计算的小。如果厂房仅一端有山墙，或虽然两端有山墙，但两山墙的抗侧刚度相差很大时，厂房屋盖的整体振动将复杂化。除了有空间作用影响外，还会出现较大的平面扭转效应，使得排架各柱的柱顶侧移均不相同〔图 8-10(c)〕，无墙一端的柱顶侧移 u_2 将大于 u_0，而有墙一端的柱顶侧移 u_3 将小于 u_0，同样，各柱实际承受的地震作用将不同于按单榀平面排架分析的结果。在弹性阶段排架承受的地震作用正比于柱顶侧移，既然在有空间作用时排架的柱顶侧移 u_1 小于无空间作用时的柱顶侧移 u_0，在有扭转作用时有的排架柱顶侧移 u_2 又大于 u_0，因此，对按平面排架简图求得的排架地震作用必须进行调整。为了简化计算，《抗震规范》规定，厂房按平面铰接排架进行横向地震作用分析时，对钢筋混凝土屋盖的等高厂房排架柱和不等高厂房除高低跨交接处的上柱以外的全部排架柱各截面的地震作用效应（弯矩、剪力），均应考虑空间工作及扭转的影响而加以调整，系数按表 8-1 采用。

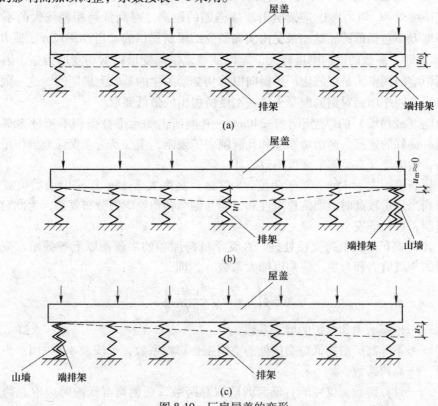

图 8-10 厂房屋盖的变形

(a) 无山墙；(b) 两端有山墙；(c) 一端有山墙

表 8-1 钢筋混凝土柱（除高低跨交接处上柱外）考虑空间工作和扭转影响的效应调整系数

屋盖	山 墙		屋盖长度/m											
			≤30	36	42	48	54	60	66	72	78	84	90	96
钢筋混凝土无檩屋盖	两端山墙	等高厂房			0.75	0.75	0.75	0.8	0.8	0.8	0.85	0.85	0.85	0.9
		不等高厂房			0.85	0.85	0.85	0.9	0.9	0.9	0.95	0.95	0.95	1.0
	一端山墙		1.05	1.15	1.2	1.25	1.3	1.3	1.3	1.3	1.35	1.35	1.35	1.35

屋盖	山墙		屋盖长度/m										
			≤30	36	42	48	54	60	66	72	78	84	90	96
钢筋混凝 土有檩 屋盖	两端 山墙	等高厂房			0.8	0.85	0.9	0.95	0.95	1.0	1.0	1.05	1.05	1.1
		不等高厂房			0.85	0.9	0.95	1.0	1.0	1.05	1.05	1.1	1.1	1.15
	一端山墙		1.0	1.05	1.1	1.1	1.15	1.15	1.15	1.2	1.2	1.2	1.25	1.25

按表 8-1 考虑空间工作和扭转影响调整柱的地震作用效应时，尚应符合下列条件：

①设防烈度不高于 8 度。根据震害调查资料，8 度区的单层厂房，山墙一般完好，此时山墙承受横向地震作用是可靠的。在 9 度区，厂房山墙破坏较严重，有的还出现倒塌，说明地震作用已不能传给山墙。故在高于 8 度的地震区，不能考虑厂房的空间工作。

②山墙（横墙）的间距 L_t 与厂房总跨度 B 之比 $L_t/B \leqslant 8$ 或 $B > 12m$。当厂房仅一端有山墙或横墙时，L_t 取所考虑排架至山墙或横墙的距离，对高低跨相差较大的不等高厂房，总跨度 B 不包括低跨。这一条是由实测研究结果所提供的。当 $B > 12m$，或 $B < 12m$ 但 $L_t/B \leqslant 8$ 时，屋盖的横向刚度较大，能保证屋盖横向变形以剪切变形为主，因为考虑空间作用影响的调整，是在假定厂房横向以剪切变形为主的基础上确定的。这一限制是为了保证厂房空间作用而对钢筋混凝土屋盖刚度所提出的最低要求。

③山墙（或横墙）的厚度不小于 240mm，开洞所占的水平截面积不超过 50%，并与屋盖系统有良好的连接。对山墙厚度和孔洞削弱的限制，主要是为了保证地震作用由屋盖传到山墙，而山墙又有足够的强度不致破坏。

④柱顶高度不大于 15m。对于 7 度、8 度区，高度大于 15m 厂房山墙的抗震经验不多，考虑到当厂房较高时山墙的稳定性和山墙与侧墙转角处应力分布复杂，为此对厂房高度给以限制，以保证安全。

（2）不等高厂房高低跨交接处柱，在支承低跨屋盖的牛腿面以上各截面，按底部剪力法求得的地震剪力和弯矩，应乘以增大系数 η，即：

$$\eta = \zeta\left(1 + 1.7\frac{n_b}{n_0}\frac{G_{El}}{G_{Eh}}\right) \tag{8-12}$$

式中　η ——地震剪力和弯矩的增大系数；

　　　ζ ——不等高厂房高低跨交接处的空间工作影响系数，可按表 8-2 采用；

　　　n_b ——高跨跨数；

　　　n_0 ——计算跨数，仅一侧有低跨时应取总跨数，两侧均有低跨时应取总跨数与高跨跨数之和；

　　　G_{Eh} ——集中于高跨柱顶标高处的总重力荷载代表值；

　　　G_{El} ——集中于交接处一侧各低跨屋盖标高处的总重力荷载代表值。

表 8-2　高低跨交接处钢筋混凝土上柱空间工作影响系数值

屋盖	山墙	屋盖长度/m									
		≤36	42	48	54	60	66	72	78	84	90	96
钢筋混凝土 无檩屋盖	两端山墙		0.7	0.76	0.82	0.88	0.94	1.0	1.06	1.06	1.06	1.06
	一端山墙						1.25					

续表 8-2

屋 盖	山 墙	屋盖长度/m										
		≤36	42	48	54	60	66	72	78	84	90	96
钢筋混凝土有檩屋盖	两端山墙		0.9	1.0	1.05	1.1	1.1	1.15	1.15	1.15	1.2	1.2
	一端山墙						1.05					

增大系数 η 是个综合影响系数，它首先包含高低跨厂房高振型的影响，用以修正按底部剪力法的计算结果。高振型影响主要与高低跨处两侧屋盖上集中的重量比 G_{El}/G_{Eh} 和两侧屋盖的相对抗剪刚度比 n_b/n_0 有关。同时 η 值中还考虑了空间作用对它的影响，引入了空间工作影响系数 ζ，考虑了具有不同刚度和不同间距的山墙对不同屋盖形式的空间作用。需注意的是，当山墙间距超过一定范围时，考虑空间作用的排架地震作用效应是放大而不是折减。

（3）对有吊车的厂房，应将吊车梁顶面标高处的上柱截面由吊车桥架引起的地震剪力和弯矩乘以增大系数。因为在单层厂房中，吊车桥架是一个较大的移动质量，地震时它将引起厂房的强烈局部振动，从而使吊车桥架所在排架的地震作用效应突出地增大，造成局部严重破坏。为了避免以上这种震害的发生，特将吊车桥架引起的地震作用效应予以放大，当按底部剪力法等简化计算方法计算时，此项增大系数可按表 8-3 采用。

表 8-3 吊车桥架引起的地震剪力和弯矩增大系数

屋盖类型	山墙	边柱	高低跨柱	其他中柱
钢筋混凝土无檩屋盖	两端山墙	2.0	2.5	3.0
	一端山墙	1.5	2.0	2.5
钢筋混凝土有檩屋盖	两端山墙	1.5	2.0	2.5
	一端山墙	1.5	2.0	2.0

8.3.6.2 排架内力组合

内力组合是指地震作用引起的内力（即作用效应，考虑到地震作用是往复作用，故内力符号或正或负）和与其相应的竖向荷载（即结构自重、雪荷载和积灰荷载，有吊车时还应考虑吊车的竖向荷载）引起的内力，根据可能出现的最不利荷载组合情况进行组合。

进行单层厂房排架的地震作用效应和与其相应的其他荷载效应组合时，一般可不考虑风荷载效应，不考虑吊车横向水平制动力引起的内力，也不考虑竖向地震作用，因此，按式（3-198）其组合效应的一般表达式可简化为：

$$S = \gamma_G S_{GE} + \gamma_{Eh} S_{Ehk} \tag{8-13}$$

式中　γ_G——重力荷载分项系数，一般情况应采用 1.2；

　　γ_{Eh}——水平地震作用分项系数，可取 1.3；

　　S_{GE}——重力荷载代表值的效应，有吊车时，还应包括悬吊物重力标准值的效应；

　　S_{Ehk}——水平地震作用标准值的效应，还应乘以相应的增大系数或调整系数。

具体组合方法详见例题。

8.3.7 截面抗震验算

对于单层钢筋混凝土厂房，柱截面的抗震验算应满足下列一般表达式（8-14）的要求：

$$S \leqslant R/\gamma_{RE} \qquad (8\text{-}14)$$

式中 R——结构构件承载力设计值，按《混凝土结构设计规范》所列偏心受压构件的承载力计算公式规定计算；

γ_{RE}——承载力抗震调整系数，对钢筋混凝土偏心受压柱，当轴压比小于 0.15 时，取 0.75；当轴压比不小于 0.15 时，取 0.80。

8.3.8 厂房横向抗震验算的其他问题

（1）对于侧向水平变位受约束（如有嵌砌内隔墙，有侧边贴建坡屋，靠山墙的端排架角柱等）处于短柱工作状态的钢筋混凝土柱，可按式（8-15）进行柱头的截面抗剪验算：

$$V \leqslant \frac{0.042b_ch_0f_c + A_{sw}f_{yv} + 0.054N}{\gamma_{RE}} \qquad (8\text{-}15)$$

式中 V——柱顶剪力设计值；.

N——与柱顶剪力设计值相对应的柱顶轴压力；

A_{sv}——柱顶以下 500mm 高度范围内的全部箍筋截面面积；

f_{yv}——箍筋抗拉强度设计值；

f_c——混凝土抗压强度设计值；

γ_{RE}——承载力抗震调整系数，取 1.0；

b_c, h_0——分别为柱顶截面的宽度及有效高度。

（2）在重力荷载与水平地震作用同时作用下，不等高厂房支承低跨屋盖柱的牛腿（柱肩），其纵向水平受拉钢筋截面 A_s 应按式（8-16）确定：

$$A_s \geqslant \left(\frac{N_G\alpha}{0.85h_0f_y} + 1.2\frac{N_E}{f_y} \right)\gamma_{RE} \qquad (8\text{-}16)$$

式中 N_G——柱牛腿面上承受的重力荷载代表值产生的压力设计值；

N_E——柱牛腿面上地震组合的水平拉力设计值；

α——合力作用点至下柱近侧边缘的距离，当 $\alpha < 3h_0$ 时，取 $\alpha = 3h_0$；

h_0——牛腿最大竖向截面的有效高度；

f_y——钢筋的抗拉强度设计值；

γ_{RE}——承载力抗震调整系数，取 1.0。

8.4 单层厂房的纵向抗震计算

单层厂房的纵向振动十分复杂。对于质量和刚度分布均匀的等高厂房，在纵向地震作用下，可以认为其上部结构仅产生纵向平移振动，扭转作用可略去不计；而对于质心与刚心不重合的不等高厂房，在纵向地震作用下，厂房将产生平移振动和扭转振动的耦联作用。大量震害表明，地震时厂房除产生侧移、扭转振动外，屋盖还产生纵、横向平面内的弯、剪变形；纵向围护墙参与工作，致使纵向各柱列的破坏程度不等，空间作用显著。所以，选择合理的力学模式和计算简图进行厂房纵向抗震分析是十分必要的。

在进行大量分析研究的基础上，目前规范规定，对于采用轻质屋面材料的各种柔性屋盖厂房，由于屋盖水平刚度很小，协调各柱列变形的能力较弱，在厂房的纵向振动中，各柱列独自振动的成分很大，因而可按柱列分片独立进行计算，同时柱列法也试用于纵墙对称布置的单跨厂房；而对于钢筋混凝土无檩和有檩屋盖及有较完整支撑系统的轻型屋盖厂房，一般情况下，宜计及屋盖的纵向弹性变形、围护墙与隔墙的有效刚度、不对称时尚宜计及扭转的影响，按多质点进行空间结构分析。但是为了便于工程设计，根据不同情况可采用下列两种不同的简化计算方法。

8.4.1　修正刚度法

此法适用于柱顶标高不大于 15m 且平均跨度不大于 30m 的单跨或多跨等高钢筋混凝土无檩和有檩屋盖的厂房，取整个抗震缝区段为纵向计算单元。在确定厂房的纵向自振周期时，首先假定整个屋盖为一刚性盘体，把所有柱列的纵向刚度加在一起，按"单质点体系"计算，但屋盖实际上并非绝对刚性，因此，在自振周期计算中引入了一个修正系数 k（表 8-4），以考虑屋盖变形的影响。确定地震作用在各柱列之间的分配时，只有当屋盖的刚度为无限大时，才仅与柱列刚度这唯一因素成正比。而当屋盖并非绝对刚性时，地震作用的分配系数应该根据柱列的实际侧移来考虑。修正刚度法仍采用按柱列刚度比例分配地震作用，但对屋盖的空间作用及纵向围护墙对柱列侧移的影响作了考虑。在具体计算中，通过系数 ψ_3（表 8-5）来反映纵向围护墙的刚度对柱列侧移量的影响；用 ψ_4（表 8-6）反映纵向采用砖围护墙时，中柱列支撑的强弱对柱列侧移量的影响，边柱列可采用 $\psi_4 = 1.0$。

表 8-4　钢筋混凝土屋盖厂房的纵向周期修正系数 k

纵墙	屋盖　　地震烈度	无檩屋盖		有檩屋盖	
		边跨无天窗	边跨有天窗	边跨无天窗	边跨有天窗
砖墙	7 度	1.20	1.25	1.30	1.35
	8 度	1.10	1.15	1.20	1.25
	9 度	1.00	1.05	1.05	1.10
无墙、石棉瓦或挂板		1.00	1.00	1.00	1.00

表 8-5　围护墙影响系数 ψ_3

纵向围护墙类别与地震烈度		柱列和屋盖类别				
			中柱列			
240 砖墙	370 砖墙	边柱列	无檩屋盖		有檩屋盖	
			边跨无天窗	边跨有天窗	边跨无天窗	边跨有天窗
	7 度	0.85	1.7	1.8	1.8	1.9

续表 8-5

纵向围护墙类别与地震烈度		柱列和屋盖类别				
		边柱列	中柱列			
			无檩屋盖		有檩屋盖	
240 砖墙	370 砖墙		边跨无天窗	边跨有天窗	边跨无天窗	边跨有天窗
7 度	8 度	0.85	1.5	1.6	1.6	1.7
8 度	9 度	0.85	1.3	1.4	1.4	1.5
9 度		0.85	1.2	1.3	1.3	1.4
无墙、石棉瓦或挂板		0.90	1.1	1.1	1.2	1.2

表 8-6　纵向采用砖围护墙的中柱列柱间支撑影响系数 ψ_4

厂房单元内设置下柱支撑的柱间数	中柱列下柱支撑斜杆的长细比					中柱列无支撑
	≤40	41~80	81~120	121~150	>150	
一柱间	0.9	0.95	1.0	1.1	1.25	1.4
二柱间			0.9	0.95	1.0	

8.4.1.1　基本周期

厂房纵向自振周期计算简图可取图 8-11，按式（8-17）计算：

$$T_1 = 0.85 \times 2\pi k \sqrt{\frac{\sum G_i}{g \sum K_i}} \approx 1.7k \sqrt{\frac{\sum G_i}{\sum K_i}} \tag{8-17}$$

$$G_i = 1.0 G_{屋盖} + 0.5 G_{雪} + 0.5 G_{灰} + 0.25(G_{柱} + G_{横墙}) + 0.35 G_{纵墙} + 0.5(G_{吊车} + G_{吊车梁}) \tag{8-18}$$

$$K_i = \sum K_c + \sum K_b + \sum K_w \tag{8-19}$$

式中，i（符号的角标）为柱列序号，i = a，b，c，…；G_i 为确定周期时，按跨度中线划分换算集中到第 i 柱列柱顶处的等效重力荷载，kN，其中各系数是根据多质点与单质点体系动能等效原则确定的，系数 0.35 是纵墙按剪切振动动能等效的换算系数；K_i 为第 i 柱列的总刚度，kN/m，是该柱列所有柱子、支撑和砖墙的刚度之和，其中 K_c、K_b 分别为一根柱

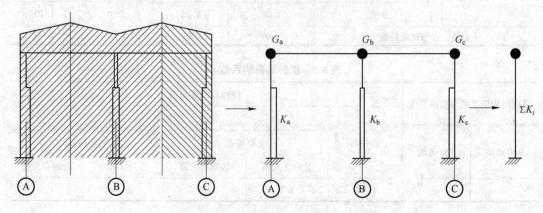

图 8-11　厂房纵向周期计算简图

子、一片支撑的弹性侧移刚度，K_w 为贴砌砖围护墙的侧移刚度，应考虑墙开裂引起的刚度折减，可根据柱列侧移值的大小取刚度折减系数为 0.2 ~ 0.6，K_c、K_b、K_w 的计算方法见 8.4.3 节；k 为纵向周期修正系数，见表 8-4，它相当于屋盖为有限刚度时厂房自振周期与屋盖为绝对刚性假定下厂房自振周期的比值；"0.85" 为系数，结构采用非弹性刚度计算时，拟求弹性结构自振周期的调整系数。

用修正刚度法计算纵向地震作用时，对于柱顶标高不超过 15m 且平均跨度不超过 30m 的单跨或等高多跨的钢筋混凝土柱砖围护墙厂房，其纵向基本周期亦可按下列经验公式（8-20）确定：

$$T_1 = 0.23 + 0.00025\psi_1 l\sqrt{H^3} \tag{8-20}$$

式中　ψ_1——屋盖类型系数，为大型屋面板钢筋混凝土屋架时可采用 1.0，为钢屋架时取 0.85；

　　　l——厂房跨度，m，多跨厂房时可取各跨的平均值；

　　　H——基础顶面至柱顶的高度，m。

对于敞开、半敞开或墙板与柱子柔性连接的厂房，基本周期 T_1 还应乘以围护墙影响系数 ψ_2，$\psi_2 = 2.6 - 0.002l\sqrt{H^3}$，$\psi_2$ 小于 1.0 时取 1.0。

8.4.1.2 柱列地震作用

A　无吊车厂房

作用于第 i 柱列柱顶标高处的地震作用标准值 F_i 为：

$$F_i = \alpha_1 G_{eq} \frac{K_{ai}}{\sum K_{ai}} \tag{8-21}$$

$$K_{ai} = \psi_3 \cdot \psi_4 \cdot K_i \tag{8-22}$$

式中　α_1——相应于厂房纵向基本自振周期的水平地震影响系数；

　　　G_{eq}——厂房单元柱列总等效重力荷载代表值，kN，其值按下式计算：

$G_{eq} = 1.0G_{屋盖} + 0.5G_{雪} + 0.5G_{灰} + 0.5G_{柱} + 0.5(G_{横墙} + G_{山墙}) + 0.7G_{纵墙}$

　　　K_{ai}——i 柱列柱顶的调整侧移刚度；

　　　K_i——i 柱列柱顶的总侧移刚度，见式（8-19）；

　　　ψ_3——柱列侧移刚度的围护墙影响系数，可按表 8-5 采用；有纵向砖围护墙的 4 跨和 5 跨厂房，由边柱列数起的第 3 柱列可按表内相应数值的 1.15 倍采用；

　　　ψ_4——柱列侧移刚度的柱间支撑影响系数，纵向砖围护墙时，边柱列可采用 1.0，中柱列可按表 8-6 采用。

B　有吊车厂房

在确定第 i 柱列柱顶标高处的地震作用时（图 8-11），式（8-18）中的 G_{eq} 应按下式确定：

$G_{eq} = 1.0G_{屋盖} + 0.5G_{雪} + 0.5G_{灰} + 0.1G_{柱} + 0.5(G_{横墙} + G_{山墙}) + 0.7G_{纵墙}$

对作用于柱列吊车梁顶标高处的纵向地震作用标准值 F_{ci}，可按式（8-23）确定：

$$F_{ci} = \alpha_1 G_{ci} \frac{H_{ci}}{H_i} \tag{8-23}$$

式中　　G_{ci}——集中于 i 柱列吊车梁顶标高处的等效重力荷载代表值，kN，其值按下式计算：

$$G_{ci} = 0.4G_{柱} + 1.0(G_{吊车梁} + G_{吊车桥})$$

H_{ci}，H_i——分别为第 i 柱列吊车梁顶高度及柱列柱顶高度，m。

8.4.1.3　构件地震作用

A　无吊车厂房

第 i 柱列中，一根柱子、一片支撑或一片砖墙所分担的纵向地震作用分别为：

$$\begin{cases} F_c = \dfrac{K_c}{K_i}F_i \\[2mm] F_b = \dfrac{K_b}{K_i}F_i \\[2mm] F_w = \dfrac{K_w}{K_i}F_i \end{cases} \qquad (8\text{-}24)$$

式中，K_i、K_c、K_b、K_w 的含义同式（8-19）。

B　有吊车厂房

柱列地震作用（图8-12）在柱列间各柱、支撑及墙之间的分配，可以采用以下通用方法计算。

第 i 柱列上的地震作用与柱列侧移之间的关系可用式（8-25）表示，式中符号见图8-13。

$$\begin{Bmatrix} F_i \\ F_{ci} \end{Bmatrix} = \begin{bmatrix} K_{11} & K_{12} \\ K_{21} & K_{22} \end{bmatrix} \begin{Bmatrix} u_{i1} \\ u_{i2} \end{Bmatrix} \qquad (8\text{-}25)$$

由式（8-25）可求得柱列侧移 u_{i1}、u_{i2}。

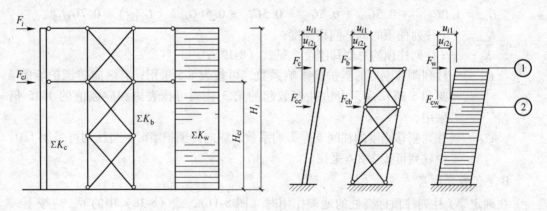

图 8-12　柱列地震作用图　　　　　　图 8-13　构件地震作用

根据同一柱列的柱子、支撑和砖墙在柱顶标高处及吊车梁顶处变形协调的原则，第 i 柱列柱子所分担的纵向地震作用为：

$$\begin{cases} F_{c} = K_{11}^{c}u_{i1} + K_{12}^{c}u_{i2} \\ F_{cc} = K_{21}^{c}u_{i1} + K_{22}^{c}u_{i2} \end{cases} \tag{8-26}$$

第 i 柱列柱间支撑所分担的纵向地震作用为：

$$\begin{cases} F_{b} = K_{11}^{b}u_{i1} + K_{12}^{b}u_{i2} \\ F_{cb} = K_{21}^{b}u_{i1} + K_{22}^{b}u_{i2} \end{cases} \tag{8-27}$$

第 i 柱列砖墙所分担的纵向地震作用为：

$$\begin{cases} F_{w} = K_{11}^{w}u_{i1} + K_{12}^{w}u_{i2} \\ F_{cw} = K_{21}^{w}u_{i1} + K_{22}^{w}u_{i2} \end{cases} \tag{8-28}$$

式中，K_{11}^{c}、K_{12}^{c}、K_{22}^{c}、K_{11}^{b}、K_{12}^{b}、K_{22}^{b}、K_{11}^{w}、K_{12}^{w}、K_{22}^{w} 分别为第 i 柱列中的柱子、柱间支撑、砖墙的刚度系数。

8.4.2 拟能量法

对于不等高钢筋混凝土弹性屋盖厂房，由于存在高低跨柱列，使得厂房的纵向自振特性和柱列间地震作用的分配复杂化。拟能量法以剪扭振动空间分析结果为标准，进行试算对比，找出各柱列按跨度中心划分质量的调整系数，从而得出各柱列作为分离体时的有效质量，然后按能量法公式确定整个厂房的自振周期，并按单独柱列分别计算出各柱列的水平地震作用。此法一般用于两跨不等高厂房的纵向地震作用效应计算。

8.4.2.1 基本周期

以一个抗震缝区段作为计算单元，将厂房质量按跨度中心线划分开，并将墙柱等支承结构的质量换算集中到各柱列的柱顶高度处。质量换算求基本周期需要按动力等效原则，而计算水平地震作用时应按结构底部内力等效原则，两者在数值上是不相等的。但为了减少手算工作量，在计算周期和地震作用时统一用后一数值，同时对计算周期乘以小于1的周期修正系数。计算周期时，对于无吊车的或吊车吨位较小的厂房，一般将质量全部集中到柱顶，而对有较大吨位吊车的厂房，则应在支承吊车梁的牛腿面处增设一个质点。为了考虑厂房纵向的空间作用影响，对有关质点的质量尚应进行某些调整，然后将各柱列的集中质量视为水平力作用于相应位置，并求出各柱列在各质点位置处的侧移（图8-14），按能量法确定厂房纵向基本周期。即：

$$T_{1} = 2\psi_{T}\sqrt{\dfrac{\sum\limits_{s} G_{as}u_{s}^{2}}{\sum\limits_{s} G_{as}u_{s}}} \tag{8-29}$$

式中 s ——下标，总的质点序号；

ψ_{T} ——拟能量法周期修正系数，无围护墙时，取0.9，有围护墙（砖墙、挂板、石棉瓦或瓦楞铁皮）时，取0.8；

u_{s} ——第 s 质点位置的柱列侧移值；

G_{as} ——按厂房空间作用进行质量调整后，第 s 质点的等效重力荷载。

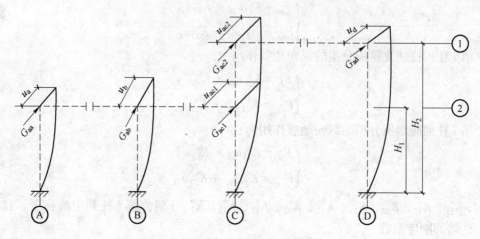

图 8-14 纵向周期计算简图

对边跨第一列中柱柱顶高度处质点：$\qquad G_{as} = \zeta_s G_{sf}$

对边柱列柱顶高度处质点：$\qquad G_{as} = G_s + (1 - \zeta_s) G_{sf}$

对其他中柱柱顶高度处质点：$\qquad G_{as} = 1.0 G_{sf}$

对牛腿顶面位置质点：$\qquad G_{as} = \zeta_s G_{cs}$

此处，ζ_s 为中柱列质量调整系数，按表 8-7 采用；G_s、G_{sf}、G_{cs} 均为调整质量前相应各点的等效重力荷载，计算方法如下。

表 8-7 中柱列质量调整系数 ζ_s

240 砖墙	370 砖墙	钢筋混凝土无檩屋盖		钢筋混凝土有檩屋盖	
		边跨无天窗	边跨有天窗	边跨无天窗	边跨有天窗
	7 度	0.50	0.55	0.60	0.65
7 度	8 度	0.60	0.65	0.70	0.75
8 度	9 度	0.70	0.75	0.80	0.85
9 度		0.75	0.80	0.85	0.90
无墙、石棉瓦、瓦楞铁或挂板		0.90	0.90	1.00	1.00

A 集中于柱列柱顶高度处的质点

a 边柱列

无吊车或有较小吨位吊车时，

$$G_s = 1.0 G_{屋盖} + 0.5 G_{雪} + 0.5 G_{灰} + 0.5 G_{柱} + 0.5 G_{横墙} + 0.7 G_{纵墙} + 0.75 (G_{吊车梁} + G_{吊车桥})$$

有较大吨位吊车时，

$$G_s = 1.0 G_{屋盖} + 0.5 G_{雪} + 0.5 G_{灰} + 0.1 G_{柱} + 0.5 G_{横墙} + 0.7 G_{纵墙}$$

b 中柱列

无吊车或有较小吨位吊车时，

$$G_{s1} = 1.0 G_{屋盖} + 0.5 G_{雪} + 0.5 G_{灰} + 0.5 G_{柱} + 0.5 G_{横墙} + 0.7 G_{纵墙} + 1.0 (G_{吊车梁} +$$
$$G_{吊车桥})_{高跨} + 0.75 (G_{吊车梁} + G_{吊车桥})_{低跨} + 0.5 G_{悬墙} \qquad (低跨柱顶处质点)$$

$$G_{s2} = 1.0 G_{屋盖} + 0.5 G_{雪} + 0.5 G_{灰} + 0.5 G_{横墙} + 0.5 G_{悬墙} \qquad (高跨柱顶处质点)$$

有较大吨位吊车时，

$$G_{s1} = 1.0G_{屋盖} + 0.5G_{雪} + 0.5G_{灰} + 0.1G_{柱} + 0.5G_{横墙} + 0.5G_{悬墙} + 1.0(G_{吊车梁} + G_{吊车桥})$$

$$G_{s2} = 1.0G_{屋盖} + 0.5G_{雪} + 0.5G_{灰} + 0.5G_{横墙} + 0.5G_{悬墙}$$

B 集中于牛腿面处质点

$$G_{cs} = 0.4G_{柱} + 1.0(G_{吊车梁} + G_{吊车桥})$$

以上各式中的 $G_{吊车桥}$ 宜取各跨内吊车桥重的一半。

8.4.2.2 柱列地震作用

（1）作用于第 s 柱列柱顶标高处的纵向水平地震作用。

一般柱列：
$$F_s = \alpha_1 G_{as} \tag{8-30}$$

高低跨柱列：
$$F_{si} = \alpha_1(G_{as1} + G_{as2}) \frac{G_{asi}H_{si}}{G_{as1}H_{s1} + G_{as2}H_{s2}} \quad (i = 1, 2) \tag{8-31}$$

式中 H_{si}——第 s 柱列墙、低跨柱顶至柱基础杯口顶面的高度。

（2）对于有吊车厂房，作用于第 s 柱列支承吊车梁的牛腿面标高处的纵向水平地震作用：

$$F_{cs} = \alpha_1 G_{cs} \frac{H_{cs}}{H_s} \tag{8-32}$$

式中 G_{cs}——集中于 s 柱列牛腿面标高处的等效重力荷载；

H_{cs}，H_s——第 s 柱列牛腿面及柱顶至柱基础杯口顶面的高度。

8.4.2.3 构件地震作用

在求得柱列地震作用之后，对无吊车厂房，即可按构件刚度与柱列刚度比分配地震作用；对有吊车厂房，则应按同一柱列内构件与柱列的变形协调原则分配纵向地震作用。具体计算按修正刚度法中所给方法进行。

8.4.3 纵向柱列的刚度

纵向柱列的刚度为柱列中所有柱子、支撑和墙体的刚度之和，如式（8-19）所示。即：

$$K_s = \sum K_c + \sum K_b + \sum K_w$$

在确定构件刚度时，可先确定构件的柔度矩阵，然后进行求逆。如有两个水平力分别作用于构件的1、2两点时，其柔度系数为 δ_{11}、δ_{12}、δ_{21}、δ_{22}；其刚度则为 $K = \delta^{-1}$；展开后可得 $K_{11} = \delta_{22}/|\delta|$；$K_{12} = K_{21} = \delta_{12}/|\delta|$；$K_{22} = \delta_{11}/|\delta|$；$|\delta| = \delta_{11}\delta_{22} - \delta_{12}^2$。

以下主要介绍柱列中各构件的柔度系数。

8.4.3.1 单柱的柔度（图8-15）

只计柱子弯曲变形部分。当只有一个侧力作用于柱顶时，$\delta_{11} = H^3/(3EI)$，$K_{11}^c = 1/\delta_{11}$；当有两个侧力作用时，不难求出 δ_{11}、δ_{22}、$\delta_{12} = \delta_{21}$。

8.4.3.2 柱间支撑的柔度

单层厂房中常见的柱间支撑形式有 K 形支撑、交叉支撑等。在交叉支撑的现行计算方法中，因所用支撑斜杆长细比的不同可分别采用不同的计算简图。以下分别对几种情况进行阐述。

A　柔性支撑（λ>150）

当烈度较低（如7度）、厂房较小、质量轻，或虽不属上述情况，但布置的支撑数量较多时（如8度区上柱支撑往往设3道），支撑斜杆内力很小，因而截面面积取得较小，使得杆件长细比可能超过150，属于大柔度杆。这种杆件基本上不参与受压工作，确定其计算简图时，只考虑单杆受拉，如图8-16中虚线所示的斜杆，在计算中可不考虑其作用。

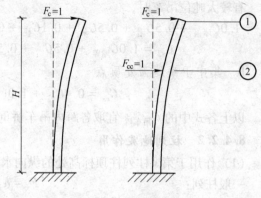

图 8-15　单柱侧移

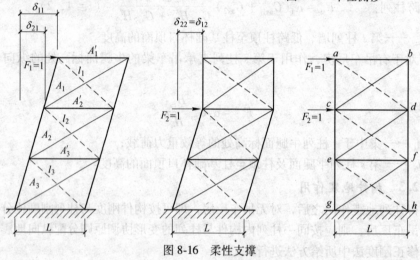

图 8-16　柔性支撑

对于柔性支撑体系，当其中水平杆及两边柱子的截面面积较大，轴向变形可略去不计时，根据结构力学方法可得柔度系数：

$$\begin{cases} \delta_{11} = \dfrac{1}{EL^2}\left(\dfrac{l_1^3}{A_1} + \dfrac{l_2^3}{A_2} + \dfrac{l_3^3}{A_3}\right) \\[3mm] \delta_{22} = \delta_{12} = \delta_{21} = \dfrac{1}{EL^2}\left(\dfrac{l_2^3}{A_2} + \dfrac{l_3^3}{A_3}\right) \end{cases} \tag{8-33}$$

当需要考虑水平杆的变形时，则为：

$$\begin{cases} \delta_{11} = \dfrac{1}{EL^2}\left(\dfrac{l_1^3}{A_1} + \dfrac{l_2^3}{A_2} + \dfrac{l_3^3}{A_3}\right) + \dfrac{L}{E}\left(\dfrac{1}{A_1} + \dfrac{1}{A_2} + \dfrac{1}{A_3}\right) \\[3mm] \delta_{22} = \delta_{12} = \delta_{21} = \dfrac{1}{EL^2}\left(\dfrac{l_2^3}{A_2} + \dfrac{l_3^3}{A_3}\right) + \dfrac{L}{E}\left(\dfrac{1}{A_2} + \dfrac{1}{A_3}\right) \end{cases} \tag{8-34}$$

B　半刚性支撑（λ=40~150）

8度区的厂房中柱柱列，如只设一道支撑，则支撑杆件的内力比较大，小截面型钢将不能满足强度和刚度的要求。此时杆件的长细比往往小于150，属中等柔度杆，具有一定的抗压强度和刚度，而且随着长细比的减小，抗压强度与刚度显著上升，因此在计算时宜计入斜杆的抗压作用（图8-17）。应说明的是，此种情况的交叉支撑乃是超静定结构，与受拉斜杆同时工作的受压斜杆所发挥的刚度不是定值，而是随荷载的大小而变化。荷载大时，压杆在整个支撑刚度中所参与的刚度少；荷载小时，参与的刚度则多。在拉杆屈服前，压杆虽已达到临界荷载，但当拉杆尚处于弹性阶段时，由于拉压杆必须变形协调，所以在确定厂房自振周期及地震作用在各柱列之间的分配时，仍取支撑 P-Δ 骨架曲线的初始直线部分的弹性刚度，即取拉杆刚度与压杆临界状态刚度之和。

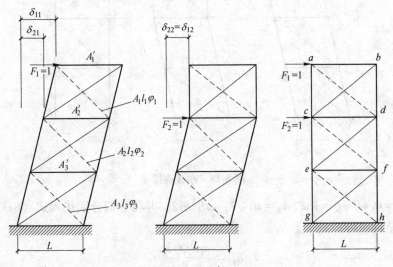

图 8-17　半刚性支撑

交叉支撑的柔度，在略去水平杆及两边柱子的轴向变形并考虑压杆参加工作时为：

$$\begin{cases} \delta_{11} = \dfrac{1}{EL^2}\left(\dfrac{1}{1+\varphi_1}\dfrac{l_1^3}{A_1} + \dfrac{1}{1+\varphi_2}\dfrac{l_2^3}{A_2} + \dfrac{1}{1+\varphi_3}\dfrac{l_3^3}{A_3} \right) \\[3mm] \delta_{22} = \delta_{12} = \delta_{21} = \dfrac{1}{EL^2}\left(\dfrac{1}{1+\varphi_2}\dfrac{l_2^3}{A_2} + \dfrac{1}{1+\varphi_3}\dfrac{l_3^3}{A_3} \right) \end{cases} \tag{8-35}$$

式中　φ_i——斜杆在轴心受压时的稳定系数，按《钢结构设计规范》采用。

C　刚性支撑（$\lambda<40$）（图 8-18）

各种类型的支撑，只要杆件的长细比小于 40，则属于小柔度杆，受压时就不致失稳，压杆的工作状态与拉杆一样，可以充分发挥其全截面的强度。刚性支撑在单层厂房中一般不用，在多层厂房中用得较多。刚性交叉支撑的柔度在略去水平杆的轴向变形时为：

$$\begin{cases} \delta_{11} = \dfrac{1}{2EL^2}\left(\dfrac{l_1^3}{A_1} + \dfrac{l_2^3}{A_2} + \dfrac{l_3^3}{A_3} \right) \\[3mm] \delta_{22} = \delta_{12} = \delta_{21} = \dfrac{1}{2EL^2}\left(\dfrac{l_2^3}{A_2} + \dfrac{l_3^3}{A_3} \right) \end{cases} \tag{8-36}$$

8.4.3.3　砖墙的柔度

在柱间嵌砌墙的顶部作用单位水平力（图 8-19），当考虑其弯曲和剪切变形时，在该处产生的侧移可按式（8-37）计算：

$$\delta_{11} = \dfrac{H^3}{3EI_w} + \dfrac{\zeta H}{GA_w} \tag{8-37}$$

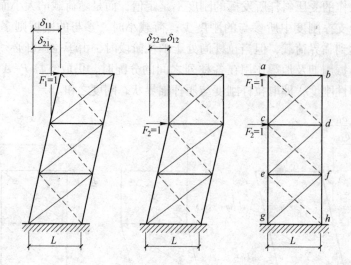

图 8-18　刚性支撑

若取 $G = 0.4E$, $\zeta = 1.2$, $A_w = tB$, $I_w = tB^3/12$, 并将它们分别代入式 (8-37), 再引入 $\rho = H/B$, 整理可得:

$$\delta_{11} = \frac{4\rho^3 + 3\rho}{Et}$$

当墙面开洞时, 应考虑洞口对墙体刚度削弱的影响, 即增大墙体侧移变形, 通常可用乘以开洞影响系数 K 来反映。同时考虑持续地震作用下砖墙开裂后刚度应降低, 对于贴砌的砖围护墙, 可根据柱列侧移值的大小, 取侧移刚度折减系数 $\gamma = 0.2 \sim 0.6$ 。最后的墙体柔度计算公式可表示为:

$$\delta_{11} = \frac{K(4\rho^3 + 3\rho)}{\gamma Et} \tag{8-38}$$

式中　K ——开洞影响系数, $K = (1 + a)^2/(1 - a)^2$,

　　　　$a = \dfrac{bh}{BH}$;

　b , h ——洞口尺寸;

　B , H ——墙面尺寸 (图 8-19);

　　　　E ——砌体弹性模量;

　　　　t ——砖墙厚度。

当有吊车时, 柱列地震作用考虑两个水平集中力, 与此相应, 在砖墙上分配有两个地震作用 F_{w1} 、 F_{w2} (图 8-20)。此时墙体侧移仍可按式 (8-38) 计算, 柔度系数为:

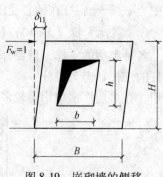

图 8-19　嵌砌墙的侧移
(一个集中力作用时)

$$\begin{cases} \delta_{11} = \dfrac{K_1(4\rho_1^3 + 3\rho_1)}{\gamma Et} \\[3mm] \delta_{11} = \delta_{21} = \delta_{12} = \dfrac{K_2(4\rho_2^3 + 3\rho_2)}{\gamma Et} \end{cases} \tag{8-39}$$

式中，$K_1 = \dfrac{(1 + a_1)^2}{(1 - a_1)^2}$；$K_2 = \dfrac{(1 + a_2)^2}{(1 - a_2)^2}$；$a_1 = \dfrac{bh}{BH_1}$；$a_2 = \dfrac{bh}{BH_2}$；$\rho_1 = \dfrac{H_1}{B}$；$\rho_2 = \dfrac{H_2}{B}$。其他符号同前。

　　对于多层多肢贴砌砖墙，如图 8-21 所示的厂房贴砌纵墙，洞口将砖墙分为侧移刚度不同的若干层。在计算各层墙体的侧移刚度时，对于窗洞上下的墙体可以只考虑剪切变形，窗间墙可视为两端嵌固的墙段。在计算窗间墙段的刚度时，可同时考虑剪切变形和弯曲变形，即对于第 i 层 j 段窗间墙的刚度取 $K_{ij} = Et/(\rho^3 + 3\rho)$（其中 ρ 为第 i 层 j 段墙的高宽比），故该层墙的刚度为 $K_i = \sum K_{ij}$，墙体的侧移 $\delta_i = 1/K_i$。墙体在单位水平力作用下的侧移 δ 等于各层砖墙侧移 δ_i 之和。

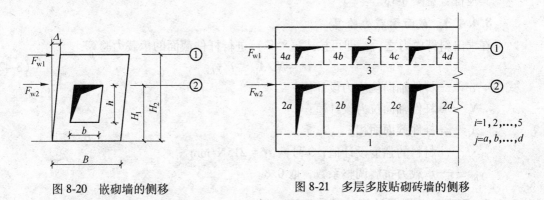

图 8-20　嵌砌墙的侧移
（两个集中力作用时）

图 8-21　多层多肢贴砌砖墙的侧移

　　若需求某 1、2 两个高度处的墙体刚度时，可先求出墙体侧移 δ_{11}、δ_{12}、δ_{21}、δ_{22}，建立柔度矩阵 $\pmb{\delta}$，并由 $\pmb{\delta}$ 求得墙体侧移刚度，在考虑刚度折减后得 $K_{11} = \gamma\delta_{22}/|\delta|$，$K_{22} = \gamma\delta_{11}/|\delta|$，$K_{12} = K_{21} = \gamma\delta_{12}/|\delta|$（其中 γ 为砖墙刚度折减系数）。

8.4.4　柱间支撑的抗震验算

　　在求得分配于柱间支撑上的地震作用之后，便可进一步确定杆件内力，并进行截面承载力的验算。

8.4.4.1　柔性支撑

对柔性支撑，其交叉支撑的斜杆内力（图 8-16）：

$$\begin{cases} N_{ad} = N_{cf} = N_{eh} = 0, \quad N_{bc} = F_1 l_1/L \\ N_{de} = (F_1 + F_2)l_2/L, \ N_{fg} = (F_1 + F_2)l_3/L \end{cases} \tag{8-40}$$

8.4.4.2　半刚性支撑

对半刚性支撑，交叉支撑的斜杆截面可仅按抗拉验算，并考虑压杆参与一部分工作，斜杆计算拉力为（图 8-17）：

$$\begin{cases} N_{bc} = \dfrac{1}{1 + \psi_c \varphi_1} F_1 \dfrac{l_1}{L} \\[2mm] N_{de} = \dfrac{1}{1 + \psi_c \varphi_2}(F_1 + F_2)\dfrac{l_2}{L} \\[2mm] N_{fg} = \dfrac{1}{1 + \psi_c \varphi_3}(F_1 + F_2)\dfrac{l_3}{L} \end{cases} \tag{8-41}$$

式中　　ψ_c ——压杆卸载系数，当压杆长细比为 60、100 和 200 时，可分别采用 0.7、0.6 和 0.5；

φ_1，φ_2，φ_3 ——第 1、2、3 节间斜杆轴心受压稳定系数，按《钢结构设计规范》采用。其他符号见图 8-18。

8.4.4.3　截面承载力验算

在求出斜杆内力之后，即可按式（8-42）进行杆件截面的承载力验算：

$$\sigma = N_i / A_i \leqslant f / \gamma_{RE} \tag{8-42}$$

式中　σ ——杆件轴向拉应力设计值；

N_i ——杆件轴向拉力设计值；

A_i ——杆件截面面积；

f ——材料的强度设计值，3 号钢，$f = 215\text{N/mm}^2$；

γ_{RE} ——承载力抗震调整系数，取 0.8。

8.4.5　厂房纵向抗震计算的其他问题

8.4.5.1　突出屋面天窗架的纵向水平地震作用

可考虑屋盖水平变形和纵墙的有效刚度，按空间体系分析确定。柱高不超过 15m 的单跨和等高多跨，钢筋混凝土无檩屋盖厂房，可按底部剪力法计算，并按以下效应增大系数调整天窗架的地震作用效应：

单跨、边跨屋盖或有纵向内隔墙的中跨屋盖：　　　$\eta = 1 + 0.5n$

其他各跨屋盖：　　　　　　　　　　　　　　　　$\eta = 0.5n$

式中　η ——效应增大系数；

n ——厂房跨数，超过 4 跨时按 4 跨考虑。

8.4.5.2　柱间支撑的等强设计

结构的地震反应动态分析结果表明，如果上柱支撑和下柱支撑的刚度和承载力相差悬殊，就会在相对薄弱的上柱或下柱支撑部位发生塑性变形集中，导致严重破坏。为防止局部严重破坏，宜将上柱支撑和下柱支撑设计成等强结构，即按弹性状态设计，使上下柱支撑的屈服强度与地震内力的比值大致相同。同时，柱间支撑与柱的连接应与支撑杆件等强，即连接焊缝或螺栓与杆件等强，并能保证预埋件的锚固连接强度。按《抗震规范》，柱间支撑与柱的连接点的预埋件锚筋总截面面积 A_s，宜不小于式（8-43）要求（图 8-22）：

$$A_s \geqslant \frac{\gamma_{RE} N}{0.8 f_y}\left(\frac{\cos\theta}{0.8 \zeta_m \psi} + \frac{\sin\theta}{\zeta_r \zeta_v}\right) \tag{8-43}$$

式中　N ——预埋板的斜向拉力设计值，可采用按净截面屈服点强度计算的支撑斜杆轴

向力的 1.05 倍;

θ——斜向拉力与其水平投影的夹角;

ζ_m——预埋板弯曲变形影响系数,$\zeta_m = 0.6 + 0.25 \dfrac{t}{d}$;

t——预埋板厚度,mm;

d——锚筋直径,mm;

γ_{RE}——承载力抗震调整系数,采用 1.0;

ψ——偏心影响系数,$\psi = \dfrac{1}{1 + 0.6 e_0 / (\zeta_r s)}$;

s——外排锚筋之间的距离;

e_0——斜向拉力对锚筋合力作用线的偏心距,mm,应小于外排锚筋之间距离的 20%;

ζ_r——验算方向锚筋排数的影响系数,二、三和四排时可分别采用 1.0、0.9 和 0.85;

ζ_v——锚筋的受剪影响系数,$\zeta_v = (4 - 0.08d)\sqrt{\dfrac{f_c}{f_y}}$,大于 0.7 时应采用 0.7;

f_y——预埋件锚筋的抗拉强度设计值;

f_c——混凝土的轴心抗压强度设计值。

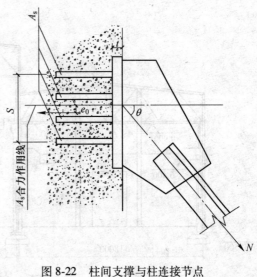

图 8-22 柱间支撑与柱连接节点

【例 8-1】 某机械厂精加工车间,为两跨不等高钢筋混凝土厂房。车间长度 72m,均为 6m 柱距,AB 跨 18m,BC 跨 24m,各跨设有两台中级工作制吊车,车间平面、剖面及柱截面如图 8-23 和图 8-24 所示,柱混凝土取 C25;屋盖结构采用钢筋混凝土大型屋面板,

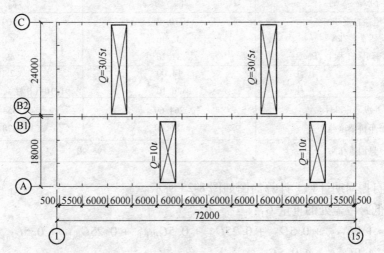

图 8-23 厂房平面(单位:mm)

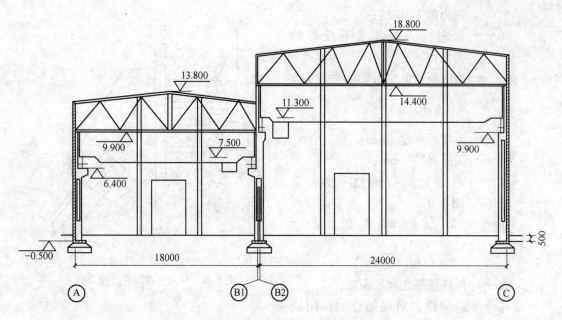

图 8-24 厂房剖面（单位：mm）

钢筋混凝土屋架；240mm 厚砖围护墙，下设基础梁；屋盖雪荷载 0.3kN/m²，活荷载 0.5kN/m²；Ⅰ类场地，设计基本地震加速度为 0.20g，设计地震分组为第二组，地基土静承载力标准值 f_k=180kN/m²，按设防烈度为 8 度对厂房进行抗震验算。

解：

（1）横向计算。

计算简图与计算重量取厂房的 6m 柱距标准单元计算，作用于一个单元上的重力荷载值如表 8-8 所示。

表 8-8   作用于一个标准单元上的重力荷载值

荷载类别		低跨	高跨
屋盖自重/kN		370.49	509.05
雪荷载/kN		32.40	43.20
吊车梁重（1根）/kN		37.20	49.80
柱自重/kN	上柱	14.00	28.10
	下柱	26.10	91.10（B柱），80.08（C柱）
外纵墙重/kN		264.60	354.66
吊车桥架重/kN		186.00	420.00
悬墙重/kN		95.20	

①横向自振周期计算。计算简图如图 8-25 所示。

集中于低跨屋盖处的重量 G_1：

$$G_1 = 1.0G_{屋盖} + 0.5G_{雪} + 0.25G_{柱} + 0.5G_{B柱上} + 0.25G_{纵墙} + 0.5G_{吊梁AB} +$$
$$1.0G_{吊梁BC} + 0.5G_{悬墙}$$

$$= 1.0 \times 370.49 + 0.5 \times 32.40 + 0.25 \times (14.00 + 26.10 + 91.10) + 0.5 \times 28.10 +$$

$$0.25 \times 264.60 + 0.5 \times 2 \times 37.20 + 1.0 \times 49.80 + 0.5 \times 95.20$$
$$= 634.29\text{kN}$$

集中于高跨屋盖处的计算重量 G_2：

$$G_2 = 1.0G_{屋盖} + 0.5G_{雪} + 0.25G_{柱} + 0.5G_{B柱上} + 0.25G_{纵墙} + 0.5G_{吊梁} + 0.5G_{悬墙}$$

$$= 1.0 \times 509.05 + 0.5 \times 43.20 + 0.25 \times (28.10 + 80.08) +$$

$$0.5 \times 28.10 + 0.25 \times 354.66 + 0.5 \times 49.80 + 0.5 \times 95.20 = 732.91\text{kN}$$

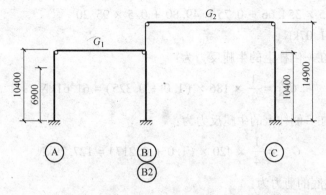

图 8-25 自振周期计算简图（单位：mm）

在单位水平力作用下单柱和排架的侧移计算简图同图 8-8，则：

$$\delta_{11}^{a} = 1.71 \times 10^{-3}\text{m/kN}, \qquad \delta_{22}^{c} = 1.28 \times 10^{-3}\text{m/kN}$$

排架侧移按式（8-6）计算：

$$\delta_{11} = (1 - x_1^{①})\delta_{11}^{a} = (1 - 0.90) \times 1.71 \times 10^{-3} = 1.71 \times 10^{-4}\text{m/kN}$$

$$\delta_{12} = \delta_{21} = x_2^{①}\delta_{22}^{c} = 0.14 \times 1.28 \times 10^{-3} = 1.79 \times 10^{-4}\text{m/kN}$$

$$\delta_{22} = (1 - x_2^{②})\delta_{22}^{c} = (1 - 0.58) \times 1.28 \times 10^{-3} = 5.38 \times 10^{-4}\text{m/kN}$$

在质点 1、2 重力荷载 G_1、G_2 作用下排架的侧移 u_1、u_2 按式（8-5）计算：

$$u_1 = G_1\delta_{11} + G_2\delta_{12} = 634.29 \times 1.71 \times 10^{-4} + 732.91 \times 1.79 \times 10^{-4} = 0.24\text{m}$$

$$u_2 = G_1\delta_{21} + G_2\delta_{22} = 634.29 \times 1.79 \times 10^{-4} + 732.91 \times 5.38 \times 10^{-4} = 0.51\text{m}$$

$$T_1 = 2 \times 0.8\sqrt{\frac{G_1u_1^2 + G_2u_2^2}{G_1u_1 + G_2u_2}} = 2 \times 0.8\sqrt{\frac{634.29 \times 0.24^2 + 732.91 \times 0.51^2}{634.29 \times 0.24 + 732.91 \times 0.51}} = 1.05\text{s}$$

②横向地震作用计算。确定厂房横向地震作用的计算简图如图 8-26 所示。

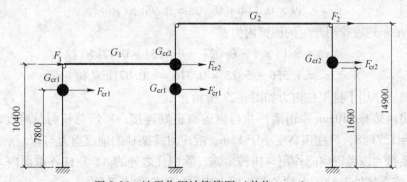

图 8-26 地震作用计算简图（单位：mm）

集中于屋盖处的重力荷载按式（8-2）计算：

$$G_1 = 1.0G_{屋盖} + 0.5G_{雪} + 0.5G_{柱} + 0.5G_{纵墙} + 0.75G_{吊车梁} + 0.5G_{悬墙}$$

$$= 1.0 \times 370.49 + 0.5 \times 32.40 + 0.5 \times (14.00 + 26.10 + 28.10 + 91.10) +$$

$$0.5 \times 264.60 + 0.75 \times 2 \times 37.20 + 1.0 \times 49.80 + 0.5 \times 95.20$$

$$= 751.84\text{kN}$$

$$G_2 = 1.0 \times 509.05 + 0.5 \times 43.20 + 0.5 \times 28.10 + 0.5 \times (28.10 + 80.08) +$$

$$0.5 \times 354.66 + 0.75 \times 49.80 + 0.5 \times 95.20$$

$$= 861.07\text{kN}$$

AB 跨吊车重在一侧柱上的牛腿反力为：

$$G_{cr1} = \frac{1}{4} \times 186 \times (1.0 + 0.325) = 61.61\text{kN}$$

BC 跨吊车重在一侧柱上的牛腿反力为：

$$G_{cr2} = \frac{1}{4} \times 420 \times (1.0 + 0.217) = 127.79\text{kN}$$

作用于排架柱底的剪力为：

$$F_{Ek} = \alpha_1 \times 0.85 \sum G_i = (0.30/1.05)^{0.9} \times 0.16 \times 0.85 \times (751.84 + 861.07) = 71.04\text{kN}$$

作用于屋盖标高处的地震作用为：

$$F_1 = \frac{G_1 H_1}{G_1 H_1 + G_2 H_2} F_{Ek} = \frac{751.84 \times 10.40}{751.84 \times 10.40 + 861.07 \times 14.90} \times 71.04 = 26.90\text{kN}$$

吊车地震作用为：

$$F_2 = \frac{G_2 H_2}{G_1 H_1 + G_2 H_2} F_{Ek} = \frac{861.07 \times 14.90}{751.84 \times 10.40 + 861.07 \times 14.90} \times 71.04 = 44.14\text{kN}$$

③排架内力分析及组合。将以上求得的地震作用视为静力，即可分别求出排架结构在屋盖地震作用 F_1、F_2 及吊车地震作用 F_{cr1}、F_{cr2} 下的内力，计算如下：

屋盖地震作用下排架横梁内力 x_1、x_2 分别为：

$$x_1 = F_1 x_1^{①} + F_2 x_1^{②} = 26.90 \times 0.85 + 44.14 \times (-0.2) = 14.04\text{kN}（压）$$

$$x_2 = F_1 x_2^{①} + F_2 x_2^{②} = 26.90 \times 0.21 + 44.14 \times (-0.54) = -18.19\text{kN}（拉）$$

AB 跨吊车地震作用产生的横梁内力：

$$x_1 = 2.39 \times 0.47 - 2.39 \times 0.03 = 1.05\text{kN}（压）$$

$$x_2 = 2.39 \times 0.114 + 0.708 = 0.98\text{kN}（压）$$

BC 跨吊车地震作用产生的横梁内力：

$$x_1 = 5.15 \times (-0.027 - 0.123) = 0.77\text{kN}（拉）$$

$$x_2 = 1.556 - 5.15 \times 0.316 = -0.071\text{kN}（拉）$$

屋盖地震作用下排架柱内力如图 8-27 所示。

本厂房两端有 240mm 厚山墙，并与屋盖有良好连接。厂房总长与总跨度之比为 72/(18+24) = 1.71<8，且柱顶高度小于 15m，故应对排架柱的地震剪力与弯矩乘以表 8-1 的效应调整系数，以考虑空间作用与扭转影响，除中柱之外的 A、C 柱各截面内力均应乘以 0.9；高低跨交接处 B 柱的上柱各截面内力应乘以效应增大系数 η：

$$\eta = \zeta \left(1 + 1.7 \frac{n_h}{n_0} \frac{G_{EI}}{G_{Eh}}\right) = 1.0 \left(1 + 1.7 \times \frac{1}{2} \times \frac{751.84}{861.07}\right) = 1.74$$

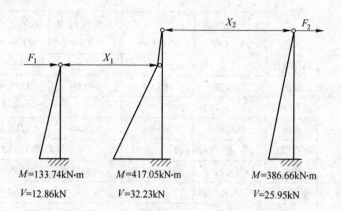

$M = 133.74\text{kN·m}$ $M = 417.05\text{kN·m}$ $M = 386.66\text{kN·m}$

$V = 12.86\text{kN}$ $V = 32.23\text{kN}$ $V = 25.95\text{kN}$

图 8-27　屋盖地震作用下排架内力

调整后的内力值如内力组合表 8-9 所示。

表 8-9　横向地震作用 B 柱内力组合

荷载类别	内　力		截　面　位　置				
			上柱底		下柱底		
			$\gamma_G M$ 或 $\gamma_{Eh} M$ /kN·m	$\gamma_G N$ 或 $\gamma_{Eh} N$ /kN·m	$\gamma_G M$ 或 $\gamma_{Eh} M$ /kN·m	$\gamma_G N$ 或 $\gamma_{Eh} N$ /kN·m	$\gamma_G V$ 或 $\gamma_{Eh} V$ /kN·m
静力荷载	恒荷载	1	44.96	339.12	-67.80	889.32	2.64
	雪荷载	2	3.32	25.92	-3.96	45.36	0
	AB 跨一台 100kN 吊车荷载	D_{max} 作用于 A 柱　3	-2.54	0	33.42	39.36	7.80
		D_{max} 作用于 B 柱　4	17.56	0	-78.88	177.84	7.80
	BC 跨一台 300kN 吊车荷载	D_{max} 作用于 B 柱　5	-46.33	0	85.20	417.60	-13.56
		D_{max} 作用于 C 柱　6	-43.68	0	-68.95	100.80	-8.76
地震作用	恒荷载与 0.5 倍雪载	7	±196.05	0	±516.57	0	±39.92
	AB 跨一台 100kN 吊车荷载	F_{cr1} 分别作用于 A、B 柱　8	∓10.69	0	±15.56	0	±2.73
	BC 跨一台 300kN 吊车荷载	F_{cr2} 分别作用于 B、C 柱　9	±14.70	0	±61.73	0	±5.20

荷载类别	内 力		截面位置					
			上柱底			下柱底		
			$\gamma_G M$ 或 $\gamma_{Eh} M$ /kN·m	$\gamma_G N$ 或 $\gamma_{Eh} N$ /kN·m		$\gamma_G M$ 或 $\gamma_{Eh} M$ /kN·m	$\gamma_G N$ 或 $\gamma_{Eh} N$ /kN·m	$\gamma_G V$ 或 $\gamma_{Eh} V$ /kN·m
内力组合	$+M_{max}$ 与相应的 N、V	组合项目	1+2+4+7			1+2+3+5+7+8+9		
		数值	261.89	365.04		640.04	1391.64	+44.73
	$-M_{max}$ 与相应的 N、V	组合项目	1+2+5+7+9			1+2+4+6+7+8+9		
		数值	208.80	365.04		813.45	1213.32	−46.17
	N_{max} 与相应的 M、V	组合项目	1+2+4+7			1+2+4+5+7+8+9		
		数值	261.89	365.04		−659.30	1530.12	−50.97
	N_{min} 与相应的 M、V	组合项目	1+4+7			1+7		
		数值	258.57	339.12		−584.37	889.32	−37.28

注：1. 对上柱截面地震作用下的内力已乘效应增大系数 $\eta=1.74$；

　　2. γ_G 为重力荷载分项系数，取 1.2；γ_{Eh} 为水平地震作用分项系数，取 1.3。

吊车梁顶面标高处的上柱截面，由吊车桥架引起的地震剪力、弯矩应乘以表 8-3 的效应增大系数，此处 A、C 柱为 2.0，B 柱为 2.5。此处仅对 B 柱进行地震作用下的内力组合，结果见表 8-9，A、C 柱从略。

（2）纵向计算。

对于两跨不等高厂房纵向抗震计算采用拟能量法进行：取整个厂房为一计算单元。为了简化计算，将确定周期和地震作用所需的质点重力荷载值均按结构底部内力等效原则计算。各项计算如下：

1）计算简图及质点重力荷载值。各柱列重力荷载按本跨中心线划分并分别集中于屋盖高度及牛腿面标高位置，如图 8-28 所示。

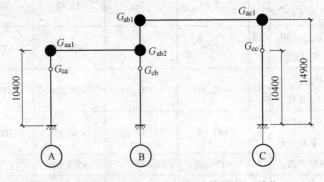

图 8-28　确定纵向周期及地震作用的计算简图（单位：mm）

集中于屋盖高度处的质点重力荷载：

$$G_{a1} = 1.0 G_{屋盖} + 0.5 G_{雪} + 0.1 G_{柱} + 0.5 G_{横墙} + 0.7 G_{纵墙}$$
$$= 1.0 \times 12 \times 0.5 \times 370.49 + 0.5 \times 12 \times 0.5 \times 32.40 + 0.1 \times$$
$$(14.00 + 26.10) \times 13 + 0.5 \times 2 \times 541.73 + 0.7 \times 264.6 \times 12$$
$$= 5136.64 \text{kN}$$

$G_{b2} = 1.0G_{屋盖} + 0.5G_{雪} + 0.1G_{柱} + 0.5G_{横墙} + 0.5G_{悬墙} + 1.0(G_{吊梁} + G_{吊车})$

$\quad = 1.0 \times 12 \times 0.5 \times 370.49 + 0.5 \times 12 \times 0.5 \times 32.40 + 0.1 \times 13 \times (28.10 + 91.10) +$

$\quad \quad 0.5 \times 2 \times (541.73 + 787.97) + 0.5 \times 12 \times 95.20 + 1.0 \times (49.8 \times 12 + 420.00)$

$\quad = 5393.60 \text{kN}$

$G_{b1} = 1.0G_{屋盖} + 0.5G_{雪} + 0.5G_{横墙} + 0.4G_{B柱上} + 0.5G_{悬墙}$

$\quad = 1.0 \times 12 \times 0.5 \times 509.05 + 0.5 \times 12 \times 0.5 \times 43.20 + 0.5 \times 2 \times 202.46 +$

$\quad \quad 0.4 \times 13 \times 28.10 + 0.5 \times 12 \times 95.20$

$\quad = 4103.68 \text{kN}$

$G_{c1} = 1.0G_{屋盖} + 0.5G_{雪} + 0.1G_{柱} + 0.5G_{横墙} + 0.7G_{纵墙}$

$\quad = 1.0 \times 12 \times 0.5 \times 509.05 + 0.5 \times 12 \times 0.5 \times 43.20 + 0.1 \times 13 \times (28.10 + 80.08) +$

$\quad \quad 0.5 \times 2 \times (787.97 + 202.46) + 0.7 \times 354.66 \times 12$

$\quad = 7294.11 \text{kN}$

集中于牛腿面标高处的质点重力荷载:

$G_{ca} = 0.4G_{柱} + 1.0(G_{吊梁} + G_{吊车})$

$\quad = 0.4 \times (14.00 + 26.10) \times 13 + 1.0 \times (37.20 \times 12 + 186.00) = 840.92 \text{kN}$

$G_{cb} = 0.4G_{柱} + 1.0(G_{吊梁} + G_{吊车})$

$\quad = 0.4 \times 91.10 \times 13 + 1.0 \times (37.20 \times 12 + 186.00) = 1106.12 \text{kN}$

$G_{cc} = 0.4G_{柱} + 1.0(G_{吊梁} + G_{吊车})$

$\quad = 0.4 \times (28.10 + 80.08) \times 13 + 1.0 \times (49.80 \times 12 + 420.00) = 1580.14 \text{kN}$

考虑厂房空间作用对质点重力荷载进行调整如下:

柱顶标高处各质点:

$G_{aa1} = G_{a1} + (1 - \zeta_s)G_{b2} = 5136.64 + (1 - 0.7) \times 5393.60 = 6754.72 \text{kN}$

$G_{ac1} = G_{c1} + (1 - \zeta_s)G_{b1} = 7294.11 + (1 - 0.7) \times 4103.68 = 8525.21 \text{kN}$

$G_{ab2} = \zeta_s G_{b2} = 0.7 \times 5393.60 = 3775.52 \text{kN}$

$G_{ab1} = \zeta_s G_{b1} = 0.7 \times 4103.68 = 2872.58 \text{kN}$

牛腿顶面各质点重力荷载不需调整。

2) 厂房纵向刚度及柱列侧移。柱间支撑布置如图 8-29 所示。

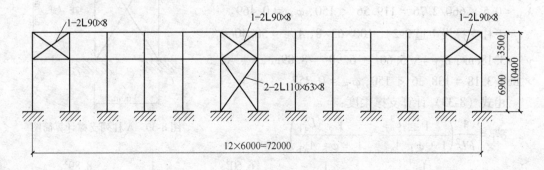

(a)

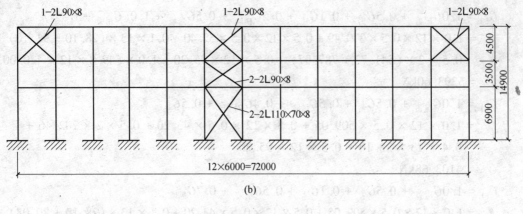

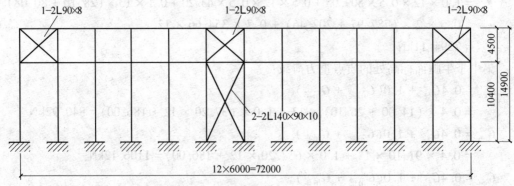

图 8-29　柱间支撑布置（单位：mm）

（a）A 柱列；（b）B 柱列；（c）C 柱列

为了简化计算，取每个柱列柱子的总刚度为该柱列支撑刚度的 10%，柱列内支撑、纵墙刚度分别计算如下：

①柱列 A（图 8-30）

构件刚度：

上柱支撑设 3 道，每道 2∟90×8，$A_{a上} = 3 \times 27.8$ cm^2，$\gamma_x = 2.76$cm；$L_{a上} = \sqrt{5.60^2 + 3.50^2} = 6.60$m，$\lambda_上 = 0.5 \times 660/2.76 = 119.56 < 150$，$\varphi_上 = 0.469$。

下柱支撑设 1 道 2-2∟100×63×8，$A_{a下} = 50.40$cm^2，$\gamma_x = 3.18$cm；$L_{a下} = \sqrt{5.60^2 + 6.90^2} = 8.89$m，$\lambda_下 = 0.5 \times 889/3.18 = 138.36 < 150$，$\varphi_下 = 0.357$。

由式（8-33）计算支撑柔度：

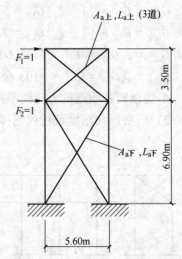

图 8-30　A 柱列支撑计算简图

$$\delta_{11}^b = \frac{1}{EL^2}\left(\frac{1}{1+\varphi_上}\frac{L_{a上}^3}{A_{a上}} + \frac{1}{1+\varphi_下}\frac{L_{a下}^3}{A_{a下}}\right)$$

$$= \frac{1}{2.06 \times 10^8 \times 5.6^2} \times \left(\frac{1}{1+0.469} \times \frac{6.60^3}{3 \times 27.8 \times 10^{-4}} + \frac{1}{1+0.357} \times \frac{8.89^3}{50.4 \times 10^{-4}}\right)$$

$$= 1.95 \times 10^{-5}\text{m/kN}$$

$$\delta_{22}^b = \delta_{21}^b = \delta_{12}^b = \frac{1}{EL^2}\left(\frac{1}{1+\varphi_{\text{下}}}\frac{L_{\text{a下}}^3}{A_{\text{a下}}}\right)$$

$$= \frac{1}{2.06\times10^8\times5.6^2}\times\left(\frac{1}{1+0.357}\times\frac{8.89^3}{50.4\times10^{-4}}\right) = 1.59\times10^{-5}\,\text{m/kN}$$

$$\delta = \begin{bmatrix} 1.95\times10^{-5} & 1.59\times10^{-5} \\ 1.59\times10^{-5} & 1.59\times10^{-5} \end{bmatrix}$$

$$K_{11}^b = \frac{\delta_{22}}{|\delta|} = \frac{1.59\times10^{-5}}{0.5724\times10^{-10}} = 2.778\times10^5\,\text{kN/m}$$

$$K_{22}^b = \frac{\delta_{11}}{|\delta|} = \frac{1.95\times10^{-5}}{0.5724\times10^{-10}} = 3.4067\times10^5\,\text{kN/m}$$

$$K_{21}^b = K_{12}^b = -\frac{\delta_{21}}{|\delta|} = -2.778\times10^5\,\text{kN/m}$$

纵墙为贴砌墙，用 MU10 砖及 M2.5 砂浆砌筑，墙面开窗洞两层，各墙段尺寸如图 8-31 所示。为了简化计算，本例对各墙段及墙带均按弯、剪刚度计算，取 $K_i = EtK_0$，$K_0 = 1/(\rho^3 + 3\rho)$，多肢墙 $K_i = Et\sum_{j=1}^{n}(K_0)_{ij}$，$Et = 1.8\times10^6\times0.24 = 0.432\times10^6\,\text{kN/m}$。纵墙的刚度具体计算列于表 8-10。

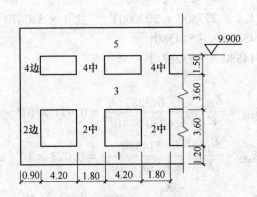

图 8-31 A 柱列贴砌纵墙计算简图（单位：m）

表 8-10 墙段刚度计算

墙段号	H/m	B/m	$\rho = \dfrac{H}{B}$	$K_0 = \dfrac{1}{\rho^3 + 3\rho}$	$K_{ij}/\text{kN}\cdot\text{m}^{-1}$	$K_i/\text{kN}\cdot\text{m}^{-1}$	$\delta_i\left(=\dfrac{1}{K_i}\right)$ /kN·m^{-1}
1	1.2	72	0.017	19.610		8.4715×10^6	0.1180×10^{-6}
2 边	3.6	0.9	4	0.013	0.0057×10^6	$0.3084\times10^{6\,①}$	3.2425×10^{-6}
2 中	3.6	1.8	2	0.071	0.0309×10^6		
3	3.6	72	0.05	6.661		2.8776×10^6	0.3475×10^{-6}
4 边	1.5	0.9	1.67	0.103	0.0445×10^6	$1.6411\times10^{6\,②}$	0.6093×10^{-6}
4 中	1.5	1.8	0.83	0.3266	0.1411×10^6		

① $(0.0057\times2+0.0309\times11)\times10^6 = 308400$；

② $(0.0445\times2+0.1411\times11)\times10^6 = 1641100$。

考虑到本车间为重屋盖，纵向贴砌墙及高悬墙均较高大，预计柱列侧移值较大，故对A、B、C 三柱列的纵墙及悬墙统一采用刚度折减系数 $\gamma = 0.2$。

$$\delta_{11}^{w} = \sum_{i=1}^{4} \delta_i = 4.3173 \times 10^{-6} \, \text{m/kN}$$

$$\delta_{22}^{w} = \delta_{21}^{w} = \delta_{12}^{w} = \sum_{i=1}^{2} \delta_i = 3.3605 \times 10^{-6} \, \text{m/kN}$$

$$\delta^{w} = \begin{bmatrix} 4.3173 \times 10^{-6} & 3.3605 \times 10^{-6} \\ 3.3605 \times 10^{-6} & 3.3605 \times 10^{-6} \end{bmatrix}$$

$$K_{11}^{w} = \gamma \frac{\delta_{22}^{w}}{|\delta^{w}|} = 0.2 \times \frac{3.3605 \times 10^{-6}}{3.2153 \times 10^{-12}} = 2.090 \times 10^{5} \, \text{kN/m}$$

$$K_{22}^{w} = 0.2 \times \frac{4.3173 \times 10^{-6}}{3.2153 \times 10^{-12}} = 2.6855 \times 10^{5} \, \text{kN/m}$$

$$K_{21}^{w} = K_{12}^{w} = -0.2 \times \frac{3.3605 \times 10^{-6}}{3.2153 \times 10^{-12}} = -2.090 \times 10^{5} \, \text{kN/m}$$

对柱子的刚度取 0.1 支撑刚度，则柱列刚度矩阵为：

$$K = \begin{bmatrix} 1.1 K_{11}^{b} + K_{11}^{w} & 1.1 K_{12}^{b} + K_{12}^{w} \\ 1.1 K_{21}^{b} + K_{21}^{w} & 1.1 K_{22}^{b} + K_{22}^{w} \end{bmatrix}$$

$$= \begin{bmatrix} 1.1 \times 277800 + 209000 & -(1.1 \times 277800 + 209000) \\ -(1.1 \times 277800 + 209000) & 1.1 \times 340670 + 268500 \end{bmatrix}$$

$$= \begin{bmatrix} 514580 & -514580 \\ -514580 & 643287 \end{bmatrix}$$

柱列柔度：

$$\delta_{a11} = \frac{K_{22}}{|K|} = \frac{643287}{6.6230 \times 10^{10}} = 0.971 \times 10^{-5} \, \text{m/kN}$$

$$\delta_{a22} = \frac{K_{11}}{|K|} = \frac{514580}{6.6230 \times 10^{10}} = 0.777 \times 10^{-5} \, \text{m/kN}$$

$$\delta_{a21} = \delta_{a12} = \frac{-K_{21}}{|K|} = 0.777 \times 10^{-5} \, \text{m/kN}$$

②柱列 B（图 8-32）

上柱支撑设 3 道，每道采用 2∟90×8，$A_{b上} = 3 \times 27.8 \text{cm}^2$，$\gamma_x = 2.76 \text{cm}$；$L_{b上} = \sqrt{5.60^2 + 4.50^2} = 7.18 \text{m}$，$\lambda_{上} = 0.5 \times 718/2.76 = 130 < 150$，$\varphi_{上} = 0.401$；

中柱支撑设 1 道，采用 2-2∟90×8，$A_{b中} = 55.60 \text{cm}^2$，$\gamma_x = 2.76 \text{cm}$；$L_{b中} = 6.6 \text{m}$，$\lambda_{中} = 119.56 < 150$，$\varphi_{中} = 0.469$。

下柱支撑设 1 道，采用 2-2∟110×70×8，$A_{b下} = 55.60 \text{cm}^2$，$\gamma_x = 3.18 \text{cm}$；$L_{b下} = 8.89 \text{m}$，$\lambda_{下} = 138.36 < 150$，$\varphi_{下} = 0.357$。

支撑柔度：

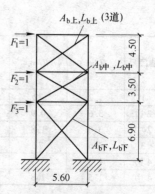

图 8-32　B 柱列支撑
计算简图（单位：m）

$$\delta_{11}^{b} = \frac{1}{EL^2}\left(\frac{1}{1 + \varphi_{\text{下}}}\frac{L_{\text{b下}}^3}{A_{\text{b下}}} + \frac{1}{1 + \varphi_{\text{中}}}\frac{L_{\text{b中}}^3}{A_{\text{b中}}} + \frac{1}{1 + \varphi_{\text{上}}}\frac{L_{\text{b上}}^3}{A_{\text{b上}}}\right)$$

$$= \frac{1}{2.06 \times 10^8 \times 5.6^2} \times \left(\frac{1}{1 + 0.357} \times \frac{8.89^3}{55.6 \times 10^{-4}} + \frac{1}{1 + 0.469} \times \frac{6.6^3}{55.6 \times 10^{-4}} + \right.$$

$$\left.\frac{1}{1 + 0.401} \times \frac{7.18^3}{3 \times 27.8 \times 10^{-4}}\right)$$

$$= 2.477 \times 10^{-5}\text{m/kN}$$

$$\delta_{22}^{b} = \delta_{21}^{b} = \delta_{12}^{b} = \frac{1}{EL^2}\left(\frac{1}{1 + \varphi_{\text{下}}}\frac{L_{\text{b下}}^3}{A_{\text{b下}}} + \frac{1}{1 + \varphi_{\text{中}}}\frac{L_{\text{b中}}^3}{A_{\text{b中}}}\right)$$

$$= \frac{1}{2.06 \times 10^8 \times 5.6^2} \times \left(\frac{1}{1 + 0.357} \times \frac{8.89^3}{55.6 \times 10^{-4}} + \frac{1}{1 + 0.469} \times \frac{6.6^3}{55.6 \times 10^{-4}}\right)$$

$$= 1.986 \times 10^{-5}\text{m/kN}$$

$$\delta_{23}^{b} = \frac{1}{2.06 \times 10^8 \times 5.6^2} \times \left(\frac{1}{1 + 0.357} \times \frac{8.89^3}{55.6 \times 10^{-4}}\right)$$

$$= 1.441 \times 10^{-5}\text{m/kN}$$

$$\delta_{13}^{b} = \delta_{23}^{b} = \delta_{33}^{b} = \delta_{21}^{b} = \delta_{32}^{b} = 1.441 \times 10^{-5}\text{m/kN}$$

支撑刚度：

$$\boldsymbol{K}^{b} = [\boldsymbol{\delta}^{b}]^{-1}$$

$$\boldsymbol{\delta}^{b} = \begin{bmatrix} 2.477 \times 10^{-5} & 1.986 \times 10^{-5} & 1.441 \times 10^{-5} \\ 1.986 \times 10^{-5} & 1.986 \times 10^{-5} & 1.441 \times 10^{-5} \\ 1.441 \times 10^{-5} & 1.441 \times 10^{-5} & 1.441 \times 10^{-5} \end{bmatrix}$$

$$|\boldsymbol{\delta}^{b}| = 3.856 \times 10^{-14}$$

$$K_{11}^{b} = \frac{1}{3.856 \times 10^{-14}}\begin{vmatrix} 1.986 \times 10^{-5} & 1.441 \times 10^{-5} \\ 1.441 \times 10^{-5} & 1.441 \times 10^{-5} \end{vmatrix} = 2.0367 \times 10^5\text{kN/m}$$

同理可求得：

$$\boldsymbol{K}_{22}^{b} = 3.8716 \times 10^5\text{kN/m}$$

$$K_{33}^{b} = 2.5289 \times 10^5\text{kN/m}$$

$$K_{13}^{b} = K_{31}^{b} = 0$$

$$K_{12}^{b} = K_{21}^{b} = -K_{11}^{b} = -2.0367 \times 10^5\text{kN/m}$$

$$K_{23}^{b} = K_{32}^{b} = -1.8349 \times 10^5\text{kN/m}$$

$$\boldsymbol{K}^{b} = \begin{bmatrix} 2.0367 \times 10^5 & -2.0367 \times 10^5 & 0 \\ -2.0367 \times 10^5 & 3.8716 \times 10^5 & -1.8349 \times 10^5 \\ 0 & -1.8349 \times 10^5 & 2.5289 \times 10^5 \end{bmatrix}$$

悬墙刚度（图 8-33）如表 8-11 所示。

①7516.80×2+38461.53×9=361187.37。

悬墙：
$$Et = 1.8 \times 10^6 \times 0.24 = 0.432 \times 10^6\text{kN/m}$$

$$\sum_{i=1}^{n}\delta_i = (0.0578 + 2.7686) \times 10^{-6} = 2.8264 \times 10^{-6}\text{m/kN}$$

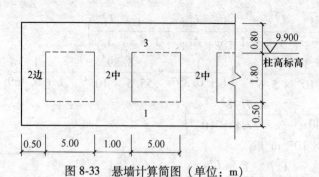

图 8-33 悬墙计算简图（单位：m）

表 8-11　悬墙刚度计算

墙段号	H/m	B/m	$\rho = \dfrac{H}{B}$	$K_0 = \dfrac{1}{\rho^3 + 3\rho}$	$K_{ij}/\text{kN} \cdot \text{m}^{-1}$	$K_i/\text{kN} \cdot \text{m}^{-1}$	$\delta_i\left(= \dfrac{1}{K_i}\right)$ /$\text{kN} \cdot \text{m}^{-1}$
1	0.5	60	8.33×10^{-3}	40.0150		17.287×10^6	0.0578×10^{-6}
2边	1.8	0.5	3.6	0.0174	7516.80	$361187.37^{①}$	2.7686×10^{-6}
2中	1.8	1.0	1.8	0.0890	38461.53		

$$K^{\text{w}} = \gamma \frac{1}{\sum\limits_{i=1}^{2} \delta_i} = 0.2 \times \frac{1}{2.8264 \times 10^{-6}} = 70761\text{kN/m}$$

柱列刚度矩阵：

$$\boldsymbol{K} = \begin{bmatrix} 1.1 \times 203670 + 70761 & -1.1 \times 203670 - 70761 & 0 \\ -1.1 \times 203670 - 70761 & 1.1 \times 387160 + 70761 & -1.1 \times 183490 \\ 0 & -1.1 \times 183490 & 1.1 \times 252890 \end{bmatrix}$$

$$= \begin{bmatrix} 294798 & -294798 & 0 \\ -294798 & 496637 & -208139 \\ 0 & -208139 & 278179 \end{bmatrix}$$

柱列柔度：

$$|K| = 294798 \times 496637 \times 278179 - 294798 \times 208139 \times 208139 -$$
$$294798 \times 294798 \times 278179$$
$$= 4.5424 \times 10^{15}$$

$$\delta_{\text{b11}} = \frac{1}{4.5424 \times 10^{15}} \begin{vmatrix} 496637 & -201839 \\ -201839 & 278179 \end{vmatrix} = 2.1446 \times 10^{-5}\text{m/kN}$$

同理：

$$\delta_{\text{b22}} = 1.8054 \times 10^{-5}\text{m/kN}$$
$$\delta_{\text{b21}} = \delta_{\text{b12}} = 1.8054 \times 10^{-5}\text{m/kN}$$
$$\delta_{\text{b33}} = 1.3099 \times 10^{-5}\text{m/kN}$$
$$\delta_{\text{b32}} = \delta_{\text{b23}} = 1.3099 \times 10^{-5}\text{m/kN}$$
$$\delta_{\text{b13}} = \delta_{\text{b31}} = 1.3099 \times 10^{-5}\text{m/kN}$$

③柱列 C（图 8-34）。

上柱支撑设 3 道，每道采用 2 ∟ 90×8，$A_{c上} = 3 \times 27.8\,\text{cm}^2$，$\gamma_x = 2.76\,\text{cm}$；$L_{c上} = 7.18\,\text{m}$，$\lambda_上 = 130 < 150$，$\varphi_上 = 0.401$。

下柱支撑设一道，采用 2-2 ∟ 140×90×10，$A_{c下} = 3 \times 22.3 = 89.2\,\text{cm}^2$，$\gamma_x = 4.58\,\text{cm}$；$L_{c下} = 11.81\,\text{m}$，$\lambda_下 = 129 < 150$，$\varphi_下 = 0.407$。

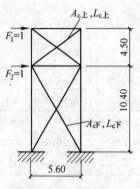

图 8-34　C 柱列支撑计算简图（单位：m）

其支撑刚度计算及纵墙刚度计算与 A 柱列相似，计算过程从略，所得最后结果即柱列柔度为：

$$\delta_{c11} = 4.1202 \times 10^{-5}\,\text{m/kN}$$

$$\delta_{c22} = 3.4109 \times 10^{-5}\,\text{m/kN}$$

$$\delta_{c21} = \delta_{c12} = 3.6246 \times 10^{-5}\,\text{m/kN}$$

3）纵向基本周期计算。

①柱列侧移：

$$
\begin{aligned}
u_{a1} &= G_{aa1}\delta_{a11} + G_{ca}\delta_{a12}\\
&= 6754.72 \times 0.971 \times 10^{-5} + 840.92 \times 0.777 \times 10^{-5}\\
&= 0.072\,\text{m}
\end{aligned}
$$

$$
\begin{aligned}
u_{ca} &= G_{aa1}\delta_{a21} + G_{ca}\delta_{a22}\\
&= 6754.72 \times 0.777 \times 10^{-5} + 840.92 \times 0.777 \times 10^{-5}\\
&= 0.059\,\text{m}
\end{aligned}
$$

$$
\begin{aligned}
u_{b1} &= G_{ab1}\delta_{b11} + G_{ab2}\delta_{b12} + G_{cb}\delta_{b13}\\
&= 2872.58 \times 2.1446 \times 10^{-5} + 3775.52 \times 1.8054 \times 10^{-5} + 1106.12 \times\\
&\quad 1.3099 \times 10^{-5}\\
&= 0.144\,\text{m}
\end{aligned}
$$

$$
\begin{aligned}
u_{b2} &= G_{ab1}\delta_{b21} + G_{ab2}\delta_{b22} + G_{cb}\delta_{b23}\\
&= 2872.58 \times 1.8054 \times 10^{-5} + 3775.52 \times 1.8054 \times 10^{-5} + 1106.12 \times\\
&\quad 1.3099 \times 10^{-5}\\
&= 0.135\,\text{m}
\end{aligned}
$$

$$
\begin{aligned}
u_{cb} &= G_{ab1}\delta_{b31} + G_{ab2}\delta_{b32} + G_{cb}\delta_{b33}\\
&= 2872.58 \times 1.3099 \times 10^{-5} + 3775.52 \times 1.3099 \times 10^{-5} + 1106.12 \times\\
&\quad 1.3099 \times 10^{-5}\\
&= 0.102\,\text{m}
\end{aligned}
$$

$$
\begin{aligned}
u_{c1} &= G_{ac1}\delta_{c11} + G_{cc}\delta_{c12}\\
&= 8525.21 \times 4.1202 \times 10^{-5} + 1580.14 \times 3.6246 \times 10^{-5} = 0.408\,\text{m}
\end{aligned}
$$

$$
\begin{aligned}
u_{cc} &= G_{ac1}\delta_{c21} + G_{cc}\delta_{c22}\\
&= 8525.21 \times 3.6246 \times 10^{-5} + 1580.14 \times 3.4109 \times 10^{-5} = 0.363\,\text{m}
\end{aligned}
$$

②厂房纵向周期：

$$T_1 = 2\psi_T \sqrt{\dfrac{\sum\limits_s G_{as} u_s^2}{\sum\limits_s G_{as} u_s}} \qquad (\psi_T \text{ 取 } 0.8)$$

计算如表 8-12 所示。

$$T_1 = 2 \times 0.8 \times \sqrt{\frac{1805.181}{5624.002}} = 0.906\text{s}$$

表 8-12　厂房纵向周期计算过程

质点项目	a1	ca	b1	b2	cb	c1	cc	Σ
G_{as}	6754.72	840.92	2872.58	3775.52	1106.12	8525.21	1580.14	
u_s	0.072	0.059	0.144	0.135	0.102	0.408	0.363	
$G_{as}u_s^2$	35.016	2.927	59.566	68.809	11.508	1419.141	208.213	1805.181
$G_{as}u_s$	486.340	49.614	413.652	509.695	112.824	3478.285	573.591	5624.002

4）地震作用计算。

①柱列地震作用。按结构底部剪力法计算，根据 8 度 Ⅰ 类场地、地震动参数区划特征分区为二区的条件，有 $\alpha_1 = (0.30/0.909)^{0.9} \times 0.16 = 0.06$。

A　柱列地震作用

$$F_{a1} = \alpha_1 G_{aa1} = 0.06 \times 6754.72 = 405.28\text{kN}$$

$$F_{ca} = \alpha_1 G_{ca} H_{ca}/H_a = 0.06 \times 840.92 \times 6.90/10.40 = 33.47\text{kN}$$

B　柱列地震作用

$$F_{b1} = \alpha_1 (G_{ab1} + G_{ab2}) \frac{G_{ab1} H_{b1}}{G_{ab1} H_{b1} + G_{ab2} H_{b2}}$$

$$= 0.06 \times (2872.58 + 3775.52) \times \frac{2872.58 \times 14.90}{2872.58 \times 14.90 + 3775.52 \times 10.40}$$

$$= 208.04\text{kN}$$

$$F_{b1} = \alpha_1 (G_{ab1} + G_{ab2}) \frac{G_{ab2} H_{b2}}{G_{ab1} H_{b1} + G_{ab2} H_{b2}}$$

$$= 0.06 \times (2872.58 + 3775.52) \times \frac{3775.52 \times 10.40}{2872.58 \times 14.90 + 3775.52 \times 10.40}$$

$$= 190.85\text{kN}$$

$$F_{cb} = \alpha_1 G_{cb} H_{cb}/H_b = 0.06 \times 1106.12 \times 6.90/14.90 = 30.73\text{kN}$$

C　柱列地震作用

$$F_{cb} = \alpha_1 G_{cc} H_{cc}/H_c = 0.06 \times 1580.14 \times 10.40/14.90 = 66.17\text{kN}$$

$$F_{c1} = \alpha_1 G_{ac1} = 0.06 \times 8525.21 = 511.51\text{kN}$$

②构件地震作用。柱列中各构件分担的纵向地震作用，以 A 柱列为例，计算如下：

A 柱列在地震作用下的柱列侧移（图 8-35）：

$$u_{a1} = F_{a1}\delta_{a11} + F_{ca}\delta_{a12} = 405.28 \times 0.971 \times 10^{-5} + 33.47 \times 0.777 \times 10^{-5}$$

$$= 419.53 \times 10^{-5}\text{m}$$

$$u_{ca} = F_{a1}\delta_{a21} + F_{ca}\delta_{a22} = 405.28 \times 0.777 \times 10^{-5} + 33.47 \times 0.777 \times 10^{-5}$$

$$= 340.91 \times 10^{-5}\text{m}$$

在柱列中各构件所分担的地震作用如图 8-36 所示。

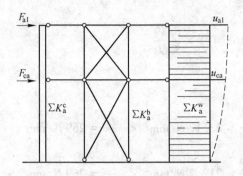

图 8-35　A 柱列地震作用

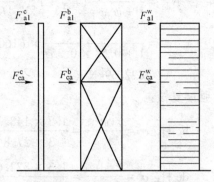

图 8-36　A 柱列构件地震作用

砖墙所分担的地震作用：

$$F_{a1}^{w} = K_{11}^{w} u_{a1} + K_{12}^{w} u_{ca}$$

$$= 2.090 \times 10^{5} \times 419.53 \times 10^{-5} - 2.090 \times 10^{5} \times 340.91 \times 10^{-5}$$

$$= 164 \text{kN}$$

$$F_{ca}^{w} = K_{21}^{w} u_{a1} + K_{22}^{w} u_{ca}$$

$$= -2.090 \times 10^{5} \times 419.53 \times 10^{-5} + 2.6855 \times 10^{5} \times 340.91 \times 10^{-5}$$

$$= 38.7 \text{kN}$$

支撑分担的地震作用：

$$F_{a1}^{b} = K_{11}^{b} u_{a1} + K_{12}^{b} u_{ca}$$

$$= 2.0367 \times 10^{5} \times 419.53 \times 10^{-5} - 2.0367 \times 10^{5} \times 340.91 \times 10^{-5}$$

$$= 160.13 \text{kN}$$

$$F_{ca}^{b} = K_{21}^{b} u_{a1} + K_{22}^{b} u_{ca}$$

$$= -2.0367 \times 10^{5} \times 419.53 \times 10^{-5} + 3.8716 \times 10^{5} \times 340.91 \times 10^{-5}$$

$$= 465.41 \text{kN}$$

柱子应分担的地震作用按 $F_{a1}^{c} = 0.1 F_{a1}^{b}$，$F_{ca}^{c} = 0.1 F_{ca}^{b}$ 计算，此处从略。

5）构件承载力验算。

以 A 柱列为例，验算其支撑强度。该柱列上下柱支撑斜杆长细比均小于 150，属半刚性支撑，杆件截面强度可仅按拉杆验算（图 8-37）。

斜杆内力：

$$N_{bc} = \frac{1}{1 + \psi_{c} \varphi_{上}} F_{a1}^{b} \frac{L_{a上}}{L}$$

$$= \frac{1}{1 + 0.58 \times 0.469} \times 160.13 \times \frac{6.60}{5.60}$$

$$= 148.38 \text{kN}$$

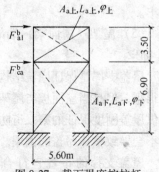

图 8-37　截面强度按拉杆
验算（单位：m）

$$N_{de} = \frac{1}{1 + \psi_c \varphi_{\text{下}}}(F_{a1}^b + F_{ca}^b)\frac{L_{a\text{下}}}{L}$$

$$= \frac{1}{1 + 0.58 \times 0.357} \times (160.13 + 465.41) \times \frac{8.89}{5.60}$$

$$= 822.69 \text{kN}$$

强度复核：

bc 杆：$\sigma = \dfrac{\gamma_{Eh} N_{bc}}{A_{a\text{上}}} = \dfrac{1.3 \times 148.38 \times 10^3}{3 \times 27.8 \times 10^2} = 23.12 \text{ N/mm}^2 < \dfrac{f}{\gamma_{RE}} = 269 \text{ N/mm}^2$

de 杆：$\sigma = \dfrac{\gamma_{Eh} N_{de}}{A_{a\text{下}}} = \dfrac{1.3 \times 822.69 \times 10^3}{55.40 \times 10^2} = 212.2 \text{ N/mm}^2 < \dfrac{f}{\gamma_{RE}} = 269 \text{ N/mm}^2$

支撑斜杆均满足强度要求。其他柱列支撑以及砖墙、柱子的承载力验算从略。

8.5   单层钢筋混凝土柱厂房构造措施

合理的构造措施是提高结构延性、防止结构在地震中倒塌的重要保证。《抗震规范》对单层厂房的构造措施做出了详细的规定，主要有以下几个方面。

8.5.1   无檩屋盖构件的连接与支撑布置

装配式钢筋混凝土厂房的整体性主要靠构件之间的良好连接和合理的支撑系统来保证，而厂房的整体性则是抵抗地震作用十分重要的条件。震害调查，特别是海城、唐山地震的震害调查表明，凡是没有完善支撑系统的厂房，一般均易遭较严重的破坏。

无檩屋盖构件的连接应符合下列要求：

（1）大型屋面板应与屋架（屋面梁）焊牢，靠柱列的屋面板与屋架（屋面梁）的连接焊缝长度不宜小于80mm。

（2）6度和7度时，有天窗厂房单元的端开间，或8度和9度时的各个开间，宜将垂直屋架方向两侧相邻的大型屋面板的顶面彼此焊牢。

（3）8度和9度时，大型屋面板端头底面的预埋件宜采用角钢并与主筋焊牢。

（4）非标准屋面板宜采用装配整体式接头，或将板四角切掉后与屋架（屋面梁）焊牢。

（5）屋架（屋面梁）端部顶面预埋件的锚筋，8度时不宜少于4ϕ10，9度时不宜少于4ϕ12。

屋盖支撑是保证屋盖结构整体刚度的重要条件，虽然其刚度与大型屋面板相比所占比重很小，但是当屋面板与屋架的焊接连接不能满足抗震强度而发生破坏时，屋盖支撑将是提供屋盖刚度保证的第二道防线，它能有效地保证屋盖的整体性，即使屋面板局部塌落，也不会导致整体屋盖的倒塌。

屋盖支撑的布置宜符合表8-13的要求，有中间井式天窗时宜符合表8-14的要求；8度和9度跨度不大于15m的屋面梁屋盖，可仅在厂房单元两端各设竖向支撑一道。

表 8-13 无檩屋盖的支撑布置

<table>
<tr><td rowspan="2" colspan="3">支撑名称</td><td colspan="3">烈度</td></tr>
<tr><td>6度、7度</td><td>8度</td><td>9度</td></tr>
<tr><td rowspan="9">屋架支撑</td><td colspan="2">上弦横向支撑</td><td>屋架跨度小于18m时同非抗震设计,跨度不小于18m时在厂房单元端开间各设一道</td><td colspan="2">单元端开间及柱间支撑开间各设一道,天窗开洞范围的两端各增设局部的支撑一道</td></tr>
<tr><td colspan="2" rowspan="4">上弦通长水平系杆</td><td rowspan="4">同非抗震设计</td><td>沿屋架跨度不大于15m设一道,但装配整体式屋面可仅在天窗开洞范围内设置;</td><td>沿屋架跨度不大于12m设一道,但装配整体式屋面可仅在天窗开洞范围内设置;</td></tr>
<tr><td></td><td></td></tr>
<tr><td>围护墙在屋架上弦高度有现浇圈梁时,其端部处可不另设</td><td>围护墙在屋架上弦高度有现浇圈梁时,其端部处可不另设</td></tr>
<tr><td></td><td></td></tr>
<tr><td colspan="2">下弦横向支撑</td><td rowspan="2">同非抗震设计</td><td>同非抗震设计</td><td>同上弦横向支撑</td></tr>
<tr><td colspan="2">跨中竖向支撑</td><td></td><td></td></tr>
<tr><td rowspan="2">两端竖向支撑</td><td>屋架端部高度≤900mm</td><td rowspan="2">单元端开间各设一道</td><td>单元端开间各设一道</td><td>单元端开间及每隔48m各设一道</td></tr>
<tr><td>屋架端部高度>900mm</td><td>单元端开间及柱间支撑开间各设一道</td><td>单元端开间、柱间支撑开间及每隔30m各设一道</td></tr>
<tr><td rowspan="2">天窗架支撑</td><td colspan="2">天窗两侧竖向支撑</td><td>厂房单元天窗端开间及每隔30m各设一道</td><td>厂房单元天窗端开间及每隔24m各设一道</td><td>厂房单元天窗端开间及每隔18m各设一道</td></tr>
<tr><td colspan="2">上弦横向支撑</td><td>同非抗震设计</td><td>天窗跨度≥9m时,单元天窗端开间及柱间支撑开间各设一道</td><td>厂房单元端开间及柱间支撑开间各设一道</td></tr>
</table>

表 8-14 中间井式天窗无檩屋盖支撑布置

<table>
<tr><td rowspan="2" colspan="2">支撑名称</td><td colspan="3">烈度</td></tr>
<tr><td>6度、7度</td><td>8度</td><td>9度</td></tr>
<tr><td colspan="2">上弦横向支撑
下弦横向支撑</td><td>厂房单元端开间各设一道</td><td colspan="2">厂房单元端开间及柱间支撑开间各设一道</td></tr>
<tr><td colspan="2">上弦通长水平系杆</td><td colspan="3">天窗范围内屋架跨中上弦节点处设置</td></tr>
<tr><td colspan="2">下弦通长水平系杆</td><td colspan="3">天窗两侧及天窗范围内屋架下弦节点处设置</td></tr>
<tr><td colspan="2">跨中竖向支撑</td><td colspan="3">有上弦横向支撑开间设置,位置与下弦通长系杆相对应</td></tr>
<tr><td rowspan="2">两端竖向支撑</td><td>屋架端部高度≤900mm</td><td colspan="2">同非抗震设计</td><td>有上弦横向支撑开间,且间距不大于48m</td></tr>
<tr><td>屋架端部高度>900mm</td><td>厂房单元端开间各设一道</td><td>有上弦横向支撑开间,且间距不大于48m</td><td>有上弦横向支撑开间,且间距不大于30m</td></tr>
</table>

除上述基本要求以外，屋盖支撑尚宜符合下列要求：

（1）天窗开洞范围内，在屋架脊点处应设上弦通长水平压杆。

（2）屋架跨中竖向支撑在跨度方向的间距，6~8度时不大于15m，9度时不大于12m；当仅在跨中设一道支撑时，应设在跨中屋架屋脊处；当设两道时，应在跨度方向均匀布置。

（3）屋架上下弦通长水平系杆与竖向支撑宜配合设置。

（4）跨度不大于15m的无腹杆钢筋混凝土组合屋架的上弦横向支撑应在厂房单元两端各设一道；8度时每隔36m和9度时每隔24m还应增设一道。

（5）柱距不小于12m且屋架间距为6m的厂房，托架（梁）区段及其相邻开间应设下弦纵向水平支撑。

（6）屋盖支撑杆件宜用型钢。

8.5.2　有檩屋盖构件的连接与支撑布置

有檩屋盖构件的连接，应符合下列要求：

（1）檩条应与混凝土屋架（屋面梁）焊牢，并应有足够的支承长度。

（2）双脊檩应在跨度1/3处相互拉结。

（3）压型钢板应与檩条可靠连接，槽瓦、瓦楞铁、石棉瓦等应与檩条拉结。

有檩屋盖的支撑布置宜符合表8-15的要求。

表8-15　有檩屋盖的支撑布置

支撑名称		烈　　度		
		6度、7度	8度	9度
屋架支撑	上弦横向支撑	厂房单元端开间各设一道	厂房单元端开间及厂房单元长度大于66m的柱间支撑开间各设一道；天窗开洞范围的两端各增设局部的支撑一道	厂房单元端开间及厂房单元长度大于42m的柱间支撑开间各设一道；天窗开洞范围的两端各增设局部的上弦横向支撑一道
	下弦横向支撑 跨中竖向支撑	同非抗震设计		
	端部竖向支撑	屋架端部高度大于900mm时，厂房单元端开间及柱间支撑开间各设一道		
天窗架支撑	上弦横向支撑	厂房单元天窗端开间各设一道	厂房单元天窗端开间及每隔30m各设一道	厂房单元天窗端开间及每隔18m各设一道
	两侧竖向支撑	单元天窗端开间及每隔36m各设一道		

8.5.3　屋架

钢筋混凝土屋架的截面和配筋应符合下列要求：

（1）屋架上弦第一节间和梯形屋架端竖杆的配筋，6度和7度时不宜少于$4\phi12$；8度和9度时不宜少于$4\phi14$。

（2）梯形屋架的端竖杆截面宽度宜与上弦宽度相同。

（3）屋架上弦端部支撑屋面板的小立柱的截面不宜小于 200mm×200mm，高度不宜大于 500mm，主筋宜采用Ⅱ形，6 度和 7 度时不宜少于 4ϕ12，8 度和 9 度时不宜少于 4 ϕ14，箍筋可采用 ϕ6，间距宜为 100mm。

（4）钢筋混凝土组合屋架的上弦宜为矩形截面，下弦应采用型钢。

8.5.4 柱

为了增加钢筋混凝土柱的延性，应对柱采取适当的构造措施，一般在下列范围内柱的箍筋应加密：

（1）柱头，取柱顶以下 500mm 并不小于柱截面长边尺寸。

（2）上柱，取阶形柱自牛腿面至吊车梁顶面以上 300mm 高度范围内。

（3）牛腿或肩梁取全高。

（4）柱根，取下柱柱底至室内地坪以上 500mm。

（5）柱间支撑与柱连接节点和柱变位受平台、嵌砌内隔墙等约束的部位，取节点上下各 300mm。加密区的箍筋间距不应大于 100mm，箍筋肢距和直径应符合表 8-16 要求。

表 8-16　柱加密区箍筋最大肢距和最小箍筋直径

烈度和场地类别		6 度和 7 度Ⅰ、Ⅱ类场地	7 度Ⅲ、Ⅳ类场地和8 度Ⅰ、Ⅱ类场地	8 度Ⅲ、Ⅳ类场地和 9 度
箍筋最大肢距/mm		300	250	200
箍筋最小直径/mm	一般柱头和柱根	ϕ6	ϕ8	ϕ8（ϕ10）
	角柱柱头	ϕ8	ϕ10	ϕ10
	上柱牛腿和有支撑的柱根	ϕ8	ϕ8	ϕ10
	有支撑的柱头和柱变位受约束部位	ϕ8	ϕ10	ϕ12

注：括号内数值用于柱根。

不等高厂房支承低跨屋盖的中柱牛腿（柱肩），应按计算增设抵抗水平地震作用的抗拉钢筋，6 度、7 度时不少于 2ϕ12，8 度时不少于 2ϕ14，9 度时不少于 2ϕ16。抗拉钢筋应与牛腿（柱肩）面的预埋板焊牢。另外，柱子根部自柱底至设计地坪以上 500mm 高度范围内应采用矩形截面，以提高柱根部截面的抗剪承载力。在牛腿（柱肩）箍筋加密区范围内，柱截面也应做成矩形。

山墙抗风柱的配筋，应符合下列要求：

（1）抗风柱柱顶以下 300mm 和牛腿（柱肩）面以上 300mm 范围内的箍筋，直径不宜小于 6mm，间距不应大于 100mm，肢距不宜大于 250mm。

（2）抗风柱的变截面牛腿（柱肩）处，宜设置纵向受拉钢筋。

大柱网厂房柱的截面和配筋构造应符合下列要求：

（1）柱截面宜采用正方形或接近正方形的矩形，边长不宜小于柱全高的 1/18～1/16。

（2）重屋盖厂房考虑地震组合的柱轴压比，6 度、7 度时不宜大于 0.8，8 度时不宜大于 0.7，9 度时不应大于 0.6。

（3）纵向钢筋宜沿柱截面周边对称配置，间距不宜大于 200mm，角部宜配置直径较大的钢筋。

（4）柱头和柱根的箍筋应加密，并应符合下列要求：

1）加密范围，柱根取基础顶面至室内地坪以上 1m，且不小于柱全高的 1/6；柱头取柱顶以下 500mm，且不小于柱截面长边尺寸；

2）箍筋直径、间距和肢距，应符合表 8-16 的规定。

（5）箍筋末端应设 135°弯钩，且平直段的长度不应小于箍筋直径的 10 倍。

8 度时跨度不小于 18m 的多跨厂房中柱和 9 度时多跨厂房各柱柱顶宜设置通长水平压杆，此压杆可与梯形屋架支座处通长水平系杆合并设置，钢筋混凝土系杆端头与屋架间的空隙应采用混凝土填实。

8.5.5　柱间支撑

柱间支撑是保证厂房纵向刚度和抵抗纵向地震作用的重要抗侧力构件。不设支撑或支撑过弱，地震时会导致柱列纵向变形过大，柱子开裂，使整个厂房纵向震害加重，甚至倒塌；如果支撑设置不当或支撑刚度过大，则可能引起柱身和柱顶连接的破坏。所以柱间支撑的设置是必不可少的，而且要使刚度适宜。柱间支撑的设置应符合以下要求：

（1）柱间支撑按厂房单元布置。一般情况下，应在厂房单元中部设置上下柱间支撑；对于有吊车或处在 8 度和 9 度区的厂房，还应在厂房单元两端增设上柱支撑。这样可以较好地将屋盖传来的纵向地震作用分散到三道上柱支撑，并传到下柱支撑上，避免应力集中造成上柱柱间支撑连接节点和屋架与柱顶的连接破坏。如果厂房的纵向较短，可以根据需要，确定是否增设上柱支撑；厂房单元较长或 8 度Ⅲ类、Ⅳ类场地和 9 度时，可在厂房单元中部 1/3 区段内设置两道柱间支撑，且下柱支撑应与上柱支撑配套设置。

为了使强烈地震时支撑传递的水平地震作用不致在柱内引起过大的弯矩和剪力，下柱支撑的下节点应设置在靠近基础顶面处，并使力的作用线汇交于基础顶面，以保证将地震作用直接传给基础。在 6 度和 7 度时，若不能将地震作用直接传给基础，则应考虑支撑作用力对柱子与基础的不利影响；在 8 度和 9 度时必须采取措施将作用力直接传给基础。

（2）柱间支撑的杆件应采用型钢，支撑形式宜采用交叉式，其斜杆与水平面的交角不宜大于 55°。为避免柱间支撑杆件因截面过小、刚度不足而失稳，对柱间支撑的长细比应有所控制。

《抗震规范》规定的交叉支撑斜杆最大长细比如表 8-17 所示。

表 8-17　交叉支撑斜杆的最大长细比

位　置	烈　度			
	6 度和 7 度Ⅰ、Ⅱ类场地	7 度Ⅲ、Ⅳ类场地和 8 度Ⅰ、Ⅱ类场地	8 度Ⅲ、Ⅳ类场地和 9 度Ⅰ、Ⅱ类场地	9 度Ⅲ、Ⅳ类场地
上柱支撑	250	250	200	150
下柱支撑	200	150	120	120

当有足够的计算依据时，可按实际需要确定合适的长细比值。交叉支撑斜杆的计算长度可取节点与交叉点之间的距离，但交叉点应设置节点板，板厚不小于 10mm；斜杆应与交叉节点处的节点板牢固焊接；斜杆与端节点板的连接宜采用焊接。9 度时，在满足柱间支撑正常使用要求的刚度条件下，可采用带吸能内框的消能柱间支撑（图 8-38）来吸收

地震能量。这种支撑中央所设吸能钢框的刚度较小,在侧力作用下,支撑的屈服首先发生在内框,而斜杆的拉压变形较小,变形的可恢复性好,震后易于修复。试验表明,这种支撑的延性系数可比普通交叉支撑提高 4~6 倍,破坏时的累计消能可提高 4 倍,其中,以环形内框抗震性能最好,适用于高烈度区。

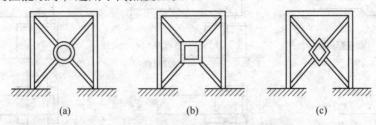

图 8-38 带吸能内框的消能柱间支撑

(3)为了有利于厂房纵向地震作用的传递,8 度时厂房跨度不小于 18m 的多跨厂房的中柱和 9 度时多跨厂房的各柱,柱顶宜设置通长水平压杆。因为厂房的纵向地震作用最终都集中到刚度最大的柱间支撑开间柱上,所以在柱间支撑开间的柱子往往出现较重的开裂和节点连接处混凝土压酥等破坏现象。同时纵向地震作用在通过屋面板边肋、屋架端点的传递过程中,柱间支撑所在开间邻近的柱子顶部会受到较大水平作用力,容易引起屋架与柱连接节点的破坏。为了减轻这类震害,应设置柱顶通长水平压杆。

(4)柱间支撑与柱连接的节点焊缝及柱内锚件应与支撑杆件等强,以避免节点过早破坏。一般可取杆件全截面屈服强度的 1.2 倍进行计算。为了保证节点连接及预埋件锚固强度,设计中尚应参照《抗震规范》的有关规定。

8.5.6 连接节点

在单层钢筋混凝土厂房的抗震措施中,屋架(屋面梁)与柱头的连接节点的连接是十分重要的,主要有焊接、螺栓连接和钢板连接三种形式。焊接连接的构造接近刚性 [图 8-39(a)],变形能力较差。故 8 度时屋架(屋面梁)与柱的连接宜采用螺栓连接 [图 8-39(b)],9 度时宜采用钢板铰 [图 8-39(c)],或采用螺栓。屋架(屋面梁)下必须垫支承垫板,厚度不宜小于 16mm。柱顶预埋件与柱头应加强锚固,埋件的锚筋 8 度时不宜少于 $4\phi14$,9 度时不宜少于 $4\phi16$;有柱间支撑的柱子,柱顶预埋件还应增设抗剪钢板。

山墙抗风柱的柱顶应设置预埋板,使柱顶与端屋架的上弦(屋面梁上翼缘)可靠连接。连接部位应位于上弦横向支撑与屋架的连接点处,不符合时可在支撑中增设次腹杆或设置型钢横梁,将水平地震作用传至节点部位。

支承低跨屋盖的中柱牛腿(柱肩)的预埋件,应与牛腿(柱肩)中按计算承受水平拉力部分的纵向钢筋焊接,且焊接的钢筋,6 度和 7 度时不应少于 $2\phi12$,8 度时不应少于 $2\phi14$,9 度时不应少于 $2\phi16$。

柱间支撑与柱连接节点预埋件的锚件,8 度 Ⅲ、Ⅳ 类场地和 9 度时,宜采用角钢加端板,其他情况可采用 HRB335 级或 HRB400 级热轧钢筋,但锚固长度不应小于 30 倍锚筋直径或增设端板。

厂房中的吊车走道板、端屋架与山墙间的填充小屋面板、天沟板、天窗端壁板和天窗

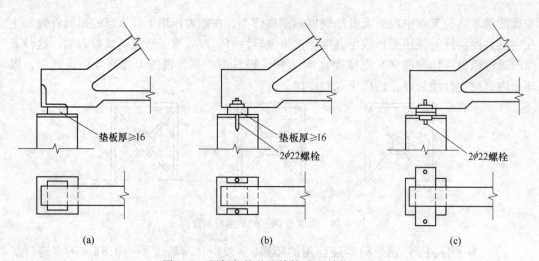

（a）   （b）   （c）

图 8-39   屋架与柱的连接构造（单位：mm）

（a）焊接连接；（b）螺栓连接；（c）板铰连接

侧板下的填充砌体等构件应与支承结构有可靠的连接。

　　基础梁的稳定性较好，一般不需采用连接措施。但在 8 度 Ⅲ、Ⅳ 类场地和 9 度时，相邻基础梁之间应采用现浇接头，以提高基础梁的整体稳定性。

8.5.7　围护墙体

　　鉴于我国在现阶段一定时间内，主要还是采用砖围护墙，因此《抗震规范》对砖围护墙提出了一系列抗震构造措施，主要有以下几方面：

　　（1）为了避免地震时砖围护墙的外闪和倒塌，增加墙体平面外的稳定，砖围护墙应沿全高与柱子牢固拉结，转角处的砖墙应沿两个主轴方向与厂房柱拉结（图 8-40），柱顶以上的墙体应与屋架（屋面梁）端部拉结，围护墙顶部还应与屋面板、天沟板拉结。不等高厂房的高跨封墙以及纵横跨交接处的悬墙，由于位置较高，倒塌后常砸坏低跨屋盖，后果十分严重，因此应优先采用轻质墙板或钢筋混凝土挂板。因条件所限只能采用砖墙时，必须加强墙体与柱和屋盖构件的锚拉。为了增加厂房的整体性，除应按要求设置足够的圈梁外，还应将山墙与抗风柱拉结，山墙沿屋面应设钢筋混凝土卧梁，并与屋架端部上弦标高处的圈梁连接。

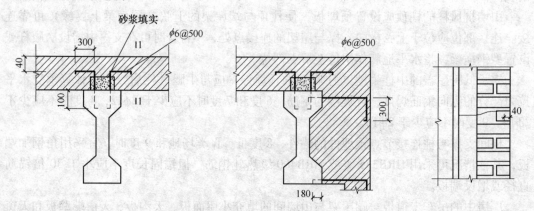

图 8-40   砖墙与柱的拉结（单位：mm）

（2）宜采用现浇钢筋混凝土墙梁。当采用预制墙梁时，要防止各层墙顶部因填砌不密实而造成实际上的悬臂自由端，致使地震时发生平面外倒塌。为此要求每层墙顶面必须与其上面的墙梁底面用连接钢筋或钢板互相牢固拉结，预制墙梁与柱也应妥善锚拉，拉于厂房转角处的墙梁应相互可靠连接。这些连接是很重要的，但因构造繁杂，不便于施工，所以当地震烈度较高时，最好采用现浇钢筋混凝土墙梁。

（3）闭合圈梁能增加厂房的整体性，限制墙体的开裂破坏，减轻砖墙震害，为此《抗震规范》在总结震害经验的基础上，提出砖围护墙圈梁的设置要求为：圈梁沿平面必须闭合；在屋架端头上弦处、柱顶标高处，应各设现浇圈梁一道。当屋架端头高度不大于900mm 时，可仅在柱顶或屋架端头上弦标高处设一道圈梁；8 度、9 度区，应沿厂房竖向按上密下稀的原则，每隔 4m 左右在窗顶标高处增设现浇圈梁一道。山墙沿屋面尚应设现浇钢筋混凝土卧梁，并与屋架端头上弦标高处的圈梁连接封闭。圈梁主要承受墙面地震时的外甩力，因此其截面高度不应小于 180mm，宽度宜与墙厚相同。6~8 度时其配筋不少于 $4\phi12$，9 度时不少于 $4\phi14$。厂房转角处柱顶圈梁在端开间范围内的纵筋，6~8 度时不宜少于 $4\phi14$，9 度时不宜少于 $4\phi16$，转角两侧各 1m 范围内的箍筋直径不宜小于 $\phi8$，间距不宜大于 100mm。圈梁在转角处应增设水平斜筋加强，以防止圈梁在角部斜面拉裂或断开 [图 8-41（a）]。预制图梁在转角处应用钢板将其互相焊接连接。圈梁应与柱或屋架牢固锚拉，顶部圈梁与柱连接的锚拉钢筋不宜小于 $4\phi12$，且锚固长度不宜小于 35 倍钢筋直径 [图 8-41（b）]。

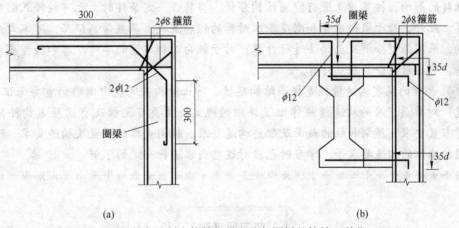

(a)　　　　　　　　　　　　　　(b)

图 8-41　圈梁转角处斜向拉筋加强及柱与圈梁的拉结（单位：mm）

（4）半截隔墙以及高低跨厂房中的低跨横隔墙，应贴靠柱边砌筑，与柱柔性连接，不宜采用柱间嵌砌。砌体围护墙宜采用外贴式，但单跨厂房可在两侧均采用嵌砌式。

（5）当采用钢筋混凝土大型墙板时，墙板与厂房柱或屋架间宜采用柔性连接，6~7度区可采用型钢互焊的刚性连接。

※※※※※※※※※※※※※※※※※※※※※※※※※※※※※※※※※※※※※※※

本 章 小 结

（1）单层厂房结构在横向地震作用下的震害主要有柱头及其与屋架连接的破坏、柱肩的竖向拉裂破坏、上柱柱身变截面处的开裂或折断、下柱根部的水平裂缝或折断、Ⅱ形天窗架与屋架连接节点的破坏和围护墙的开裂外闪、局部或大面积倒塌破坏等，在纵向地震作用下的震害主要有屋面板的错动坠落、Ⅱ形天窗架的倾倒、天窗架立柱在平面外的折断、屋架的局部破坏或倾斜以及柱间支撑和柱根的破坏等。了解并分析单层厂房结构在地震作用下的震害对于学习和掌握本章内容具有重要意义。

（2）根据震害调查和理论分析，单层钢筋混凝土厂房在结构布置时应注意的问题主要有体型的选择、抗震缝的设置、屋盖体系和天窗架的选择、柱和围护墙体的抗震要求等，学习时应深刻理解，灵活运用。

（3）《抗震规范》规定，对于设防烈度为7度，Ⅰ、Ⅱ类场地，柱高不超过10m且结构单元两端均有山墙的单跨及等高多跨厂房（锯齿形厂房除外），可不进行横向及纵向的截面抗震验算，但应满足规定的抗震构造措施要求。其他情况下的厂房结构均应进行截面抗震验算，并应满足相应的抗震构造措施要求。

（4）钢筋混凝土无檩和有檩屋盖厂房结构在横向地震作用下的内力计算，一般情况下宜考虑屋盖平面的横向弹性变形，按多质点空间结构进行内力分析。当符合一定条件时，也可按平面排架计算。但由于按平面排架计算的结果与实际情况有出入，所以其计算结果还须按规定对排架柱的地震剪力和弯矩进行调整。

（5）钢筋混凝土无檩和有檩屋盖及有较完整支撑系统的轻型屋盖厂房在纵向地震作用下的内力计算，一般情况下可考虑屋盖平面的纵向弹性变形、围护墙与隔墙的有效刚度以及扭转的影响，按多质点进行空间结构分析。当符合一定条件时，也可按修正刚度法进行计算。此外，对于纵向质量和刚度基本对称的钢筋混凝土屋盖等高厂房，可不考虑其扭转影响，采用振型分解反应谱法进行计算；对于纵向对称布置的单跨厂房和轻型屋盖的多跨厂房，可按柱列分片独立计算。

（6）合理的抗震构造措施是提高结构延性、防止结构在地震中倒塌的重要保证。《抗震规范》对单层厂房的构造措施作出了详细的规定，主要有无檩及有檩屋盖构件的连接与支撑布置要求、屋架和柱的截面及配筋构造要求、柱间支撑的设置及构造要求、连接节点和围护墙体的构造要求等，学习时也应对这些内容进行一定的了解。

＊＊＊＊＊＊＊＊＊＊＊＊＊＊＊＊＊＊＊＊＊＊＊＊＊＊＊＊＊＊＊＊＊＊

复习思考题

8-1　简述单层厂房结构的主要震害。

8-2　单层厂房结构在平面布置上有何要求？为什么？

8-3　单层厂房在屋盖系统、柱、柱间支撑和围护墙体等方面有何要求？试简述之。

8-4　单层厂房横向抗震计算有哪些基本假定？怎样进行横向抗震计算？

8-5　在计算单层厂房横向基本周期时，为什么不考虑吊车桥架重力荷载？

8-6　怎样进行单层钢筋混凝土柱厂房横向抗震计算？

8-7　试说明单层厂房纵向计算的修正刚度法和拟能量法的基本原理及其应用范围。

8-8　简述厂房柱间支撑和系杆的设置及构造要求。

8-9　单层厂房的基础梁和墙梁有何要求？

8-10 怎样进行天窗的纵向抗震计算?

8-11 怎样进行排架内力分析及调整?

8-12 怎样进行排架内力组合?

8-13 厂房柱设计应注意哪些问题?

8-14 厂房围护应符合哪些要求?

8-15 圈梁的构造应符合哪些要求?

8-16 某单层单跨排架,设防烈度 8 度,Ⅰ 类场地,设计地震分组为第二组。假设屋盖平面内刚度无穷大,屋盖集中质量 $G = 1000kN$。排架高度 5m,排架柱的线刚度 $i_c = EI/h = 2.6 \times 10^4 kN/m$。假设 $\psi_T = 0.9$,求结构的自振周期以及多遇地震作用下的水平地震作用标准值。

8-17 某一设有吊车的单层厂房,设防烈度 8 度,场地类别Ⅲ类。上柱长 3.6m,下柱长 11.5m。上柱截面尺寸如图 8-42 所示。对称配筋,保护层厚度均为 40mm,采用 C25 混凝土,HRB335 级钢筋。内力分析时考虑横向水平地震作用,上柱内力组合后的最不利内力设计值是 $M = 112kN \cdot m$,$N = 236kN$。试计算上柱的纵向钢筋并对上柱柱头的箍筋加密区布置箍筋。

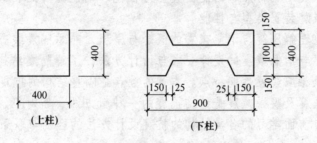

图 8-42 习题 8-17 图(单位:mm)

9 隔震与减震房屋设计

本章提要

本章主要介绍隔震与消能减震房屋设计，并简单介绍了吸振减震原理及相应的装置。主要内容包括：隔震的概念与原理、隔震结构的特点与适用范围、隔震系统的组成与类型、隔震结构的设计要求、隔震结构的抗震计算、隔震结构的构造措施；消能减震原理与消能减震结构特点、消能器类型与性能、消能减震结构的设计要求；吸振减震原理、吸振减震装置类型与性能。

学习时应着重理解隔震与消能减震的概念与原理，熟悉隔震装置与消能器的类型与特点，掌握隔震与消能减震的设计要求与设计方法，了解隔震结构的有关构造措施与吸振减震原理及相应装置性能特点。本章的重点是隔震结构的抗震计算。

隔震、消能减震及吸振减震是结构抗震的一种新方法、新对策、新途径。学习时应注意本章内容与前面学习的各类结构的抗震设计方法的区别与联系。

9.1 概　述

传统的结构抗震设计方法是采取增强结构本身强度、刚度以及延性等基本性能的方式来抵抗地震作用，从而满足抗震设防"三水准"的目标，即由结构本身储存和消耗地震能量，这是被动消极的抗震对策。由于人们尚不能准确地估计未来地震灾害作用的强度和特性，按传统抗震方法设计的结构不具备自我调节的能力，因此，结构很可能不满足安全性的要求，而产生严重破坏和倒塌，造成重大的经济损失和人员伤亡。合理有效的抗震途径是对结构施加控制装置（系统），由控制装置与结构共同承受地震作用，即共同储存和耗散地震能量，以减轻结构的地震反应。这种结构抗震途径称为结构减震控制。这是积极主动的抗震对策，是抗震对策的重大突破和发展。

土木工程结构振动控制概念是美籍华裔学者姚治（J. T. P. Yao）教授于 1972 年首次提出来的，自此以后，国内外大量学者在结构振动控制领域各个方面进行了大量研究，并取得了良好的成果，为改善和增强结构的抗震性能做出了重要贡献。经过 40 年的发展，结构振动控制的概念几经完善，总体上将其划分为以下四个领域：被动控制、主动控制、半主动控制以及混合控制，如图 9-1 所示。

（1）被动控制。被动控制就是依靠结构自身或装置的隔震、吸振能力来减少地震的响应，它不需要输入外部能量，同时在造价上相对于其他控制方法较为便宜，而且施工也易于实现，因而被动控制成为结构振动控制领域中得到最为广泛研究与应用的控制方法。根据上述被动控制减震的特点与方式，其研究与应用主要分为以下几方面：基础隔震技术、消能减震技术以及吸振减震技术等。

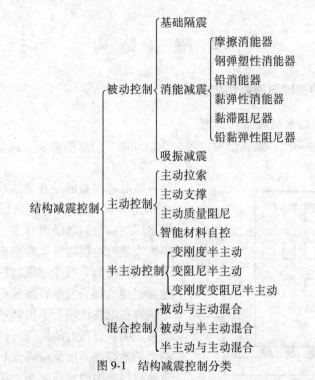

图 9-1　结构减震控制分类

（2）主动控制。主动控制是指需要外部能源输入提供控制力，控制过程依赖于结构反应信息或外界干扰信息的控制方法。主动控制系统由传感器、运算器和施力作动器三部分组成。主动控制不同于被动控制，其主要差别可以从能量输入及控制力是否可调两方面来区分。主动控制在控制的过程中需要输入很大的外部能量，以此来抵消地震能量对结构的破坏，在实时控制中其控制力可以根据制定的控制算法进行自动调整，这样能更好地适应地震随时间的不同变化。主动控制与其他控制方式相比，其控制效果更为明显，但由于其需要较大的外部输入能量，在实际工程中的应用相对比较困难，目前研究人员主要针对主动控制算法以及主动控制装置等进行一些理论与实验的研究，为以后主动控制技术能真正普及应用到实际工程中打好基础。

（3）半主动控制。半主动控制的工作原理更接近于主动控制，同样需要外部能量的输入，控制力同样可调，但不同于主动控制的是其控制力不是以直接能量输入的方式施加给结构，而是通过间接的方式给结构施加控制力，因而其控制力的施加会受到阻尼器本身的很多限制，但不同于主动控制的是其能量的输入不需要太大。

（4）混合控制。混合控制就是基于上述各种控制策略与方法，考虑结构本身的动力特性以及实际工程情况，将各种控制策略相互结合，发挥各自的优点，形成一种新的控制方式，从而达到对特定结构更有效的振动控制效果。

目前，世界上许多国家开展了结构减震技术与理论的研究，并致力于该技术的推广应用。一些国家，如美国、日本、新西兰、加拿大等已制定了隔震或消能减震设计的规范或标准。我国已在《抗震规范》中纳入了隔震与消能减震的内容，并制定了《建筑隔震橡胶支座标准》、《夹层橡胶垫隔震技术规程》。

9.2 隔 震 结 构

9.2.1 结构隔震的原理与隔震结构的特点

9.2.1.1 结构隔震的概念与原理

根据隔震位置的不同，隔震结构主要分为层间隔震与基础隔震。这里主要介绍基础隔震方法。

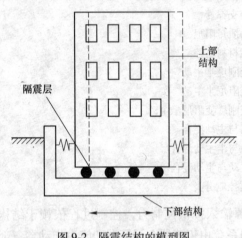

图 9-2 隔震结构的模型图

基础隔震指的是在建筑物基础与上部结构之间设置隔震装置（或系统）形成隔震层，把房屋结构与基础隔离开来，利用隔震装置来隔离或耗散地震能量以避免或减少地震能量向上部结构传输，减少建筑物的地震反应，实现地震时建筑物只发生轻微运动和变形，从而使建筑物在地震作用下不损坏或倒塌。大量研究结果表明：合理的结构隔震设计一般可使结构的水平地震加速度反应降低 60% 左右，从而有效地减轻结构的地震破坏，提高建筑物的地震安全性。图 9-2 所示为隔震结构的模型图。隔震系统一般由隔震器、阻尼器等所构成，它具有竖向刚度大、水平刚度小、能提供较大阻尼的特点。

基础隔震的技术原理可用建筑物的地震反应谱来进一步说明，图 9-3 所示分别为普通建筑物的加速度反应谱与位移反应谱。从图 9-3 中可以看出，建筑物的地震反应取决于自振周期和阻尼特性两个因素。一般中低层钢筋混凝土或砌体结构建筑物刚度大、周期短，基本周期正好与地震动的卓越周期相近，所以，建筑物的加速度反应比地面运动的加速度放大若干倍，而位移反应则较小，如图 9-3 中 A 点所示。采用隔震措施后，建筑物的基本周期大大延长，避开了地震动的卓越周期，使建筑物的加速度大大降低，若阻尼保持不变，则位移反应增加，如图 9-3 中 B 点所示。由于这种结构的反应以第一振型为主，而该振型不与其他振型耦联，整个上部结构像一个刚体，加速度沿结构高度接近均匀分布，上部结构自身的相对位移很小。若增大结构的阻尼，则加速度反应继续减少，位移反应得到明显抑制，如图 9-3 中 C 点所示。

综上所述，基础隔震的原理就是通过设置隔震装置系统形成隔震层，延长结构的周期，适当增加结构的阻尼，使结构的加速度反应大大减少，同时使结构的位移集中于隔震层，上部结构像刚体一样，自身相对位移很小，结构基本上处于弹性工作状态［图 9-4 (d)］，建筑物也就不产生破坏或倒塌。

9.2.1.2 隔震结构的特点

抗震设计的原则是在多遇地震作用下，建筑物基本上不产生损坏；在罕遇地震作用下，建筑物允许产生破坏但不倒塌。按抗震设计的建筑物，不能避免地震时的强烈晃动，

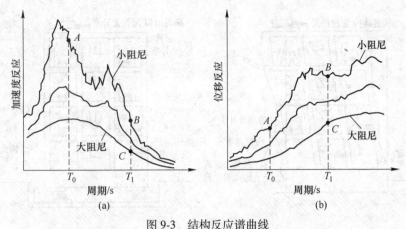

图 9-3 结构反应谱曲线

（a）加速度反应谱；（b）位移反应谱

当遭遇大地震时，虽然可以保证人身安全，但不能保证建筑物及其内部设备及设施安全，而且建筑物由于严重破坏常常不可修复，如果用隔震结构就可以避免这类情况发生。隔震结构通过隔震层的集中大变形和所提供的阻尼将地震能量隔离或耗散，地震能量不能向上部结构全部传输，因而，上部结构的地震反应大大减小，振动减轻，结构不产生破坏，人员安全和财产安全均可以得到保证。图 9-4 为传统抗震结构与隔震结构在地震时的反应对比。与传统抗震结构相比，隔震结构具有以下优点：

（1）提高了地震时结构的安全性；

（2）上部结构设计更加灵活，抗震措施简单明了；

（3）防止内部物品的振动、移动、翻倒，减少了次生灾害；

（4）防止非结构构件的损坏；

（5）抑制了振动时的不舒适感，提高了安全感和居住性；

（6）可以保证机械、仪表、器具等的功能不受损；

（7）震后无需修复，具有明显的社会效益和经济效益；

（8）经合理设计，可以降低工程造价。

9.2.1.3 隔震结构适用范围

隔震结构体系可以用于下列类型的建筑物：

（1）医院、银行、保险、通信、消防、电力等重要建筑；

（2）首脑机关、指挥中心以及放置贵重设备、物品的房屋；

（3）图书馆和纪念性建筑；

（4）一般工业与民用建筑。

9.2.2 隔震系统的组成与类型

9.2.2.1 隔震系统的组成

隔震系统一般由隔震器、阻尼器、地基微震动与风反应控制装置等部分组成。在实际应用中，通常可使几种功能由同一元件完成，以方便使用。

隔震器的主要作用是：一方面在竖向支撑建筑物的重量，另一方面在水平方向具有弹性，能提供一定的水平刚度，延长建筑物的基本周期，以避开地震动的卓越周期，降低建

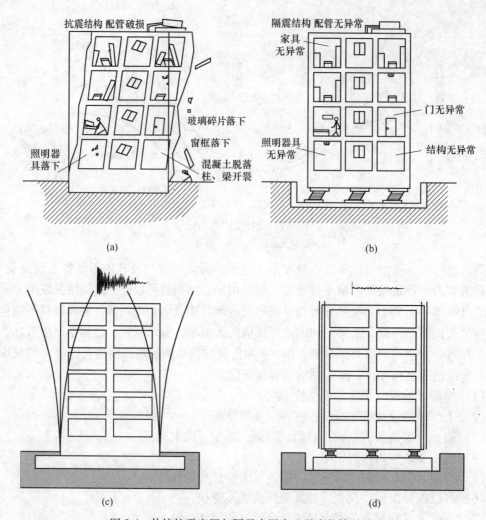

图 9-4　传统抗震房屋与隔震房屋在地震中的情况对比

（a）传统抗震房屋强烈晃动；（b）隔震房屋轻微晃动；（c）传统房屋的地震反应；（d）隔震房屋的地震反应

筑物的地震反应，能提供较大的变形能力和自复位能力。

　　阻尼器的主要作用是：吸收或耗散地震能量，抑制结构产生大的位移反应，同时在地震终了时帮助隔震器迅速复位。

　　地基微震动与风反应控制装置的主要作用是增加隔震系统的初期刚度，使建筑物在风荷载或轻微地震作用下保持稳定。

　　常用的隔震器有叠层橡胶支座、螺旋弹簧支座、摩擦滑移支座等。目前国内外应用最广泛的是叠层橡胶支座，它又可分为普通橡胶支座、高阻尼橡胶支座、铅芯橡胶支座等。

　　常用的阻尼器有弹塑性阻尼器、黏弹性阻尼器、黏滞阻尼器、摩擦阻尼器等。

　　常用的隔震系统主要有叠层橡胶支座隔震系统、摩擦滑移加阻尼器隔震系统（图 9-5）、摩擦滑移摆隔震系统（图 9-6）等。

　　目前，隔震系统形式多样，各有其优缺点，并且都在不断发展。其中叠层橡胶支座隔震系统技术相对成熟，应用最为广泛，尤其是铅芯橡胶支座和高阻尼橡胶支座系统，由于不用另附阻尼器，施工简便易行，在国际上十分流行。我国《建筑抗震设计规范》和

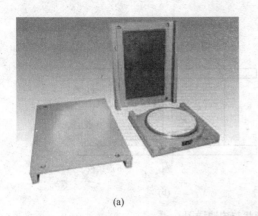
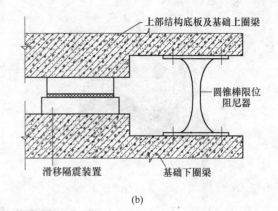

（a）   （b）

图 9-5　摩擦滑移隔震

（a）滑移隔震支座；（b）滑移隔震系统构造

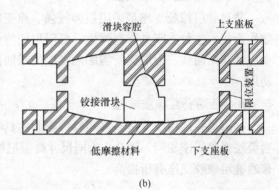

（a）   （b）

图 9-6　摩擦滑移摆隔震

（a）摩擦滑移摆隔震支座；（b）摩擦滑移摆隔震构造

《夹层橡胶垫隔震技术规程》仅针对橡胶隔震支座给出了有关的设计要求。因此下面主要介绍采用叠层橡胶支座的类型与构造。

9.2.2.2　叠层橡胶支座隔震

叠层橡胶支座是最常见的隔震装置，它是由薄橡胶板和薄钢板分层交替叠合，经高温高压硫化黏结而成，如图 9-7 所示。由于在橡胶层中加入若干块薄钢板，并且橡胶层与钢板紧密黏结，当橡胶支座承受竖向荷载时，橡胶层的横向变形受到上下钢板的约束，使橡胶支座具有很大的竖向承载力和刚度。当橡胶支座承受水平荷载时，橡胶层的相对位移大大减小，使橡胶支座可达到很大的整体侧移而不致失稳，并且保持较小的水平刚度（为竖向刚度的 1/500~1/1000）。并且，由于橡胶层与中间钢板紧密黏结，橡胶层在竖向地震作用下还能承受一定拉力。因此，叠层橡胶支座是一种竖向刚度大、竖向承载力高、水平刚度较小、水平变形能力大的隔震装置。

橡胶支座形状可为圆形、方形和矩形，一般多为圆形，因为圆形与方向无关。支座中心一般设有圆孔，以使硫化过程中橡胶支座所受热量均匀，从而保证产品质量。

叠层橡胶支座根据使用的橡胶材料和是否加有铅芯可分为普通叠层橡胶支座、高阻尼叠层橡胶支座、铅芯叠层橡胶支座。

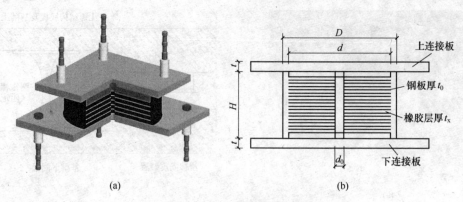

图 9-7　橡胶支座的形状与构造详图

（a）橡胶支座的形状；（b）橡胶支座的构造

A　普通叠层橡胶支座

普通叠层橡胶支座是采用拉伸较强、徐变较小、温度变化对性能影响不大的天然橡胶制作而成。这种支座具有高弹性、低阻尼的特点，图 9-8 所示为 400mm×400mm 普通橡胶支座的滞回曲线。为取得所需的隔震层的滞回性能，普通叠层橡胶支座必须和阻尼器配合使用。

B　阻尼叠层橡胶支座

高阻尼叠层橡胶支座是采用特殊配制的具有高阻尼的橡胶材料制作而成，其形状与普通叠层橡胶支座相同。图 9-9 为同尺寸高阻尼橡胶支座的滞回曲线，可以看出，其性能比普通叠层橡胶支座有所提高。

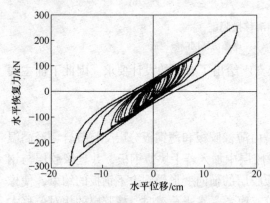

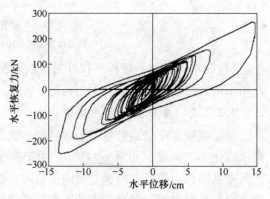

图 9-8　普通叠层橡胶支座的滞回曲线

图 9-9　高阻尼叠层橡胶支座的滞回曲线

C　铅芯叠层橡胶支座

铅芯叠层橡胶支座是在叠层橡胶支座中部圆形孔中压入铅而成，其构造如图 9-10 所示。由于铅具有较低的屈服点和较高的塑性变形能力，可使铅芯叠层橡胶支座的阻尼比达到 20%~30%。图 9-11 为铅芯叠层橡胶支座的滞回曲线。铅芯具有提高支座的吸能能力，确保支座有适度的阻尼，同时又具有增加支座的初始刚度、控制风反应和抵抗微震的作用。铅芯橡胶支座既具有隔震作用，又具有阻尼作用，因此可单独使用，无须另设阻尼器，使隔震系统的组成变得比较简单，可以节省空间，在施工上也较为有利。

我国目前使用最普遍的是铅芯叠层橡胶支座，普通叠层橡胶支座亦有少量应用，高阻尼叠层橡胶支座目前我国尚无使用。

图 9-10 铅芯叠层橡胶支座的构造

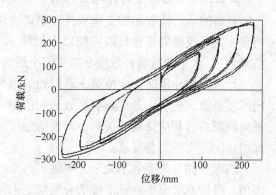

图 9-11 铅芯叠层橡胶支座的滞回曲线

9.2.3 隔震结构的设计要求

9.2.3.1 隔震结构方案的选择

隔震主要用于高烈度地区或使用功能有特别要求的建筑以及符合以下各项要求的建筑：

（1）不隔震时，结构基本周期小于 1.0s 的多层砌体房屋、钢筋混凝土框架房屋等。

（2）体型基本规则，且抗震计算可采用底部剪力法的房屋。

（3）建筑场地宜为 Ⅰ、Ⅱ、Ⅲ 类，并应选用稳定性较好的基础类型。

（4）风荷载和其他非地震作用的水平荷载标准值产生的总水平力不宜超过结构总重力的 10%。

隔震建筑方案的采用，应根据建筑抗震设防类别、设防烈度、场地条件、建筑结构方案和建筑使用要求，进行技术、经济可行性综合分析后确定。

9.2.3.2 隔震层的设置

隔震层宜设置在结构第一层以下的部位。当隔震层位于第一层及第一层以上时，结构体系的特点与普通隔震结构可能有较大差异，隔震层以下的结构设计计算也更复杂，需作专门研究。

隔震层的布置应符合下列要求：

（1）隔震层可由隔震支座、阻尼装置和抗风装置组成。阻尼装置和抗风装置可与隔震支座合为一体，亦可单独设置。必要时可设置限位装置。

（2）隔震层刚度中心宜与上部结构的质量中心重合。

（3）隔震支座的平面布置宜与上部结构和下部结构的竖向受力构件的平面位置相对应。

（4）同一房屋选用多种规格的隔震支座时，应注意充分发挥每个橡胶支座的承载力和水平变形能力。

（5）同一支承处选用多个隔震支座时，隔震支座之间的净距应大于安装操作所需要的空间要求。

（6）设置在隔震层的抗风装置宜对称、分散地布置在建筑物的周边或周边附近。

9.2.3.3　上部结构的地震作用和抗震措施

目前的叠层橡胶隔震支座只具有隔离或耗散水平地震的功能，对竖向地震隔震效果不明显，为了反映隔震建筑隔震层以上结构水平地震反应减小这一情况，引入"水平向减震系数"。水平向减震系数按 9.2.4 节中的有关规定确定。

计算地震作用时，应按第 3 章提到的水平地震影响系数最大值进行折减，即乘以水平向减震系数，但竖向地震影响系数最大值不应折减。确定抗震措施时，丙类建筑可根据水平向减震系数相应降低有关章节对设防烈度的部分要求，并应考虑竖向地震作用不减少，保留设防烈度的部分要求。

当水平向减震系数不大于 0.5 时，丙类建筑的多层砌体房屋的层数、总高度和高宽比限值，可按 6.2 节中降低 1 度的有关规定采用。

9.2.4　隔震结构的抗震计算

9.2.4.1　橡胶隔震支座的竖向承载力

橡胶支座的压应力既是确保橡胶隔震支座在无地震时正常使用的重要指标，也是直接影响橡胶隔震支座在地震作用时其他各种力学性能的重要指标。它是设计或选用隔震支座的关键因素之一。在永久荷载和可变荷载作用下组合的竖向平均压应力设计值，不应超过表 9-1 的规定，在罕遇地震作用下，不宜出现拉应力。

表 9-1　橡胶隔震支座平均压应力限值

建筑类别	甲类建筑	乙类建筑	丙类建筑
平均压应力/MPa	10	12	15

注：1. 对需验算倾覆的结构，平均压应力设计值应包括水平地震作用效应设计值；
　　2. 对需进行竖向地震作用计算的结构，平均压应力设计值应包括竖向地震作用效应；
　　3. 当橡胶支座的有效直径与各橡胶层总厚度之比（称第二形状系数）小于 5.0 时，应降低平均压应力限值；小于 5 不小于 4 时降低 20%，小于 4 不小于 3 时降低 40%；直径小于 300mm 的橡胶支座，其平均压应力限值对丙类建筑为 10MPa。

规定隔震支座中不宜出现拉应力，主要是考虑以下因素：

（1）橡胶受拉后内部出现损伤，会降低支座的弹性性能；

（2）隔震支座出现拉应力意味着上部结构存在倾覆危险；

（3）橡胶隔震支座在拉伸应力下滞回特性实物试验尚不充分。

9.2.4.2　隔震结构的地震作用与地震反应计算

隔震体系的计算一般情况下宜采用时程分析法。对多层砌体结构及与其周期相当的结构可采用底部剪力法进行简化计算。采用时程分析法计算隔震与非隔震结构时，计算简图可采用剪切型模型，当上部结构体型复杂时，应计入扭转变形的影响。输入地震波的反应谱特性和数量，应符合 3.9 节的有关要求。计算结果宜取平均值。当处于发震断层 10km 以内时，若输入地震波未计及近场影响，对甲类、乙类建筑，计算结果尚应乘以下列近场影响系数：5km 以内取 1.5，5km 以外取 1.25。

采用底部剪力法时，隔震层以上结构的水平地震作用，沿高度可采用矩形分布；水平地震影响系数最大值取 $\varphi\eta_2\alpha_{\max}$，其中 φ 为水平向减震系数，应按下列规定采用：

（1）一般情况下，水平向减震系数应通过结构隔震与非隔震两种情况下各层最大层间剪力的分析对比确定，如表 9-2 所示。层间剪力的对比分析，宜采用多遇地震作用下的时程分析。

表 9-2　层间剪力最大比值与水平向减震系数的对应关系

层间剪力最大比值	0.53	0.35	0.26	0.18
水平向减震系数	0.75	0.50	0.38	0.25

（2）砌体结构的水平向减震系数，宜根据隔震后整个体系的基本周期，按式（9-1）确定：

$$\varphi = \sqrt{2}\,\eta_2\,(T_{\mathrm{gm}}/T_1)^{\gamma} \tag{9-1}$$

式中　φ——水平向减震系数；

　　　η_2——地震影响系数的阻尼调整系数，按第 3 章式（3-42）确定；

　　　γ——地震影响系数的曲线下降段衰减指数，按第 3 章式（3-40）确定；

　　　T_{gm}——砌体结构采用隔震方案时的设计特征周期，当小于 0.4s 时应按 0.4s 采用；

　　　T_1——隔震后体系的基本周期，不应大于 2.0s 和 5 倍特征周期值的较大值。

（3）与砌体结构周期相当的结构，其水平向减震系数宜根据隔震后整个体系的基本周期，按式（9-2）确定：

$$\varphi = \sqrt{2}\,\eta_2\,(T_{\mathrm{g}}/T_1)^{\gamma}\,(T_0/T_{\mathrm{g}})^{0.9} \tag{9-2}$$

式中　T_0——非隔震结构的计算周期，当小于特征周期时应采用特征周期的较大值；

　　　T_1——隔震后体系的基本周期，不应大于 5 倍特征周期值；

　　　T_{g}——特征周期；

　　　其余符号同式（9-1）。

（4）水平向减震系数不宜低于 0.25，且隔震后结构的总水平地震作用不得低于非隔震结构在 6 度设防时的总水平地震作用。

砌体结构及与其基本周期相当的结构，隔震后的基本周期 T_1 可按式（9-3）计算：

$$T_1 = 2\pi\sqrt{\dfrac{G}{K_{\mathrm{h}}g}} \tag{9-3}$$

式中　G——隔震层以上结构的重力荷载代表值；

　　　K_{h}——隔震层的水平动刚度，可按式（9-4）确定；

　　　g——重力加速度。

隔震层的水平动刚度 K_{h} 和大小等效黏滞阻尼比 ζ_{eq} 可按式（9-4）与式（9-5）确定：

$$K_{\mathrm{h}} = \sum K_j \tag{9-4}$$

$$\zeta_{\mathrm{eq}} = \dfrac{\sum K_j\zeta_j}{K_{\mathrm{h}}} \tag{9-5}$$

式中　K_j，ζ_j——分别为第 j 隔震支座的水平动刚度和等效黏滞阻尼比。

验算多遇地震时，K_j、ζ_j 采用隔震支座剪切变形为 50% 时的水平动刚度和等效黏滞阻尼比；验算罕遇地震时，对直径小于 600mm 的隔震支座，K_j、ζ_j 采用隔震支座剪切变形不小于250%时的水平动刚度和等效黏滞阻尼比；对直径不小于600mm的隔震支座，K_j、ζ_j采用隔震支座剪切变形为100%时的水平动刚度和等效黏滞阻尼比。

由试验确定上述参数时，竖向荷载保持表9-1中的值，水平加载频率在上述三种情况时分别采用0.3Hz、0.1Hz和0.2Hz。

9.2.4.3 隔震支座在罕遇地震作用下的水平位移验算

隔震支座在罕遇地震作用下的水平位移应按式（9-6）进行验算：

$$u_i \leq [u_i] \tag{9-6}$$

$$u_i \leq \beta_i u_c \tag{9-7}$$

式中　u_i——罕遇地震作用下第i个隔震支座考虑扭转的水平位移；

　　　$[u_i]$——第i个隔震支座的水平位移限值；对橡胶隔震支座，不宜超过该支座橡胶直径的0.55倍和支座橡胶总厚度3.0倍二者的较小值；

　　　u_c——罕遇地震下隔震层质心处或不考虑扭转的水平位移；

　　　β_i——第i个隔震支座的扭转影响系数。

罕遇地震下的水平位移宜采用时程分析法计算，对砌体结构及与其基本周期相当的结构，隔震层质心处在罕遇地震下的水平位移可按式（9-8）计算：

$$u_c = \frac{\lambda_s \alpha_1(\zeta_{eq}) G}{K_h} \tag{9-8}$$

式中　λ_s——近场系数，甲类、乙类建筑距发震断层5km以内取1.5；5~10km取1.25；10km以外取1.0；丙类建筑可取1.0；

　　　$\alpha_1(\zeta_{eq})$——罕遇地震下的地震影响系数值，可根据隔震层参数，按3.2节的有关规定计算；

　　　K_h——罕遇地震下隔震层的水平动刚度，按式（9-4）确定。

隔震层扭转影响系数应取考虑扭转和不考虑扭转时第i支座计算位移的比值。当隔震支座的平面布置为矩形或接近矩形时，可按下列方法确定：

（1）当隔震层以上结构的质心与隔震层刚度中心在两个主轴方向均无偏心时，边支座的扭转影响系数不宜小于1.15。

（2）仅考虑单向地震作用的扭转时，扭转影响系数可按式（9-9）估计：

$$\beta_i = 1 + 12es_i(a^2 + b^2) \tag{9-9}$$

式中　e——上部结构质心与隔震层刚度中心在垂直于地震作用方向的偏心距，如图9-12所示；

　　　s_i——第i个隔震支座与隔震层刚度中心在垂直于地震作用方向的距离；

　　　a，b——分别为隔震层平面的两个边长。

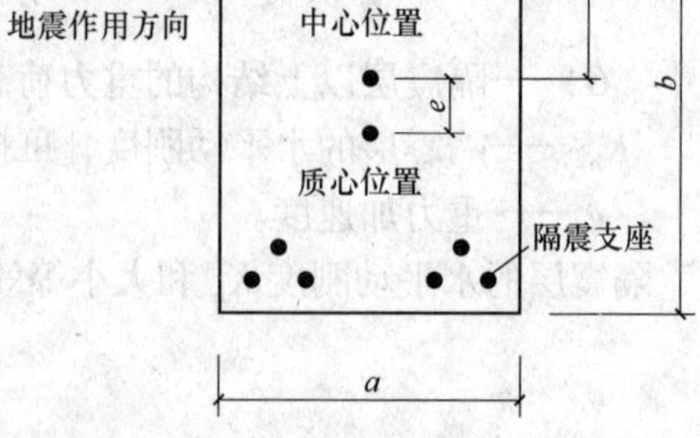

图9-12　偏心距e

当隔震层和上部结构采取有效的抗扭措施后或扭转周期小于平动周期的70%，扭转影响系数可取1.15。

（3）同时考虑双向地震作用的扭转时，扭转影响系数可仍按式（9-9）计算；但式中的偏心距 e 应采用下列两公式中的较大值代替：

$$e = \sqrt{e_x^2 + (0.85e_y)^2} \tag{9-10}$$

$$e = \sqrt{e_y^2 + (0.85e_x)^2} \tag{9-11}$$

式中　e_x —— y 方向地震作用时的偏心距；

　　　e_y —— x 方向地震作用时的偏心距。

对边支座，其扭转影响系数不宜小于 1.2。

9.2.4.4　隔震支座的水平剪力

隔震支座的水平剪力应根据隔震层在罕遇地震作用下的水平剪力按各隔震支座的水平刚度分配；当考虑扭转时，还应计及隔震支座的扭转刚度。

隔震层在罕遇地震下的水平剪力 V_c 宜采用时程分析法计算，对砌体结构及与其基本周期相当的结构，可按式（9-12）计算：

$$V_c = \lambda_s \beta_i \zeta_{eq} G \tag{9-12}$$

9.2.4.5　上部结构的计算

由于隔震层对竖向隔震效果不明显，故当设防烈度为 9 度时和 8 度且水平向减震系数为 0.25 时，隔震层以上的结构应进行竖向地震作用的计算；当设防烈度为 8 度且水平向减震系数不大于 0.5 时，亦宜进行此项计算。

对砌体结构的墙体截面进行抗震验算时，其砌体抗震抗剪强度的正应力影响系数宜按减去竖向地震作用效应后的平均压应力取值。

上部结构为框架等钢筋混凝土结构时，隔震层顶部的纵、横梁和楼板体系应作为上部结构的一部分按设防烈度进行计算和设计。

上部结构为砌体结构时，隔震层顶部各纵、横梁均可按受均布荷载的单跨简支梁或多跨连续梁计算。均布荷载可按第 6 章关于底部框架砖房的钢筋混凝土托墙梁的规定取值；当按连续梁算出的正弯矩小于单跨简支梁跨中弯矩的 0.8 倍时，应按 0.8 倍单跨简支梁跨中弯矩配筋。

9.2.4.6　隔震层以下的结构计算

隔震层以下结构（包括地下室和隔震塔楼下的地盘）中直接支承隔震层以上结构的相关构件，应满足嵌固的刚度比和隔震后设防地震的抗震承载力要求，并按罕遇地震进行抗剪承载力验算。隔震层以下地面以上的结构在罕遇地震下的层间位移角限值应满足表9-3 的要求。

表 9-3　隔震层以下地面以上结构在罕遇地震作用下层间弹塑性位移角限值

下部结构类型	$[\theta_p]$
钢筋混凝土框架结构和钢结构	1/100
钢筋混凝土框架-抗震墙	1/200
钢筋混凝土抗震墙	1/250

隔震建筑基础的验算，应符合 2.2 节的有关规定。基础抗震验算和地基处理仍应按原

设防烈度进行，甲类、乙类建筑的抗液化措施应按提高一个液化等级确定，直至全部消除液化沉陷。

9.2.5 隔震结构的构造措施

9.2.5.1 隔震层的构造要求

隔震层应由隔震支座、阻尼器和为地基微震动与风荷载提供初刚度的部件组成，阻尼器可与隔震支座为一体，亦可单独设计。必要时，宜设置防风锁定装置。隔震支座和阻尼器的连接构造，应符合下列要求：

（1）隔震墙下隔震支座的间距不宜大于 2.0m。

（2）隔震支座和阻尼器应安装在便于维护人员接近的部位。

（3）隔震支座与上部结构、基础结构之间的连接件，应能传递支座的最大水平剪力。

（4）外露的预埋件应有可靠的防锈措施。预埋件的锚固钢筋应与钢板牢固连接；锚固钢筋的锚固长度应大于 20 倍锚固钢筋直径，且不应小于 250mm。

隔震支座连接定位时，支座底部中心的标高偏差不大于 5mm，平面位置的偏差不大于 3mm。单个支座的倾斜度不大于 1/300。

隔震建筑应采取不阻碍隔震层在罕遇地震发生大变形的措施。上部结构的周边应设置防震缝，缝宽不宜小于各隔震支座在罕遇地震下的最大水平位移值的 1.2 倍。上部结构（包括与其相连的任何构件）与地面（包括地下室和与其相连的构件）之间宜设置明确的水平隔离缝；当设置水平隔离缝确有困难时，应设置可靠的水平滑移垫层。在走廊、楼梯、电梯等部位，应无任何障碍物。

穿过隔震层的设备管、配线应采用柔性连接等以适应隔震层在罕遇地震下水平位移的措施；采用钢筋或钢架接地的避雷设备，应设置跨越隔震层的接地配线。

9.2.5.2 隔震层顶部梁板体系的构造要求

为了保证隔震层能够整体协调工作，隔震层顶部应设置平面内刚度足够大的梁板体系。当采用装配整体式钢筋混凝土板时，为使纵横梁体系能够传递竖向荷载并协调横向剪力在每个隔震支座的分配，支座上方的纵、横梁应采用现浇，同时为增大梁板的平面内刚度，需加大梁的截面尺寸和配筋，上部结构为砌体时，其构造应符合第 6 章有关底部框架砖房的钢筋混凝土托梁的要求；上部结构为框架等钢筋混凝土结构时，其构造宜符合第 5 章关于框支层的有关要求。现浇面积厚度不应小于 50mm，且应双向配置直径 6~8mm、间距 150~250mm 的钢筋网。

隔震支座附近的梁柱受力状态复杂，地震时还会受冲切，因此，应考虑冲切和局部承压，加密箍筋，并根据需要配置网状钢筋。

9.2.5.3 砌体结构的构造要求

承重外墙尽端至门窗洞边的最小距离及圈梁的截面和配筋构造，应符合 6.2 节和 6.4 节的有关规定。

多层砖房钢筋混凝土构造柱的设置，当水平向减震系数为 0.75 时，应符合表 6-8 的规定；当设防烈度为 7~9 度，水平向减震系数为 0.5 和 0.38 时，应符合表 9-4 的规定，水平向减震系数为 0.25 时，应符合表 6-9 降低 1 度的规定。

表 9-4　隔震后砖房构造柱设置要求

房屋层数			设 置 部 位	
7 度	8 度	9 度		
3、4	2、3			每隔 15m 或单元横墙与外墙交接处
5	4	2	楼、电梯间四角，外墙四角，错层部位横墙与外纵墙交接处，较大洞口两侧，大房间内外墙交接处	每隔三开间的横墙与外墙交接处
6、7	5	3、4		隔开间横墙（轴线）与外墙交接处，山墙与内纵墙交接处；9 度 4 层，外纵墙与内墙（轴线）交接处
8	6、7	5		内墙（轴线）与外墙交接处，内墙局部较小墙垛处；8 度 7 层，内纵墙与隔开间横墙交接处；9 度时内纵墙与横墙（轴线）交接处

注：9 度时房屋层数不宜多于 5 层。

混凝土小型空心砌块房屋芯柱的设置，当水平向减震系数为 0.75 时，仍应符合第 6 章表 6-13 的规定；当设防烈度为 7~9 度，水平向减震系数为 0.5 和 0.38 时，应符合表 9-5 的规定；当水平向减震系数为 0.25 时，宜符合第 6 章表 6-13 降低 1 度的有关规定。

其他构造措施：当水平向减震系数为 0.75 时，仍按第 6 章的相应规定采用；当设防烈度为 7~9 度，水平向减震系数为 0.50 和 0.38 时，可按第 6 章降低 1 度的相应规定应用；水平向减震系数为 0.25 时，可按第 6 章降低 2 度且不低于 6 度的相应规定采用。

表 9-5　隔震后混凝土小型空心砌块房屋芯柱设置要求

房屋层数			设 置 部 位	设置数量
7 度	8 度	9 度		
3、4	2、3		外墙转角，楼梯间四角，大房间内外墙交接处；每隔 16m 或单元横墙与外墙交接处	外墙转角灌实 3 个孔，内外墙交接处灌实 4 个孔
5	4	2	外墙转角，楼梯间四角，大房间内外墙交接处；山墙与内纵墙交接处，隔三开间横墙（轴线）与外纵墙交接处	
6	5	3	外墙转角，楼梯间四角，大房间内外墙交接处；隔开间横墙（轴线）与外纵墙交接处，山墙与内纵墙交接处；8 度、9 度时，外纵墙与横墙（轴线）交接处，大洞口两侧	外墙转角灌实 5 个孔，内外墙交接处灌实 4 个孔，洞口两侧各灌实 1 个孔
7	6	4	外墙转角，楼梯间四角，各内墙（轴线）与外纵墙交接处；内纵墙与横墙（轴线）交接处；8 度、9 度时洞口两侧	外墙转角灌实 7 个孔，内外墙交接处灌实 4 个孔，内墙交接处灌实 4~5 个孔，洞口两侧各灌实 1 个孔

注：8 度时房屋层数不宜多于 6 层，9 度时房屋层数不宜多于 4 层。

9.2.5.4 钢筋混凝土结构的构造要求

隔震后钢筋混凝土结构的抗震等级，当水平向减震系数为 0.75 时，仍按第 5 章的相应规定划分，水平向减震系数不大于 0.5 时，抗震等级宜按表 9-6 划分，各抗震等级的计算和构造措施要求仍按第 5 章的有关规定采用。

表 9-6　隔震后现浇钢筋混凝土结构的抗震等级

结 构 类 型		烈　　度					
		7 度		8 度		9 度	
框架	高度/m	<20	>20	<20	>20	<20	>20
	一般框架	四	三	三	二	二	一
抗震墙	高度/m	<25	>25	<25	>25	<25	>25
	一般抗震墙	四	三	三	二	二	一

9.3　消能减震结构

9.3.1　结构消能减震原理与消能减震结构特点

结构消能减震技术是在结构物某些部位（如支撑、剪力墙、节点、连接缝或连接件、楼层空间、相邻建筑间、主附结构间等）设置消能（阻尼）装置（或元件），通过消能（阻尼）装置产生摩擦，以及弯曲（或剪切、扭转）弹塑（或黏弹）性滞回变形消能来耗散或吸收地震输入结构中的能量，以减小主体结构地震反应，从而避免结构产生破坏或倒塌，达到减震控震的目的。装有消能（阻尼）装置的结构称为消能减震结构。

消能减震的原理可以从能量的角度来描述，如图 9-13 所示结构在地震中任意时刻的能量方程为：

传统抗震结构 $\qquad E_{in} = E_v + E_c + E_k + E_h$ 　　　　　　　　(9-13)

消能减震结构 $\qquad E'_{in} = E'_v + E'_c + E'_k + E'_h + E_d$ 　　　　　　(9-14)

式中　E_{in}，E'_{in}——地震过程中输入结构体系的能量；

$\qquad E_v$，E'_v——结构体系的动能；

$\qquad E_c$，E'_c——结构体系的黏滞阻尼消能；

$\qquad E_k$，E'_k——结构体系的弹性应变能；

$\qquad E_h$，E'_h——结构体系的滞回消能；

$\qquad E_d$——消能（阻尼）装置或消能元件耗散或吸收的能量。

在上述能量方程中，E_v（或 E'_v）和 E_k（或 E'_k）仅仅是能量转换，不能消能，E_c 和 E'_c 占总能量的很小部分（约 5%），可以忽略不计。在传统的抗震结构中，主要依靠 E_h 消耗输入结构的地震能量，但因结构构件在利用其自身弹塑性变形消耗地震能量的同时，构件本身将遭到损伤甚至破坏，故某一结构构件消能越多，则其破坏越严重。在消能减震结构体系中，消能（阻尼）装置或元件在主体结构进入非弹性状态前率先进入消能工作状态，充分发挥消能作用，耗散大量输入结构体系的地震能量，使结构本身需消耗的能量很少，这意味着结构反应大大减小，从而有效地保护了主体结构，使其不再受到损伤或破坏。

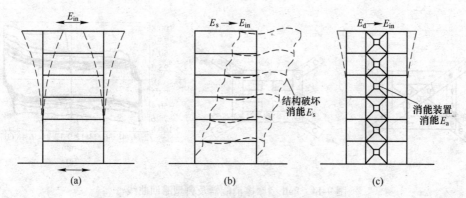

图 9-13 结构能量转换途径对比

（a）地震输入；（b）传统抗震结构；（c）消能减震结构

一般来说，结构的损伤程度与结构的最大变形 Δ_{max} 和滞回消能（或累积塑性变形）E_h 成正比，可以表达为：

$$D = f(\Delta_{max}, E_h) \tag{9-15}$$

在消能减震结构中，由于最大变形 Δ'_{max} 和构件的滞回消能 E'_h 较传统抗震结构的最大变形 Δ_{max} 和滞回消能 E_h 大大减少，因此结构的损伤大大减少。

消能减震结构具有减震机理明确、减震效果显著、安全可靠、经济合理、技术先进、适用范围广等特点。目前，其已被成功用于工程结构的减震控制中。

9.3.2 消能减震装置的类型与性能

9.3.2.1 消能减震装置的类型与性能

消能减震装置的种类很多，根据消能机制的不同可分为摩擦消能器、钢弹塑性消能器、铅挤压阻尼器、黏弹性阻尼器和黏滞阻尼器等；根据消能器消能的依赖性可分为速度相关型（如黏弹性阻尼器和黏滞阻尼器）和位移相关型（如摩擦消能器、钢弹塑性消能器和铅挤压阻尼器）等。

A　摩擦消能器

摩擦消能器是根据摩擦做功耗散能量的原理设计的。目前已有多种不同构造的摩擦消能器，如 Pall 型摩擦消能器、摩擦筒制震器、限位摩擦消能器、摩擦滑动螺栓节点及摩擦剪切铰消能器等。图 9-14（a）、图 9-14（b）为 Pall 等设计的摩擦消能装置，它是一种通过滑动从而改变形状的机构。机构带有摩擦制动板，机构的滑移受板间摩擦力控制，而摩擦力取决于板间的挤压力，可以通过松紧节点板的高强螺栓来调节。该装置按正常使用荷载及小震作用下不发生滑动设计，而在强烈地震作用下，其主要构件尚未发生屈服，装置即产生滑移以摩擦做功耗散地震能量，并改变了结构的自振频率，从而使结构在强震中改变动力特性，达到减震目的。

摩擦消能器种类很多，都具有很好的滞回特性，滞回环呈矩形，消能能力强，工作性能稳定等。图 9-14（c）为其典型的滞回曲线。摩擦消能器一般安装在支撑上形成摩擦消能支撑。

B　钢弹塑性消能器

软钢具有较好的屈服后性能，目前已研究开发了多种消能装置，如加劲阻尼

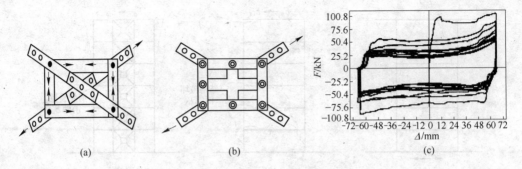

图 9-14　Pall 型摩擦消能器及典型滞回曲线

（ADAS）装置、锥形钢消能器、圆环（或方框）钢消能器、双环钢环消能器、加劲圆环消能器、低屈服点钢消能器、无黏结支撑等。这类消能器具有滞回性能稳定、消能能力大、长期可靠并不受环境与温度影响的特点。

　　加劲阻尼消能装置是由阻尼器和定位装置组合而成，一般安装在支撑顶部和框架梁之间，在地震作用下，框架层间相对变形会使阻尼器两端产生水平相对运动，使钢板弯曲屈服产生塑性滞回变形，从而耗散输入结构的地震能量。目前较具特色的软钢加劲阻尼器是 X 形加劲阻尼器和三角形加劲阻尼器两种，国内学者在上述研究的基础上又开发出一种开孔式加劲阻尼器［图 9-15（a）］，其相应的滞回曲线如图 9-15（b）所示。

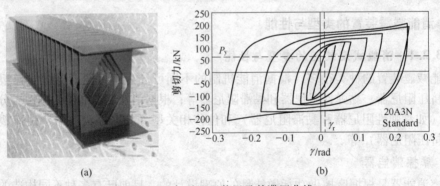

图 9-15　加劲阻尼装置及其滞回曲线
（a）开孔式加劲阻尼装置；（b）加劲阻尼装置的滞回曲线

　　双环钢环消能器由两个简单的消能圆环构成，如图 9-16（a）所示，这种消能器既保留了圆环消能器变形大、构造简单、制作方便等特点，又提高了初始的承载能力和刚度，使其消能能力大为改善。试验研究表明，这种消能器的滞回环为典型的纺锤形，形状饱满，具有稳定的滞变回路，如图 9-16（b）所示。

　　加劲圆环消能器由消能圆环和加劲弧板构成，即在圆环消能器中附加弧形钢板以提高圆环消能器的刚度和阻尼，改善圆环消能器承载能力，克服初始刚度较低的缺点，如图 9-17（a）所示。试验研究表明，加劲圆环消能器工作性能稳定，适应性好，变形能力强，消能能力可随变形的增大而提高，而且具有多道减震防线和多重消能特性，其滞回曲线如图 9-17（b）所示。

　　低屈服点钢是一种利用软钢板的剪切变形消能原理研制出的剪切板消能器，其主要是

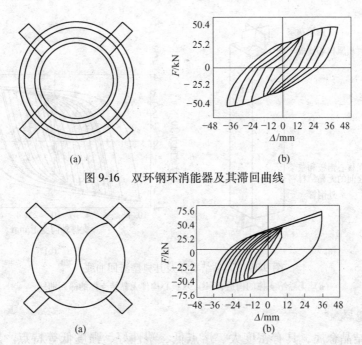

图 9-16 双环钢环消能器及其滞回曲线

(a)   (b)

图 9-17 加劲圆环消能器及其滞回曲线

由上端板和下端板（连接件）和中间的低屈点型钢（H 型、槽型等）组成，如图 9-18（a）所示。低屈服点钢消能器试验所得的力-位移滞回曲线如图 9-18（b）所示。可以看出，低屈服点钢板消能器的滞回曲线形状丰满，性能稳定，且具有较强的消能能力。

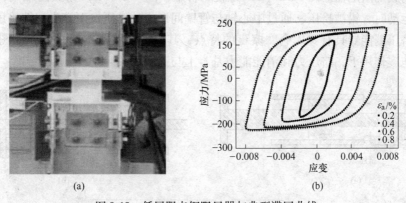

图 9-18 低屈服点钢阻尼器与典型滞回曲线

（a）低屈服点钢阻尼器；（b）低屈服点钢阻尼器的滞回曲线

无黏结支撑（约束钢构件消能器）是一个结构支撑构件，它由内核心钢板和外方形（圆形或矩形）钢管之间填灰浆组成，内核心钢板和灰浆之间涂了一层无黏结材料，这种材料的作用是确保核心钢板上的轴力不传到灰浆体和外钢管上，灰浆和外钢管共同阻止支撑的弯曲，这些组件完美地结合，使该支撑在屈服后能产生稳定、对称的拉压滞回性能。其构造如图 9-19（a）所示。经过合理设计的无黏结支撑不但具有高刚度和高韧性特性，并且还不会弯曲，更能展现钢材良好的滞回消能能力，如图 9-19（b）为双核心构件无黏结支撑的应力-应变滞回曲线。无黏结支撑同时具有同心斜撑和滞回型消能元件的功能，具有良好的抗震应用价值。

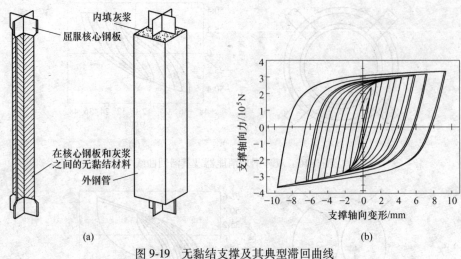

(a)　　　　　　　　　　　　　　　　(b)

图 9-19　无黏结支撑及其典型滞回曲线

（a）无黏结支撑的构造；（b）双核心构件无黏结支撑的滞回曲线

C　铅消能器

铅是一种结晶金属，具有密度大、熔点低、塑性好、强度低等特点。发生塑性变形时，晶格被拉长或错动，一部分能量将转换成热量，另一部分能量为促使再结晶而消耗，使铅的组织和性能回复至变形前的状态。铅的动态回复与再结晶过程在常温下进行，耗时短且无疲劳现象，因此具有稳定的消能能力。图 9-20 为利用铅挤压产生塑性变形耗散能量的原理制成的阻尼器。图 9-20（a）为收缩管型，图 9-20（b）为鼓凸轴型，当中心轴相对钢管运动时，铅被挤压，通过中心轴与管壁间形成的挤压口而产生塑性挤压变形耗散能量。铅挤压消能器具有"库仑摩擦"的特点，其滞回曲线基本呈矩形，如图 9-20（c）所示，在地震作用下，挤压力和消能能力基本上与速度无关。

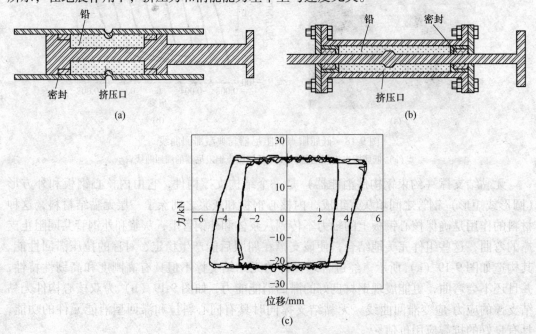

(a)　　　　　　　　　　　　　　　　(b)

(c)

图 9-20　铅挤压阻尼器及典型滞回曲线

此外，还有利用铅产生剪切或弯剪塑性滞回变形消能原理制成的铅剪切消能器、U 形铅消能器等。

D 黏弹性阻尼器

黏弹性阻尼器是由黏弹性材料和约束钢板组成。典型的黏弹性阻尼器构造如图 9-21（a）所示，它是由三块钢板夹两层黏弹性层组成，钢板和黏弹性材料通过硫化的方法粘结在一起。常用的黏弹性材料为高分子聚合物，这种材料既具有黏性又具有弹性。在受到交变应力作用产生变形时，一部分能量像位能那样储存起来，另一部分能量则被转化成热能耗散掉。图 9-21（b）为黏弹性阻尼器的典型滞回曲线，可以看出，其滞回环呈椭圆形，具有很好的消能性能，它能同时提供刚度和阻尼。由于黏弹性材料的性能受温度、频率和应变幅值的影响，所以黏弹性阻尼器的性能也受温度、频率和应变幅值的影响。有关研究结果表明，其消能能力随着温度的增加而降低，随着频率的增加而增加，但在高频下，随着循环次数的增加，消能能力逐渐退化至某一平衡值；当应变幅值小于 50% 时，应变的影响不大，但在大应变的激励下，随着循环次数的增加，消能能力逐渐退化至某一平衡值。

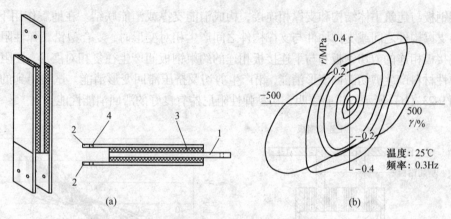

图 9-21 黏弹性阻尼器构造及其滞回曲线

（a）黏弹性阻尼器构造；（b）黏弹性阻尼器滞回曲线

1—中间钢板；2—两侧钢板；3—黏弹性材料；4—螺栓孔

E 黏滞阻尼器

黏滞阻尼器主要有筒式黏滞阻尼器、黏滞阻尼墙系统等。筒式黏滞阻尼器一般由缸体、活塞和黏滞流体组成，活塞上开有小孔，并可以在充有硅油或其他黏性流体的缸内作往复运动。当活塞与筒体间产生相对运动时，流体从活塞的小孔内通过，对两者的相对运动产生阻尼，从而耗散能量。图 9-22（a）为典型的黏滞阻尼器构造图，图 9-22（b）为黏滞阻尼器的恢复力特性曲线。形状近似为椭圆。黏滞阻尼器产生的阻尼力一般与速度和温度有关。

F 铅黏弹性阻尼器

铅黏弹性阻尼器是由黏弹性材料、薄钢板、剪切钢板、约束钢板、铅芯、连接板组成。如图 9-23（a）所示。黏弹性材料、薄钢板、剪切钢板、约束钢板通过高温高压硫化为一体，中心预留圆孔，一方面为制作时能均匀受热，保证阻尼器质量；另一方面为铅芯灌入预留位置，铅芯灌入后两端用盖板封住。该阻尼器一般装设在建筑物有相对位移的地方，通过上下

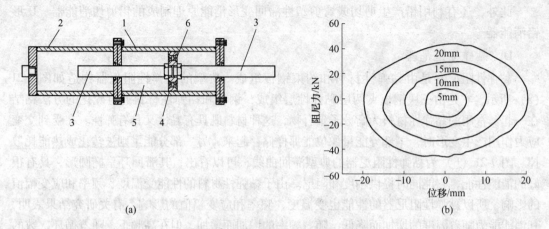

(a)   (b)

图 9-22   黏滞阻尼器及滞回曲线

（a）黏滞阻尼器；（b）黏滞阻尼器的恢复力特性

1—主缸；2—副缸；3—导杆；4—活塞；5—黏滞流体；6—阻尼孔

连接钢板与建筑主体结构和支撑相连接，构成消能支撑或消能联结。在地震作用下，主体结构与支撑构件之间或支撑构件与支撑构件之间产生相对变形时，复合型铅黏弹性阻尼器中与上连接板相连的剪切钢板和与下连接板相连的约束钢板间产生往复相对变形，使阻尼器中的黏弹性材料产生剪切滞回变形消能，铅产生剪切及挤压滞回变形消能。试验得到的滞回曲线如图 9-23（b）所示，试验表明，铅黏弹性阻尼器有良好的滞回消能性能。

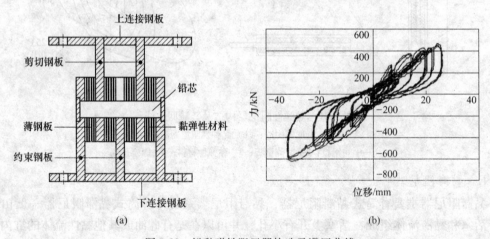

(a)   (b)

图 9-23   铅黏弹性阻尼器构造及滞回曲线

（a）铅黏弹性阻尼器构造；（b）铅黏弹性阻尼器力-位移滞回曲线

9.3.2.2   消能器的恢复力模型

A   速度相关型消能器的恢复力模型

图 9-24 为速度相关型消能器的恢复力-变形曲线。速度相关型消能器的恢复力与变形和速度的关系一般可以表示为：

$$F_d = K_d \Delta + C_d \dot{\Delta} \tag{9-16}$$

式中 F_d ——消能器的恢复力；

K_d，C_d——分别为消能器的刚度和阻尼器系数；

Δ，$\dot{\Delta}$——分别为消能器的相对位移和相对速度。

对于黏滞阻尼器，一般 $K_d = 0$，$C_d = 0$，阻尼力仅与速度有关，可表示为：

$$F_d = C_0 \dot{\Delta} \tag{9-17}$$

式中 C_0——黏滞阻尼器的阻尼系数，可由阻尼器的产品型号给定或由试验确定。

对于黏弹性阻尼器，刚度 K_d 和阻尼系数 C_d 一般由式（9-18）确定：

$$C_d = \frac{\eta(\omega)AG(\omega)}{\omega\delta}, \qquad K_d = \frac{AG(\omega)}{\delta} \tag{9-18}$$

式中 $\eta(\omega)$，$G(\omega)$——分别为黏弹性材料的损失因子和剪切模量，一般与频率和速度有关，由黏弹性材料特性曲线确定；

A，δ——分别为黏弹性材料层的受剪面积和厚度；

ω——结构振动的频率。

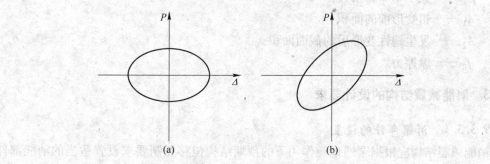

图 9-24　速度相关型消能器的恢复力-变形曲线
（a）黏滞消能器；（b）黏弹性消能器

B　滞变型消能器的恢复力模型

软钢类消能器具有类似的滞回性能，可采用相似的计算模型，仅其特征参数不同。该类消能器的最理想的数学模型可采用 Mmberg-Osgood 模型，但由于其不便于计算分析，故可采用图 9-25（a）所示的折线型弹性-应变硬化模型来描述，恢复力和变形的关系可表示为：

$$F_d = K_1\Delta_y + \alpha_0 K_1(\Delta - \Delta_y) \tag{9-19}$$

式中 K_1——初始刚度；

α_0——第二刚度系数；

Δ_y——屈服变形。

摩擦消能器和铅消能器的滞回曲线近似为"矩形"，具有较好的库仑特性，且基本不受荷载大小、频率、循环次数等的影响，故可采用图 9-25（b）所示的刚塑性恢复力模型。

对于摩擦消能器，恢复力可由式（9-20）计算：

$$F_d = F_0 \text{sgn}(\dot{\Delta}(t)) \tag{9-20}$$

式中 F_0——静摩擦力；

$\text{sgn}(\cdot)$——符号函数。

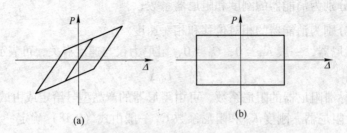

图 9-25 滞变型消能器的力-变形曲线

（a）金属消能器；（b）摩擦消能器和铅消能器

对于铅挤压阻尼器，恢复力可按式（9-21）计算：

$$F_d = \beta_1 \sigma_y \ln \frac{A_1}{A_2} + f_0 \tag{9-21}$$

式中 β_1——大于 1.0 的系数；

A_1——铅变形前的面积；

A_2——发生塑性变形后的截面面积；

f_0——摩擦力。

9.3.3 消能减震结构的设计要求

9.3.3.1 消能部件的设置

消能减震结构应根据罕遇地震作用下的预期结构位移控制要求设置适当的消能部件，消能部件可由消能器及斜支撑、填充墙、梁或节点等组成。

消能减震结构中的消能部件应沿结构的两个主轴方向分别设置，消能部件宜设置在层间变形较大的位置，其数量和分布应通过综合分析合理确定。

9.3.3.2 消能部件的性能要求

消能部件应满足下列要求：

（1）消能器应具有足够的吸收和耗散地震能量的能力以及恰当的阻尼；消能部件附加给结构的有效阻尼比宜大于 10%，超过 20% 时宜按 20% 计算。

（2）消能部件应具有足够的初始刚度，并满足下列要求：

速度线性相关型消能器与斜撑、填充墙或梁组成消能部件时，该部件在消能器消能方向的刚度应符合式（9-22）的要求：

$$K_b = (6\pi/T_1) C_v \tag{9-22}$$

式中 K_b——支承构件在消能器方向的刚度；

C_v——消能器的线性阻尼系数；

T_1——消能减震结构的基本自振周期。

位移相关型消能器与斜撑、填充墙或梁组成消能部件时，该部件恢复力滞回模型的参数宜符合下列要求：

$$\frac{\Delta u_{py}}{\Delta u_{sy}} \leq \frac{2}{3} \tag{9-23}$$

$$\left(\frac{K_p}{K_s}\right)\left(\frac{\Delta u_{py}}{\Delta u_{sy}}\right) \geq 0.8 \tag{9-24}$$

式中　K_p——消能部件在水平方向的初始刚度；

　　　Δu_{py}——消能部件的屈服位移；

　　　K_s——设置消能部件的结构楼层侧向刚度；

　　　Δu_{sy}——设置消能部件的结构层间屈服位移。

（3）消能器应具有优良的耐久性能，能长期保持其初始性能。

（4）消能器构造应简单，施工方便，易维护。

（5）消能器与斜支撑、填充墙、梁或节点的连接，应符合钢构件连接或钢与钢筋混凝土构件连接的构造要求，并能承担消能器施加给连接节点的最大作用力。

9.3.4　消能减震结构体系的抗震计算分析

一般情况下，消能减震结构体系的抗震计算分析宜采用静力非线性分析或非线性时程分析法。当消能减震结构体系的主要结构构件基本处于弹性工作阶段时，可采取线性分析方法作简化估算，并根据结构的变形特征和高度等，分别采用底部剪力法、振型分解反应谱法和时程分析法。

分析时，消能减震结构的总刚度应为结构刚度和消能部件有效刚度的总和；消能减震结构的总阻尼比应为结构阻尼比和消能部件附加给结构的有效阻尼比的总和，消能部件有效刚度和有效阻尼比应通过试验确定。

当采用底部剪力法、振型分解反应谱法和静力非线性法时，消能部件附加给结构的有效阻尼比可按式（9-25）估算：

$$\zeta_a = \sum_j \frac{W_{cj}}{4\pi W_s} \tag{9-25}$$

式中　ζ_a——消能减震结构的附加有效阻尼比；

　　　W_{cj}——第 j 个消能部件在结构预期层间位移 Δu_j 下往复循环一周所消耗的能量；

　　　W_s——设置消能部件的结构在预期位移下的总应变能。

不考虑扭转影响时，消能减震结构在其水平地震作用下的总应变能可按式（9-26）估算：

$$W_s = \frac{1}{2}\sum(F_i u_i) \tag{9-26}$$

式中　F_i——质点 i 的水平地震作用标准值；

　　　u_i——质点 i 对应于水平地震作用标准值的位移。

速度线性相关型阻尼器在水平地震作用下所消耗的能量 W_c 可按式（9-27）估算：

$$W_{cj} = \frac{2\pi^2}{T_1}C_j\cos^2\theta_j\Delta u_j^2 \tag{9-27}$$

式中　T_1——消能减震结构的基本自振周期；

　　　C_j——第 j 个阻尼器的线性阻尼系数；

　　　θ_j——第 j 个阻尼器的消能方向和水平面的夹角；

　　　Δu_j——第 j 个阻尼器两端的相对水平位移。

当阻尼器的阻尼系数和有效刚度与结构振动周期有关时，可取相应于消能减震结构基本自振周期的值。

位移相关型、速度非线性相关型和其他类型阻尼器在水平地震作用下所消耗的能量 W_c 可按式（9-28）估算：

$$W_{cj} = A_j \tag{9-28}$$

式中　A_j——第 j 个阻尼器的恢复力滞回环在相对水平位移 Δu_j 时的面积。

阻尼器的有效刚度可取阻尼器的恢复力滞回环在相对水平位移 Δu_j 时的割线刚度。

当采用非线性时程分析法时 i 阻尼器附加给结构的有效阻尼比和有效刚度宜根据阻尼器的恢复力模型确定。

9.3.4.1　与规范相结合的设计方法

求出阻尼器给结构提供的附加阻尼比之后，其具体的抗震强度验算的基本方法为：

（1）消能减震结构的自振周期和振型按结构刚度和阻尼器刚度之和的总刚度计算。

（2）消能减震结构的总振型阻尼比按式（9-29）计算：

$$\zeta_j = \zeta_{cj} + \zeta_{sj} \tag{9-29}$$

式中　ζ_{cj}，ζ_{sj}——分别为结构的 j 振型阻尼比和阻尼器提供给结构的 j 振型附加阻尼比。

（3）按现行规范确定消能减震结构各振型地震作用、效应及其组合。

（4）按现行规范进行抗震验算和变形验算。

为清楚起见，将设计步骤列于图 9-26 中。

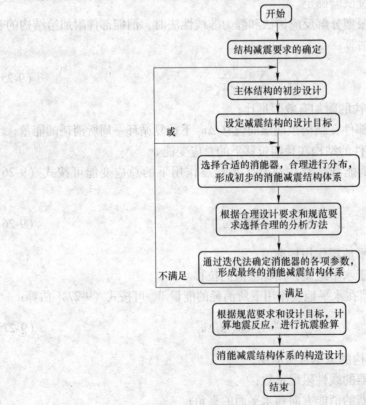

图 9-26　消能减震结构设计内容与步骤

A 多遇地震的弹性计算

求出结构的等效刚度和等效阻尼后,可以利用一般抗弯框架的计算方法,如底部剪力法、振型分解反应谱法等方法求结构的地震作用,再按弹性结构力学的方法求结构的内力和变形。变形应满足《建筑抗震设计规范》的要求,在多遇地震作用下,消能减震结构的最大层间弹性位移应满足式(9-30)要求:

$$\Delta u_e \leqslant [\theta_e]h \qquad (9\text{-}30)$$

式中 Δu_e——多遇地震作用标准值产生的楼层内最大的层间弹性位移;

$[\theta_e]$——层间弹性位移角限值;

h——计算楼层层高。

为了使结构设计更加经济合理,建议弹性分析时消能支撑所承受的层剪力 V_b 应不低于总层剪力 V 的一定比例 φ,即

$$V_b > \varphi V \qquad (9\text{-}31)$$

式中 V——消能减震结构弹性层总剪力;

V_b——同一层消能支撑的总剪力(小于等于 V);

φ——消能支撑总剪力与层总剪力的比例系数,一般取 0.4~0.6,可根据罕遇地震作用下的弹塑性位移验算结果对其进行必要的调整,以充分发挥消能支撑结构在罕遇地震作用下优越的抗倒塌性能,又能取得较为经济合理的结构设计效果。

B 罕遇地震作用下消能减震结构的弹塑性位移验算

《建筑抗震设计规范》指出,采用消能减震设计的结构应进行罕遇地震作用下薄弱层的弹塑性位移验算。进行弹塑性位移验算可采用静力非线性分析法或非线性时程分析法。采用非线性时程分析法时,阻尼器附加给结构的有效刚度和有效阻尼比应根据阻尼器的恢复力模型确定。

在罕遇地震作用下,消能减震结构薄弱层弹塑性位移应满足式(9-32)要求:

$$\Delta u_p \leqslant [\theta_p]h \qquad (9\text{-}32)$$

式中 h——薄弱层层高;

$[\theta_p]$——层间弹塑性位移角限值。

9.3.4.2 期望阻尼比法

该方法是目前提出的一种较好的设计方法,与其他结构设计方法一样,也是一个迭代的过程。此方法以结构的阻尼比为最重要的设计参数,通过对现有的设计方法进行较小的修正,从而完成装设阻尼器结构的设计。研究表明,对于消能减震结构,若期望阻尼比设计成 15%,对于任何地震地面运动和任何结构都能有效地减小地震反应。

该方法首先对无阻尼器结构进行分析。对新建建筑,要求减少侧向力和满足位移限制的要求;对已建建筑,重点是在不减少构件力的同时提高位移性能。设计中需求的阻尼比是要考虑的主要设计参数。设计通常包含下面几步,每一次设计循环之后,都可以继续提高结构性能。

(1)确定结构性能的要求和设计地震动要求;

(2)确定建筑的结构性能并进行结构分析;

（3）确定期望的整体阻尼比；

（4）在结构上选择合适的可利用的阻尼器位置；

（5）计算阻尼器的阻尼系数和刚度系数；

（6）计算等效模型阻尼比、刚度和附加阻尼器结构的振型；

（7）进行阻尼结构的分析。

当第（6）步和第（7）步满足期望的阻尼比和结构的性能标准时，设计就完成了。否则，进行新的设计循环，产生新的结构性能、阻尼器位置、阻尼器的尺寸和性能，直至满足要求。图 9-27 给出了设计步骤的流程图。

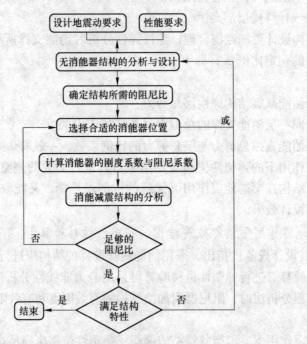

图 9-27　消能减震结构的期望阻尼设计方法流程图

9.3.5　消能减震结构的连接与构造

消能部件一般由消能器、斜撑、墙体、梁或节点等支撑构件组成。因此消能部件的连接和构造，包括以下三种情况：第一，消能器支撑构件的连接和构造；第二，消能器与支撑构件及主体结构的连接和构造；第三，支撑构件与主体结构的连接和构造。

消能器与支撑构件和主体结构的连接及支撑构件与主体结构的连接一般通过预埋件或连接件来实现。连接的形式和构造因消能器的类型及支撑件和主体结构的材料不同而不同。消能器与支撑构件和主体结构的连接一般采用螺栓形式或刚性连接，或采用销栓形式连接，支撑构件为钢支撑，当主体结构为钢筋混凝土结构时，支撑构件与预埋件采用焊缝连接，如图 9-28（a）所示，其实物图如图 9-28（b）所示，或者采用螺栓连接；当主体结构为钢结构时，支撑构件与主体结构的连接可直接连接或通过连接板连接，既可采用焊缝连接，也可采用螺栓连接。

消能器与支撑构件和主体结构的连接及支撑构件与主体结构的连接，应符合钢构件连

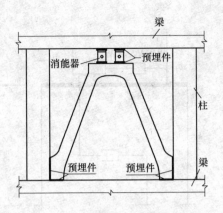

(a)　　　　　　　　　　　　　　　(b)

图 9-28　K 形消能支撑构造图及实物图

(a) 消能支撑连接构造图；(b) 支撑图片

接或钢与钢筋混凝土构件连接的构造要求，对消能器与支撑构件及主体结构的连接应能承担消能器施加给连接节点的最大作用力。对与消能部件相连接的结构构件，应计入消能部件传递的附件内力，并将其传递到基础。

预埋件焊缝、螺栓的计算和构造均需符合相应规范的规定。此外，消能器和连接构件还需根据有关规范进行防火设计。

9.4　吸振减震结构

9.4.1　结构吸振减震原理及吸振减震结构特点

结构吸振减震原理的思想最早来源于 Frahm 在 1909 年研究的动力吸振器，如图 9-29 所示，它由一个小质量 m 和一个刚度为 k 的弹簧连接于弹簧刚度为 K 的主质量 M。在简谐荷载下，当所连接的吸振器的固有频率被确定为激励频率时，主质量 M 能保持完全静止。

吸振减震就是通过附加子结构使主体结构的能量向子结构转移的减震方式。这类系统的减震原理如图 9-30 所示。根据图中所示的关系，可以列出如下运动平衡方程：

$$m_0\ddot{x}_0 + c_0\dot{x}_0 + k_0x_0 + c_1(\dot{x}_0 - \dot{x}_1) + k_1(x_0 - x_1) = -m_0\ddot{x}_g \qquad (9\text{-}33\text{a})$$

$$m_1\ddot{x}_1 + c_1(\dot{x}_1 - \dot{x}_0) + k_1(x_1 - x_0) = -m_1\ddot{x}_g \qquad (9\text{-}33\text{b})$$

式中　m_0 ——主体结构质量；

　　　k_0 ——主体结构的刚度；

　　　c_0 ——主体结构阻尼；

　　　m_1 ——吸振减震系统质量；

　　　k_1 ——吸振减震系统的刚度；

　　　c_1 ——吸振减震系统阻尼；

　　　x_g ——基底相对于静止地面的位移；

　　　x_0 ——主体结构相对于基底约束参考面的位移；

　　　x_1 ——吸振减震系统相对于基底约束参考面的位移。

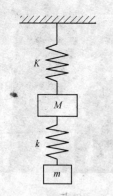

图 9-29　无阻尼动力吸振器

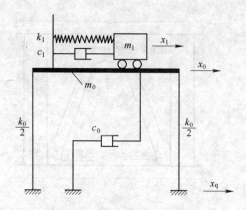

图 9-30　吸振减震结构力学模型

　　若忽略结构体系的阻尼，通过合理的设计，再将安装在主结构上的动力吸振器子系统的频率与外界激励的频率进行调谐，理论上可以完全消除主结构的振动，实际工程应用中会有阻尼的影响，并不可能实现完全消除主结构的振动，但是其控制效果依然是非常出色的。目前吸振减震装置在工程实际中的主要应用形式一般有以下两种：调谐质量阻尼器、调谐液体阻尼器等。下面分别对其做一简单介绍。

9.4.2　吸振减震装置的类型与性能

9.4.2.1　调谐质量阻尼器（TMD）

　　调谐质量阻尼器（tuned mass damper，简称 TMD）系统是结构被动控制体系中的一类。TMD 的工作原理是将 TMD 连接到被控制的主体结构上，通过将惯性质量和主结构控制振型谐振把主结构的能量传递给 TMD，从而抑制主体结构的振动。因此 TMD 的有效性主要依赖于调频的准确性。TMD 系统是由主结构以及附加在主结构上的子结构共同组成的，其中的子结构是由固体质量、阻尼器以及弹簧减振器等组成的，它具有质量、阻尼和刚度等参数。TMD 的调频主要是通过改变质量或者刚度的大小来调整子结构的自振频率，将 TMD 的自振频率设计成和主体结构的主要自振频率或者激励频率非常的接近，当主结构在受到激励产生振动时，子结构就会相应地产生与结构的振动方向相反的惯性力作用在主结构上，作用在主体上的反向力消减了结构的振动反应，从而达到振动控制效果。由于 TMD 是通过调整子结构的动力特性来减小结构的动力特性，而不是借助外部的能量，因此又被称为"被动调谐减振控制体系"。

　　TMD 不仅可以有效地减小结构的动力反应，而且其具有构造简单、安装容易、方便维护、实用经济等诸多的优点，该装置已经被广泛成功应用于高层建筑、高耸结构以及大跨桥梁等大型的建筑结构上，并且起到了很好的控制效果。如 2003 年建成的中国台北 101 大厦，在 87~91 楼挂置一个直径 5.5m，重达 660t 的巨大 TMD 装置，利用摆动来减缓建筑物的晃动幅度，可减振 40%~60%，如图 9-31 所示。

图 9-31　台北 101 大厦中的 TMD

9.4.2.2 调谐液体阻尼器 （TLD）

调频液体阻尼器（tuned liquid damper，简称 TLD）是一种被动减振装置，其原理是利用固定水箱中的液体在晃动过程中产生的动侧力来提供减振作用。TLD 具有构造简单、安装容易、自动激活性能好、不需要启动装置等优点，可兼作供水水箱使用。

TLD 减振控制理论依据水箱水的水深与水箱振动方向的比值可分为浅水理论和深水理论。浅水理论认为，当水深较浅时，考虑液体运动的非线性，液面晃荡大，从而加大了结构的阻尼，于是产生减振效果，但浅水水箱只适合做阻尼器，不适合其他用途，所以生活、消防等所需的水箱需要专门的大空间来放置，提高了工程造价，因此比较适合塔式等高耸结构；深水理论假设液面运动是微幅的，用线性理论来刻画液体的运动，与之对应的深水水箱就可以方便地用生活水箱改装，既不用制作专门的水箱，也不需要额外的盛放空间，造价低，适合生活、办公用的高层建筑。

TLD 已应用于多个实际工程，其中第一个在高层建筑中应用 TLD 来减少风振反应的例子是日本横滨的"Shin Yokohama Prince 旅馆"，比较著名的还有日本横滨的马林塔（105m 高）和长崎航空港管制塔上的 TLD 装置，经实践检验，其确有明显的减振效果。

****

本 章 小 结

（1）隔震、消能减震与吸振减震是建筑结构减轻地震灾害的新技术、新方法和新途径。隔震体系通过延长结构的自振周期能减少结构的水平地震作用，已被国外强震记录所证实。消能减震体系通过消能器增加结构阻尼来减少结构在风作用下的位移是公认的事实，对减少结构水平和竖向的地震反应也是有效的。吸振减震体系是通过附加子结构使主体结构的能量向子结构转移的减震方式。

（2）隔震技术有多种方案，如橡胶支座隔震、摩擦滑移隔震、滚动隔震、支撑式摆动隔震和混合隔震等。但目前研究和应用最多的是橡胶支座隔震，其中尤以铅芯橡胶支座应用最为广泛，它能在竖向支承结构的同时，提供水平向柔性和恢复力，并能提供所需的滞变阻尼。隔震层的位置宜设置在上部结构和基础之间，即结构首层底部、地下室底部或顶部。当隔震层位于第一层及以上时，隔震体系的特点与普通隔震结构有较大差异，隔震层以下的结构设置计算也更复杂，需作专门研究。

（3）隔震结构方案确定时应综合考虑建筑高度和层数、最大高宽比、结构类型、场地等因素，经技术与经济比较后确定。

（4）隔震支座布置时应力求使质量中心和刚度中心一致。

（5）隔震结构的抗震计算一般采用时程分析法，对砌体结构及与砌体结构基本周期相当的结构可采用底部剪力法。

（6）隔震结构的构造措施对上部结构、下部结构、隔震支座的放置与连接、穿越隔震层管线的连接、隔震结构与周边防震缝及隔震结构与地面之间的水平隔离缝等作出了要求和规定。

（7）消能器根据消能的机制和材料不同，可分为摩擦消能器、钢弹塑性消能器、铅消能器、黏弹性阻尼器、黏滞阻尼器、记忆合金消能器、铅黏弹性阻尼器及摩擦-弹塑性消能器等。根据消能性能和阻尼力与位移或速度的依赖性可分为位移相关型和速度相关型。

（8）消能器具有较宽的适用范围，不同类型的结构、不同高度的结构均适用，同时，消能器不改变结构的基本形式，因此，消能部件外的结构设计可按普通结构类型的要求执行。设计需要解决的问题是：消能部件在结构中的分布和数量，消能器附加给结构的有效阻尼比和有效刚度计算，消能减震体系在罕见地震作用下的位移计算以及消能部件与主体结构的连接构造等。

（9）吸振减震装置在工程实际中的主要应用形式一般有以下两种：调谐质量阻尼器、调谐液体阻尼器等。

＊＊＊＊＊＊＊＊＊＊＊＊＊＊＊＊＊＊＊＊＊＊＊＊＊＊＊＊＊＊＊＊＊＊＊＊＊＊

复习思考题

9-1 隔震结构和传统抗震结构有何区别和联系？

9-2 隔震和消能减震有何异同？

9-3 隔震装置有哪些性能要求？

9-4 隔震结构的布置应满足哪些要求？

9-5 什么是水平向减震系数？如何取值？

9-6 如何进行隔震结构在罕遇地震作用下的变形验算？

9-7 消能器有哪些类型？其消能原理是什么？

9-8 消能部件附加给消能减震结构的有效刚度和有效阻尼比应如何取值？

9-9 吸振减震与消能减震有何异同？

9-10 吸振减震装置有哪些类型？其吸振原理是什么？

附　　录

中国地震烈度表（GB/T 17742—2008）

地震烈度	人的感觉	房屋震害			其他震害现象	水平向地面运动	
		类型	震害程度	平均震害指数		峰值加速度/m·s⁻²	峰值速度/m·s⁻¹
I	无感	—	—	—	—	—	—
II	室内个别静止中人有感觉	—	—	—	—	—	—
III	室内少数静止中人有感觉	—	门、窗轻微作响	—	悬挂物微动	—	—
IV	室内多数人、室外少数人有感觉，少数人梦中惊醒	—	门、窗作响	—	悬挂物明显摆动，器皿作响	—	—
V	室内绝大多数、室外多数人有感觉，多数人梦中惊醒		门窗、屋顶、屋架颤动作响，灰土掉落，个别房屋抹灰出现细微裂缝，个别有檐瓦掉落，个别屋顶烟囱掉砖		悬挂物大幅度晃动，不稳定器物摇动或翻倒	0.31（0.22～0.44）	0.03（0.02～0.04）
VI	多数人站立不稳，少数人惊逃户外	A	少数中等破坏，多数轻微破坏和/或基本完好	0.00～0.11	家具和物品移动；河岸和松软土出现裂缝，饱和砂层出现喷砂冒水；个别独立砖烟囱轻度裂缝	0.63（0.45～0.89）	0.06（0.05～0.09）
		B	个别中等破坏，少数轻微破坏，多数基本完好				
		C	个别轻微破坏，大多数基本完好	0.00～0.08			
VII	大多数人惊逃户外，骑自行车的人有感觉，行驶中的汽车驾乘人员有感觉	A	少数毁坏和/或严重破坏，多数中等和/或轻微破坏	0.09～0.31	物体从架子上掉落；河岸出现塌方，饱和砂层常见喷水冒砂，松软土地上地裂缝较多；大多数独立砖烟囱中等破坏	1.25（0.90～1.77）	0.13（0.10～0.18）
		B	少数毁坏，多数严重和/或中等破坏				
		C	个别毁坏，少数严重破坏，多数中等和/或轻微破坏	0.07～0.22			
VIII	多数人摇晃颠簸，行走困难	A	少数毁坏，多数严重和/或中等破坏	0.29～0.51	干硬土上出现裂缝，饱和砂层绝大多数喷砂冒水；大多数独立砖烟囱严重破坏	2.50（1.78～3.53）	0.25（0.19～0.35）
		B	个别毁坏，少数严重破坏，多数中等和/或轻微破坏				
		C	少数严重和/或中等破坏，多数轻微破坏	0.20～0.40			
IX	行动的人摔倒	A	多数严重破坏或/和毁坏	0.49～0.71	干硬土上多处出现裂缝，可见基岩裂缝、错动，滑坡、塌方常见；独立砖烟囱多数倒塌	5.00（3.54～7.07）	0.50（0.36～0.71）
		B	少数毁坏，多数严重和/或中等破坏				
		C	少数毁坏和/或严重破坏，多数中等和/或轻微破坏	0.38～0.60			

续表

地震烈度	人的感觉	房屋震害				其他震害现象	水平向地面运动	
		类型	震害程度		平均震害指数		峰值加速度/m·s⁻²	峰值速度/m·s⁻¹

地震烈度	人的感觉	类型	震害程度	平均震害指数	其他震害现象	峰值加速度/m·s⁻²	峰值速度/m·s⁻¹
X	骑自行车的人会摔倒，处不稳状态的人会摔离原地，有抛起感	A	绝大多数毁坏	0.69~0.91	山崩和地震断裂出现；基岩上拱桥破坏；大多数独立砖烟囱从根部破坏或倒毁	10.00 (7.08~14.14)	1.00 (0.72~1.41)
		B	大多数毁坏				
		C	多数毁坏和/或严重破坏	0.58~0.80			
XI		A	绝大多数毁坏	0.89~1.00	地震断裂延续很大，大量山崩滑坡	—	—
		B					
		C		0.78~1.00			
XII	—	A	—	1.00	地面剧烈变化，山河改观	—	—
		B					
		C					

注：表中的数量词："个别"为10%以下；"少数"为10%~45%；"多数"为40%~70%；"大多数"为60%~90%；"绝大多数"为80%以上。

参 考 文 献

[1] 中华人民共和国住建部．GB 50011—2010 建筑抗震设计规范［S］．北京：中国建筑工业出版社，2010.

[2] 中华人民共和国住建部．GB 50007—2011 建筑地基基础设计规范［S］．北京：中国建筑工业出版社，2011.

[3] 中华人民共和国住建部．GB 50016—2014 建筑设计防火规范［S］．北京：中国建筑工业出版社，2014.

[4] 中华人民共和国住建部．GB 50016—2014 高层民用建筑设计防火规范［S］．北京：中国建筑工业出版社，2014.

[5] 中华人民共和国建设部．GB 50068—2001 建筑结构可靠性设计统一标准［S］．北京：中国建筑工业出版社，2001.

[6] 中华人民共和国住建部．GB 50016—2014 建筑灭火器配置设计规范［S］．北京：中国建筑工业出版社，2014.

[7] 王社良．抗震结构设计［M］.4 版．武汉：武汉理工大学出版社，2011.

[8] 丰定国．工程结构抗震［M］．北京：地震出版社，2002.

[9] 吕西林．建筑结构抗震设计理论与实例［M］.4 版．上海：同济大学出版社，2015.

[10] 李国强．建筑结构抗震设计［M］.4 版．北京：中国建筑工业出版社，2014.

[11] 李爱群，等．工程结构抗震设计（高校土木工程专业指导委员会规划推荐教材）［M］.2 版．北京：中国建筑工业出版社，2010.

[12] 韩小雷．基于性能的超限高层建筑结构抗震设计-理论研究与工程应用［M］．北京：中国建筑工业出版社，2013.

[13] 尚守平，周福霖．结构抗震设计（新世纪土木工程系列教材）［M］.2 版．北京：高等教育出版社，2010.

[14] 周云．摩擦耗能减震结构设计［M］．武汉：武汉理工大学出版社，2006.

[15] 王社良．形状记忆合金在结构控制中的应用［M］．西安：陕西科学技术出版社，2000.

[16] 周福霖．工程结构减震控制［M］．北京：地震出版社，1997.

[17] 龚思礼．建筑抗震设计手册［M］．北京：中国建筑工业出版社，1994.

[18] 李杰，李国强．地震工程学导论［M］．北京：地震出版社，1992.

[19] 胡聿贤．地震工程学［M］．北京：地震出版社，1988.

[20] 刘大海，杨翠如，钟锡根．高层建筑抗震设计［M］．北京：中国建筑工业出版社，1993.

[21] 李宏男．结构多维抗震理论与设计方法［M］．北京：科学出版社，1998.

冶金工业出版社部分图书推荐

书　名	作　者	定价(元)
冶金建设工程	李慧民　主编	35.00
建筑工程经济与项目管理	李慧民　主编	28.00
土木工程安全管理教程（本科教材）	李慧民　主编	33.00
现代建筑设备工程（第2版）（本科教材）	郑庆红　等编	59.00
土木工程材料（本科教材）	廖国胜　主编	40.00
混凝土及砌体结构（本科教材）	王社良　主编	41.00
岩土工程测试技术（本科教材）	沈　扬　主编	33.00
地下建筑工程（本科教材）	门玉明　主编	45.00
建筑工程安全管理（本科教材）	蒋臻蔚　主编	30.00
工程经济学（本科教材）	徐　蓉　主编	30.00
工程地质学（本科教材）	张　荫　主编	32.00
工程造价管理（本科教材）	虞晓芬　主编	39.00
建筑施工技术（第2版）（国规教材）	王士川　主编	42.00
建筑结构（本科教材）	高向玲　编著	39.00
建设工程监理概论（本科教材）	杨会东　主编	33.00
土力学地基基础（本科教材）	韩晓雷　主编	36.00
建筑安装工程造价（本科教材）	肖作义　主编	45.00
高层建筑结构设计（第2版）（本科教材）	谭文辉　主编	39.00
土木工程施工组织（本科教材）	蒋红妍　主编	26.00
施工企业会计（第2版）（国规教材）	朱宾梅　主编	46.00
工程荷载与可靠度设计原理（本科教材）	郝圣旺　主编	28.00
流体力学及输配管网（本科教材）	马庆元　主编	49.00
土木工程概论（第2版）（本科教材）	胡长明　主编	32.00
土力学与基础工程（本科教材）	冯志焱　主编	28.00
建筑装饰工程概预算（本科教材）	卢成江　主编	32.00
建筑施工实训指南（本科教材）	韩玉文　主编	28.00
支挡结构设计（本科教材）	汪班桥　主编	30.00
建筑概论（本科教材）	张　亮　主编	35.00
SAP2000结构工程案例分析	陈昌宏　主编	25.00
理论力学（本科教材）	刘俊卿　主编	35.00
岩石力学（高职高专教材）	杨建中　主编	26.00
建筑设备（高职高专教材）	郑敏丽　主编	25.00
岩土材料的环境效应	陈四利　等编著	26.00
建筑施工企业安全评价操作实务	张　超　主编	56.00
现行冶金工程施工标准汇编（上册）		248.00
现行冶金工程施工标准汇编（下册）		248.00